国家林业局普通高等教育“十二五”规划教材

电工电子学

主　编　滕玉彬

副主编　韩小平

主　审　尹　力

中国林业出版社

内容简介

本书是国家林业局普通高等教育“十二五”规划教材。全书包含电工技术和电子技术两部分内容。电工技术是以电路、电机及电机控制为主线，把电路及其分析方法应用到电机及电机控制系统中，使得理论知识与实际应用能够有机地结合在一起。电子技术是以半导体器件为基础，以放大电路，门电路和触发器为主线，比较完整地体现了模拟电路和数字电路的知识体系，有利于学生更好地掌握电子技术的理论知识，增强对实际应用的理解能力。

本书适用于高等学校理工科非电类专业少学时的电工课程，授课在 40 ~ 80 学时为宜。另外，本书也可作为工程技术人员的参考书。

图书在版编目(CIP)数据

电工电子学/滕玉彬主编. —北京：中国林业出版社，2015.8(2017.12 重印)
国家林业局普通高等教育“十二五”规划教材
ISBN 978-7-5038-8010-0

Ⅰ.①电… Ⅱ.①滕… Ⅲ.①电工—高等学校—教材 ②电子学—高等学校—教材 Ⅳ.①TM1②TN01

中国版本图书馆 CIP 数据核字(2015)第 116257 号

中国林业出版社·教育出版分社
策划、责任编辑： 杜 娟 张东晓
电话： 83143553 **传真：** 83143516

出版发行 中国林业出版社(100009 北京市西城区德内大街刘海胡同 7 号)
E-mail:jiaocaipublic@163.com 电话:(010)83143500
http://lycb.forestry.gov.cn
经 销 新华书店
印 刷 三河市祥送印刷包装有限公司
版 次 2015 年 8 月第 1 版
印 次 2017 年 12 月第 2 次印刷
开 本 787mm × 1092mm 1/16
印 张 21
字 数 504 千字
定 价 43.00 元

前　言

电工学是工科院校的一门技术基础类课程，对很多专业技术学科起着不可或缺的技术支持作用。除此以外，对一些综合类的科技项目或科技类产业，诸如交通运输、测控、航空航天、装备制造、仪器仪表等行业，电工电子技术也是必不可少的基础知识。另外，电工电子技术已渗透到各行各业及人们的日常生活中，所以对一个理工科学生来讲，学习并掌握电工电子学的一些基础知识，对今后的专业提升和职业拓展有着重要的意义。

本教材由东北林业大学、山西农业大学、沈阳农业大学和北京农学院四所高校老师共同编写。在内容安排上，参照了教育部颁发的有关“电工技术”和“电子技术”的教学要求。在教材的编写过程中，结合了多所高校电工学课程的教学大纲和教学实际经验，也参照了一些有影响的相关教材，由所有参编老师悉心工作而编写完成。

本教材在内容安排上，力求做到结构合理、内容完整，并把基本概念和基本理论作为重点。在语言的组织上，尽量做到简单、简化、简明。

本教材由东北林业大学滕玉彬任主编，山西农业大学韩小平任副主编。东北林业大学宋其江、李珺、吴鹏分别编写了第一、五、六章，山西农业大学杨威、郝称意、李利峰分别编写了第二、三、七章，沈阳农业大学郭丹、胡博分别编写了第八、九章，第四章由北京农学院徐广谦编写。本教材由东北林业大学尹力主审，冷欣、李丹丹对本教材的编写也提出了许多建议并给予了大力支持，在此一并表示感谢！

由于编者能力有限，有些内容难免有不妥之处，甚至会有疏漏或错误，诚恳地希望使用本教材的老师和同学批评指正。

滕玉彬
2015 年 3 月

目　　录

绪 论

0.1 电工电子技术发展概况

电工技术是研究物质的电磁客观规律并用于实践的科学技术。它既具有悠久的历史，又具有强大的生命力。从几百年前人们对磁现象的观察开始，到电学的诞生，再到电能的大规模应用，电工技术谱写了辉煌的历史。电作为一种特殊的能量存在形态，在物质、能量、信息的相互转化过程中起着重要的作用，大多数的能量转换过程都以电或磁作为中间能量形态进行调控，信息表达也越来越多地以电或磁作为特殊介质来实现。电工技术已经渗透到了人类活动的所有方面。电工技术的重大技术进步对人类的生活方式、社会生产方式产生的影响是其他很多技术不可比拟的。

19 世纪被称为“科学的世纪”，电工学的诞生为它增添了异彩。1800 年伏打发明了伏打电堆，使人类首次获得持续稳定的电源，促进了电学的研究转向电流，并且开始了电化学、电弧放电及照明、电磁铁等电能应用的研究。19 世纪中期电报的发明，促进了近代大型技术工程的诞生。1866 年人们在历尽重重挫折之后终于建成了长达 3700km，横跨大西洋的海底电报电缆。电报的发明推动了社会经济和公共事务的交流，促进了电工基础理论与实验技术的发展，带动了电工制造业以及近代管理企业，提出了新型技术人才培养的要求，是电工发展史中重要的一页。

电工技术是基于电磁场理论的一门成熟技术。1831 年法拉第发现电磁感应定律。这一定律的发现不仅使人们对静电、动电(电流)、电流与磁场的相互感生等一系列电磁现象达到了更加全面统一的认识，而且奠定了机电能量转换的原理基础。1864 年麦克斯韦创立了经典电磁学理论体系，1867 年西门子研制成功世界第一台自激式发电机，开创了发电机广泛使用的新纪元。1873 年，麦克斯韦导出描述电磁场理论的基本方程——麦克斯韦方程组，成为整个电工领域的理论基础。发电机的发明实现了机械能转换为电能的发电方式，冲破了化学电源功率小、成本高、难以联网等限制，征服了自然界蕴藏的神奇动力，预告了电气化时代的来临。1876 年，爱迪生创办了世界上第一个工业应用研究实验室。在这个被人们赞誉的“发明工厂”里，他组织一批专门人才分工负责，共同致力于同一项发明，打破了以往只是由科学家单独从事研究发明的传统。这一与近代科学技术和生产力发展水平相适应的技术研究和开发的正确道路，显示出巨大的活力，推动了电力生产与电工制造业的迅猛发展，也开创了基础科学、应用科学、技术开发三者紧密结合、协同发展的先河。

1883 年恩格斯曾高度评价“电工技术革命”是一次巨大的革命。他指出：“蒸汽机教我们把热变成机械运动，而电的利用将为我们开辟一条道路，使一切形式的能——热、机械、电、磁、光——互相转化，并在工业中加以利用。”

发电和用电是一个连续生产的整体。必须扩大用电范围才能使发电从社会需要获得发展动力。伴随着发电机的发明，电照明、电镀、电解、电冶炼、电动力等工业生产技术纷纷成熟，孕育了发电、变电、输电、配电、用电一体的电力系统的诞生。19 世纪 90 年代，三相交流输电技术发明成功，使电力工业以基础产业的地位跨入了现代化大工业的行列，迎来了 20 世纪电气化的新时代。

电工技术对人类文明的进步作出了突出贡献，人类生产力的进步在极大程度上依赖于电工技术的进步，今天人类的生活、生产活动须臾离不开它。

电子技术是 19 世纪末、20 世纪初开始发展起来的新兴技术，是 20 世纪发展最迅速，应用最广泛的技术，是近代科学技术发展的一个重要标志。

世界上第一台电子计算机于 1946 年在美国研制成功，取名为 ENIAC(Electronic Numerical Integrator and Computer)。ENIAC 问世以来的短短几十年中，电子计算机的发展异常迅速。迄今为止，它的发展大致已经历下列四代。第一代(1946—1957 年)是电子计算机，它的基本电子元件是电子管，内存储器采用水银延迟线，外存储器主要采用磁鼓、纸带、卡片、磁带等。第二代(1958—1962 年)是晶体管计算机。1948 年，美国贝尔实验室发明了晶体管，10 年后晶体管取代了计算机中的电子管，诞生了晶体管计算机。第三代(1963—1970 年)是集成电路计算机。随着半导体技术的发展，1958 年夏，美国德克萨斯公司制成了第一个半导体集成电路。第四代(1971 年至今)是超大规模集成电路计算机，随着大规模集成电路和超大规模集成电路的出现，电子计算机发展进入了第四代。

0.2　电工学课程的作用和任务

电工学是研究电工技术、电子技术理论和应用的技术基础课程，它具有基础性、应用性和先进性。电工和电子技术发展十分迅速，应用非常广泛，现代新的科学技术无不与电有着密切的关系。因此，电工学是高等院校本科非电类专业的一门重要基础课程。

非电专业学生学习电工学重在应用，应具有将电工和电子技术应用于本专业和发展本专业的能力。为此，课程内容要理论联系实际，从我国国情出发，培养学生分析和解决实际问题的能力，并且要重视实验技能的训练。

电工学课程内容必须具有先进性，要与时俱进。相关内容和体系应随着电工和电子技术的发展和工科类非电专业的教学需要而不断更新和改革。

0.3 课程的学习方法

①课堂教学是当前主要的教学方式，也是获得知识的最快和最有效的学习途径。因此，学生务必认真听课，积极思考，主动学习。学习时要抓住物理概念、基本理论、工作原理和分析方法；要注意各部分之间的联系，前后呼应；课程内容重在理解，能提出问题，积极思考，不要死记；要注重电工和电子技术的应用。此外，在老师的指导下培养自学能力，多看参考书。

②通过习题巩固和加深对所学理论的理解，培养分析能力和运算能力。各章安排了适当数量的习题，解题时看懂题意，注意分析，独立完成。习题做在作业本上，书写整洁，绘图清晰，注意单位的正确使用。

③通过实验验证和巩固所学理论，训练实验技能，并培养严谨的科学作风。实验是本课程的一个重要环节，不能轻视。实验前务必认真准备；实验时积极思考，多动手，学会正确使用常用的电子仪器、电工仪表、电机和电器设备以及电子元器件等，能正确连接电路，准确读取数据；实验后要对实验现象和实验数据认真整理分析，编写实验报告。

第1章

直流电路及其分析方法

1.1 电路及其主要物理量

1.1.1 电路模型

电流的通路称为电路。它是由许多电气元件和设备按照一定方式组合起来的总体。电路的种类繁多，如果电路中电压和电流不随时间变化，则该电路称为直流电路；反之，称为交流电路；也可以按照电流的强弱将电路分为强电(电力)电路和弱电(电子)电路；另外，按照电路中元器件的性质还可将电路分为线性电路和非线性电路。

电路的基本功能可以概括为两方面：一是进行电能的传输和转换，电能从发电厂到用户端需要电能的传输，电能可以转换成光、热、机械等形式的能量，如日常的照明用电；二是实现对电信号的传递、变换和处理，如语言、文字、音乐、图像信号的接收、放大、滤波、存储等。

在实际的电路中，元器件工作时，其物理过程相当复杂，电路里各部分的电压、电流、磁通等所表征的电磁过程很难用简单的数学表达式来描述，为了便于用数学的方法分析和设计电路，常常把实际电路的元器件近似化、理想化。即在一定的条件下，忽略它的次要性质，用一个足以表征其主要特性的理想化模型来表示。例如，一个白炽灯，它除了主要将电能转换成光能和热能，表现出电阻的性质，即消耗能量外，当通有电流时，还会产生微小的磁场，即兼有电感的性质。当忽略这个微小电感量时，就得到白炽灯的理想化模型——电阻元件。理想化的基本元件有电阻、电感、电容、电源等。由一些理想化元件组成的电路，就是实际电路的电路模型，它是对实际电路的物理性质的抽象和概括。理想化元件一般简称为元件，相应电路模型简称为电路。

例如生活中常见的手电筒，其电路如图 1-1 所示。其中干电池为电源元件，图中用电动势 E 和内阻 R_0 表示，电珠为电阻元件，筒体和开关是连接电源和电珠的中间环节，其电阻可忽略不计。

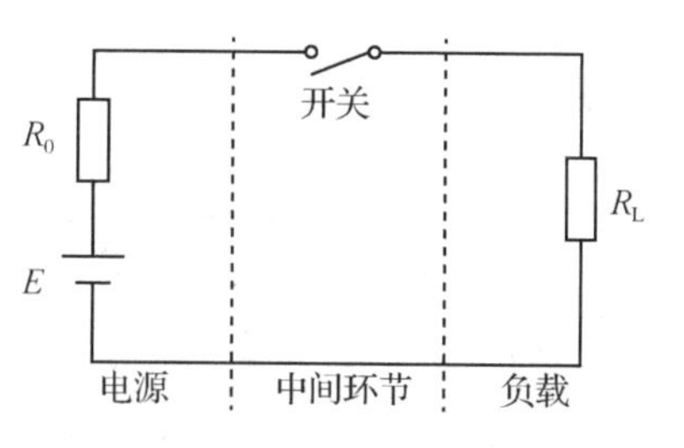

图 1-1　手电筒电路模型

电路一般由电源(或者信号源)、中间环节和负载组成。电源(或者信号源)是电路中提供电能或发出电信号的器件，例如干电池、蓄电池、麦克风等，其发出的电压或电流常称为激励。负载是用电设备，它通常是吸收电能或接收电信号的器件，如图 1-1 中的电珠，负载上的电流或电压称为响应。中间环节是连接电源和负载的部分，起传递、分配、处理和控制电能或电信号的作用。对于一个实际电路来说，中间环节也可能是相当复杂的，它可能是由各种元器件或设备组成的复杂电路。本课程的电路分析就是按给定的电路图和元件参数，对各部分的电流、电压进行定性分析或定量计算，确定激励和响应间的内在关系。

1.1.2　电路的主要物理量及参考方向

电路中涉及的主要物理量有电流、电压、电动势、电位和功率。在分析和计算电路时要应用到这些物理量，所以需要知道电压和电流的方向，这些量的方向有实际方向和参考方向之分，使用时要加以区分。

1.1.2.1　电流

电荷有规则的定向运动称为电流。习惯上把正电荷运动的方向规定为电流的方向，在图 1-2 中标出了电流 I 的方向。电流的大小等于单位时间内通过导体横截面的电荷量。设 $\mathrm{d}t$ 时间内通过电路导体横截面的电荷为 $\mathrm{d}q$，则有

$$i = \frac{\mathrm{d}q}{\mathrm{d}t} \tag{1-1}$$

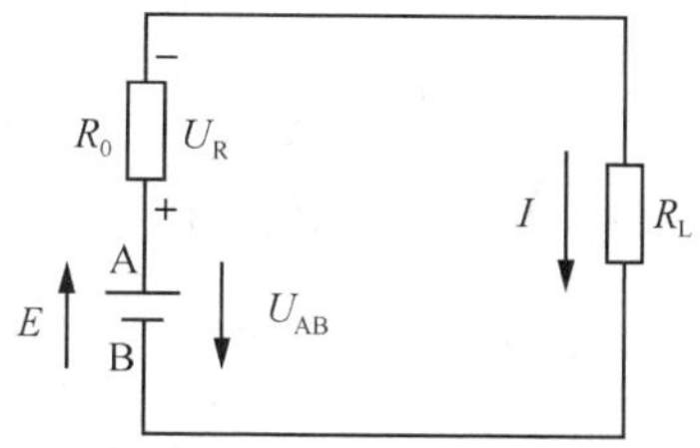

图 1-2　电流、电压、电动势的实际方向

i 称为电流。本书规定用小写英文字母 $i(t)$ 或 i 表示随时间变化的电流，称其为交变电流；用大写英文字母 I 表示不随时间变化的电流，称其为恒定电流或直流电流，则式(1-1)可对应改写为

$$I = \frac{q}{t} \tag{1-2}$$

式中，q 为在时间 t 内通过电路横截面的电荷量。

电流的单位是安培，简称安，用大写字母 A 表示。对于较大或较小的电流，可用千安(kA)、毫安(mA)、微安(μA)或纳安(nA)等作为单位，它们的关系为

$$1\mathrm{kA} = 10^3\mathrm{A} \quad 1\mathrm{A} = 10^3\mathrm{mA} = 10^6\mu\mathrm{A} = 10^9\mathrm{nA}$$

1.1.2.2 电压和电动势

物理学中，电压定义为单位正电荷因受电场力作用从 A 点移动到 B 点所作的功。正电荷在电路某点上所具有的能量，称为正电荷在该点的电位能。电位能与电荷的比值称为电位。电工学中，通常可以指定电路中任意一点(只能指定一点)的电位为零，称为电位参考点。实际电路中一般指定电路中的接地或接机壳的点为参考点。一旦指定电位参考点，电路中各点电位就可用代数量表示。电位比参考点高者，电位值为正，低者为负。电路中各点电位都有确定的唯一数值，称为电位的单值性。电路中 A 点的电位用 V_A 表示。电路中两点电位之差称为电位差，亦称电压。在图 1-2 中，A 与 B 间两点电位之差为 A 与 B 间的电压，记作

$$U_{AB} = V_A - V_B \tag{1-3}$$

可见，若 $V_A > V_B$，即 A 点电位高于 B 点电位，则 U_{AB} 为正值，反之则为负值。习惯上规定电压实际方向是指电位降落的方向，即由高电位指向低电位。通常用极性(+ 、 - 号表示相对极性的正、负)或用有箭头的线段或相应的文字下标来表示电压的实际方向，如图 1-2 所示电阻 R_0 两端电压的方向。根据电压的定义，可以知道电压或电位差与电路的参考点的选择无关。

电源两端具有电位差或电压。电源的电位差是由电源力(如化学力、机械力)把正电荷从电源的低电位端 B(负极)，经过电源内部，移到电源的高电位端 A(正极)引起的。将电源力在这个过程中所做的功与正电荷的比值定义为电源的电动势，用 E 表示。电源电动势的方向规定为从负极指向正极，所以有时也称为电位升。图 1-2 中标注有电源电动势及其端电压的方向和极性。图中 E 与 U_{AB} 的箭头方向相反，这是由于其含义不同，但大小相等，即

$$E = U_{AB} \tag{1-4}$$

按照电位、电压和电动势的定义，其量纲均为：焦耳/库仑（J/C），所以其单位都是伏特，简称伏，用 V 表示。

1.1.2.3 参考方向

物理学中规定的电流、电压方向称为实际方向。电流的方向是指正电荷运动的方向，电路中两点电压的方向是从高电位指向低电位的方向。

在分析电路的时候，电路中的电流、电压是求解的对象，各点电位的高低预先很难判定，电流的实际方向也难以确定。特别是在交流电路中，电流、电压的实际方向随时间不断地反复改变，所以就更难以确定其实际方向了。

但是分析计算电路，又必须以知道电流的方向为先决条件。为了解决这一矛盾，可采取事先人为假设电流、电压方向的办法，这种任意选定的各电压、电流的方向，就是参考方向。图 1-3 电流中 I_1，I_2，I_3 及电压 U_1，U_2，U_3 的方向都是人为假设的参考方向。

按照参考方向分析、计算电路，得出的电流、电压值可能为正，也可能为负。正值表示假设的电流、电压的参考方向与实际方向一致，负值则表示二者方向相反。对

图1-3的电路，不作具体计算就不能判定各支路电流的实际方向。

一般来说，参考方向的假设完全可以是任意的。但应注意，一个具体电路一旦假设了参考方向之后，在电路的整个求解过程中就不允许再作改动。

参考方向可以用箭头标注，也可以用“＋”“－”号标示，还可以用双下标的方法表示。有时甚至两种标示方法同时使用。

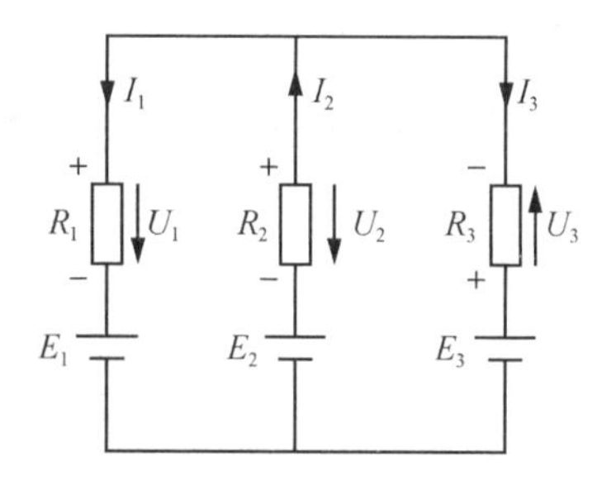

图1-3　*U*，*I*参考方向图

当一个元件或一段电路上的电流、电压参考方向一致时，称它们为关联(一致)的参考方向。例如图1-3中，电流I_1和电压U_1间采取了关联的参考方向，而电流I_2和电压U_2间采取了非关联的参考方向。

1.1.2.4　功率

电路在工作状态下总会伴随着电能转化为其他形式的能量，能量转换速率就是功率，对电路进行分析计算时，功率是十分重要的一项指标。

电路中某个元件的功率，在选取关联的电流、电压参考方向的前提下，这个元器件的功率等丁电压和电流的乘积，以P表示。

$$P = UI \tag{1-5}$$

如果电压和电流都是交流量时，则写成

$$p = ui \tag{1-6}$$

当电流、电压选取非关联参考方向时，这段电路的功率P表示为

$$\begin{cases} P = -UI \\ p = -ui \end{cases} \tag{1-7}$$

当电压的单位为伏特(V)、电流的单位为安培(A)时，功率的单位为瓦特(或焦耳/秒)，简称瓦，用W表示。

电路在通电工作时，某些元器件吸收或者消耗电能，这样的元器件呈现出负载性质，因此称为负载性元器件；某些元器件则能够发出电能，这样的元器件呈现出电源性质，因此称为电源性元器件。元器件性质的判断方法有两种：

①定性的方法　当某个元器件的电压与电流的实际方向一致时，计算出的功率为正，表示该段电路吸收功率，该元器件是负载性元器件；当电压与电流的实际方向不一致时，功率为负，表示该段电路发出功率，该元器件是电源性元器件。

②定量的方法　元器件的电流、电压参考方向确定以后，其值可正可负，因此一段电路的功率可能为正值，也可能为负值。在这种情况下，如果电流和电压是关联参考方向，则将电压和电流的数值如实代入式(1-5)中；如果电流和电压是非关联参考方向，则将电压和电流的数值如实代入式(1-7)中。当计算结果$P>0$(或$p>0$)时，表示这段电路吸收功率；反之当$P<0$(或$p<0$)时，表示这段电路发出功率。

【例1-1】　在图1-4电路中，已标出各元件电压、电流的参考方向，已知$I_1=4\text{A}$，$I_2=10\text{A}$，$I_3=-6\text{A}$，$U_1=-60\text{V}$，$U_2=60\text{V}$，$U_3=-60\text{V}$，求各方框的电路中吸收或

发出的功率。

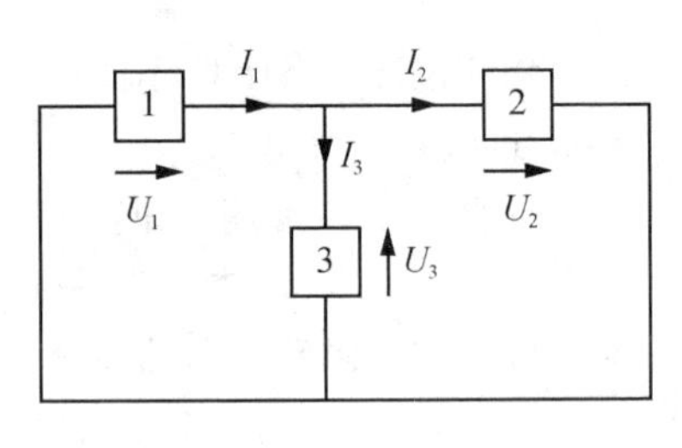

图 1-4　例 1-1 电路图

【解】 直接按式(1-5)或式(1-7)计算功率：

方框 1　$P_1 = U_1 I_1 = -60 \times 4\text{W} = -240\text{W}$（发出功率）

方框 2　$P_2 = U_2 I_2 = 60 \times 10\text{W} = 600\text{W}$（吸收功率）

方框 3　$P_3 = -U_3 I_3 = -(-60) \times (-6)\text{W} = -360\text{W}$（发出功率）

最后，验算是否满足功率平衡关系：

$$P_1 + P_2 + P_3 = (-240) + 600 + (-360) = 0$$

如果不满足 $\sum P = 0$，说明计算结果一定不正确。

验证功率是否平衡是校验计算结果正误的有效方法，应充分利用。

1.2　理想电路元件及电源

1.2.1　理想电路元件

前一小节提到理想化的电路元件有电阻、电感、电容、电源等，下面介绍一下这些基本元件的主要电磁特性以及能量转换关系。注意这些元件在直流电路和交流电路中表现的特性有时是不同的。

1.2.1.1　电阻元件

电阻元件是实际电阻器的理想化模型，其电路符号如图 1-5(a)所示。

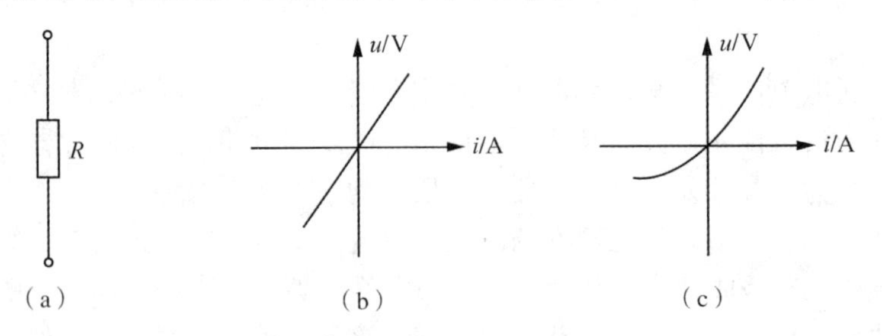

图 1-5　电阻元件及其伏安特性曲线

(a)电阻元件电路符号　(b)线性电阻伏安特性　(c)非线性电阻伏安特性

电阻有线性电阻和非线性电阻之分。当电阻两端的电压与流过电阻的电流成比例关系时，伏安特性是直线，如图 1-5(b)所示，电阻值是一个常数，不随电压、电流变动，称之为线性电阻；当电阻两端的电压与流过电阻的电流不成比例关系时，伏安特性是曲线，如图 1-5(c)所示，电阻值不再是一个常数，随电压、电流变动，称之为非线性电阻。常见的非线性电阻有热敏电阻、光敏电阻、压敏电阻等，这里只讨论

线性电阻。线性电阻元件的端电压 u 和电流 i 成正比，比值是常量，即

$$\frac{u}{i} = R \tag{1-8}$$

R 表示元件对电流的阻力，称为元件的电阻值(简称电阻)，单位为欧姆(简称欧)，用 Ω 表示。电阻的倒数 $G = 1/R$，表示元件传导电流的能力，称为元件的电导值(简称电导)，单位为西门子(简称西)，用 S 表示。电阻值和电导值统称为电阻元件的参数。

电流通过电阻要产生热效应，表明电阻元件里发生了电能变换为热能的物理过程。电阻是耗能元件，电阻吸收的功率为

$$p = ui = i^2R = \frac{u^2}{R} \tag{1-9}$$

从 t_1 到 t_2 的时间内，电阻吸收的能量为

$$W = \int_{t_1}^{t_2} p\mathrm{d}t \tag{1-10}$$

对于电阻的选用不仅要考虑电阻的阻值，还要考虑其额定功率，超过额定功率后，电阻可能因严重过热而烧毁。

1.2.1.2　电容元件

在电力系统和电子装置中常用的电容器为典型的电容元件。电容器是由两块金属极板中间隔以绝缘材料构成的，按绝缘材料的不同可以分为瓷介电容、涤纶电容、电解电容、钽电容，还有先进的聚丙烯电容等，电容器按照结构分为三大类：固定电容器、可变电容器和微调电容器。电容元件的电路符号(包括旧的、国外的符号)及电流、电压的参考方向如图 1-6 所示。实用中，各种电路符号应尽量符合现行国家标准。

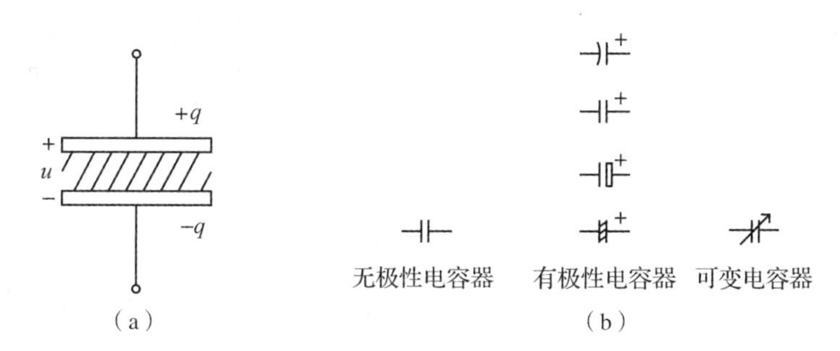

图 1-6　电容器结构和符号

(a)电容器示意图　(b)电容符号

在电容器两极板上施加电压 u，则接高电位的极板充以正电荷，电量为 q，接低电位的极板充以等量的负电荷。电容量(常简称电容)定义为

$$C = \frac{q}{u} \tag{1-11}$$

电容也分为线性电容和非线性电容两类，线性电容的电容量 C 是常数，非线性

电容的电容量则随电压的变化而变化。本书中只讨论线性电容。

当电荷 q 的单位为库仑(C)、电压 u 的单位为伏特(V)时，电容 C 的单位为法拉(F)，简称法。因为实际电容器的电容量都很小，所以电容 C 的单位常用微法(μF)和皮法(pF)表示，它们的关系是

$$1\mu\text{F} = 10^{-6}\text{F} \qquad 1\text{pF} = 10^{-12}\text{F}$$

在直流电路中，电容元件端电压不变，储存在极板上的电量及介质中的电场都不随时间变化，导线中没有电荷定向运动，即没有电流，因此电容元件对直流相当于开路。

如果在电容元件两端加上交流电压，当电压 u 增加时，极板上的电荷 q 增加，电容充电；当电压 u 减小时，极板上的电荷 q 减少，电容放电。根据电流的定义

$$i = \frac{\mathrm{d}q}{\mathrm{d}t} \tag{1-12}$$

将式(1-11)代入式(1-12)中，得出电容电流、电压的关系式为

$$i = C\frac{\mathrm{d}u}{\mathrm{d}t} \tag{1-13}$$

电容电流 i 与其端电压 u 的导数成正比，只有电压变化时，电容中才会有电流 i 流过。

如果用电流来表示电压，则式(1-13)的关系又可以写成

$$u(t) = \frac{1}{C}\int_{-\infty}^{t} i\mathrm{d}t = \frac{1}{C}\int_{-\infty}^{0} i\mathrm{d}t + \frac{1}{C}\int_{0}^{t} i\mathrm{d}t$$

如果令 $u(0) = \frac{1}{C}\int_{-\infty}^{0} i\mathrm{d}t$，则得

$$u(t) = u(0) + \frac{1}{C}\int_{0}^{t} i\mathrm{d}t \tag{1-14}$$

式中，$u(0)$是 $t=0$ 时的电容电压，这说明电容上的电压值不仅与当时的电流值有关，而且与过去所有时刻的电流值有关。说明电容元件是一种具有记忆功能的元件。如果 $t=0$ 时，$u(0)=0$，则有

$$u(t) = \frac{1}{C}\int_{0}^{t} i\mathrm{d}t \tag{1-15}$$

此式表明电容的电压 u 正比于电流 i 对时间的积分。

如果将式(1-13)两边乘上 u 并对时间积分，则得出电容建立的电场能量为

$$W_{\mathrm{C}} = \int_{0}^{t} ui\mathrm{d}t = \int_{0}^{u} Cu\mathrm{d}u = \frac{1}{2}Cu^{2}$$

即

$$W_{\mathrm{C}} = \frac{1}{2}Cu^{2} \tag{1-16}$$

由式(1-16)可知，当电容元件两端电压增加时，电容吸收外部供给的能量，转化为电场能量储存起来(充电)，其电场能量增大；当电容元件两端电压降低时，电容元件把能量释放回电路(放电)，其电场能量减小。因此电容元件是储能元件，它本

身不消耗能量。

上面讨论的电容器是理想模型，实际电容器除了储能作用外，也会消耗一部分电能，因为极板间的绝缘介质会有漏电流产生，因此实际的电容器可以看成是理想电容元件和理想电阻的并联组合。

1.2.1.3　电感元件

用导线绕制的线圈，其理想化模型就是电感元件，如图1-7(a)所示，当电流 i 通过线圈时，将在线圈中及其周围建立磁场。设磁通为 ϕ，线圈匝数为 N，则与线圈相交链的磁链 ψ 为

$$\psi = N\phi \tag{1-17}$$

磁通 ϕ 与电流之间的方向关系由右手螺旋定则确定，如图1-7(b)所示。在图中还规定了端电压 u 和感应电动势 e_L 的参考方向，其中 u 与 i 为关联参考方向，e_L 和 ϕ 的参考方向也要符合右手螺旋定则。

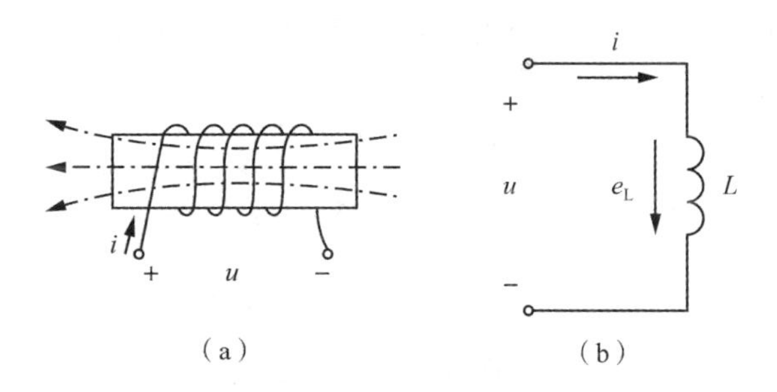

图1-7　电感器的结构和符号

(a)电感器示意图　(b)电感符号

电感器分为线性电感和非线性电感两类。线性电感元件的磁链 ψ 与电流 i 成正比，比例常数用 L 表示，称为电感量(常简称电感)，即

$$L = \frac{\psi}{i} \tag{1-18}$$

L 又称自感系数或电感系数。当 ψ 的单位为韦伯(Wb，简称韦)、电流的单位为安(A)时，电感 L 的单位为亨利(H，简称亨)。电感反映了电能转换为磁场能的物理本质。若电感 L 不是常数，随电流 i 的大小而变化，称为非线性电感元件。带铁心的线圈就是常见的非线性电感。本书主要讨论线性电感，如果讨论非线性电感，将作特殊说明。

变化的电流通过线圈时，根据电磁感应定律，将在线圈中产生感应电动势 $e_L(t)$，而且 e_L 总是起着阻碍电流 i 变化的作用。按照图1-7(b)所规定的参考方向，则感应电动势为

$$e_L = -\frac{d\psi}{dt} \tag{1-19}$$

这样，当电流 i 减小时，磁链 ψ 也减小，ψ 的变化速率 $d\psi/dt$ 为负，e_L 为正，表示感应电动势 e_L 的方向与电流 i 的方向一致，有阻碍电流减小的作用；当电流 i 增大时，

磁链也增大，ψ 的变化率 $\mathrm{d}\psi/\mathrm{d}t$ 为正，e_{L} 为负，表示 e_{L} 与 i 的方向相反，有阻碍电流增大的作用。可见，e_{L} 总是阻碍电流 i 的变化，也就是起着阻碍磁链变化的作用。按照图 1-7(b)中参考方向的规定，则有

$$u = -e_{\mathrm{L}} \tag{1-20}$$

因此可得

$$u = -e_{\mathrm{L}} = -\left(-\frac{\mathrm{d}\psi}{\mathrm{d}t}\right) = \frac{\mathrm{d}\psi}{\mathrm{d}t} = L\frac{\mathrm{d}i}{\mathrm{d}t}$$

即

$$u = L\frac{\mathrm{d}i}{\mathrm{d}t} \tag{1-21}$$

上式说明，电感元件的端电压 u 与电流 i 的导数成正比，只有电流变化时，电感两端才会出现电压。当把电感 L 接到直流电路中时，因 $\mathrm{d}i/\mathrm{d}t=0$，所以 $u=0$，即电感元件对直流可视为短路。而对交流电路来说，电流 i 随时间变化，因而 $u=L\mathrm{d}i/\mathrm{d}t\neq 0$。欲使交流电流通过电感，必须在电感两端加上电压，电感对交流电流 i 具有一定的阻力，有限制交流电流的能力。

如果用电压来表示电流，则式(1-21)又可改写成

$$i(t) = \frac{1}{L}\int_{-\infty}^{t} u\mathrm{d}t = \frac{1}{L}\int_{-\infty}^{0} u\mathrm{d}t + \frac{1}{L}\int_{0}^{t} u\mathrm{d}t$$

令

$$i(0) = \frac{1}{L}\int_{-\infty}^{0} u\mathrm{d}t$$

则得

$$i(t) = i(0) + \frac{1}{L}\int_{0}^{t} u\mathrm{d}t \tag{1-22}$$

式中，$i(0)$是 $t=0$ 时的电感电流，这说明电感中的电流值不仅与当时的电压值有关，而且与该时刻以前的所有电压值有关，电感元件是具有记忆功能的元件。如果 $t=0$ 时 $i(0)=0$，则有

$$i(t) = \frac{1}{L}\int_{0}^{t} u\mathrm{d}t \tag{1-23}$$

此式表明，电感的电流 i 正比于电压 u 的积分。

如果将式(1-21)两边乘以 i，并对时间积分，则得出电感建立的磁场能量为

$$W_{\mathrm{L}} = \int_{0}^{t} ui\mathrm{d}t = \int_{0}^{t} L\frac{\mathrm{d}i}{\mathrm{d}t}\times i\mathrm{d}t = \int_{0}^{i} Li\mathrm{d}i = \frac{1}{2}Li^{2}$$

即

$$W_{\mathrm{L}} = \frac{1}{2}Li^{2} \tag{1-24}$$

这就是电流 i 所建立的磁场所具有的能量，即磁场能量。

理想电感 L 通入电流时没有发热现象，也就是说没有电能转换成热能，在电感里进行的是电能与磁场能量的转换。电感能在一段时间内吸收外部供给的能量并转化为

磁场能量储存起来，在另一段时间内又把储存的能量释放回电路，因此电感元件是储能元件，它本身不消耗能量。

上面讨论的电感是理想模型，实际电感元件除了储能作用外，也会消耗一部分电能，因为组成线圈的导线是有电阻的，因此实际的电感可以看成是理想电感元件和理想电阻的串联组合。

1.2.2 电源的两种电路模型

电源元件分为独立源和受控源两类。独立源是从实际电源抽象出来的理想电源元件。受控源在电路中能起电源的作用，但它不是独立的，而受电路另一处的电压或电流控制，因此把这种电源称为受控源。独立源是能够独立地为电路提供电能的电源。一个独立源可以用两种不同的等效电路表示：一种以输出电压为特征，称为电压源；另一种以输出电流为特征，称为电流源。下面分别讨论电压源和电流源的等效电路及其工作特性。

1.2.2.1 电压源

通常一个电源总是具有一定的电动势 E 和内电阻 R_0，如图 1-8(a)的虚线框所示。我们把电动势 E 和内阻 R_0 串联组成的电源模型称为电压源。根据电路图，可以得出电源的输出电压 U 和输出电流 I 之间的关系为

$$U = E - IR_0 \tag{1-25}$$

如果电压源的电动势 E 和内阻 R_0 为定值，则电压源的端电压 U 和负载电流 I 呈线性关系，可用图 1-8(b)中的直线表示。它是表明电压源端电压 U 随输出电流 I 变化的伏安关系特性曲线，我们把这条直线称为电压源的外特性曲线，简称外特性或伏安特性。

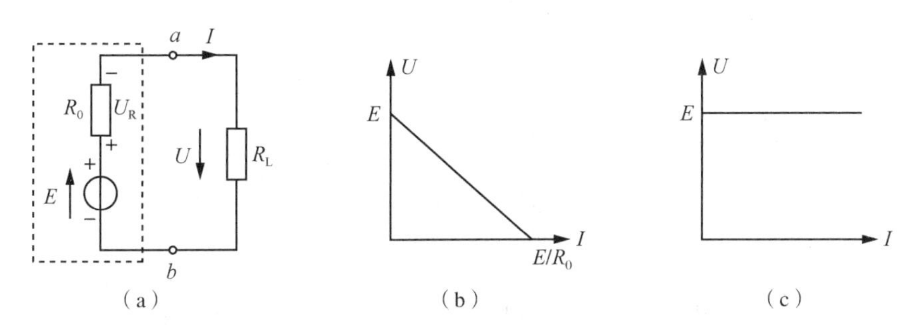

图 1-8 电压源及其外特性曲线

(a)电压源电路 (b)电压源外特性曲线 (c)恒压源伏安特性

电压源的外特性表明，当负载电流 I 增大时，电压源的端电压 U 将随之下降。如果电压源的内阻 R_0 很小，则其外特性比较平坦。当负载变动时，负载电流发生变化，电压源端电压变化比较小，电压源的端电压比较稳定。因此电压源的内阻 R_0 越小，电压源输出的端电压越稳定。如果 $R_0 = 0$，则式(1-25)将变为 $U = E$，与负载 R_L 无

关。这样的电压源称为理想电压源或恒压源，其外特性如图 1-8(c)所示。

恒压源的特点：①恒压源的端电压 U 是恒定值，与负载的大小无关；②恒压源的电流可以是任意值，大小由负载 R_L 和电压 U 共同确定。

常见的电源(如干电池、手机电池、蓄电池)都可看成是电压源。恒压源实际上是不存在的，因为任何实际电源或多或少总存在一定的内阻。如果实际电源中的内阻比负载电阻小很多，则其端电压随电流变化很小，就可以把这种实际电源近似看成是恒压源，例如直流稳压电源。

1.2.2.2　电流源

实际电源除了用电压源表示以外，还可以用电流源的电路模型来描述。将式(1-25)两边除以 R_0，则得

$$\frac{U}{R_0} = \frac{E}{R_0} - I = I_S - I$$

即

$$I_S = \frac{U}{R_0} + I \tag{1-26}$$

式中，$I_S = E/R_0$ 为电源的短路电流；I 为负载电流；U/R_0 为电源内阻 R_0 中流过的电流。

根据式(1-26)的电流平衡方程式，可以建立等效电源的模型，如图 1-9(a)所示，虚线框内的短路电流 I_S 和内阻 R_0 并联的电源模型称为电流源。对负载电阻 R_L 来说，其上的电压 U 和流过的电流 I 和图 1-8(a)是一样的，并未改变。

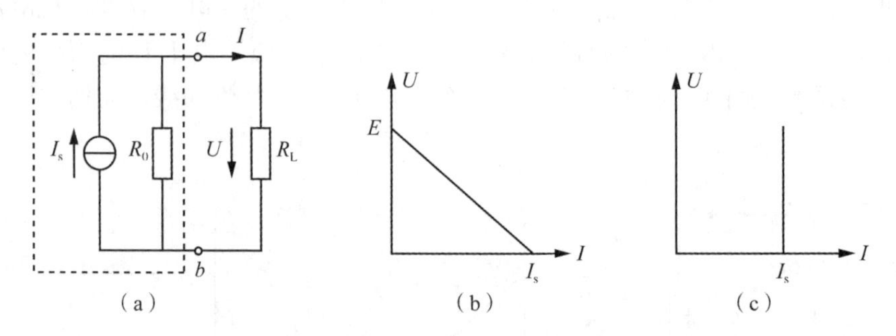

图 1-9　电流源及其外特性曲线

(a)电流源电路　(b)电流源伏安特性　(c)恒流源伏安特性

由图 1-9(b)可知，电流源输出电流 I 和输出的端电压 U 呈线性关系，可用直线表示，此直线为电流源的外特性曲线。外特性表明，电流源向外输出的电流 I 总是小于 I_S，而且端电压越高，输出电流就越小。

如果电流源的内阻 R_0 越大，内阻 R_0 分流的电流就越小，则其外特性直线就越陡，电流源输出电流变化也就越小，输出电流便越稳定。如果电流源的内阻 $R_0 = \infty$，这时电源供给负载的电流为恒定值，即 $I = I_S$，与负载的大小无关。这种电流源称为理想电流源或恒流源，其外特性如图 1-9(c)所示。

恒流源的特点：①恒流源输出电流是恒定值 I_S，与负载大小无关；②恒流源的端电压可为任意值，由负载大小决定。

实际电源中恒流源是不存在的，因为从理论上说，负载电阻任意加大时，恒流源将要提供任意大的电压，这是不可能的。但如果电流源的内阻 R_0 比负载电阻 R_L 大很多，忽略其分流作用，即可近似地认为是恒流源，如常见的给 LED(发光二极管)灯或者 LED 大屏幕供电的专用电源、手机电池的充电器、光电池等。

1.2.3　电源的三种工作状态

电源有三种工作状态，分别是有载、开路和短路工作，现以图 1-10 所示最简单的电路为例，分别讨论每一种状态的特点。

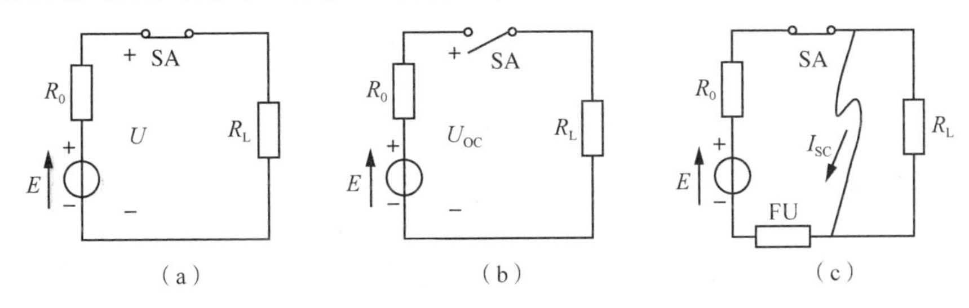

图 1-10　电源的工作状态

(a)有载状态　(b)开路状态　(c)短路状态

1.2.3.1　有载状态

当电源与负载接通时，在图 1-10(a)所示开关 SA 闭合后，负载 R_L 两端的电压 U 为 $U = E - IR_0$。在实际应用中，电源所带的多个负载一般都是并联工作的，例如家用的各种电器都是并联到 220V 交流电源上，并联的负载数目越多，即负载越大，电源输出的电流和功率就越大，因此电源输出的电流和功率取决于负载的大小。

负载的工作状态又分为额定和非额定状态。额定值一般是制造商在设计和制造该电器或者元器件时，充分考虑其使用的经济性、安全性、使用寿命等因素而设定的正常工作的参考值。额定值一般在电器设备和元器件的铭牌上、说明书中都有说明，例如一个节能灯的铭牌上标有 220V/50Hz/13W，这些都是它的额定值。相反，如果电源电压发生改变，负载就处于非额定状态，这时负载的电压、电流和功率的实际值就不再等于额定值。例如前面举例的节能灯，如果电源低于额定值 220V，节能灯的功率就将低于 13W，不能充分发挥其亮度；如果电源电压远高于额定值，节能灯就会损坏。可见非额定状态有时是一种危险状态。因此负载应工作在额定状态下。

1.2.3.2　开路状态

电路的开关断开后，电源处在开路状态，如图 1-10(b)所示，这时电路的电流为零，电源的端电压等于电源的电动势，即 $U_{OC} = E$，电源不输出电能，处于空载状态。

1.2.3.3 短路状态

如图 1-10(c)所示，电源两端连在一起，造成电源短路，即电路处于短路状态。这时外电路的电阻为零，负载被短路，电源电动势全部都加在电源内阻上，形成短路电流 I_{SC}，即

$$I_{SC} = \frac{E}{R_0} \tag{1-27}$$

由于实际电源的内阻都很小，因此短路电流很大，如果不采取措施，将损坏电源。电源短路是一种严重事故，为了防止其造成严重后果，一般电路中要串联熔断器(保险丝)或者空气断路器，短路发生时，这些电器能够迅速切断电流回路，从而保护电源，保证用电安全。

1.3 电路的基本定律

1.3.1 欧姆定律

欧姆定律是电路分析中最基本的定律，其内容为：电阻端电压 u 和电流 i 之间成正比，比值为电阻值 R。

在图 1-11 所示电路中，当电阻两端的电压和电流有参考方向时，欧姆定律的表达式分为两种：

①若电压和电流的参考方向为关联参考方向，如图 1-11(a)所示，则欧姆定律表示为

$$U = RI$$

②若电压和电流为非关联参考方向，如图 1-11(b)和(c)所示，则欧姆定律表示为

$$U = -RI$$

注意：一般在电路分析中，在设定电阻的电流、电压参考方向时，应尽量选择关联参考方向，这样应用欧姆定律时符号运算会简单方便一些。

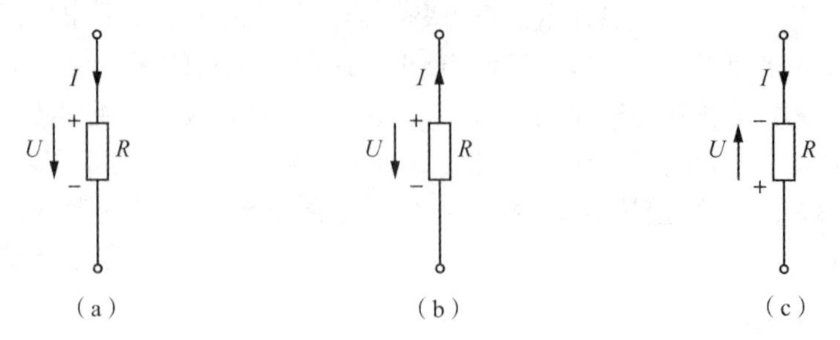

图 1-11 欧姆定律

(a)关联方向 (b)非关联方向 (c)非关联方向

1.3.2　基尔霍夫第一定律

基尔霍夫定律是电路的基本定律，它包括：①基尔霍夫第一定律，即电流定律（Kirchhoff's Current Law，KCL）；②基尔霍夫第二定律，即电压定律（Kirchhoff's Voltage Law，KVL）。

下面结合图 1-12 介绍电路常用的有关名词。

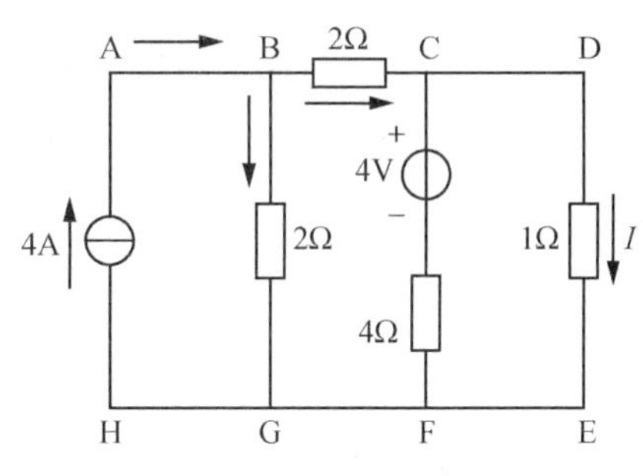

图 1-12　电路举例

电路中没有分岔的一段电路称为支路，一条支路只有一个电流，称为支路电流。图 1-12 中共有 6 条支路：BAHG，BC，BG，CF，CDEF，GF。注意 GF 之间的一段电路上虽然没有元件，但也是一个支路。

电路中 3 条或 3 条以上支路的连接点称为结点。图 1-12 中共有 4 个结点：B，C，F 和 G。一旦结点确定后，相邻两个结点间的一段电路即为支路。

由若干条支路组成的闭合电路称为回路。图 1-12 中共有 6 个回路：ADEHA，ACFHA，BDEGB，ABGHA，BCFGB，CDEFC。

没有被支路穿过的回路称为网孔。显然，网孔是回路的一种特殊情况，图 1-12 中共有 3 个网孔：ABGHA，BCFGB，CDEFC。

基尔霍夫电流定律，阐明一个结点上各支路电流应遵循的约束关系，而与电路中各元件的性质无关。该定律表述为：在任一瞬间，流入某结点的电流 $I_{入}$ 之和等于从该结点流出的电流 $I_{出}$ 之和。用公式表示为

$$\sum I_{入} = \sum I_{出} \tag{1-28}$$

根据此公式，在图 1-13(a)中，对结点 A 可以得出

$$I_1 = I_2 + I_3$$

可将上式改写成

$$I_1 - I_2 - I_3 = 0$$

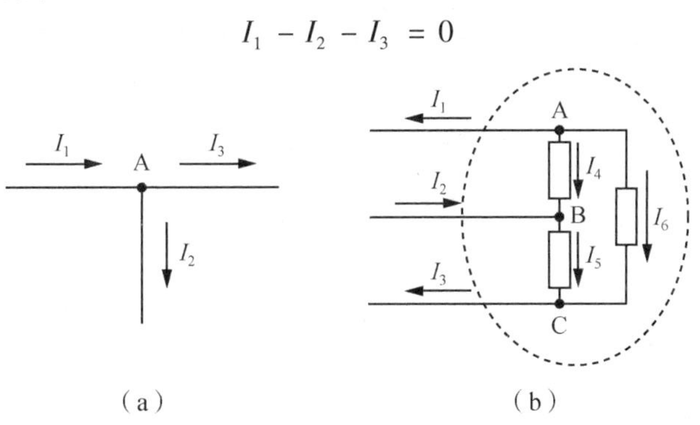

图 1-13　支路电流

这里我们把流入结点的电流定为正，而流出结点的电流定为负，这样基尔霍夫电流定律可写成一般表示式

$$\sum I = 0 \tag{1-29}$$

即在任一瞬间，一个结点上电流的代数和恒等于零。

基尔霍夫电流定律是建立在电荷守恒和电流连续性原理基础上所得出的结果。如果在任一瞬间，流入结点的电流不等于流出结点的电流，势必使该结点成为电荷的仓库或成为产生电荷的电荷源，显然这都是不可能的。

图 1-13(b)所示电路中共有 3 个结点，对 3 个结点分别应用 KCL，列出方程如下：

$$-I_1 - I_4 - I_6 = 0$$
$$I_2 + I_4 - I_5 = 0$$
$$-I_3 + I_5 + I_6 = 0$$

上列三式相加，可得

$$-I_1 + I_2 - I_3 = 0 \tag{1-30}$$

如图 1-13(b)所示，结点 A，B，C 全部被虚线包含在一个封闭面内，该封闭面称为广义结点。基尔霍夫电流定律可推广到电路中的任一封闭面或广义结点，对广义结点应用 KCL 即可一步得到式(1-30)，可见对广义结点应用 KCL 可使算式简洁、便利。而且由上面的推导可以看到，根据广义结点列出的 KCL 方程，实际上等于闭合面内各结点 KCL 方程之和。

1.3.3 基尔霍夫第二定律

基尔霍夫第二定律是一个电压定律(KVL)，该电压定律阐明在任一回路中，各部分电压所应遵循的约束关系。该定律表述为：在任一瞬间，沿一回路绕行一周，各部分电位降之和等于电位升之和。由于电位具有单值性，从某点绕行一周回到出发点时，该点的电位并不会发生变化，从而可知该定律的正确性。KVL 用公式表示为

$$\sum U_{降} = \sum U_{升} \tag{1-31}$$

基尔霍夫电压定律常与欧姆定律配合使用。如在图 1-14 的 ABCDA 回路，各电动势、电压和电流的参考方向均已标出，选取回路顺时针方向绕行时，可列出 KVL 电压平衡方程式

$$U_{R_2} + U_3 = U_1 + U_2 + U_{R_1}$$

如将上式改写为

$$U_{R_2} + U_3 - U_1 - U_2 - U_{R_1} = 0$$

即相当于

$$\sum U = 0 \tag{1-32}$$

由式(1-32)可知，基尔霍夫电压定律还可以表述为：在任一瞬间，顺时针方向或逆时针方向绕行回路一周，各段电压的代数和恒等于零，其中的值规定为电位升为

负，电位降为正。

如果将上式中的电源电压用电动势替换，对电阻两端电压应用欧姆定律，则可改写为

$$I_2R_2 + E_3 - E_1 - E_2 - I_1R_1 = 0$$

整理后即

$$E_1 + E_2 - E_3 = I_2R_2 - I_1R_1$$

从而得到

$$\sum IR = \sum E \tag{1-33}$$

式(1-33)是基尔霍夫电压定律的又一种表达式：在任一瞬间，沿任一闭合回路，电压降的代数和等于电动势的代数和。这里要注意两边的符号，如果电流(电压)的参考方向与绕行方向一致，则电阻两端的电压取正号，反之取负号；如果方程右边电动势的参考方向与绕行方向一致，取正号，反之取负号。

基尔霍夫电压定律不仅适用于闭合回路，在一定条件下，也可以把它推广应用于不闭合的开口电路，开口处用一个电压表示后，可以整体看成“闭合电路”，称为广义回路。图 1-14 在 A 和 C 处断开后，形成图 1-15 的电路，该电路就构成了广义回路。

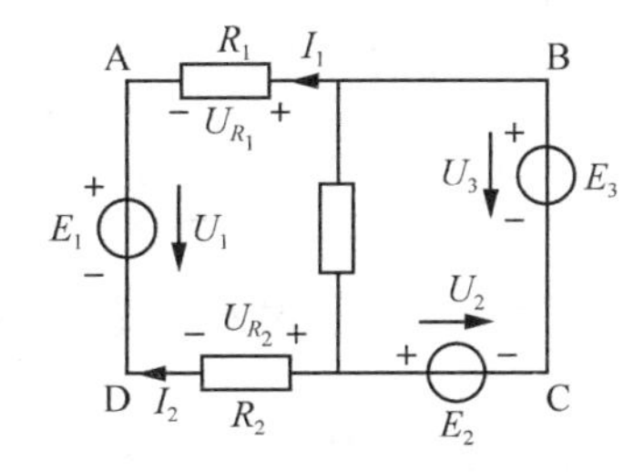

图 1-14　基尔霍夫电压定律举例

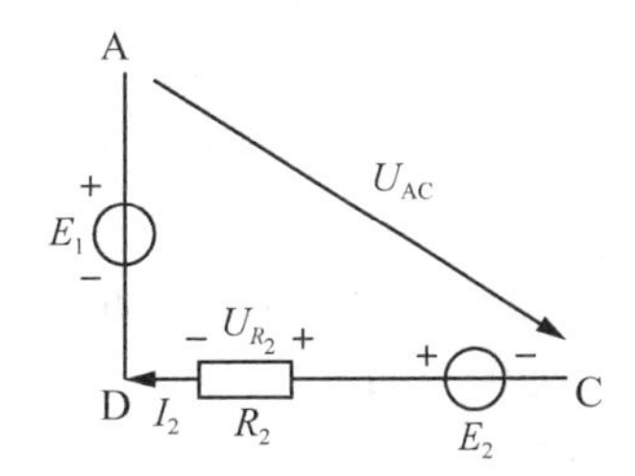

图 1-15　基尔霍夫电压定律推广应用

如果用 U_{AC} 表示 AC 间的电压，对开口电路的回路 ACDA 应用 KVL，则有

$$U_{AC} - E_1 + U_{R_2} - E_2 = 0$$

或

$$U_{AC} = E_1 + E_2 - U_{R_2}$$

【例 1-2】　试求图 1-16 电路中的 ab 端口的开路电压 U_{ab}。

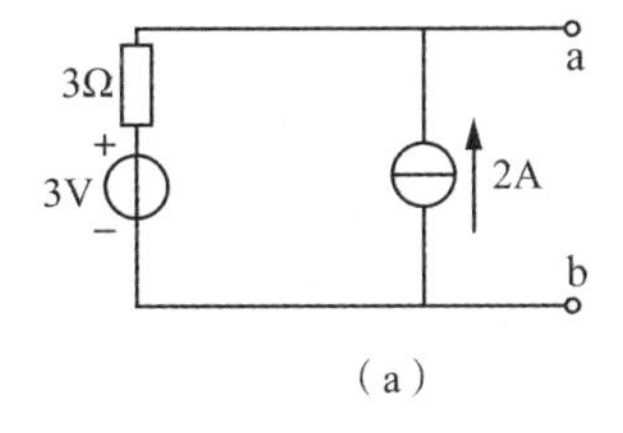

(a)

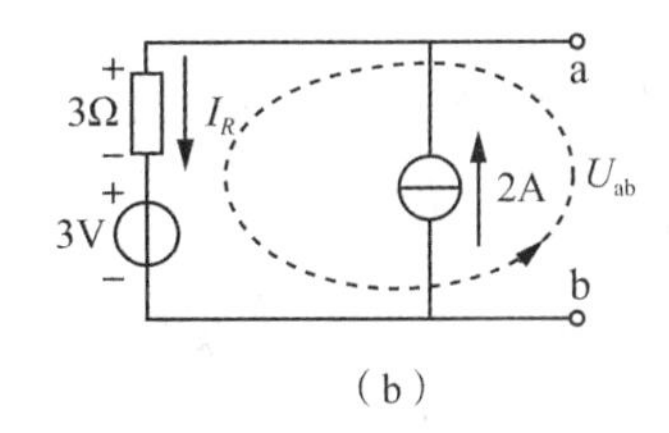

(b)

图 1-16　例 1-2 电路图

(a)电路　(b)给定参考方向和回路

【解】 首先要标定各元件电压参考方向和开口电压 U_{ab}，如图 1-16(b)所示。整个电路只有一个闭合回路，恒流源的电流即为电阻上的电流，即

$$I_R = 2(\mathrm{A})$$

对图中虚线标示的广义回路(开口电路)应用 KVL，可得

$$-U_{ab} + U_R + 3 = 0$$

应用欧姆定律，上式可改写为

$$-U_{ab} + 3I_R + 3 = 0$$

将 $I_R = 2(\mathrm{A})$代入上式得

$$U_{ab} = 9(\mathrm{V})$$

【例 1-3】 试求图 1-17 电路中的 ab 端口的开路电压 U_{OC}。

【解】 该电路只有一个闭合回路 I，因此可得

$$I_1 = -I_2$$

对闭合回路 I 应用 KVL，可得

$$16 - 3I_2 + 8I_1 - 5 = 0$$

将 $I_1 = -I_2$ 代入上式得

$$I_2 = 1$$

设 ab 端开路电压为 U_{OC}，对广义回路Ⅱ应用 KVL 可得

$$U_{OC} - 7 + 3I_2 - 16 = 0$$

即

$$U_{OC} = 7 + 16 - 3 \times 1 = 20(\mathrm{V})$$

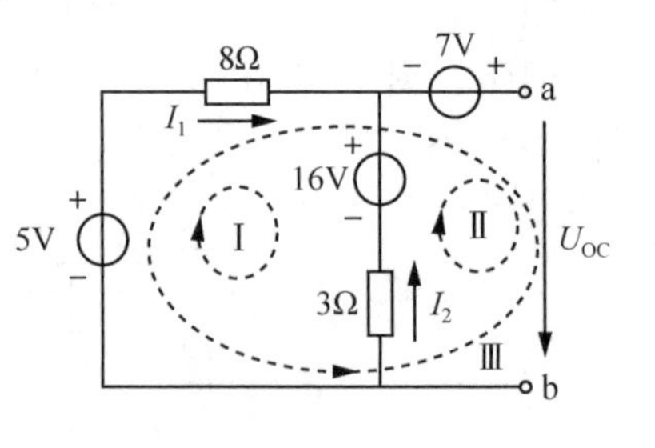

图 1-17　例 1-3 电路图

也可以选择对广义回路Ⅲ应用 KVL 列方程。

注意在应用 KVL 求解回路电压时，可以选择不同的回路。一般选择元件少的回路或者已知电压的回路列方程，会使求解更便利。

1.4　电阻的串联与并联

电阻的连接形式有多种，可以连接成网状结构，其中最简单和最常用的是电阻的串联和并联。

1.4.1　电阻的串联

如果电路中有多个电阻一个接一个地按首尾顺序连接起来，这样的连接方法就是电阻的串联。如图 1-18 所示，等效后的电阻 R 为各个电阻的总和，即

$$R = \sum_{i=1}^{n} R_i$$

电阻串联的一个特点是流过所有电阻上的电流都相同，该电流 I 为

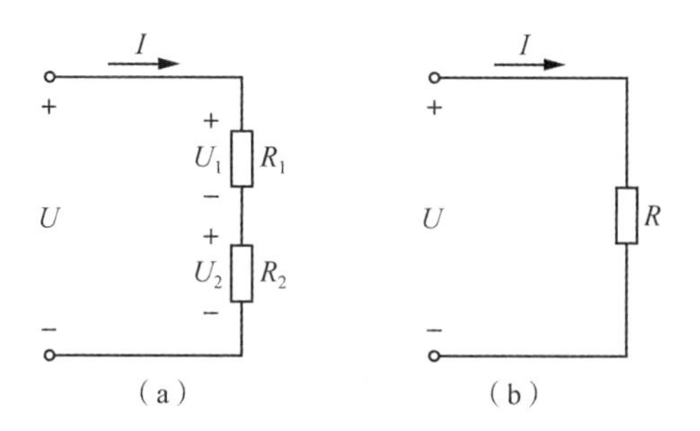

图 1-18　电阻的串联

（a）电路　（b）等效电阻

$$I = \frac{U}{R} = \frac{U}{\sum_{i=1}^{n} R_i} \tag{1-34}$$

则每个串联电阻 R_i 两端的电压 U_i 为

$$U_i = IR_i = \frac{U}{R}R_i = \frac{R_i}{R}U \tag{1-35}$$

可见串联电阻上的电压按照该电阻与等效电阻的比值进行分配。上面的公式一般称为串联电路的分压公式。

电阻串联应用非常多。在回路的负载上串联电阻，可以降落一部分电压，从而减小负载电压，对负载起到降压作用。同时还可以降低负载的电流，起到限流的作用。

1.4.2　电阻的并联

如果多个电阻连接在两个公共的结点上，这样的接法就是电阻的并联。如图 1-19 所示，等效后的电阻 R 的倒数等于各个并联电阻的倒数之和，即

$$\frac{1}{R} = \sum_{i=1}^{n} \frac{1}{R_i} \tag{1-36}$$

电阻的倒数称为电导，则上面的公式用电导可表示为

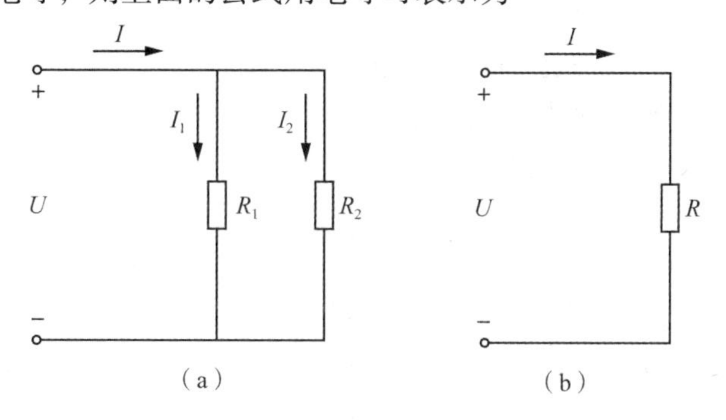

图 1-19　电阻的并联

（a）电路　（b）等效电阻

$$G = \sum_{i=1}^{n} G_i$$

若只有两个电阻并联，则可得各电阻的电流为

$$I_1 = \frac{R_2}{R_1 + R_2} I$$

$$I_2 = \frac{R_1}{R_1 + R_2} I$$

上述公式一般称为并联电阻的分流公式。

电阻并联的一个特点是每个电阻的端电压是相同的。并联的负载电阻越多，等效的电阻就越小，电路的总电流和功率就越大。日常生活中的负载都是并联形式，每个负载的电压、电流和功率基本不变，而且基本上不受其他负载的影响。

1.5 支路电流法

支路电流法是以各支路电流为未知量，应用基尔霍夫定律和欧姆定律对电路的结点和回路列出联立方程，然后求解出各支路电流，进而可求出各部分电压以及功率。这种方法实际上是直接应用基尔霍夫定律的求解方法，所以是计算复杂电路的最基本方法。

用支路电流法求解电路，需要列多个方程，并且联立解多元一次方程。首先需要明确的是一个电路能够列出多少个独立方程。一般而言，若一个电路有 b 个支路，n 个结点，那么独立的 KCL 方程数为 $n-1$ 个。列写独立 KVL 电压方程时，只有保证每个回路里至少应包含一条新的支路，方程才是独立的。独立的 KVL 方程数为 $b-(n-1)$个，一种普遍适用又简便的方法是对网孔列 KVL 回路电压方程，因为网孔回路满足至少有一条新支路的要求。独立的 KVL 方程数与网孔数是相等的，因此可以针对网孔列出独立的 KVL 方程。这样所得到的全部独立方程的总数为$(n-1)+b-(n-1)=b$ 个，由此就可以求出 b 个支路电流。

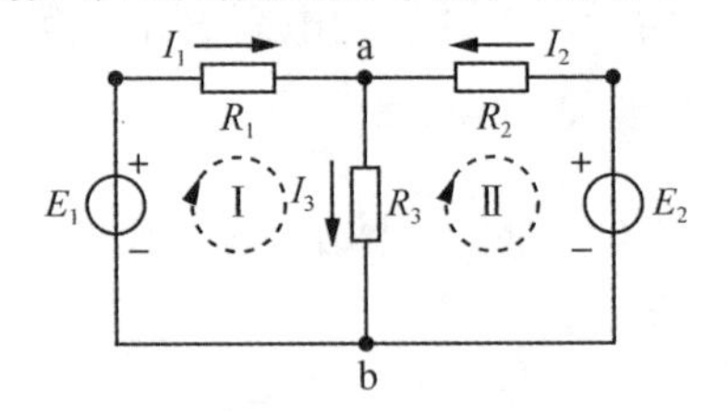

图 1-20 例 1-4 电路图

【例 1-4】 图 1-20 电路中，已知 $E_1=230\text{V}$，$R_1=0.5\Omega$，$E_2=226\text{ V}$，$R_2=0.3\Omega$，$R_3=5.5\Omega$，电动势和电流参考方向如图所示，求各个支路的电流。

【解】 该电路有 2 个结点、3 条支路、2 个网孔，最多可以列出 1 个独立 KCL 方程，2 个独立 KVL 方程。

对结点 a 应用 KCL：$I_1+I_2=I_3$ (1)

对网孔 I 应用 KVL：$-E_1+I_1R_1+I_3R_3=0$ (2)

对网孔 II 应用 KVL：$I_2R_2+I_3R_3-E_2=0$ (3)

将式(1)(2)(3)代入已知参数并联立方程，可解得

$$I_1=20\text{A}，I_2=20\text{A}，I_3=40\text{A}$$

【例 1-5】 图 1-21 电路中，恒流源的电流 $I_S=16\text{A}$，恒压源的电压 $U_{S_1}=8\text{V}$，$U_{S_2}=$

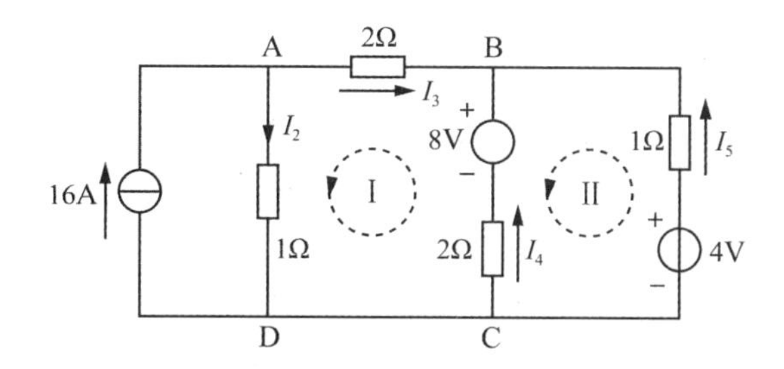

图 1-21　例 1-5 电路图

4V。各电流、电压的参考方向已在图中标明。试用支路电流法求各支路电流。

【解】 此电路有 6 条支路，4 个结点，3 个网孔。最多可以列出 3 个独立 KCL 方程，3 个独立 KVL 方程。但恒流源所在支路的电流是已知的，这就少了一个未知量，可以少列一个方程。另外支路 CD 没有元件，因此不关心其支路电流，这就又少了一个未知量，因此一共有 4 个未知量，只需列出 4 个独立方程。

对结点 A 应用 KCL：$16 = I_2 + I_3$　(1)

对结点 B 应用 KCL：$I_3 + I_4 + I_5 = 0$　(2)

对网孔 I 应用 KVL：$I_2 - 2I_3 + 2I_4 - 8 = 0$　(3)

对网孔 Ⅱ 应用 KVL：$8 - 2I_4 + I_5 - 4 = 0$　(4)

联立式(1)(2)(3)(4)求解得

$$I_2 = 13.1\text{A},\ I_3 = 2.9\text{A},\ I_4 = 0.37\text{A},\ I_5 = -3.27\text{A}$$

恒流源端电压 $U = 1 \times I_2 = 13.1\text{V}$。

1.6 叠加原理

线性电路是指由线性元器件组成的电路。叠加原理是反映线性电路基本性质的一个重要原理，可表述为：在线性电路中，当有多个独立源共同作用时，任意支路的电流(或者电压)，等于各独立源分别单独作用时在该支路中产生的电流(或者电压)的代数和。当考虑一个电源单独作用时，其他不作用的独立源以零值处理，即恒压源短路，恒流源开路。叠加原理反映了线性电路中各电源激励作用的独立性，以及电源作用效果的可叠加性。

叠加原理的正确性可以图 1-22 为例证明。首先采用支路电流法分析图 1-22(a)电路，该电路含有一个电压源和一个电流源，现要求解电流 I_1，I_2。

对结点 A 应用 KCL：$I_S + I_2 - I_1 = 0$

对网孔 I 应用 KVL：$U_S - I_1R_1 - I_2R_2 = 0$

联立求解方程可得

$$I_1 = \frac{U_S}{R_1 + R_2} + \frac{R_2}{R_1 + R_2}I_S,\quad I_2 = \frac{U_S}{R_1 + R_2} - \frac{R_1}{R_1 + R_2}I_S \tag{1}$$

图 1-22(a)为原电路，根据叠加原理要求，把原电路按照电源分解为两个单电源作用的电路，分别如图 1-22(b)和图 1-22(c)所示。

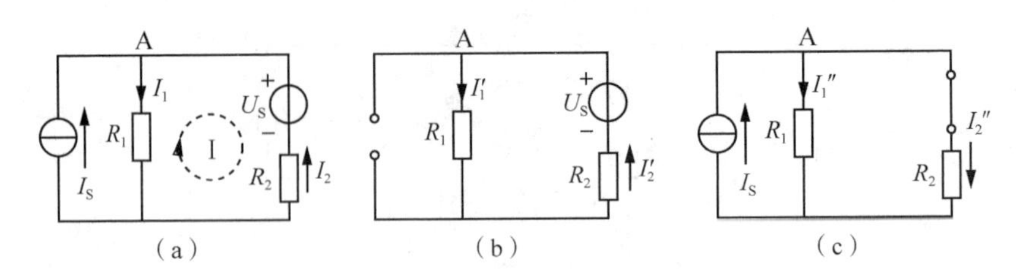

图 1-22 叠加原理电路

(a)原电路 (b)分电路 (c)分电路

图 1-22(b)为恒压源 U_S 单独作用时(此时恒流源不作用而开路)的电路，易得

$$I'_1 = \frac{U_S}{R_1 + R_2}, \quad I'_2 = \frac{U_S}{R_1 + R_2} \tag{2}$$

图 1-22(c)为恒流源 I_S 单独作用时(此时恒压源不作用而短路)的电路，易得

$$I''_1 = \frac{R_2}{R_1 + R_2}I_S, \quad I''_2 = \frac{R_1}{R_1 + R_2}I_S \tag{3}$$

比较式(1)(2)(3)可知，电流 I_1，I_2 为各电源单独作用时在该支路产生电流的代数和，即

$$I_1 = I'_1 + I''_1$$

$$I_2 = I'_2 - I''_2$$

在计算各分量的代数和时，注意各电压、电流分量前的符号。若分电路的电压、电流分量的参考方向与原电路的电流、电压的参考方向一致，取正号，若相反则取负号。

叠加原理体现了“先分后合”的思想，即先按照电源对原电路进行分解，然后再对分电路分析结果进行叠加合成。叠加原理的重要意义在于：可以将包含多个电源的复杂电路分解为若干个较容易分析的单电源电路，这样对复杂电路的分析将大为简化。

应用叠加原理分析电路时要注意：

①叠加原理只适于分析线性电路，不能用于分析非线性电路。

②功率的计算不能应用叠加原理，因为功率与电流(电压)之间并不是线性关系，而是非线性的平方关系。

③对原电路和分电路都要标明各支路电流、电压的参考方向。若分电路的电压、电流分量的参考方向与原电路的电流、电压的参考方向一致，取正号，若相反则取负号。

④原电路分解为多个分电路时，不一定按单个独立源进行分解，可以按多个独立源进行分解，这样的分电路将包含多个独立源，只要这个分电路容易求解即可。

⑤最后再次强调，计算某电源单独作用时，原来电路中其他电源均应按零值处理。零值恒压源相当于短路，而零值恒流源相当于开路。但保留电源的内电阻。

【例 1-6】 试用叠加原理计算图 1-23(a)所示电路中 4 Ω 电阻支路的电流 I，并计算该电阻吸收的功率 P。

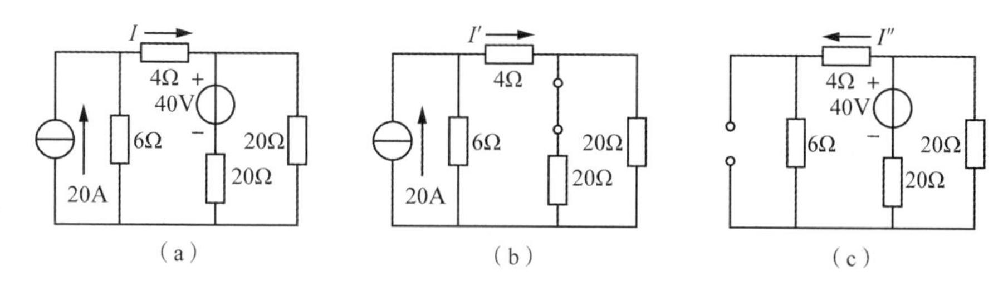

图 1-23　例 1-6 电路图

(a)题示电路　(b)恒流源单独作用电路　(c)恒压源单独作用电路

【解】　(1)当恒流源单独作用时，将恒压源短路，如图 1-23(b)所示，依据分流公式可算得

$$I' = \frac{6}{6+(4+10)} \times 20 = 6(\mathrm{A})$$

(2)当恒压源单独作用时，将恒流源开路，如图 1-23 (c)所示，求总电流再分流得

$$I'' = \frac{40}{20+\dfrac{(4+6)\times 20}{(4+6)+20}} \times \frac{20}{(4+6)+20} = 1(\mathrm{A})$$

(3)将两电流分量叠加，得

$$I = I' - I'' = 6 - 1 = 5(\mathrm{A})$$

(4)4Ω 电阻吸收的功率为

$$P = I^2R = 5^2 \times 4 = 100(\mathrm{W})$$

1.7　电压源与电流源的等效变换

1.7.1　恒压源串联和并联

恒压源串联后，对外电路而言，可以等效化简成一个恒压源，如图 1-24 所示。

将恒压源的电动势 E 换写成端电压 U_S，在图示的参考方向下，依据 KVL 可知，几个恒压源串联时，等效电压源的电压等于各恒压源电压的代数和，其中参考方向(参考极性)与 U_S 相同者为正，公式为

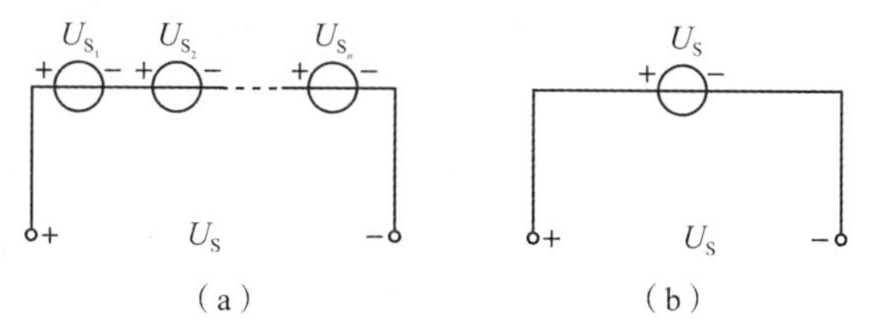

图 1-24　恒压源串联的等效变换

(a)恒压源串联电路　(b)等效恒压源

$$U_S = \sum_{k=1}^{n} U_{S_k} \tag{1-37}$$

只有电压相等的恒压源才允许并联，且等效恒压源就是其中之一。因为电压值不等的恒压源并联的回路，不符合 KVL。

1.7.2 恒流源串联和并联

恒流源并联，对外电路而言，可以等效化简成一个恒流源，如图 1-25 所示。

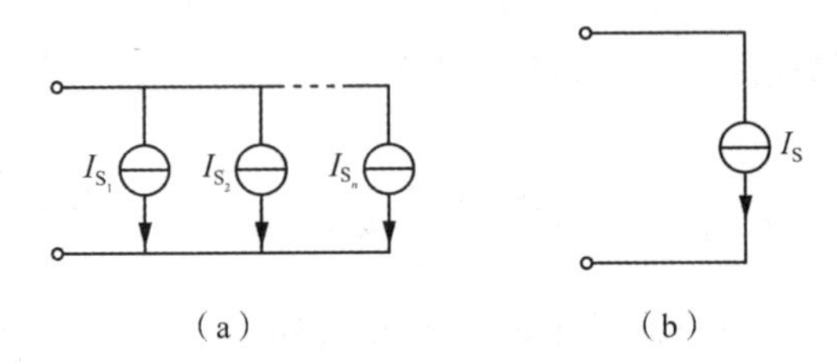

图 1-25 恒流源并联的等效变换

(a) 恒流源并联电路 (b) 等效恒流源

在图示的参考方向下，依据 KCL 可知，几个恒流源并联时，等效恒流源电流为各恒流源电流的代数和，其中参考方向与 I_S 相同者为正，公式为

$$I_S = \sum_{k=1}^{n} I_{S_k} \tag{1-38}$$

只有电流相等的恒流源才允许串联，等效恒流源就是其中之一。因为电流值不等的恒流源串联，违反 KCL。

1.7.3 电压源与电流源的等效变换

电压源与电流源是电路中最常见的两种电源模型。电压源与电流源的等效变换是指：电路中的一种电源模型变换为另一种模型后，对于变换以外的其他部分电路，其电压、电流大小和方向均与变换前完全相同，功率也保持不变。这种变换对于外电路而言是等效的，但是对于电源内部却不是等效的。

一个实际电源既可表现为恒压源 U_S 与内电阻 R_0 串联的形式，又可表现为恒流源 I_S 与内阻 R_0 并联的形式，电压源与电流源的外特性曲线相同，因此这两种表现形式当然可以相互变换，如图 1-26 所示。

根据等效的定义，将电压源（U_S 和 R_0 已知）等效变换为电流源，则电流源的参数是

$$I_S = \frac{U_S}{R_0}$$

其并联的电阻等于恒压源内阻 R_0。等效变换得到的电流方向指向原恒压源的正极。同样，将电流源（I_S 和 R_0 已知）等效变换为电压源，等效变换的条件是

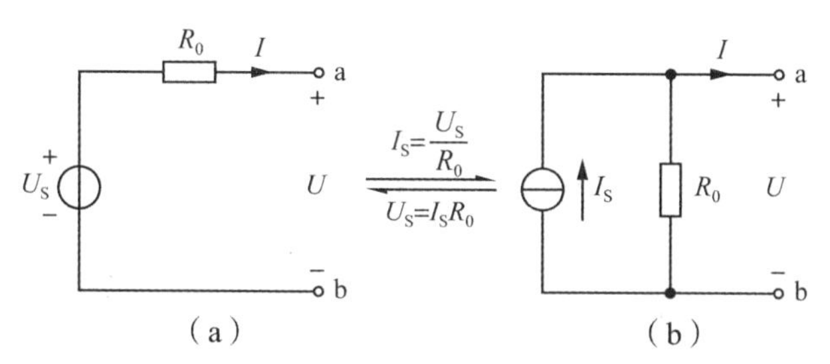

图1-26 电压源与电流源的等效变换

(a)电压源 (b)电流源

$$U_S = I_S R_0$$

恒压源串联的电阻等于恒流源并联的电阻 R_0。等效变换得到的恒压源电压正极为原恒流源箭头尖指向的那一端。

将电压源与电流源进行等效变换是一种分析电路的方法，可用来化简复杂电路为简单电路。

电源等效变换时，应注意下列问题：

①恒压源与恒流源之间不能等效变换。这是因为恒压源内阻为零，而恒流源内阻为无限大；这使得恒压源短路电流为无限大，恒流源的开路电压为无限大。这种情况无法满足等效变换的条件，找不到对应的等效电源。

②凡是与恒压源并联的元件(例如电阻、恒流源或支路等)对外电路均不起作用，等效变换时可以将其去掉。因为去掉后，不影响外电路对该恒压源的响应。去掉的方法是将其开路。

③凡是与恒流源串联的元件(例如电阻、恒压源或支路等)对外电路也毫无影响，等效变换时同样可以去掉。去掉的方法是将其短路。

【例1-7】 试用等效变换的方法求图1-27(a)电路中的电流 I。

【解】 在图1-27(a)中，将与6V恒压源并联的3Ω电阻除去(断开)，这并不影响外

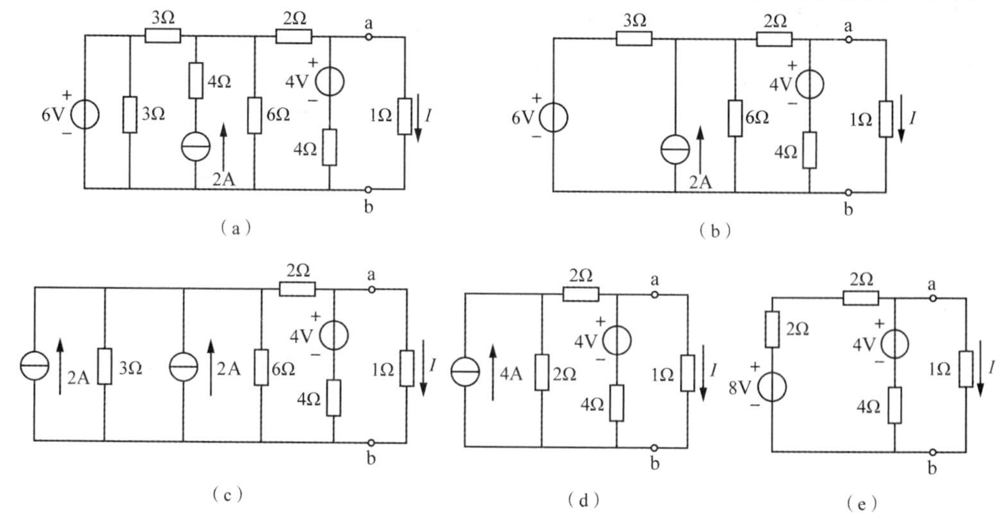

图1-27 例1-7电路图

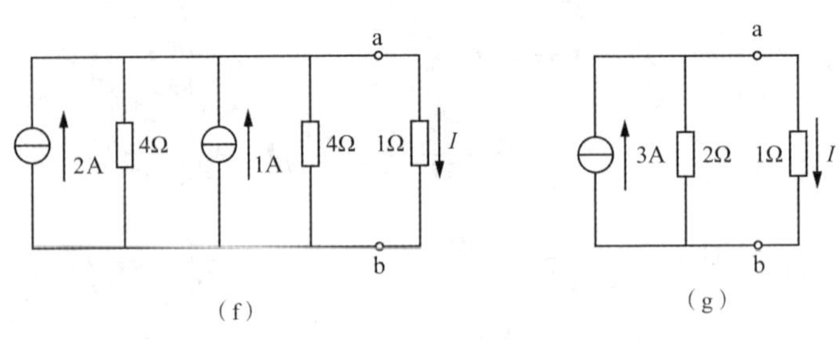

图 1-27 例 1-7 电路图(续)

电路。将与 2A 恒流源串联的 4Ω 电阻除去(短接)，并不影响该支路电流。这样化简后得出电路如图 1-27(b)所示，然后进行电压源与电流源的等效变换。图 1-27(b)可依次等效为图 1-27(c)(d)(e)(f)(g)，对于最终的图 1-27(g)，根据分流公式得

$$I = 3 \times \frac{2}{2+1} = 2(\mathrm{A})$$

1.8 结点电压法

在电路分析中，支路电流法理论上可以求解任何复杂电路，但当遇到结点较少，支路数较多时，联立求解的方程数也较多，计算过程烦琐，分析这类的电路常采用结点电压法。

如果选取电路中某一结点为参考结点，则各结点与此参考结点之间的电压称为结点电压。结点电压的参考方向是以参考结点为负，其余结点为正。以结点电压为未知量的电路分析方法，称为结点电压法。本书只讨论只有两个结点的情况。

下面以图 1-28 所示电路为例，介绍结点电压法。该电路有 6 条支路，4 个结点。因为结点 A 和 B 之间没有元件，可以把它们看成一个结点 a，同理结点 C 和 D 可看成一个结点 b，这样该电路可化为两个结点的电路。设 b 为参考结点，a 和 b 之间的结点电压为 U。

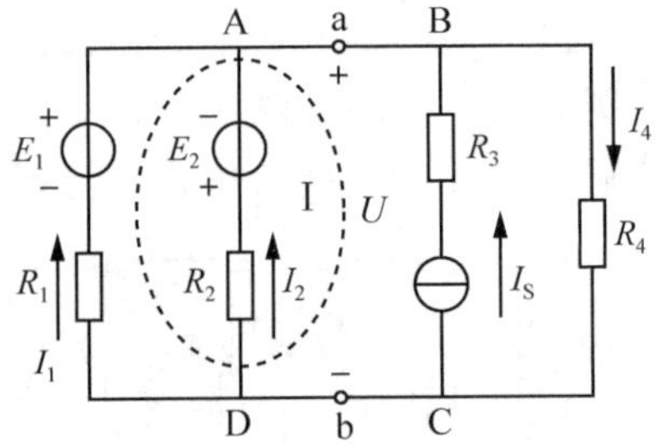

图 1-28 结点电压法举例

在图示参考方向的情况下，各支路电流可应用基尔霍夫定律或欧姆定律得出，即对广义回路Ⅰ应用 KVL 得

$$U = E_1 - I_1 R_1$$

即

$$I_1 = \frac{E_1 - U}{R_1} \tag{1}$$

同理可得

$$U = -E_2 - I_2 R_2$$

即

$$I_2 = \frac{-E_2 - U}{R_2} \tag{2}$$

由欧姆定律得

$$U = I_4 R_4$$

即

$$I_4 = \frac{U}{R_4} \tag{3}$$

对结点 a 应用 KCL 可得

$$I_1 + I_2 + I_S - I_4 = 0 \tag{4}$$

将式(1)(2)(3)代入式(4)，则得

$$\frac{E_1 - U}{R_1} + \frac{-E_2 - U}{R_2} + I_S - \frac{U}{R_4} = 0$$

经整理后，得出结点电压 U 的表达式为

$$U = \frac{\frac{E_1}{R_1} - \frac{E_2}{R_2} + I_S}{\frac{1}{R_1} + \frac{1}{R_2} + \frac{1}{R_4}}$$

对上式进行归纳总结，可以得到通用的表达式

$$U = \frac{\sum \frac{E_i}{R_i} + \sum I_{S_i}}{\sum \frac{1}{R_i}} \tag{1-39}$$

对于两个结点或者可化为两个结点的电路，式(1-39)又称为弥尔曼定理，式中分母为各支路电阻的倒数和，恒为正值，但要去除含恒流源支路的电阻(因为恒流源支路的电阻对结点电压 U 不起作用)，分子为各个支路等效电流值的代数和，符号规定为：当电源电动势、恒流源的参考方向与结点电压的参考方向相反时，取正号，反之取负号。

由以上各式可见，结点电压法是以独立结点电压为求解对象，在已知电源参数和电阻的情况下，只要先求出结点电压 U，电路中其他电压、电流响应，都可以再利用欧姆定律、KCL、KVL 很容易地求解出来。对于只有两个结点而并联支路数较多的一类电路，由弥尔曼定理给出了直接求解结点电压的公式，在电工技术中应用较为广泛。

【例 1-8】 用结点电压法求解图 1-29 所示电路的各支路电流。已知 $R_1 = 20\Omega$，$R_2 = 5\Omega$，$R_3 = 6\Omega$。

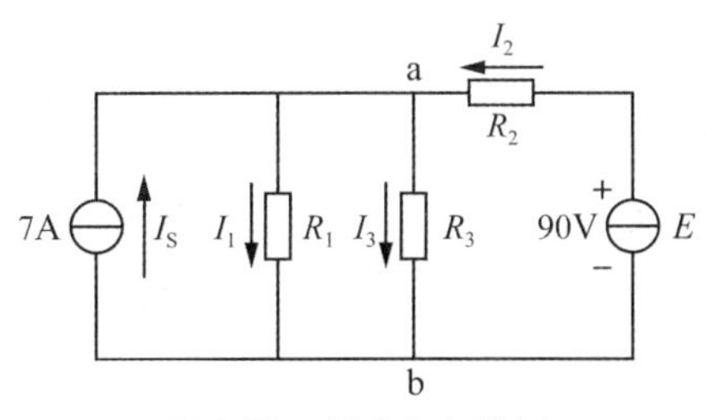

图 1-29　例 1-8 电路图

【解】 设结点电压为 U_{ab}，应用结点电压法，可得

$$U_{ab}=\frac{\frac{E}{R_2}+I_S}{\frac{1}{R_1}+\frac{1}{R_2}+\frac{1}{R_3}}=\frac{\frac{90}{5}+7}{\frac{1}{20}+\frac{1}{5}+\frac{1}{6}}=60(\mathrm{V})$$

应用 KVL 得

$$U_{ab}-90+I_2R_2=0$$

即

$$60-90+5I_2=0$$

解得

$$I_2=6(\mathrm{A})$$

应用欧姆定律得：

$$I_1=\frac{U_{ab}}{R_1}=\frac{60}{20}=3(\mathrm{A}),\quad I_3=\frac{U_{ab}}{R_3}=\frac{60}{6}=10(\mathrm{A})。$$

1.9　戴维宁定理

在电路的分析和计算中，有时仅需要计算电路中某一个支路的电流或者电压，为了适合这种要求，常采用等效电源的方法。

一个电路或网络(网络通常指较为复杂的电路)把所要计算的支路拉出来，剩余部分是一个含有电源、有两个端头的网络，即有源二端网络。等效电源的方法就是把这个有源二端网络用一个等效电源来代替，这样就可以把复杂电路化为简单电路。如图 1-30(a)和图 1-30(b)所示，把有源二端网络等效为一个电压源的分析方法，称为戴维宁定理，它是线性电路分析中又一重要定理。

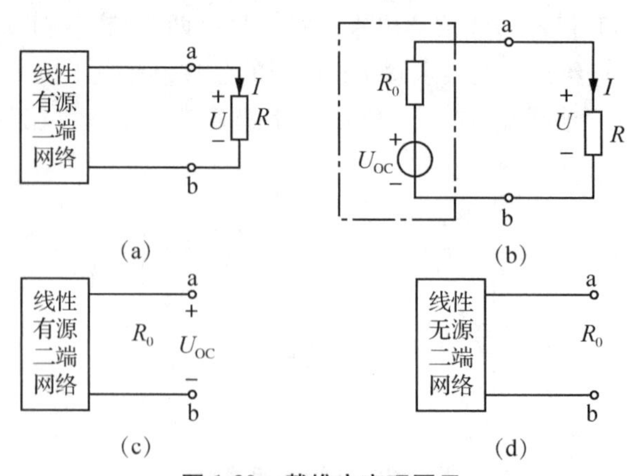

图 1-30　戴维宁定理图示

(a)有源二端网络与负载　(b)戴维宁等效电路　(c)有源二端网络求开路 U_{OC}　(d)去源求内阻 R_0

戴维宁定理可表述为：任何一个线性有源二端网络，可以用一个等效电压源代替。如图 1-30(c)和图 1-30(d)所示，等效电压源的电动势等于二端网络的开路电压 U_{OC}，等效电压源内阻 R_0 等于二端网络除去所有电源后的无源二端网络的等效电阻。有源二端网络去除电源方法为电源均为零值，即恒压源短路，恒流源开路。

【例 1-9】 计算图 1-31 电路中 R_L 上的电流 I_L。

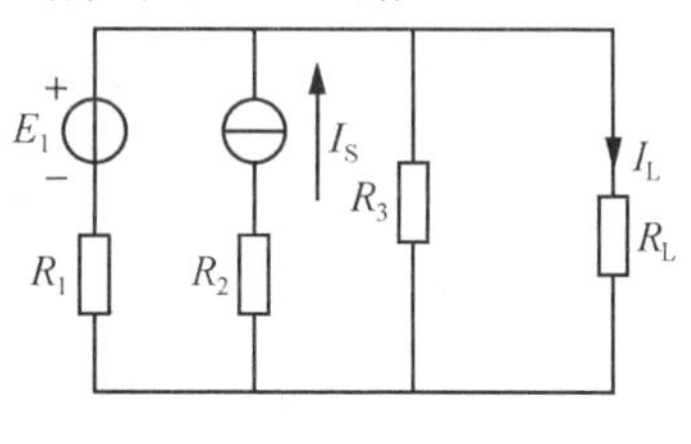

图 1-31　例 1-9 电路

【解】 (1)图 1-32(a)电路为戴维宁定理的有源二端网络，应用弥尔曼定理，求得开路电压为

$$U_{OC} = \frac{\frac{E_1}{R_1} + I_S}{\frac{1}{R_1} + \frac{1}{R_3}}$$

(2)图 1-32(a)电路去除电源后的无源二端网络如图 1-32(b)所示，据此求等效电阻 R_0，注意恒压源短路，恒流源开路，得

$$R_0 = R_1 // R_3 = \frac{R_1 R_3}{R_1 + R_3}$$

(3)图 1-32(c)为戴维宁等效电路，由此可求出 I_L 为

$$I_L = \frac{E}{R_0 + R_L} = \frac{U_{OC}}{R_0 + R_L}$$

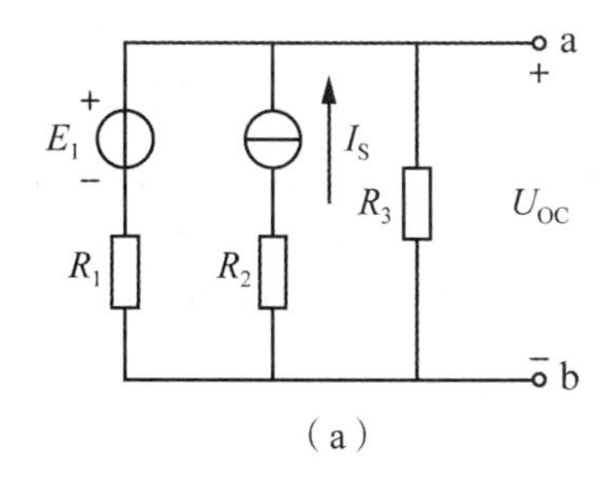

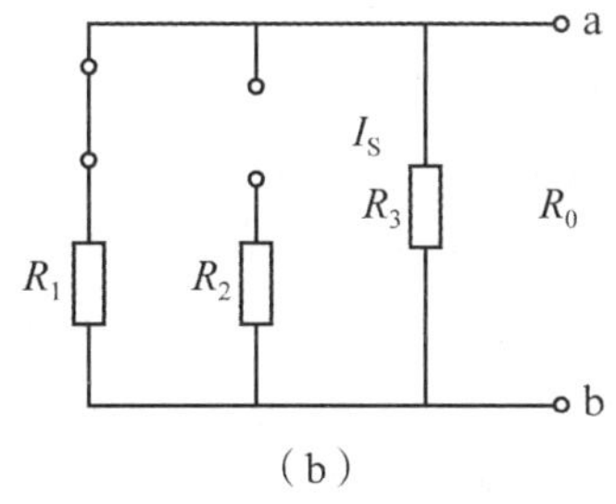

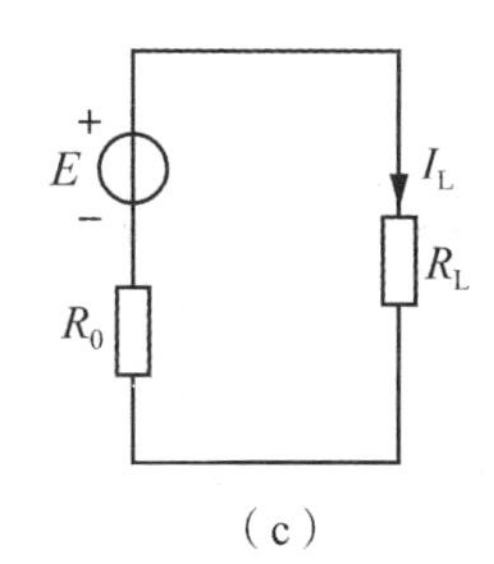

图 1-32　例 1-9 戴维宁定理求解图示

(a)有源二端网络　(b) 无源二端网络(除去电源)　(c)戴维宁等效电路

【例 1-10】 用戴维宁定理求图 1-33 电路中的电流 I。

【解】 (1)戴维宁定理的有源二端网络如图 1-34(a)所示，求等效电源的电动势 E。

$$U_1 = 2 \times 1 = 2(\text{V})$$

$$U_2 = 8(\text{V})$$

对开口电路应用 KVL 定律得

$$-U_{ab} - U_1 + U_2 = 0$$

由此得

$$E = U_{ab} = -2 + 8 = 6(\text{V})$$

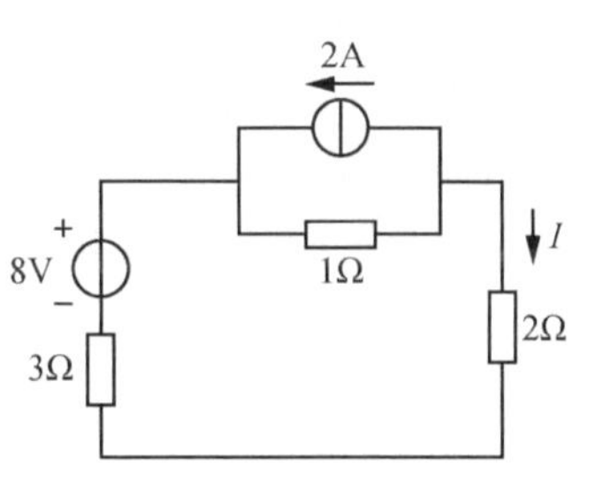

图 1-33　例 1-10 电路图

(2) 无源二端网络为图 1-34(b)，求得等效电源的内阻为 R_0

$$R_0 = 1 + 3 = 4(\Omega)$$

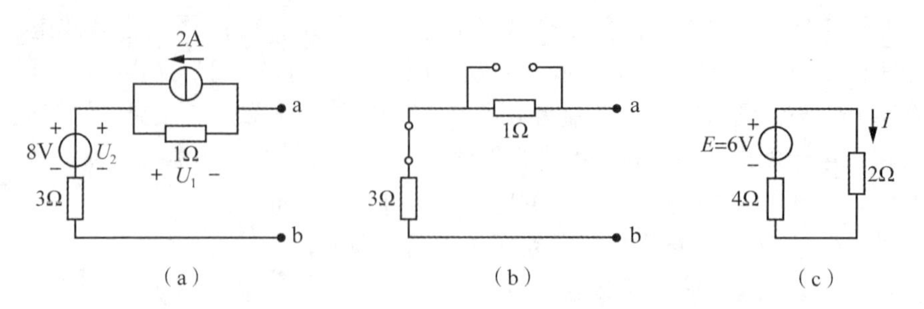

图 1-34 例 1-10 戴维宁定理求解图示

(a)有源二端网络 (b)无源二端网络(除去电源) (c)戴维宁等效电路

(3)戴维宁定理的等效电路如图 1-34(c)所示。可得

$$I = \frac{6}{4+2} = 1(\mathrm{A})$$

1.10 电路的暂态分析

在前面讨论的直流电路中，电压和电流都是不随时间变化的恒定量，对电路的这种稳定状态(简称稳态)的研究，称为电路的稳态分析。然而，在具有储能元件电容和电感的电路中，当电路的工作状态发生变化时，由于储能元件储存能量的变化，电路将从原来的稳定状态，经历一定的时间变换到新的稳定状态，这一变换过程称为过渡过程。电路的过渡过程通常是很短暂的(几毫秒甚至几微秒)，所以又称为暂态过程。研究电路暂态过程中电压和电流随时间的变化规律，称为电路的暂态分析。

分析电路的暂态过程有着十分重要的意义。暂态过程的规律在电力电子技术、计算技术中得到广泛的应用；暂态过程中可能产生远大于额定值的过电压或过电流现象，容易引起电气设备和元件损坏。因此，只有充分认识和掌握暂态过程的规律，才能在生产实践中充分利用它，并防止其产生危害。

1.10.1 储能元件和换路定则

电路的工作状态发生变化，如电路中开关的接通、断开、短路、激励或电路参数的改变等，都称为电路的换路。通常规定换路是瞬间完成的，如将换路发生的时刻定为 $t=0$，可把换路前的终了瞬间记为 $t=0_-$，而把换路后的初始瞬间记为 $t=0_+$。注意虽然 0_- 和 0_+ 在数值上都等于 0，但是针对的电路却是不同的，分别针对换路前和换路后的电路。

在换路瞬间能量是不能跃变的，例如，设电容储存的能量为 W_C，假如在 Δt 趋近于零的一段无限小时间内，电场能量发生了跃变，即增量 ΔW_C 为一有限值，则此瞬间从电源吸收的功率为 $P=\lim\limits_{\Delta t\to 0}\frac{\Delta W_C}{\Delta t}=\infty$。事实上，不存在能在瞬间提供无限大功率的电源，因此电容储存的能量不能跃变，根据 $W_C = \frac{1}{2}Cu_C^2$ 可知，电容元件的端电压 $u_C(0_+)$ 也是不可能跃变的。同理，由于电感储存的磁场能量 $W_L = \frac{1}{2}Li_L^2$，该能量不能发生跃变，因而电感电流 i_L 也是不可能跃变的。

根据上面的推导可总结出一个规律——换路定则，即一个具有储能元件的电路中，在换路瞬间，电容元件的端电压不能跃变，电感元件的电流不能跃变。

换路定则的数学表达式为

$$\begin{cases} u_C(0_+) = u_C(0_-) \\ i_L(0_+) = i_L(0_-) \end{cases} \tag{1-40}$$

换路定则的作用就像一座桥梁，在换路瞬间（$t=0$）将换路前后的两个不同电路之间建立起定量关系。在暂态分析中，通过换路定则求出 $u_C(0_+)$ 和 $i_L(0_+)$ 后，$t=0_+$ 时刻的其他部分的电压、电流，应用基本定律都可以求解出来。一旦确定了 $t=0_+$ 时刻电路的电压、电流，则暂态电路的初始状态就确定下来了，这为分析整个暂态过程奠定了基础。

为了更好的求解 $t=0_+$ 时刻的其他部分的电压、电流，可以根据如下原则在换路瞬间对储能元件进行等效变换：

①换路瞬间，将电容元件当做恒压源，恒压源的电压值为 $u_C(0_+)$。如果 $u_C(0_+)=0$，电容元件在换路瞬间相当于短路。

②换路瞬间，将电感元件当做恒流源，恒流源的电流值为 $i_L(0_+)$。如果 $i_L(0_+)=0$，电感元件在换路瞬间相当于开路。

下面通过具体例题来进一步掌握暂态过程初始值的求解。

【例 1-11】 在图 1-35 所示的电路中，开关 S 闭合前电路已处于稳态。试确定开关 S 闭合后的初始瞬间，电压 u_R，u_C，u_L 和电流 i_L，i_C，i_R 及 i_S 的初始值。

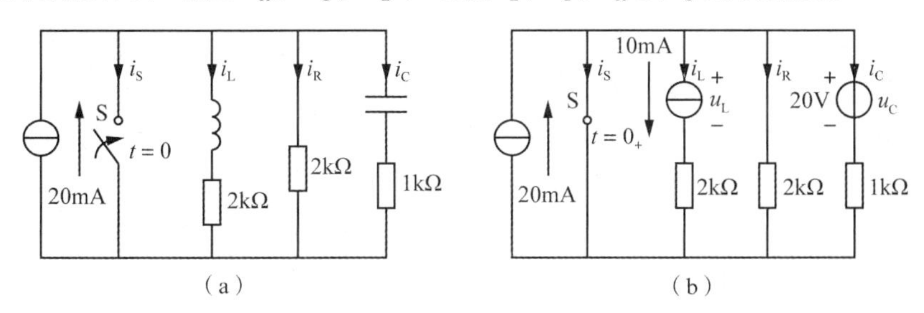

图 1-35 例 1-11 电路

(a)电路图 (b)$t=0_+$ 时的等效电路

【解】 在 $t=0_-$ 时，电路已处于稳态，对直流恒流源来说，电容相当于开路，电感相当于短路，各电压和电流可根据直流稳态电路计算出来，填于表 1-1 中。注意根据换路定则，只需计算 $t=0_-$ 时的电容电压 $u_C(0_-)$ 和电感电流 $i_L(0_-)$ 即可，不必计算 $t=0_-$ 时的其余电压和电流值，因为它们都与 $t=0_+$ 的初始值无关。换路定则只是建立了换路前后瞬间电容电压和电感电流之间的关系。

在 $t=0_+$ 时，电容、电感已有初始储能，所以在换路瞬间，电容相当于恒压源，电感相当于恒流源，作等效电路如图 1-35(b)所示，根据此电路可求出各电压、电流初始值，填于表 1-1 中。

表 1-1 换路前后瞬间电量值

瞬间	i_R(mA)	i_C(mA)	i_L(mA)	i_S(mA)	u_R(V)	u_C(V)	u_L(V)
$t=0_-$	10	0	10	0	20	20	0
$t=0_+$	0	-20	10	30	0	20	-20

由上面的例题可见，虽然电容元件上的电压和电感中的电流是不能跃变的，电流 i_C 和电压 u_L 却发生了跃变。有时一些电路在换路的瞬间，电容电流发生突变，造成电路中突然出现了大电流，这个电流有时称为冲击电流或者过电流，会对其他负载造成严重影响，甚至引起损坏和火灾。所以对于电容性负载，一定要注意防范冲击电流的影响。同样，电感电压在换路瞬间的突然增大称为过电压，过电压有时会击穿某些电器的绝缘，甚至击穿空气形成电弧，引起触电和火灾，所以对于电感性负载，要防范过电压现象。

1.10.2 *RC* 电路的暂态分析

一般来说，电源和储有能量的储能元件在电路中能够产生电流、电压，称其为激励，由激励引起的电流、电压称为响应。电路的暂态分析，就是根据激励求出电路的响应。由于电路的激励和响应都是时间的函数，所以这种分析也称为电路的时域分析。

1.10.2.1 零状态响应

以图 1-36 所示 *RC* 串联电路为例，作电路的暂态分析。开始时开关 S 打到 1 的位置，电容元件未存储电场能，$u_C(0_-)=0$。然后在 $t=0$ 时，开关 S 由 1 打到 2 的位置，电路与恒压源 U_S 接通，电容开始充电，这种情况下电路的响应称为 *RC* 电路的零状态响应，实际上就是电容充电的过程。

换路($t=0$)后，电路中各元件的电压和电流即称为电路的响应。下面讨论开关 S 闭合后，电路中 $u_C(t)(t\geqslant 0)$ 的数学表达式。

根据基尔霍夫电压定律，可列出回路电压方程

$$Ri+u_C=U_S$$

因为电容 C 的充电电流

$$i=C\frac{\mathrm{d}u_C}{\mathrm{d}t}$$

所以可得

$$RC\frac{\mathrm{d}u_C}{\mathrm{d}t}+u_C=U_S \tag{1-41}$$

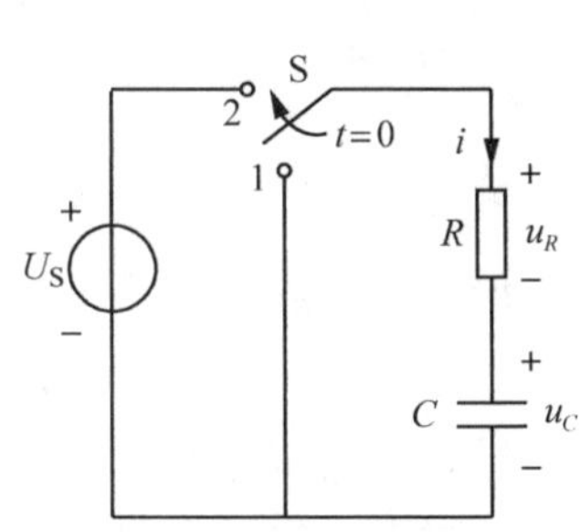

图 1-36 *RC* 串联电路

式(1-41)是一阶常系数非齐次线性微分方程，求解此微分方程，就可得到 u_C 与时间 t 的函数关系，即 u_C 的时域响应。

u_C 的通解是它的一个特解 u'_C 和它对应的齐次方程的通解 u''_C 之和，即

$$u_C = u_C' + u''_C$$

特解 u_C' 是满足式(1-41)的任何一个解。而换路后的新电路在 $t=\infty$ 时的稳态值显然满足式(1-41)，而对稳态电路的求解是前面已经学过的知识，所以通常取换路后电路的稳态值作为特解，即 $u_C'=u_C(\infty)$。

对应齐次微分方程的通解，u''_C 是一个时间的指数函数，即

$$u''_C = Ae^{pt}$$

式中，A 为积分常数，p 为特征方程的根。将 u''_C 的值代入对应齐次方程并消去公因子 Ae^{pt}，得到该微分方程的特征方程为

$$RCp + 1 = 0$$

特征方程的根

$$p = -\frac{1}{RC} = -\frac{1}{\tau}$$

式中，$\tau=RC$。当 R 的单位为欧(Ω)，C 的单位为法(F)时，τ 的单位可导出如下：

$$欧(\Omega)\times 法(F) = \frac{伏(V)}{安(A)}\times\frac{库(C)}{伏(V)} = \frac{伏(V)}{安(A)}\times\frac{安(A)\times 秒(s)}{伏(V)} = 秒(s)$$

可见 τ 具有时间的量纲，故称 $\tau=RC$ 为 RC 电路的时间常数。

综上所述，式(1-41)的全解为

$$u_C(t) = u'_C + u''_C = u_C(\infty) + Ae^{-\frac{t}{\tau}} \tag{1-42}$$

式中，积分常数 A 可由电路的初始条件来确定。如果已知 $t=0_-$ 时的 $u_C(0_-)$，则可根据换路定律求得 $u_C(0_+)=u_C(0_-)$，将 $t=0_+$ 时 u_C 的初始值 $u_C(0_+)$ 代入式(1-42)，得

$$u_C(0_+) = u_C(\infty) + A$$

所以

$$A = u_C(0_+) - u_C(\infty)$$

将上式的 A 代入式(1-42)得

$$u_C(t) = u_C(\infty) + [u_C(0_+) - u_C(\infty)]e^{-\frac{t}{\tau}} \quad t \geqslant 0 \tag{1-43}$$

式(1-43)是式(1-41)微分方程的全解，或称为全响应。它是由两个分量叠加而成，其中 $u_C(\infty)$ 是电路换路后的稳态响应分量；$[u_C(0_+)-u_C(\infty)]e^{-\frac{t}{\tau}}$ 是时间的指数函数，当 $t=\infty$ 时它减小到零，因此称为电路换路后的暂态响应分量。

该电路在换路前电容未储能，因此 $u_C(0_-)=0$，根据换路定则求得 $u_C(0_+)=u_C(0_-)=0$，另外，电路换路并进入稳定状态后，即电容完成充电后，易得 $u_C(\infty)=U_S$，将 $u_C(0_+)$，$u_C(\infty)$ 代入式(1-42)得

$$u_C(t) = U_S - U_S e^{-\frac{t}{\tau}} \quad t \geqslant 0$$

暂态过程 $u_C(t)(t\geqslant0)$ 的数学表达式得到后，电容元件的电流为

$$i(t) = C\frac{\mathrm{d}u_C(t)}{\mathrm{d}t} = \frac{U_S}{R}\mathrm{e}^{-\frac{t}{\tau}}$$

电阻 R 上电压为

$$u_R(t) = Ri = U_S\mathrm{e}^{-\frac{t}{\tau}}$$

u_C，u_R，i 随时间变化的曲线如图 1-37 所示，它们是按照指数规律上升或衰减的。从变化曲线上可以看出，开关闭合瞬间充电电流最大，电容 C 相当于短路，电阻电压最大；稳态后电阻电压和充电电流都为零。

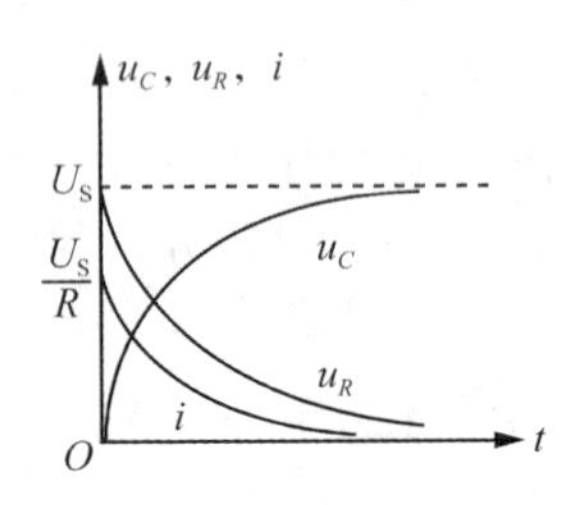

图 1-37　u_C，u_R，i 函数曲线

由式(1-43)可知，全响应中暂态分量的幅值总是按指数规律衰减的，为了对衰减的进程有更直观的了解，对衰减因子 $\mathrm{e}^{-\frac{t}{\tau}}$ 列出了几个时间点上的数值，见表 1-2，由此能更清楚地了解暂态分量的变化。

表 1-2　指数函数随时间变化情况

t	τ	2τ	3τ	4τ	5τ	6τ
$\mathrm{e}^{-\frac{t}{\tau}}$	0. 368	0. 135	0. 050	0. 018	0. 007	0. 002

从理论上讲，只有在 $t=\infty$ 时暂态分量才为零，但由于指数曲线开始变化快，而后逐渐缓慢，换路后经过 $(3\sim5)\tau$ 的时间，u_C 与稳态值仅差 5% ~0. 7%，因此工程上一般认为 $(3\sim5)\tau$ 后暂态过程就结束了，电路基本达到了新的稳定状态。

时间常数 τ 正比于 R 与 C 的乘积，其物理意义很明显：C 越大，电场能的存储和释放所需时间就越长；R 越大，充放电的电流就越小，充放电所需时间也就越长，因此 τ 反映了电容元件充电的快慢。τ 越大，电容充放电时间越长。在电力电子系统的电路中有许多大的电容，在检查和维修等场合，虽然断开了电源，但是电容电压并不能突变，可能还残留着高电压，一般为了安全起见，需要留一定时间让电容充分放电；还可以用一个小阻值的电阻并联在大电容两端，这实际是改变了放电回路，减小了时间常数 τ，加快了放电过程。

综上所述，暂态分析的过程是通过求解电路的微分方程获得的。这种分析方法称为经典分析法，简称经典法。

通常将描述电路暂态过程的微分方程的阶数称为电路的阶数。当线性电路中仅含有一个储能元件(或者可以等效为一个储能元件)时，描述电路的方程为一阶常系数线性微分方程，这样的电路称为一阶线性电路。如果暂态分析电路是较为复杂的一阶线性电路，可以应用戴维宁定律将电容看成负载，把复杂电路化简为如图 1-36 的简单电路，再利用经典法分析。但是经典法需要求解微分方程，这对于暂态分析来讲过程有些烦琐。

1. 10. 2. 2　三要素法

经典法分析 RC 串联电路暂态过程时得到式(1-43)，从该式可以看到，只要知道

了 $u_C(0_+)$，$u_C(\infty)$ 和 τ 这三个要素，就可以方便地得出电路的全响应 $u_C(t)$。这种利用"三要素"来求解一阶线性微分方程全解的方法，称为"三要素法"。可见三要素法是对经典分析法求解一阶线性电路暂态过程的概括和总结。

目前，电路的暂态分析主要有经典法和三要素法。用三要素法分析一阶线性电路的暂态过程时，方法简便且物理意义清楚，因此，一阶线性电路的暂态分析常采用三要素法。

只要是一阶线性电路，暂态过程中产生的响应 $f(t)$ 即电路中各电压和各电流，都可以应用三要素法求解。只要求出其初始值 $f(0_+)$、稳态值 $f(\infty)$ 和时间常数 τ 这三个要素，就可以得出其全响应。因此，一阶线性电路的暂态过程的时域响应一般可表示为

$$f(t) = f(\infty) + [f(0_+) - f(\infty)]\mathrm{e}^{-\frac{t}{\tau}} \quad t \geqslant 0 \tag{1-44}$$

式中，$f(t)$ 为电路电压或电流的时域响应；$f(\infty)$ 为换路后电路进入稳态时即 $t=\infty$ 时，电路电压或电流的稳态值；$f(0_+)$ 为换路后电路电压或电流的初始值；τ 为换路后电路的时间常数，对一个 RC 电路来说，各电压、电流是同一个时间常数。

三要素法求解一阶线性电路暂态过程的步骤如下：

①求初始值 $f(0_+)$　电容电压和电感电流的初始值（$t=0_+$ 时刻的值），可以通过换路定则在 $t=0_-$ 时刻的电路中求得，而其他电量的 $f(0_+)$ 可由 $t=0_+$ 时刻的等效电路求得。

②求稳态值 $f(\infty)$　对换路后的稳态电路，可应用电路的分析方法求解稳态值。

③求时间常数 τ　将换路后电路中的储能元件从电路中取出，剩下的电路形成一个有源二端网络，根据戴维宁定理，求得去源后的无源二端网络的等效电阻 R，即可进一步求得时间常数 τ。

④求暂态过程响应　根据式（1-44）代入三要素，得到暂态过程的响应。

1.10.2.3　零输入响应

图 1-38（a）所示为 RC 串联电路，换路前电路开关 S 在 2 处，电路已处于稳定状态，电容器上已充有电压 U_S。在 $t=0$，开关 S 从位置 2 合到位置 1，使电路脱离电源，此时电容器的初始储能作为电路的内部激励，在电路中产生电压、电流的暂态过程，直到全部储能在电阻 R 上消耗掉为止。电路在无输入激励的情况下，仅由电路元件原有储能激励所产生的电路的响应，称为零输入响应。从物理意义上讲就是电容的放电过程。下面利用三要素法分析 RC 电路的零输入响应。

用三要素法确定零输入响应是很简便的。

①求初始值　换路前电路处于稳态，可得 $u_C(0_-)=U_S$，由换路定则得 $u_C(0_+)=u_C(0_-)=U_S$。

②求稳态值　由于换路后无输入激励，所以 $u_C(\infty)=0$。

③求时间常数　电路的时间常数 $\tau=RC$。

④求暂态过程响应　将三要素代入式（1-43）得

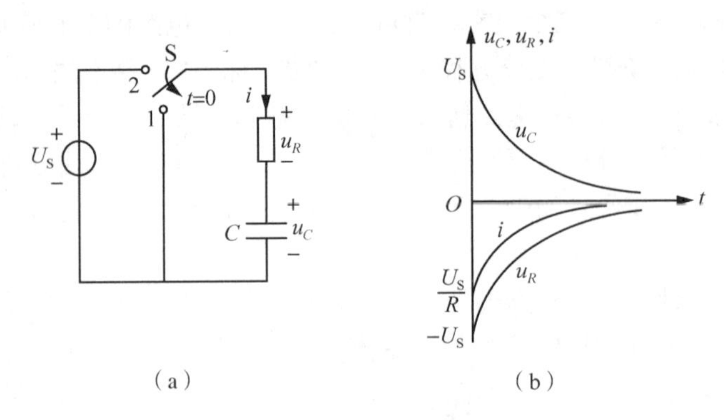

图 1-38 *RC* 放电电路

(a)*RC* 放电电路 (b)电容放电时 u_C，u_R，i 的变化曲线

$$u_C(t) = u_C(\infty) + [u_C(0_+) - u_C(\infty)]e^{-\frac{t}{\tau}} = 0 + (U_S - 0)e^{-\frac{t}{RC}} = U_S e^{-\frac{t}{\tau}} \quad t \geqslant 0$$

$$i(t) = C\frac{du_C}{dt} = -\frac{U_S}{R}e^{-\frac{t}{RC}} = -\frac{U_S}{R}e^{-\frac{t}{\tau}} \quad t \geqslant 0$$

$$u_R(t) = Ri = -U_S e^{-\frac{t}{RC}} = -U_S e^{-\frac{t}{\tau}} \quad t \geqslant 0$$

上式中，负号表示放电电流 i 和电阻上的电压降 u_R 的实际方向与图示方向相反，即与充电电流方向相反、与充电时电阻电压降方向相反。图 1-38(b)画出了 $u_C(t)$，$i(t)$ 和 $u_R(t)$ 的波形图，它们都是随时间衰减的指数曲线。

1.10.2.4 全响应

在图 1-39 中，换路前电路开关在 1 处，电路已处于稳定状态，电容器上已充有电压 U_0。在 $t=0$，开关从位置 1 合到位置 2，进行换路，换路后还有电源激励存在。这种电容初始储能和电源激励同时存在的响应，就是 *RC* 电路的全响应。

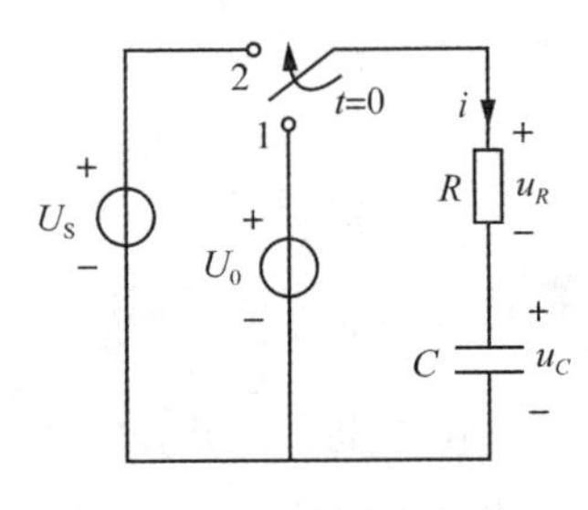

图 1-39 *RC* 全响应电路

下面利用三要素法分析 *RC* 电路的全响应。

①求初始值 换路前 $u_C = U_0$，根据换路定则可得 $u_C(0_+) = u_C(0_-) = U_0$。

②求稳态值 由于换路后仍存在输入激励，所以 $u_C(\infty) = U_S$。

③求时间常数 电路的时间常数 $\tau = RC$。

④求暂态过程响应 将三要素代入式(1-44)得

$$u_C(t) = U_S + (U_0 - U_S)e^{-\frac{t}{RC}} \quad t \geqslant 0$$

u_C 随时间的变化规律如图 1-40 所示。其中图(a)是 $U_0 < U_S$ 的情况，换路后 u_C 由其初始值 U_0 增长到稳态值 U_S，电源向电容继续充电；图(b)是 $U_0 > U_S$ 的情况，u_C 由其初始值 U_0 衰减到稳态值 U_S，换路后电容通过电阻向电源放电。

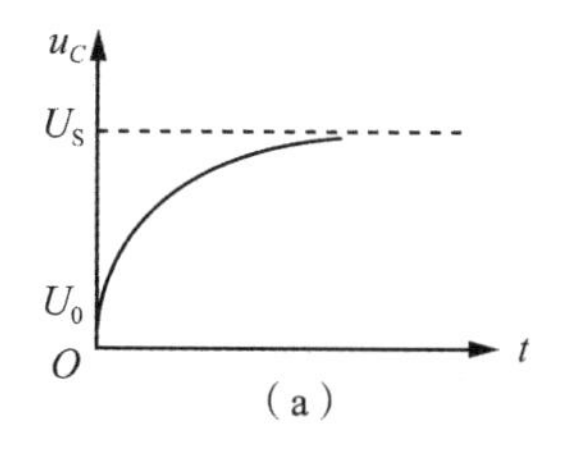

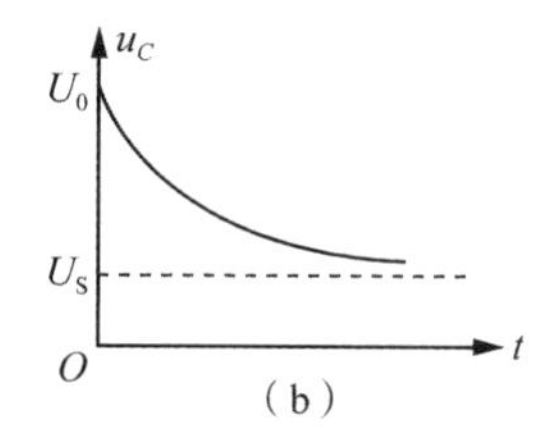

图 1-40　全响应 u_C 随时间的变化曲线

(a) $U_0 < U_S$　(b) $U_0 > U_S$

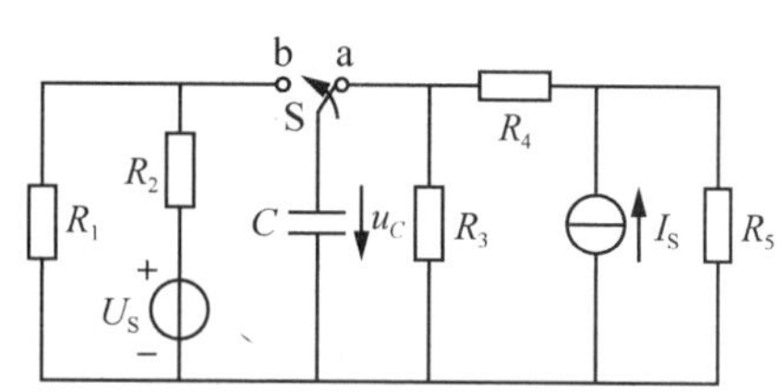

图 1-41　例 1-12 电路图

【例 1-12】　在图 1-41 电路中，已知 $R_1 = R_2 = 5\text{k}\Omega$，$R_3 = R_4 = 10\text{k}\Omega$，$R_5 = 20\text{k}\Omega$，$C = 2\mu\text{F}$，$I_S = 4\text{mA}$，$U_S = 5\text{V}$；当 $t = 0$ 时，开关 S 由 a 打到 b，换路前电路已处于稳态。试求$t \geqslant 0$ 后的 $u_C(t)$。

【解】　①求初始值

$$u_C(0_-) = I_S \cdot \frac{R_5}{R_3 + R_4 + R_5} \cdot R_3 = 4 \times 10^{-3} \times \frac{20}{10 + 10 + 20} \times 10 \times 10^3 = 20(\text{V})$$

由换路定则，可得

$$u_C(0_+) = u_C(0_-) = 20(V)$$

②求稳态值　换路后如图 1-42(a) 所示，稳态时可得

$$u_C(\infty) = \frac{R_1}{R_1 + R_2}U_S = \frac{5 \times 5}{5 + 5} = 2.5(\text{V})$$

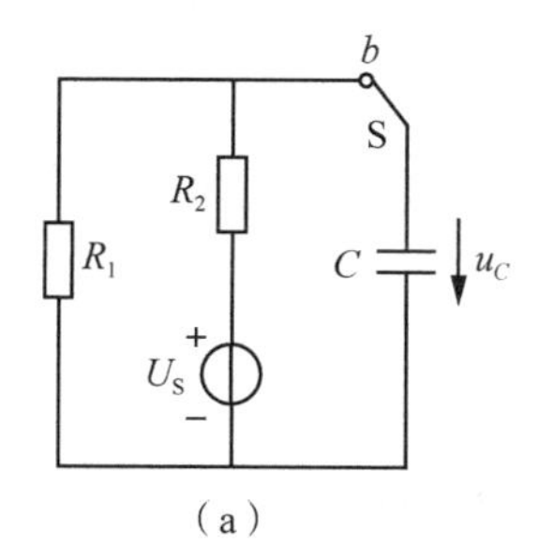

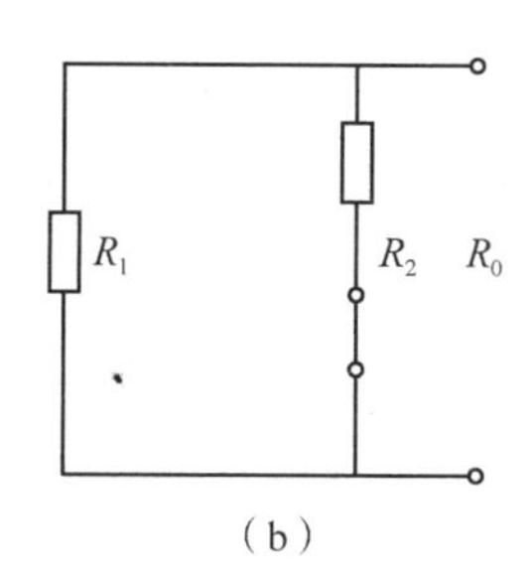

图 1-42　三要素法解题图示

(a) 换路后的稳定电路　(b) 无源二端网络

③求时间常数　戴维宁等效无源二端网络如图 1-42(b) 所示，可求得等效电阻和时间常数分别为

$$R_0 = \frac{R_1 R_2}{R_1 + R_2} = 2.5(\text{k}\Omega)$$

$$\tau = R_0 C = 2.5 \times 10^3 \times 2 \times 10^{-6} = 5 \times 10^{-3}(\text{s})$$

④求暂态过程响应　应用三要素法可得

$$u_C = u_C(\infty) + [u_C(0_+) - u_C(\infty)]e^{-\frac{t}{\tau}} = 2.5 + 17.5e^{-200t} \quad (\text{V})$$

1.10.3　*RL* 电路的暂态分析

RL 电路为一阶线性电路，其响应同样可以应用三要素法进行求解，*RL* 串联电路的时域响应一般也可以表示为式(1-44)，只是时间常数 $\tau = L/R$。*RL* 一阶线性电路的响应也分为三种：零状态响应、零输入响应和全响应。下面利用三要素法分析 *RL* 电路的响应。

1.10.3.1　零状态响应

在图 1-43 中，换路前电路开关在 1 处，电路已处于稳定状态，电感没有储能，即 $i(0_-)=0$；在 $t=0$，开关从位置 1 合到位置 2，电路输入恒压源 U_S，$t \geqslant 0$ 时电路发生零状态响应。从物理意义上讲这就是电感充磁的过程。

该电路的零状态响应可根据三要素法确定。首先 $i_L(0_+)=i_L(0_-)=0$；换路后，$t=\infty$时，$i_L(\infty)=U_S/R$；换路后，电路的时间常数 $\tau = L/R$。故由式(1-44)得到零状态响应为

$$i(t) = \frac{U_S}{R} + \left(0 - \frac{U_S}{R}\right)e^{-\frac{t}{\tau}} = \frac{U_S}{R}(1 - e^{-\frac{t}{\tau}}) = \frac{U_S}{R}(1 - e^{-\frac{R}{L}t}) \quad t \geqslant 0$$

$$u_R(t) = Ri = U_S(1 - e^{-\frac{t}{\tau}}) = U_S(1 - e^{-\frac{R}{L}t}) \quad t \geqslant 0$$

$$u_L(t) = L\frac{di}{dt} = U_S e^{-\frac{t}{\tau}} = U_S e^{-\frac{R}{L}t} \quad t \geqslant 0$$

RL 串联电路的零状态响应下 i，u_R 及 u_L 随时间变化规律如图 1-44 所示。

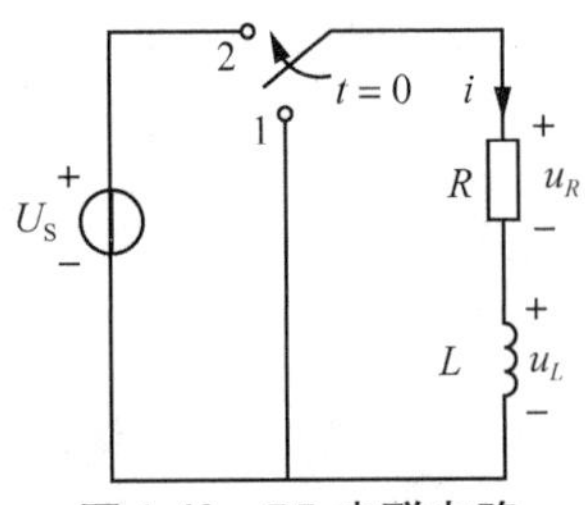

图 1-43　*RL* 串联电路

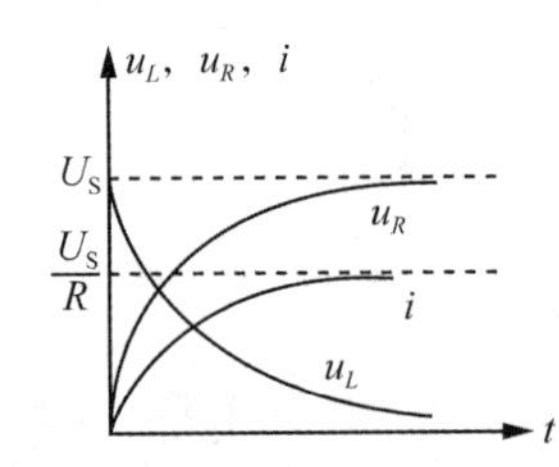

图 1-44　*RL* 串联电路零状态响应 i，u_R，u_L 的变化曲线

1.10.3.2　零输入响应

图 1-43 的电路中，若换路前电路开关在 2 处，电路已处于稳定状态，电感中的稳态电流 I_0 为其初始电流，即 $i(0_-)=\frac{U_S}{R}=I_0$；当 $t=0$ 时刻，开关从位置 2 合到位置 1，电路在电感初始储能的激励下，产生电流和电压的暂态过程，直到储存的全部磁场能量被电阻耗尽，电流、电压才等于零，即 $i(\infty)=0$。$t \geqslant 0$ 时，电路发生了零输入响应。这个过程就是电感释放磁能的过程。

将三要素 $i(0_+)=i(0_-)=I_0$，$i(\infty)=0$，$\tau = L/R$ 代入式(1-44)，得

$$i(t)=0+\left(\frac{U_S}{R}-0\right)e^{-\frac{t}{\tau}}=\frac{U_S}{R}e^{-\frac{R}{L}t}\quad t\geqslant 0$$

$$u_R(t)=Ri=U_Se^{-\frac{R}{L}t}\quad t\geqslant 0$$

$$u_L(t)=L\frac{di}{dt}=-U_Se^{-\frac{R}{L}t}\quad t\geqslant 0$$

i，u_R，u_L 随时间变化的曲线如图 1-45 所示。

1.10.3.3　全响应

在图 1-46 电路中，换路前电路开关在 1 处，电路已处于稳定状态，电感中的稳态电流 I_0 为其初始电流，即 $i(0_-)=\frac{U_0}{R}=I_0$；$t=0$，开关从位置 1 合到位置 2，电路在新的恒压源的激励下，产生电流和电压的暂态过程。$t\geqslant 0$ 时，电路发生了全响应。

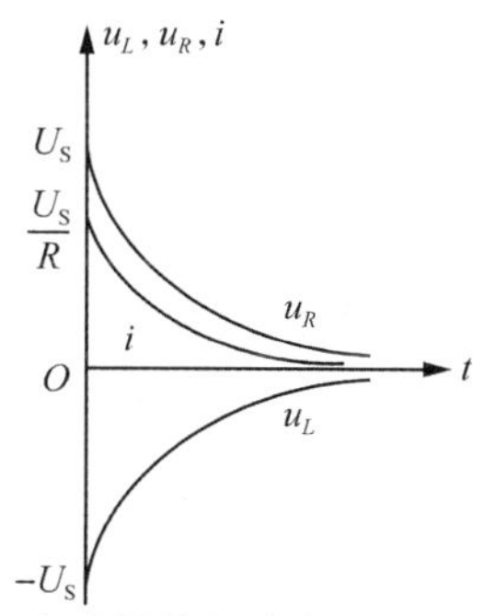

图 1-45　*RL* 电路零输入响应 i，u_R，u_L 变化曲线

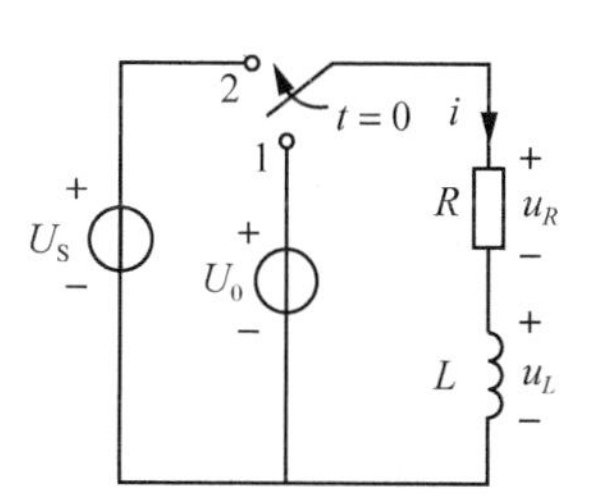

图 1-46　*RL* 串联全响应电路

三要素分别为 $i(0_+)=i(0_-)=I_0$，$i(\infty)=U_S/R$ 及 $\tau=L/R$，所以由式(1-44)可得到全响应为：

$$i=\frac{U_S}{R}+\left(I_0-\frac{U_S}{R}\right)e^{-\frac{t}{\tau}}=\frac{U_S}{R}+\left(\frac{U_0}{R}-\frac{U_S}{R}\right)e^{-\frac{R}{L}t}$$

$$u_L=L\frac{di}{dt}=-(I_0R-U_S)e^{-\frac{t}{\tau}}=-(U_0-U_S)e^{-\frac{R}{L}t}$$

RL 串联电路全响应的电流 i 随时间变化的曲线如图 1-47 所示。

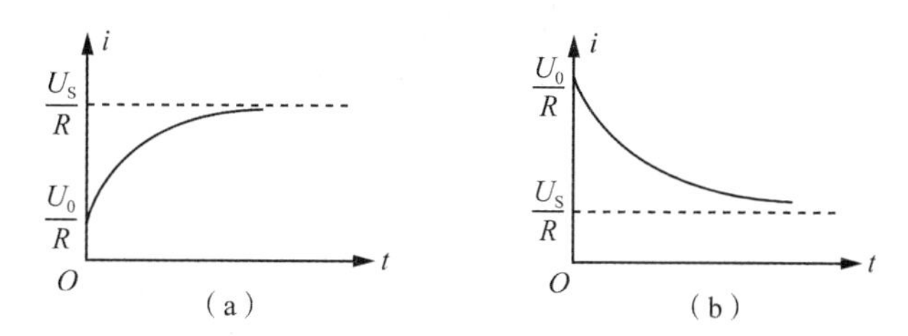

图 1-47　*RL* 串联电路全响应电流 i 的变化曲线

(a) $U_0<U_S$　(b) $U_0>U_S$

图 1-47(a)是 $U_0 < U_S$ 的情况，换路后电感电流 i 由其初始值$\frac{U_0}{R}$增大到稳态值$\frac{U_0}{R}$，电源向电感继续充磁；图 1-47(b)是 $U_0 > U_S$ 的情况，电感电流 i 由其初始值$\frac{U_0}{R}$衰减到稳态值$\frac{U_S}{R}$，换路后电感通过电阻向电源释放磁能。

【例 1-13】　在图 1-48(a)电路中，$I_S = 2$ A, $R_1 = R_2 = 40\,\Omega$，$R_3 = 20\,\Omega$，$L = 2$H，$i_L(0_-) = 0$，$t = 0$ 时开关闭合。求 $t \geqslant 0$ 时 i_L 和 u_L 的零状态响应。

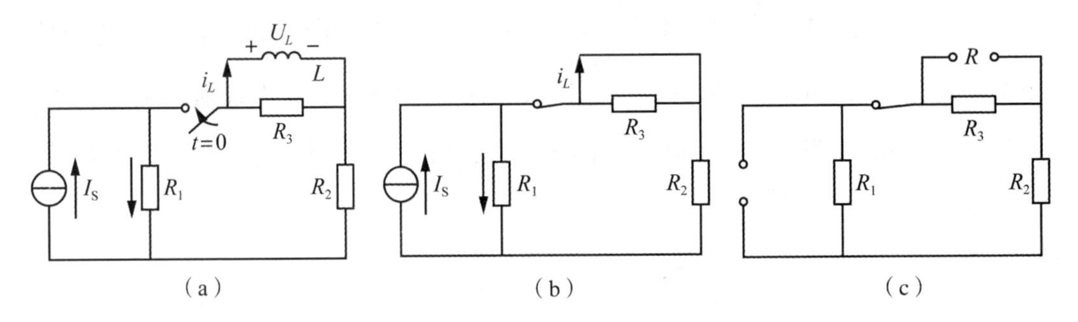

图 1-48　例 1-13 电路图

(a)电路图　(b)换路后稳态等效电路图　(c)无源二端网络

【解】　①求初始值　由换路定则，可得 $i_L(0_+) = i_L(0_-) = 0$。

②求稳定值　换路后如图 1-48(b)所示，稳态时电感相对于短路，可得

$$i_L(\infty) = \frac{R_1}{R_1 + R_2} \times I_S = \frac{20}{40} \times 2 = 1(\text{A})$$

③求时间常数　戴维宁等效无源二端网络如图 1-48(c)所示，可求得等效电阻和时间常数分别为

$$R = R_3 // (R_1 + R_2) = \frac{(R_1 + R_2)R_3}{R_1 + R_2 + R_3} = \frac{80 \times 20}{100} = 16(\Omega)$$

$$\tau = \frac{L}{R} = \frac{2}{16} = \frac{1}{8}(\text{s})$$

④求暂态过程响应　应用三要素法可得

$$i_L(t) = 1 + (0 - 1)\text{e}^{-8t} = 1 - \text{e}^{-8t}(\text{A}) \quad t \geqslant 0$$

u_L 的零状态响应为

$$u_L(t) = L\frac{\text{d}i}{\text{d}t} = 2 \times [-(-8)\text{e}^{-8t}] = 16\text{e}^{-8t}(\text{V}) \quad t \geqslant 0$$

【例 1-14】　图 1-49(a)所示为直流电磁起重机的电路模型，这个电路中的铁心线圈电感 L 值比较大，而线圈的电阻 R 很小，正常工作时，开关 S 闭合在 2 处。①试分析当电路开关 S 直接断开，和断开后将开关 S 打到 1 处，会有什么不同？②试分析图 1-49(b)电路中二极管的作用。

【解】 ①电路开关S直接断开，由 $u_L=L\frac{\mathrm{d}i}{\mathrm{d}t}$ 可知，电感电流变化率很大，线圈中将会产生强大的自感电动势而导致过电压现象，它会击穿开关两触头空气间隙，产生电弧光延缓电流的中断，往往很容易烧坏触点，甚至对电器和人身造成伤害。因此需要采用一些继电措施。安全的操作方法就是断开后将开关S打到1处，显然这样就给储能电感一个释放的回路，这时电路时间常数变为 $\tau=\frac{L}{R+R'}$，时间常数减小了，因此可以加速暂态过程。

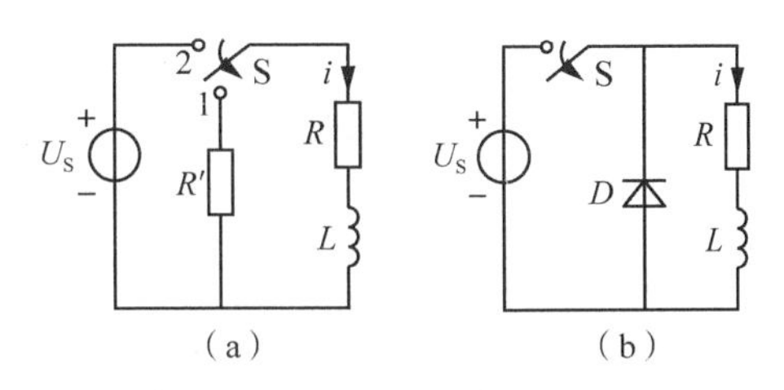

图1-49　例1-14电路图

(a)电路图　(b)换路后稳态等效电路图

②图1-49(b)电路中开关断开后，电感电流并不会中断，而将通过二极管 D 继续流动，直到衰减到零。二极管起到了续流的作用，而且二极管导通后两端电压接近于零，对电路起到了保护作用。由于二极管具有单向导电性，注意图中二极管的连接极性，它保证了电路断开后的续流，又不影响开关闭合时电感的正常工作。

本章小结

本章首先简要地阐述了电路模型、电路组成及电路中的基本概念，其次介绍了构成电路的基本理想元件的特点；着重介绍了直流电路中的基本定律和基本分析方法。需要注意的是，这些基本定律和方法扩展后，还可以用来分析交流电路，这些内容是电路分析的理论基础。最后本章还介绍了电路的暂态分析方法，其中换路定则是暂态分析的重要理论依据；接着介绍了暂态分析的主要方法：经典分析法和三要素法，重点要求掌握三要素法。

习　题

1-1　在题1-1图所示电路中，已知 $I_1=-4\mathrm{A}$，$I_3=6\mathrm{A}$，$I_5=-2\mathrm{A}$，$U_1=-1\mathrm{V}$，$U_2=-3\mathrm{V}$，$U_3=-1\mathrm{V}$，$U_4=1\mathrm{V}$，$U_5=2\mathrm{V}$。

(1)试用虚线箭头标出各电流、电压的实际方向；

(2)判断哪些元件是电源，哪些是负载；

(3)计算各元件的功率，并校验功率是否平衡。

1-2　在题1-2图所示两电路中，$U_S=10\mathrm{V}$，$R_1=6\Omega$，$R_2=6\Omega$，$R_3=6\Omega$，$R_4=3\Omega$。求图(a)中电流 I_5；图(b)中 U_{ab}，I_6。

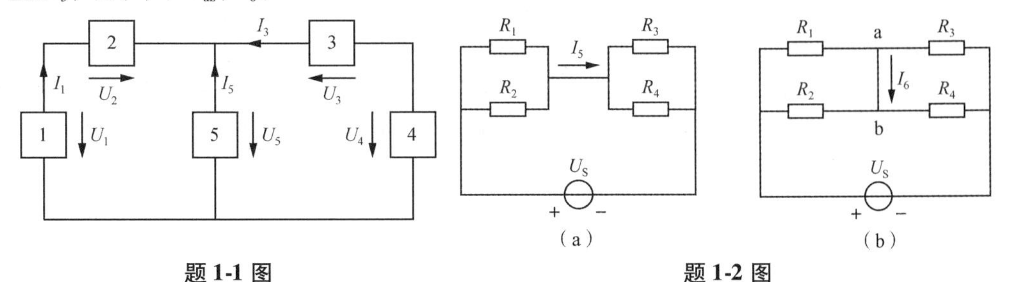

题1-1图　　**题1-2图**

1-3　在题1-3图所示两电路中，电流 I 各为多少？为什么两个值不一样？

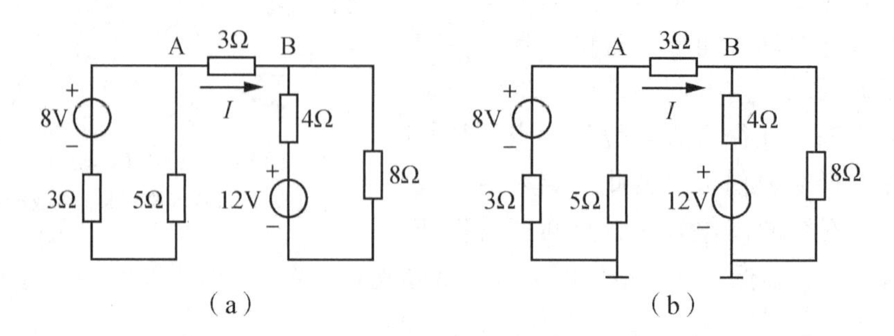

题1-3图

1-4　求题1-4图(a)(b)电路中各电源是吸收还是发出功率。

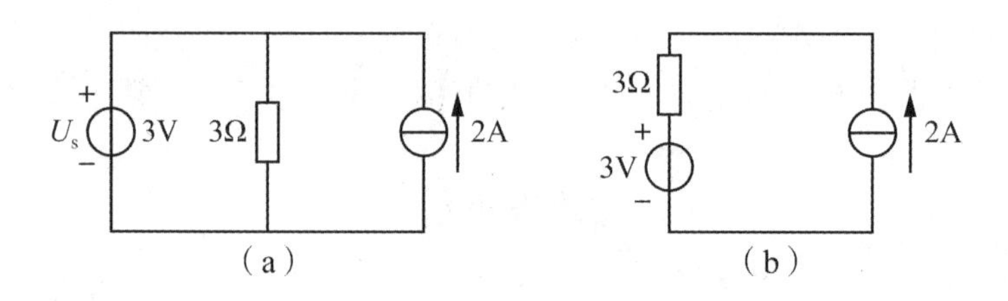

题1-4图

1-5　计算题1-5图电路中的 I_2，I_3 和 U_4。

1-6　对题1-6图所示电路，求电流 I_1，U_1，U_2，并说明两个电流源是发出功率还是吸收功率。

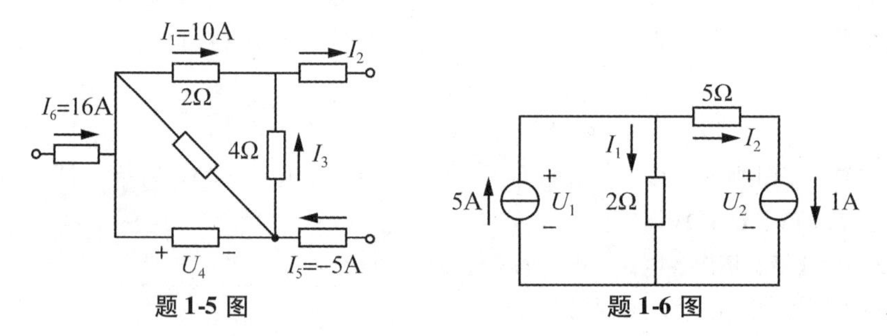

题1-5图　　**题1-6图**

1-7　在题1-7图所示电路中，试用电源的等效方法求 R_4 中的电流 I。已知 $I_{S1}=5\text{A}$，$I_{S2}=I_{S3}=2\text{A}$，$U_{S1}=U_{S2}=U_{S3}=10\text{V}$，$R_1=10\Omega$，$R_2=R_3=5\Omega$，$R_4=6.25\Omega$。

1-8　用支路电流法求题1-8图电路中的各支路电流，已知 $E_1=230\text{V}$，$R_{01}=0.5\Omega$，$E_2=226\text{V}$，$R_{02}=0.3\Omega$，负载电阻 $R_L=5.5\Omega$。

1-9　用支路电流法求题1-9图电路中的电流 I_1，I_2，I。

1-10　对题1-10图所示电路，试分别用电源的等效方法和结点电压法求 I。已知 $E=10\text{V}$，$I_S=2\text{A}$，$R_1=R_2=1\Omega$，$R_3=3\Omega$。

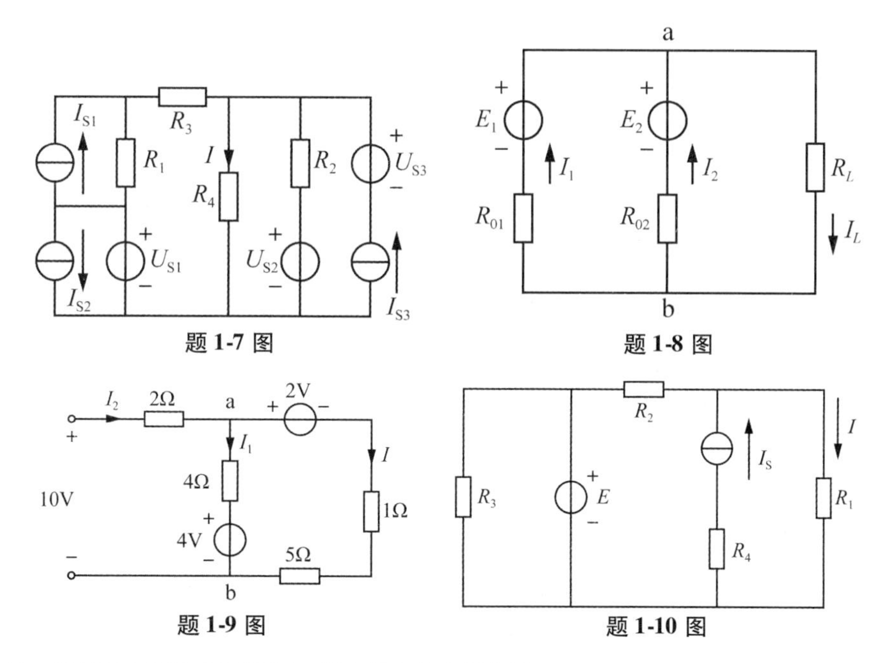

题 1-7 图　　题 1-8 图

题 1-9 图　　题 1-10 图

1-11　用结点电压法求解题 1-11 图电路中各支路电流。

1-12　用叠加原理求题 1-12 图中电路的电压 U_{ac}。

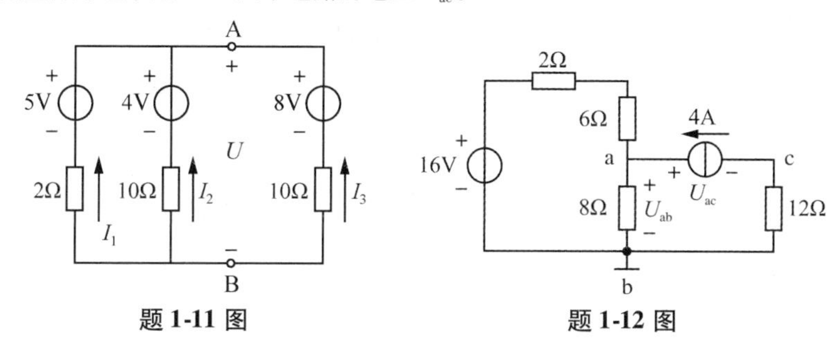

题 1-11 图　　题 1-12 图

1-13　电路如题 1-13 图所示，用叠加原理求电路中的电流 I。已知 $U_{S1}=10\text{V}$，$U_{S2}=6\text{V}$，$R_1=R_4=4\Omega$，$R_2=R_3=2\Omega$，$I_S=1\text{A}$。

1-14　对题 1-13 图所示电路，用戴维宁定理求支路电流 I。

1-15　对题 1-15 图所示电路，试用戴维宁定理计算电阻 R_L 上的电流 I_L。已知 $E=16\text{V}$，$I_S=1\text{A}$，$R_1=8\Omega$，$R_2=3\Omega$，$R_3=4\Omega$，$R_4=20$ ，$R_L=3\Omega$。

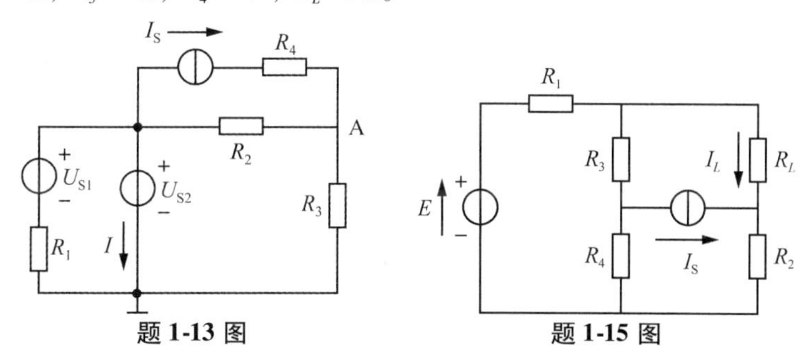

题 1-13 图　　题 1-15 图

1-16　对题 1-16 图电路，求流经 R_5 的电流 I。已知 $E_1=20\text{V}$，$E_2=10\text{V}$，$I_S=1\text{A}$，$R_1=5\Omega$，$R_2=6\Omega$，$R_3=10\Omega$，$R_4=5\Omega$，$R_S=1\Omega$，$R_5=8$，$R_6=12\Omega$。

1-17　题 1-17 图所示电路，原电路已稳定，$t=0$ 时断开开关 S。试求初始值 $i_L(0_+)$，$i_C(0_+)$，$i_R(0_+)$，$u_L(0_+)$ 及 $u_C(0_+)$。

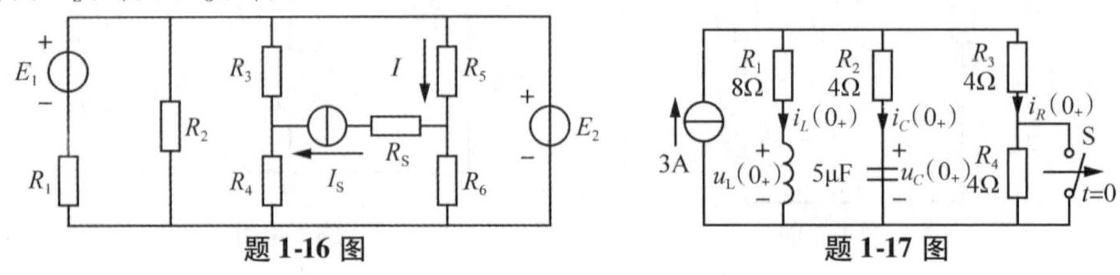

题 1-16 图　　　　题 1-17 图

1-18　题 1-18 图所示电路，电容的初始电压 $u_C(0_-)=20\text{V}$。开关 S 在 $t=0$ 时刻闭合，求 $t>0$ 时电流 i 和电容电压 u_C。

1-19　题 1-19 图所示电路已稳定，在 $t=0$ 瞬间将开关 S 断开，试求 S 断开后电压 $u_C(t)$。已知 $R_1=R_4=30\Omega$，$R_2=R_3=30\Omega$，$C=100\mu\text{F}$，$U_S=24\text{V}$。

1-20　如题 1-20 图所示，电感 L 的初始状态为零。在 $t=0$ 时刻闭合开关 S_1，在 $t=5\text{ms}$ 时刻断开开关 S_2。求 $t>0$ 时的电流 i，并画出其变化规律。

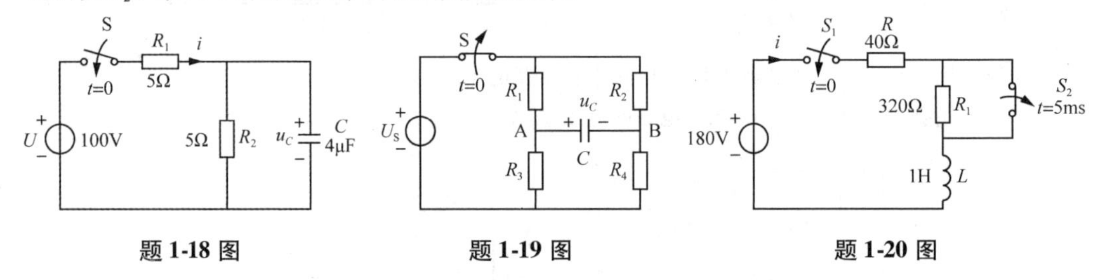

题 1-18 图　　　　题 1-19 图　　　　题 1-20 图

第2章 正弦交流电路

正弦交流电路是指含有正弦电源(激励)，而且电路各部分所产生的电压和电流(响应)都是按正弦规律变化的电路。在生产上和日常生活中使用的交流电一般都是指正弦交流电。本章主要介绍正弦交流电路的基本概念、基本理论和分析正弦交流电路的基本方法。

2.1 正弦交流电的基本概念

大小和方向均随时间按正弦规律周期性变化的物理量，称为正弦量。正弦交流电的电动势、电压和电流的大小与方向，都是随时间按正弦规律变化的正弦量。

2.1.1 正弦交流信号的参考方向

正弦交流信号是按照正弦规律周期性变化的，因此电流的方向随时间不断变化。如图2-1所示，电流在正半周时实际方向与参考方向相同；在负半周时，它的实际方向与参考方向相反。

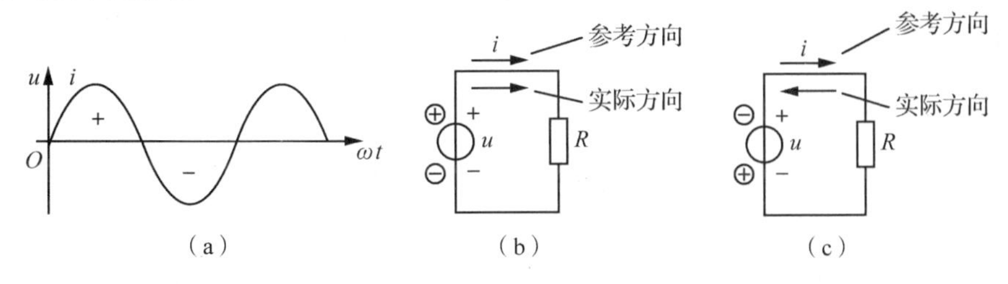

图2-1 正弦电压和电流

(a)信号形态 (b)正半周 (c)负半周

2.1.2　正弦交流信号的频率、周期和角频率

正弦量变化一次所需要的时间称为周期，用 T 表示，单位为秒(s)。单位时间内重复变化的次数称为频率，用 f 表示，单位为赫兹(Hz)，简称赫。频率和周期之间的关系为

$$f = \frac{1}{T} \tag{2-1}$$

频率常用的单位还有千赫(kHz)和兆赫(MHz)，它们与基本单位之间的关系为

$$1\text{kHz} = 10^3\text{Hz}$$

$$1\text{MHz} = 10^6\text{Hz}$$

正弦量在一个周期内变化了 2π 弧度，在单位时间内正弦量变化的角度称为角频率，用 ω 表示，即

$$\omega = \frac{2\pi}{T} = 2\pi f \tag{2-2}$$

它的单位是弧度每秒(rad/s)。

周期、频率和角频率从不同的角度描述了正弦交流电的变化，只要知道了三者中的一个量，其余的两个量均可求出。

【例 2-1】　我电力系统供电的标准频率 $f=50\text{Hz}$，试求正弦交流电的角频率和周期。

【解】

$$\omega = \frac{2\pi}{T} = 2\pi f = 2 \times 3.14 \times 50 = 314(\text{rad/s})$$

$$T = \frac{1}{f} = \frac{1}{50} = 0.02(\text{s})$$

正弦量可以用三角函数式表示，正弦电流的数学表达式为

$$i = I_m \sin(\omega t + \psi_i) \tag{2-3}$$

式中，i 为正弦电流在任一瞬间的实际数值，称为瞬时值；I_m 为正弦电流的最大值，又称幅值；ω 为正弦电流的角频率；ψ_i 为正弦电流的初相位。

正弦电流的波形如图 2-2 所示，当正弦电流的幅值、角频率和初相位值确定后，就可得到一个确定的瞬时值，所以幅值、角频率和初相位被称为正弦量的三要素。

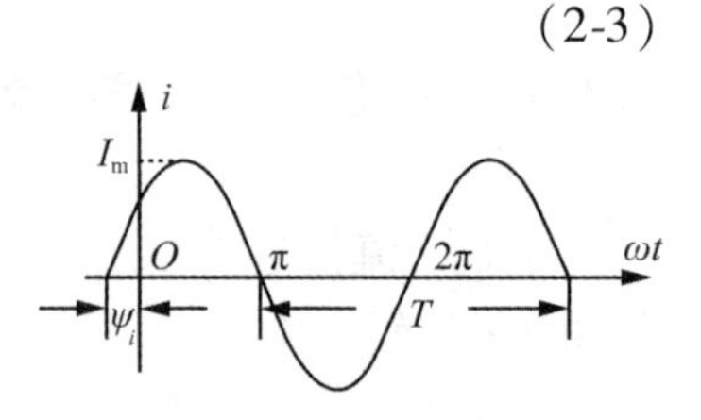

图 2-2　正弦波形

2.1.3　正弦交流信号的幅值、有效值和瞬时值

正弦交流电在某一瞬间的值称为瞬时值。瞬时值为最大值时称为幅值或最大值。正弦交流电的大小常用有效值来计量。有效值是从电流的热效应角度讨论的。有效值这样规定的：当一个交流电流 i 通过某个电阻时，在一个周期 T 内所消耗的电能和某

一直流电流 I 通过同一电阻在相等的时间 T 内消耗的电能相等，则这个直流电流 I 就是交流电流 i 的有效值。

根据上述定义得到

$$\int_0^T i^2 R\mathrm{d}t = I^2 RT \tag{2-4}$$

由此可得到交流电流的有效值

$$I = \sqrt{\frac{1}{T}\int_0^T i^2 \mathrm{d}t} \tag{2-5}$$

交流电流的有效值等于它瞬时值的平方在一个周期内的平均值的平方根，因此交流电的有效值又称为均方根值。这一结论适用于任何周期性的量。

对于正弦电流，设 $i = I_{\mathrm{m}} \sin(\omega t + \psi_i)$，将其代入式(2-5)，则可得

$$I = \sqrt{\frac{1}{T}\int_0^T I_{\mathrm{m}}^2 \sin^2(\omega t + \psi_i)\mathrm{d}t}$$

因为

$$\begin{aligned}\int_0^T \sin^2(\omega t + \psi_i)\mathrm{d}t &= \int_0^T \frac{1 - \cos(2\omega t + \psi_i)}{2}\mathrm{d}t \\ &= \frac{1}{2}\int_0^T \mathrm{d}t - \frac{1}{2}\int_0^T \cos(2\omega t + \psi_i)\mathrm{d}t \\ &= \frac{1}{2}t\Big|_0^T - \frac{\sin(2\omega t + \psi_i)}{2\omega}\Big|_0^T \\ &= \frac{T}{2} - 0 = \frac{T}{2}\end{aligned}$$

所以

$$I = \sqrt{\frac{1}{T}I_{\mathrm{m}}^2\frac{T}{2}} = \frac{I_{\mathrm{m}}}{\sqrt{2}} = 0.707I_{\mathrm{m}}$$

同理，正弦电压和正弦电动势的有效值分别为

$$U = \frac{U_{\mathrm{m}}}{\sqrt{2}} = 0.707U_{\mathrm{m}}$$

$$E = \frac{E_{\mathrm{m}}}{\sqrt{2}} = 0.707E_{\mathrm{m}}$$

按照规定，有效值都用大写字母表示，和表示直流的字母一样。一般说正弦电压或电流的数值是指它的有效值。例如工业用电的电压 380V 和居民用电的电压 220V，都是指有效值。

【例 2-2】 已知 $u(t) = U_{\mathrm{m}} \sin\omega t$，$U_{\mathrm{m}} = 311\mathrm{V}$，$f = 50\mathrm{Hz}$，求有效值 U 和 $t = 0.5\mathrm{s}$ 时的瞬时值。

【解】

$$U = \frac{U_{\mathrm{m}}}{\sqrt{2}} = \frac{311}{\sqrt{2}} = 220(\mathrm{V})$$

$$u(0.5) = U_m \sin(2\pi f \times 0.5) = 311 \times \sin\frac{100\pi}{2} = 0$$

2.1.4　正弦交流信号的相位、初相相位和相位差

正弦量随时间做周期性的变化，在正弦电流的表达式中，$\omega t + \psi_i$ 是随时间变化的角度，称为相位角，简称相位，单位为弧度(rad)。ψ_i 是正弦量在 $t=0$ 时刻的相位角，简称初相位或初相，单位为弧度(rad)。初相位的大小与所取的计时起点有关，因此，初相位决定了交流电的初始值。

在正弦交流电路的分析研究中，会出现多个同频率的电压和电流，需要比较它们之间的相位关系。任意两个同频率的正弦量的相位角之差，称为相位差，通常用 φ 表示。

有两个同频率的正弦量，即

$$i = I_m \sin(\omega t + \psi_1)$$
$$u = u_m \sin(\omega t + \psi_2)$$

电流 i 和 u 之间的相位差为

$$\varphi = (\omega t + \psi_1) - (\omega t + \psi_2) = \psi_1 - \psi_2$$

可知两个正弦量的相位差就是它们的初相位差，虽然两个同频率正弦量相位角都随时间改变，但它们的相位差是恒定的，与时间 t 无关。

图 2-3 所示为两个同频率正弦量之间的关系：

①当 $\varphi=\psi_1-\psi_2>0$ 时，i 总是比 u 先经过正的最大值，称超前一个 φ 角，或者说 u 比 i 滞后一个 φ 角，如图 2-3(a)所示。

②当 $\varphi=\psi_1-\psi_2=90°$时，则称 i 超前 u 90°，如图 2-3(b)所示。

③当 $\varphi=\psi_1-\psi_2=0$ 时，则称 i 与 u 同相。它们同时通过零值，同时达到最大值，如图 2-3(c)所示。

④当 $\varphi=\psi_1-\psi_2=180°$时，则称 i 与 u 反相，如图 2-3(d)所示。

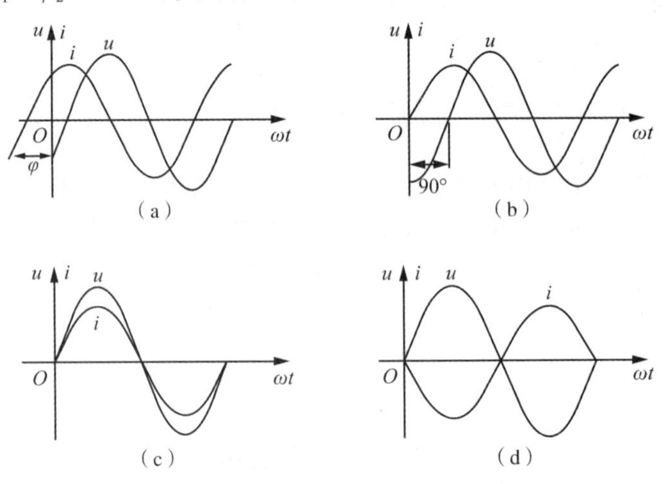

图 2-3　电流与电压的相位关系

2.2 正弦量的相量表示法

前面我们采用了比较直观的三角函数式和波形图来表示正弦交流电。为了便于电路的分析计算，在电工学中常用相量表示正弦交流电，可以简化分析计算过程。设有一正弦电流 $i = I_m \sin(\omega t + \psi_i)$，其波形如图 2-4 所示，左边是一旋转有向线段 OA，有向线段的长度代表正弦量的幅值 I_m，初始位置（$t=0$ 时的位置）与横轴正方向之间的夹角等于正弦量的初相位 ψ_i，有向线段以正弦量的角频率 ω 按逆时针方向旋转，正弦量在某时刻的瞬时值就可以由这个旋转矢量于该瞬间在纵轴上的投影来表示。可见，此方法可以完整表示一个正弦量的幅值、频率和初相位三个特征参数，这说明可以用旋转有向线段的方法来表示正弦量。由于表示随时间变化的正弦量的矢量与空间矢量有本质区别，因此，我们把表示正弦量的矢量称为相量。在分析线性电路时，正弦激励和响应均为同频率的正弦量，频率是已知的，所以在相量表示中不需要表示频率。

正弦量可以用相量的形式表示，相量也可以用复数来表示，即正弦量可用复数表示。在一直角坐标系中，若以横轴为实数轴，表示复数的实部，以 +1 为单位；纵轴为虚数轴，表示复数的虚部，用 +j（$j=\sqrt{-1}$）为单位，则坐标系所在的平面称为复数平面。随时间按正弦规律变化的电流 $i = I_m \sin(\omega t + \psi_i)$ 可用复数表示，若它在复平面坐标内，则如图 2-5 所示。

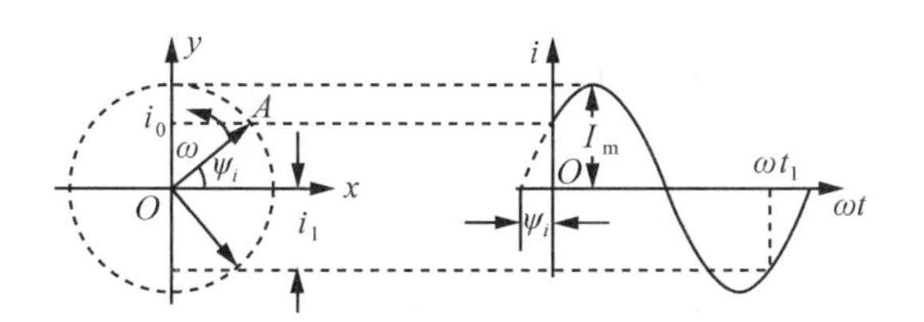

图 2-4 用旋转有向线段表示正弦量

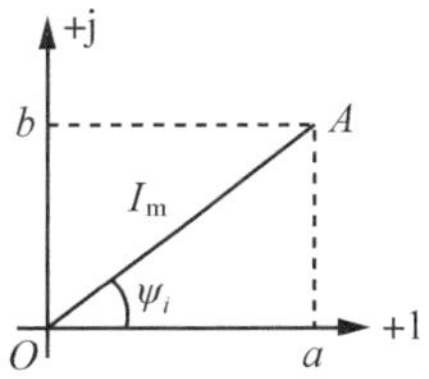

图 2-5 有向线段的复数表示

相量 $\dot{I}_m$ 在实轴的投影为实部 a，在虚轴的投影为虚部 b。其复数可表示为

$$\dot{I}_m = a + jb \tag{2-6}$$

这是复数的代数式。

由图 2-5 可知

$$\dot{I}_m = \sqrt{a^2 + b^2} \tag{2-7}$$

称为复数的模，也就是正弦电流的最大值；

$$\psi_i = \arctan\frac{b}{a} \tag{2-8}$$

称为复数的幅角，也就是正弦电流的初相位。因为

$$a = I_m \cos\psi_i$$
$$b = I_m \sin\psi_i$$

所以式（2-6）也可以表示为

$$\dot{I}_{\mathrm{m}} = I_{\mathrm{m}} \cos\psi_i + \mathrm{j}I_{\mathrm{m}} \sin\psi_i = I_{\mathrm{m}}(\cos\psi_i + \mathrm{j}\sin\psi_i) \tag{2-9}$$

这是复数的三角形式。

根据欧拉公式

$$\cos\psi_i = \frac{\mathrm{e}^{\mathrm{j}\psi_i} + \mathrm{e}^{-\mathrm{j}\psi_i}}{2}, \quad \sin\psi_i = \frac{\mathrm{e}^{\mathrm{j}\psi_i} - \mathrm{e}^{-\mathrm{j}\psi_i}}{2\mathrm{j}}$$

式(2-9)可改写为

$$\dot{I}_{\mathrm{m}} = I_{\mathrm{m}}\mathrm{e}^{\mathrm{j}\psi_i}$$

这是复数的指数形式。或简写为

$$\dot{I}_{\mathrm{m}} = I_{\mathrm{m}}\angle\psi_i$$

这是复数的极坐标形式。

因此，一个相量，即正弦量，可以用上述四种复数式来表示，这四种形式可以互相转换。

由 $u = U_{\mathrm{m}}\sin(\omega t + \psi_u)$ 可知，正弦电压的有效值为 $U = \frac{U_{\mathrm{m}}}{\sqrt{2}}$，正弦电压的幅值向量表示为 $\dot{U}_{\mathrm{m}} = U_{\mathrm{m}}(\cos\psi_u + \mathrm{j}\sin\psi_u) = U_{\mathrm{m}}\mathrm{e}^{\mathrm{j}\psi_u} = U_{\mathrm{m}}\angle\psi_u$，有效值向量表示为 $\dot{U} = U(\cos\psi_u + \mathrm{j}\sin\psi_u) = U\mathrm{e}^{\mathrm{j}\psi_u} = U\angle\psi_u$。

按照各个正弦量的大小和相位关系画出的若干个相量的图形，称为相量图。在相量图上能形象地看出各个正弦量的大小和相互间的相位关系。如图 2-6 所示，电压相量 $\dot{U}$ 比电流相量 $\dot{I}$ 超前 φ 角，也就是正弦电压 u 比正弦电流 i 超前 φ 角。

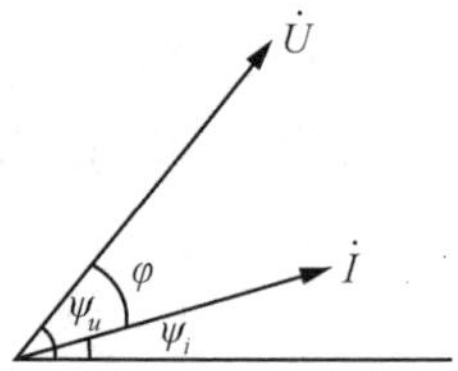

图 2-6　相量图

下面讨论一下“j”意义。

现用 $\angle\beta$ 乘相量 $\dot{I}_{\mathrm{m}} = I_{\mathrm{m}}\angle\psi_i$，得到新相量为

$$\dot{I}'_{\mathrm{m}} = \angle\beta\dot{I}_{\mathrm{m}} = \angle\beta I_{\mathrm{m}}\angle\psi_i = I_{\mathrm{m}}\angle(\beta + \psi_i)$$

当 β 为正值时，代表相量 $\dot{I}_{\mathrm{m}}$ 将逆时针旋转 β 角，新相量 $\dot{I}'_{\mathrm{m}}$ 比原相量 $\dot{I}_{\mathrm{m}}$ 超前 β 角；若 β 为负值时，代表相量 $\dot{I}_{\mathrm{m}}$ 将顺时针旋转 β 角，新相量 $\dot{I}'_{\mathrm{m}}$ 比原相量 $\dot{I}_{\mathrm{m}}$ 滞后 β 角。但相量的模保持不变。

当 $\beta = \pm 90°$ 时，即

$$\mathrm{e}^{\pm\mathrm{j}90°} = \cos 90° \pm \mathrm{j}\sin 90° = 0 \pm \mathrm{j} = \pm\mathrm{j}$$

可知任意一个相量乘上 +j 后，代表逆时针旋转了 90°；乘上 −j 后，代表顺时针旋转了 90°。所以 j 被称为旋转 90°的因子。

【例 2-3】　已知 $i_1 = 30\sqrt{2}\sin(\omega t + 60°)\mathrm{A}$，$i_2 = 10\sqrt{2}\sin(\omega t - 30°)\mathrm{A}$，试应用复数计算总电流值。

【解】

i_1 和 i_2 的有效值相量分别为

$$\dot{I}_1 = 30\angle 60° = 30(\cos 60° + \mathrm{j}\sin 60°) = (15 + \mathrm{j}25.98)(\mathrm{A})$$

$$\dot{I}_2 = 10\angle -30° = 10[\cos(-30°) + j\sin(-30°)] = (8.66 - j5)(A)$$

总电流有效值相量为

$$\dot{I} = \dot{I}_1 + \dot{I}_2 = (15 + j25.98) + (8.66 - j5) = (23.66 + j20.98)(A)$$

$$= \sqrt{23.66^2 + 20.98^2}\angle \arctan\frac{20.98}{23.66} = 31.62\angle 41.56°(A)$$

所以总电流瞬时值为

$$i = 31.62\sqrt{2}\sin(\omega t + 41.56°)A$$

2.3　单一参数的正弦交流电路

在交流供电系统中，各种电气设备如船用电动机、加热器、照明灯具等的作用尽管不同，但都可归纳为三类元件即电阻、电感和电容元件的等效。本节主要讨论单一元件在正弦交流电路中的电压与电流之间的大小与相位关系，并分析能量的转换和功率问题，为分析几种元件混合电路打下基础。

电阻元件、电感元件和电容元件都是组成电路模型的基本元件。在这里我们主要介绍它们的理想模型，所谓理想，就是突出元件的主要影响因素，而忽略次要因素。电阻元件具有消耗电能的性质，其他性质均可忽略不计；对电感元件，突出其通过电流产生磁场而储存磁场能量的性质；对电容元件，突出其两端加上电压后产生电场而储存电场能量的性质。电阻元件是耗能元件，后两者是储能元件。电路元件都由相应的参数表征。

2.3.1　纯电阻元件的交流电路

针对交流电路中电流和电压的方向不断交变的特点，有必要给它们规定一个正方向。在同一电阻电路中，规定电压与电流的正方向一致，即在正方向电压的作用下，电路中的电流也应是正方向的电流。

图 2-7(a)所示为电阻元件的正弦交流电路。

设正弦电压的初相位为零，即

$$u = U_m \sin\omega t$$

电压和电流在图 2-7(b)的参考方向下，根据欧姆定律，电路中的电流为

$$i = \frac{u}{R} = \frac{U_m}{R}\sin\omega t = I_m \sin\omega t \tag{2-10}$$

可知电流也是一个同频率的正弦量。u 和 i 随时间变化的波形如图 2-7(c)所示。

在式(2-10)中，电流最大值为

$$I_m = \frac{U_m}{R}$$

两边同除以$\sqrt{2}$，可得电压与电流的有效值关系式为

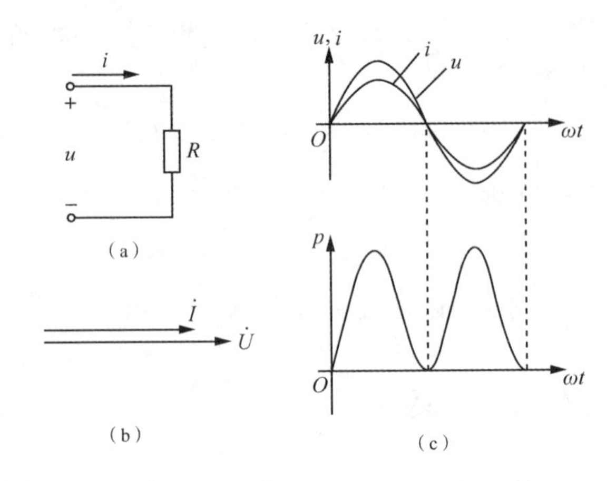

图 2-7 电阻元件的交流电路

(a)电路图 (b) 相量图 (c)电压与电流的正弦波形和功率波形

$$I = \frac{U}{R} \text{ 或 } R = \frac{U}{I} \tag{2-11}$$

由以上分析可知，在单一电阻元件的交流电路中，电压与电流都是同频率的正弦量。在数值上，电压与电流的最大值或有效值关系满足欧姆定律，并且电压与电流同相(相位差 $\varphi = 0$)。

知道了电压与电流的变化规律和相互关系，就可以得到电阻在电路中的功率。

在任意瞬间，电压瞬时值 u 和电流瞬时值 i 的乘积，称为瞬时功率，即

$$p = ui = U_m I_m \sin^2 \omega t = \frac{U_m I_m}{2}(1 - \cos 2\omega t) = UI(1 - \cos 2\omega t) \tag{2-12}$$

由式(2-12)可知，电阻元件的瞬时功率由两部分组成：第一部分是常数 UI，第二部分是幅值为 UI 并以 2ω 的角频率随时间变化的交变量 $UI\cos 2\omega t$。p 随时间变化的波形如图 2-7(c)所示。

电阻元件在交流电路中的电压和电流同相，即它们同时为正或同时为负，所以瞬时功率恒为正值。表明电阻元件在任何时候都从电源中取用电能，将电能转换为热能消耗掉。这是一种不可逆的能量转换过程，所以电阻元件是耗能元件。

由于瞬时功率是随时间变化的，工程上通常取它在一个周期内的平均值来表示功率的大小，称为平均功率，又称有功功率，即

$$P = \frac{1}{T}\int_0^T p \mathrm{d}t = \frac{1}{T}\int_0^T UI(1 - \cos 2\omega t)\mathrm{d}t = UI = I^2 R = \frac{U^2}{R} \tag{2-13}$$

【例 2-4】 有一只白炽灯，其上标明 220V，40W，将它接入 220V 的电源上。试求：

(1)流过灯泡的电流和它所消耗的功率；

(2)若电源电压降为 210V，重新计算电流和所消耗的功率。

【解】

(1)电压为 220V 时，白炽灯在额定状态下工作，其消耗功率为额定功率，即

$$P = P_N = 40\text{W}$$

流过灯泡的电流为额定电流，即

$$I = I_N = \frac{P_N}{U_N} = \frac{40}{220} = 0.182(A)$$

（2）电压降为210V时，设灯泡电阻不变，则为

$$R = \frac{U_N^2}{P_N} = \frac{220^2}{40} = 1210(\Omega)$$

流过白炽灯的电流和实际消耗的功率为

$$I = \frac{U}{R} = \frac{210}{1210} = 0.174(A)$$

$$P = UI = 210 \times 0.174 = 36(W)$$

2.3.2　纯电感元件的交流电路

有一纯电感元件的交流电路如图2-8(a)所示，设通过电感元件的交流电流初相位为零，即

$$i = I_m \sin\omega t$$

在图2-8(a)的参考方向下，电感两端电压为

$$u = L\frac{di}{dt} = L\frac{d}{dt}(I_m \sin\omega t) = \omega L I_m \cos\omega t = U_m \sin(\omega t + 90°) \tag{2-14}$$

可知在电感元件的电路中，电压和电流是同频率的正弦量，电流在相位上比电压滞后90°。它们随时间变化的波形如图2-8(c)所示。

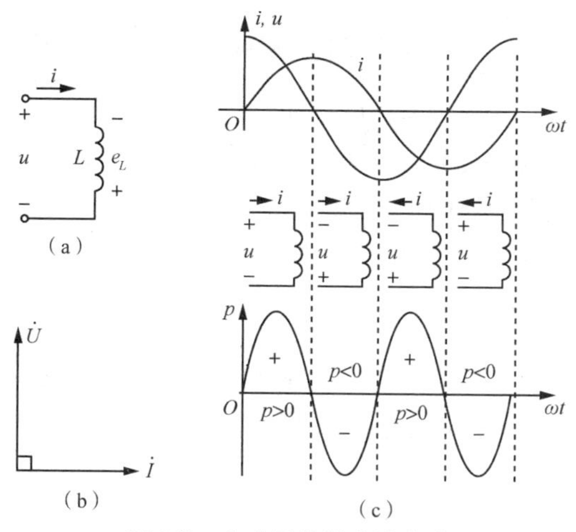

图2-8　电感元件的交流电路

(a)电路图　(b)相量图　(c)电压与电流的正弦波形和功率波形

式(2-14)中，电压最大值为

$$U_m = \omega L I_m$$

两边同时除以$\sqrt{2}$，可得电压与电流有效值关系式为

$$U = \omega LI \text{ 或} \frac{U}{I} = \omega L \tag{2-15}$$

与交流电路中的电阻元件相比较，当电压一定时，随着 ωL 的增大，电流减小，ωL 对交流电流具有阻碍作用，因此 ωL 称为电感的电抗值，简称感抗，即

$$X_L = \omega L = 2\pi fL \tag{2-16}$$

L 的单位为亨利(H)，X_L 的单位为欧姆(Ω，简称欧)。

感抗与电感和频率成正比。在正弦交流电路中，随着电感的增大或通过交流电流频率的增高，电感中的自感电动势($e = -L\frac{\mathrm{d}i}{\mathrm{d}t}$)的数值增大，自感电动势的方向与电路中电流的方向相反，对交流电流的阻碍作用增强。对直流电流来说，电路中的电感元件相当于短路。当交流电路中的电压和电感一定时，感抗及电流和频率之间的关系如图 2-9 所示。

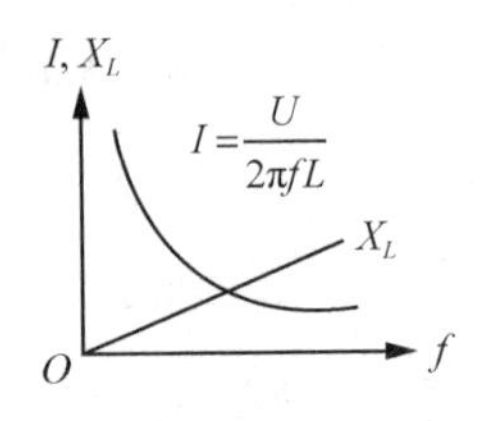

图 2-9　感抗和电流与频率之间的关系

若用相量表示电压和电流的关系，则有

$$\dot{U} = \mathrm{j}X_L\dot{I} = \mathrm{j}\omega L\dot{I} \tag{2-17}$$

式(2-17)表示电压的有效值等于电流的有效值与感抗的乘积，电压比电流在相位上超前 90°。即电流相量乘上 j 后，逆时针方向旋转 90°。电压和电流的相量图如图 2-8(b)所示。

在电感元件的交流电路中，知道了电压和电流的变化规律后，可计算出瞬时功率，即

$$\begin{aligned} p = ui &= U_m I_m \sin\omega t\sin(\omega t + 90°) \\ &= U_m I_m \sin\omega t\cos\omega t = \frac{U_m I_m}{2}\sin 2\omega t \\ &= UI\sin 2\omega t \end{aligned} \tag{2-18}$$

由上式可知，电感元件的瞬时功率是一个幅值为 UI 并以 2ω 的角频率随时间变化的正弦量，其波形如图 2-8(c)所示。

电感元件在交流电路中的平均功率(有功功率)为

$$P = \frac{1}{T}\int_0^T p\mathrm{d}t = \frac{1}{T}\int_0^T UI\sin 2\omega t\mathrm{d}t = 0$$

从平均功率的表达式可以看出，只存在电源与电感元件间的能量交换，并没有能量消耗。这种能量互换的模式，我们用无功功率来衡量。规定无功功率等于瞬时功率的幅值，即

$$Q = UI = I^2 X_L \tag{2-19}$$

无功功率的单位为乏(var)或千乏(kvar)。

【例 2-5】　一电感元件的电感为 0.3H，接到电压为 100V 频率分别为 400Hz 和 50Hz 的交流电源上，试求电流各为多少？

【解】(1) $X_L = 2\pi fL = 2\times 3.14\times 400\times 0.3 = 753.6(\Omega)$

$$I = \frac{U}{X_L} = \frac{100}{753.6} = 0.133(\mathrm{A})$$

(2) $X_L = 2\pi fL = 2\times3.14\times50\times0.3 = 94.2(\Omega)$

$$I = \frac{U}{X_L} = \frac{100}{94.2} = 1.06(\mathrm{A})$$

2.3.3　纯电容元件的交流电路

在电气工程中，电容的应用也非常广泛，如各种电子控制电路都要利用电容器进行滤波、隔直及选频等。有时还采用电容器来改善系统的功率因数，以减少输电线路上的能量损失和提高电源设备的利用率。为此必须认识电容器在电路中的作用，下面分析电容在交流电路中电压与电流的关系、能量转换关系及功率问题。

在交流电路中，将电容元件与正弦电源连接，电路中的电流和电容器两端电压的参考方向如图2-10(a)所示。

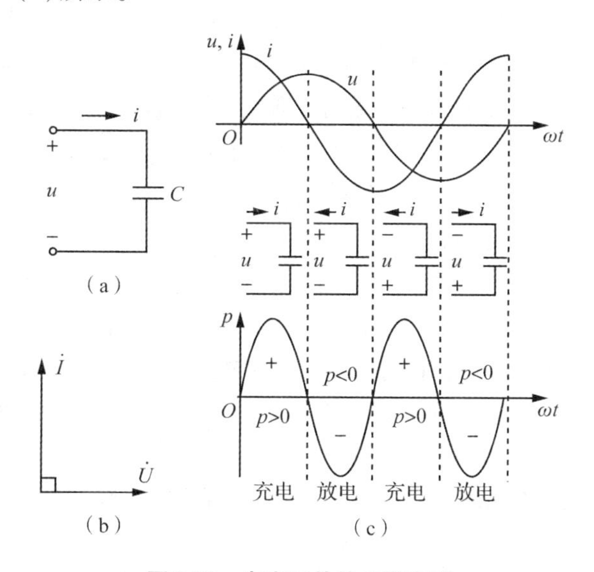

图2-10　电容元件的交流电路

(a)电路图　(b) 相量图　(c)电压与电流的正弦波形和功率波形

设正弦电压为

$$u = U_{\mathrm{m}}\sin\omega t$$

在图示的参考方向下，电容器中的电流为

$$i = C\frac{\mathrm{d}u}{\mathrm{d}t} = C\frac{\mathrm{d}(U_{\mathrm{m}}\sin\omega t)}{\mathrm{d}t} = \omega CU_{\mathrm{m}}\cos\omega t = I_{\mathrm{m}}\sin(\omega t + 90^\circ) \qquad (2\text{-}20)$$

由上式可知，在交流电路中，电容元件上的电流在相位上比电压超前90°。相关量随时间变化的波形如图2-10(c)所示。

式(2-20)中的电流最大值为

$$I_{\mathrm{m}} = \omega CU_{\mathrm{m}} = \frac{U_{\mathrm{m}}}{1/(\omega C)} \qquad (2\text{-}21)$$

两边同除以$\sqrt{2}$，可得电压与电流有效值关系为

$$I = \frac{U}{1/(\omega C)} \tag{2-22}$$

与电阻元件的交流电路比较，$1/(\omega C)$有类似电阻的作用，当电压一定时，随$1/(\omega C)$增大电流会减小。$1/(\omega C)$具有阻碍电流通过的作用，称其为电容的电抗值，简称容抗，即

$$X_C = \frac{1}{\omega C} = \frac{1}{2\pi fC} \tag{2-23}$$

其中 C 的单位为法拉(F)，实用中常用微法(μF)、纳法(nF)或皮法(pF)；X_C 的单位为欧姆(Ω)。容抗与电容和频率成反比。在同样的交流电压下，当电容增大时，单位时间内电容器所容纳的电荷量就增多，所以电流变大，此时呈现的容抗减小；当频率升高时，电容器充电和放电进行得越快，单位时间内移动的电荷量就越多，因此电流增大。所以电容器对高频电流的容抗比较小，而对低频电流的容抗比较大，对于直流电流，电容器的容抗趋于无穷大，可视为开路。即电容元件在电路中具有“隔直流，通交流”的作用。当电压与电容的值一定时，容抗和电流与频率之间的关系如图 2-11 所示。

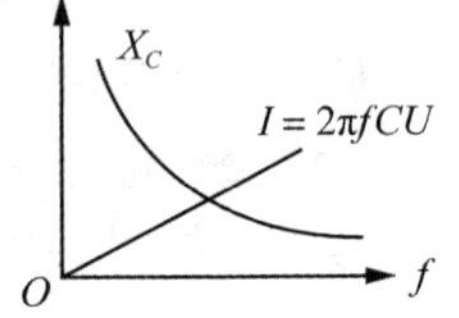

图 2-11　容抗和电流与频率之间的关系

将电容的电流和电压的关系用相量表示为

$$\dot{I} = \mathrm{j}\frac{\dot{U}_C}{X_C} = \mathrm{j}\omega C\,\dot{U}_C \tag{2-24}$$

其相量如图 2-10(b)所示。在电容电路中，电压和电流都是同频率的正弦量。在数值上，电压最大值(或有效值)与电流最大值(或有效值)的比值为容抗，电流的有效值等于电压的有效值与容抗的乘积；在相位上，电压滞后于电流 90°(或电流超前于电压 90°)，即电压相量乘上 j 后逆时针方向旋转 90°。

在电容元件的交流电路中，知道了电压和电流的变化规律后，可计算出相应的瞬时功率为

$$\begin{aligned} p &= ui = U_\mathrm{m}I_\mathrm{m}\sin\omega t\sin(\omega t + 90°) \\ &= U_\mathrm{m}I_\mathrm{m}\sin\omega t\cos\omega t = \frac{U_\mathrm{m}I_\mathrm{m}}{2}\sin 2\omega t \\ &= UI\sin 2\omega t \end{aligned} \tag{2-25}$$

由上式可知，电容元件的瞬时功率是一个幅值为 UI 并以 2ω 的角频率随时间变化的正弦量，其波形如图 2-10(c)所示。

为了同电感元件的无功功率相比较，设参考正弦量电流为

$$i = I_\mathrm{m}\sin\omega t$$

则

$$u = U_\mathrm{m}\sin(\omega t - 90°)$$

得到电容元件相应的瞬时功率为

$$p = ui = U_\mathrm{m}I_\mathrm{m}\sin\omega t\sin(\omega t - 90°) = -U_\mathrm{m}I_\mathrm{m}\frac{\sin 2\omega t}{2} = -UI\sin 2\omega t \tag{2-26}$$

电容元件在交流电路中的平均功率(有功功率)为

$$P=\frac{1}{T}\int_0^T p\mathrm{d}t=-\frac{1}{T}\int_0^T UI\sin2\omega t\mathrm{d}t=0$$

从平均功率的表达式可以看出，只存在电源与电容元件之间的能量交换，并不消耗电能，因此电容是储能元件。这种能量互换的模式同样用无功功率来衡量，电路中电容元件的无功功率为

$$Q=-UI=-I^2X_C \tag{2-27}$$

即电容性的无功功率取负值，而电感性的无功功率取正值。

【例 2-6】 把一个 20μF 的电容器连接在 220V 的工频交流电源上，试求电容的容抗、电流和无功功率。

【解】工频电源的频率为 50Hz，则

$$X_C=\frac{1}{2\pi fC}=\frac{1}{2\times3.14\times50\times20\times10^{-6}}=159.2(\Omega)$$

$$I=\frac{U}{X_C}=\frac{220}{159.2}=1.38(\mathrm{A})$$

$$Q=-UI=-220\times1.38=-303.6(\mathrm{var})$$

2.4　电阻、电感与电容元件串联的交流电路

前面分别讨论了电阻元件、电感元件和电容元件单独的正弦交流电路。但在实际电路中，单一参数元件的电路比较少，多数是电阻、电感与电容元件三种参数组合形成的电路。下面我们分析三种参数元件串联组成的交流电路。

2.4.1　电压与电流的关系

设电流为参考正弦量，即 $i=I_{\mathrm{m}}\sin\omega t$，则在 R，L，C 上引起的电压分别为

$$u_R=Ri=RI_{\mathrm{m}}\sin\omega t$$

$$u_L=L\frac{\mathrm{d}i}{\mathrm{d}t}=\omega LI_{\mathrm{m}}\sin(\omega t+90^\circ)$$

$$u_C=\frac{1}{C}\int i\mathrm{d}t=\frac{1}{\omega C}I_{\mathrm{m}}\sin(\omega t-90^\circ)$$

电源电压的瞬时值等于各部分电压瞬时值的和，即

$$u=u_R+u_L+u_C=U_{\mathrm{m}}\sin(\omega t+\varphi) \tag{2-28}$$

式中，u_R，u_L 和 u_C 都是同频率的正弦量，它们相加得到的仍然是同频率的正弦量；U_{m} 为正弦电压的幅值；φ 为 u 与 i 之间的相位差。

(1)相量图解法

RLC 串联交流电路中各元件流过同一电流，故选电流为参考相量。如图 2-12 所示，在相量图中，电压相量$\dot{U}$，$\dot{U}_R$ 和($\dot{U}_L+\dot{U}_C$)构成了直角三角形，称为电压三角形。

利用这个电压三角形可求出电源电压的有效值，即

$$U = \sqrt{U_R^2 + (U_L - U_C)^2} \tag{2-29}$$

因为 $U_R = IR$，$U_L = IX_L$，$U_C = IX_C$，则可得

$$U = I\sqrt{R^2 + (X_L - X_C)^2}$$

也可写为

$$\frac{U}{I} = \sqrt{R^2 + (X_L - X_C)^2} = |Z| \tag{2-30}$$

在 RLC 串联的交流电路中，电压和电流的有效值之比为 $|Z|$，具有阻碍电流通过的性质，它是由电阻与电抗综合作用而得到的参数，因此称为电路的阻抗，单位为欧姆(Ω)。

$|Z|$，R 和 $X = X_L - X_C$ 三者之间的关系可以用阻抗三角形表示，如图 2-13 所示。它与电压三角形相似，不同的是阻抗三角形中的各个量并不是相量。

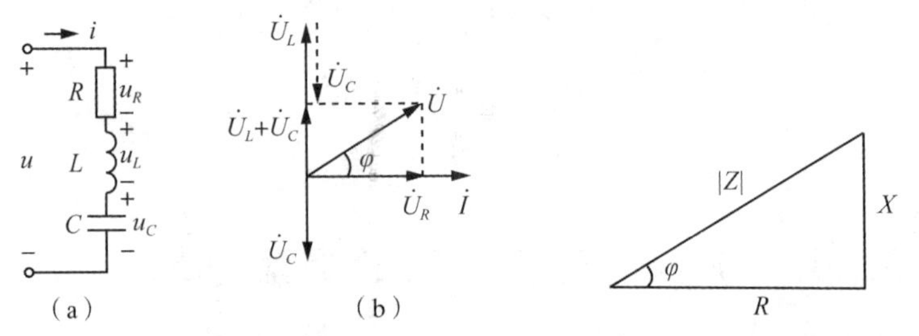

图 2-12 RLC 串联的交流电路

(a)电路图 (b)相量图

图 2-13 RLC 串联电路的阻抗三角形

电源电压与电流之间的相位差，可由电压三角形或阻抗三角形得出

$$\varphi = \arctan\frac{U_L - U_C}{U_R} = \arctan\frac{X_L - X_C}{R} = \arctan\frac{\omega L - 1/(\omega C)}{R} = \arctan\frac{X}{R} \tag{2-31}$$

式中，φ 称为阻抗角。

可见在 RLC 串联电路中，电源电压与电流之间的相位差仅由电路参数 R，L，C 和电源角频率 ω 决定。

根据总电压与电流的相位差(即阻抗角 φ)为正、为负、为零三种情况，得到阻抗角与电路参数的关系如下：

当 $X > 0$，即 $X_L > X_C$时，$\varphi > 0$，电压 u 比电流 i 超前 φ，电路呈感性；

当 $X < 0$，即 $X_L < X_C$时，$\varphi < 0$，电压 u 比电流 i 滞后 $|\varphi|$，电路呈容性；

当 $X = 0$，即 $X_L = X_C$时，$\varphi = 0$，电压 u 与电流 i 同相，电路呈电阻性，电路处于这种状态时，称为谐振状态。

(2)相量解析法

由于各电压与电流都是同频率的正弦量，因此可以用相量表示它们，即

$$\begin{cases} \dot{U}_R = R\dot{I} \\ \dot{U}_L = \mathrm{j}X_L\dot{I} \\ \dot{U}_C = -\mathrm{j}X_C\dot{I} \end{cases} \tag{2-32}$$

在 RLC 串联电路中，总电压的相量形式为

$$\dot{U} = \dot{U}_R + \dot{U}_L + \dot{U}_C = U\angle\varphi \tag{2-33}$$

将式(2-32)代入式(2-33)，得到电源电压相量为

$$\dot{U} = \dot{I}[R + \mathrm{j}(X_L - X_C)]$$

改写为

$$\frac{\dot{U}}{\dot{I}} = R + \mathrm{j}(X_L - X_C) = Z \tag{2-34}$$

复数 Z 与电压相量及电流相量之间的关系，在形式上与直流电路的欧姆定律相似，所以称为相量形式的欧姆定律。复数 Z 的实部是电阻，虚部是感抗与容抗之差，即$X = X_L - X_C$，X 称为电抗；$Z = R + \mathrm{j}X$，Z 称为复阻抗，其表达形式可变换为

$$Z = R + \mathrm{j}(X_L - X_C) = \sqrt{R^2 + (X_L - X_C)^2}\angle\arctan\frac{X_L - X_C}{R} = |Z|\angle\varphi \tag{2-35}$$

复阻抗表示了电路中电压与电流之间的模和幅角的关系。

2.4.2　功率关系

(1)瞬时功率

电路在某一瞬间吸收或释放的功率称为**瞬时功率**，即

$$p = ui \tag{2-36}$$

在正弦交流电路中，由于有电感和电容的存在，一般情况下电压和电流两个正弦量的频率相同，有一定的相位差。设电路中的电流和电压分别为 $i = I_{\mathrm{m}}\sin\omega t$，$u = U_{\mathrm{m}}\sin(\omega t + \varphi)$，则电路的瞬时功率为

$$p = ui = U_{\mathrm{m}}\sin(\omega t + \varphi)I_{\mathrm{m}}\sin\omega t$$

根据三角公式关系

$$-2\sin\alpha\sin\beta = \cos(\alpha + \beta) - \cos(\alpha - \beta)$$

得到电路的瞬时功率为

$$p = \sqrt{2}U\sin(\omega t + \varphi)\sqrt{2}I\sin\omega t = UI\cos\varphi - UI\cos(2\omega t + \varphi) \tag{2-37}$$

(2)有功功率

正弦交流电路的**有功功率**即为平均功率，其值为

$$P = \frac{1}{T}\int_0^T p\mathrm{d}t = \frac{1}{T}\int_0^T [UI\cos\varphi - UI\cos(2\omega t + \varphi)]\mathrm{d}t = UI\cos\varphi$$

式中，$\cos\varphi$ 称为功率因数。在 RLC 串联电路中的平均功率，就是电阻上所消耗的功率。

(3)无功功率

电路中的电感元件和电容元件要储存和释放能量，与电源之间进行能量交换。**无功功率**是瞬时功率中的无功分量，由式(2-37)进一步分析可知

$$p = UI\cos\varphi - UI\cos(2\omega t + \varphi)$$

$$
\begin{aligned}
&= UI\cos\varphi - (UI\cos\varphi\cos2\omega t - UI\sin\varphi\sin2\omega t) \\
&= UI\cos\varphi(1 - \cos2\omega t) + UI\sin\varphi\sin2\omega t \\
&= P(1 - \cos2\omega t) + Q\sin2\omega t
\end{aligned}
$$

式中

$$Q = UI\sin\varphi \tag{2-38}$$

Q 反映了电路中储能元件与电源进行能量交换的大小，是电压与电流有效值的乘积再乘以两者相位差角的正弦。无功功率并不是电路中实际消耗的功率，而是电路与电源之间交换功率的最大值，它的量纲与平均功率相同，但为了区别两者，无功功率的单位为乏(var)。

由于电感元件的电压超前于电流 90°，而电容元件的电压滞后于电流 90°，因此感性无功功率与容性无功功率可以互相补偿，所以又有

$$Q = Q_L - Q_C \tag{2-39}$$

(4)视在功率

在正弦交流电路中，电压的有效值和电流有效值的乘积称为**视在功率**，即

$$S = UI \tag{2-40}$$

视在功率的单位为伏·安(V·A)。视在功率、平均功率和无功功率之间有下列关系：

$$
\begin{cases}
S = \sqrt{P^2 + Q^2} \\
P = S\cos\varphi \\
Q = S\sin\varphi
\end{cases}
\tag{2-41}
$$

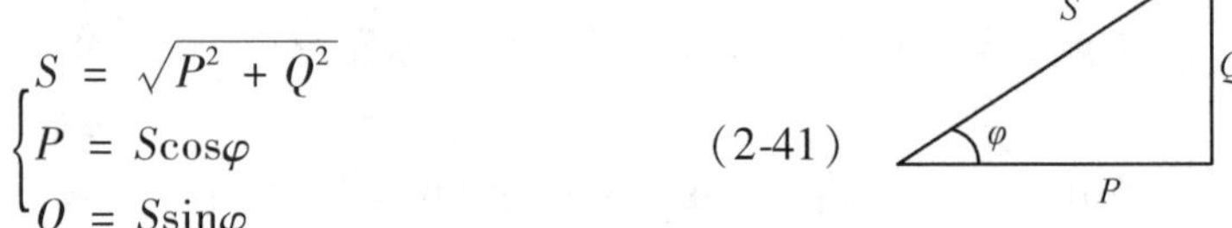

图 2-14 功率三角形

S，P，Q 可构成功率三角形，如图 2-14 所示。

【例 2-7】 在 RLC 串联电路中，已知 $R = 30\Omega$，$L = 40\text{mH}$，$C = 100\mu\text{F}$，$\omega = 1000\text{rad/s}$，$\dot{U}_L = 10\angle 0°\text{V}$。试求：(1)电路的阻抗 Z；(2) 电流 $\dot{I}$ 和电压 $\dot{U}_R$，$\dot{U}_C$ 及 $\dot{U}$。

【解】

(1) $X_L = \omega L = 1000 \times 40 \times 10^{-3} = 40(\Omega)$

$X_C = 1/(\omega C) = 1/(10^{-4} \times 10^3) = 10(\Omega)$

$Z = R + \text{j}X_L - \text{j}X_C = 30 + \text{j}30 = 30\sqrt{2}\angle 45°(\Omega)$

(2) $\dot{I} = \dot{U}_L/(\text{j}X_L) = \dfrac{10\angle 0°}{40\angle 90°} = 0.25\angle(-90°)(\text{A})$

$\dot{U}_R = \dot{I}R = 7.5\angle(-90°)(\text{V})$

$\dot{U} = \dot{I}Z = 0.25\angle(-90°) \times 30\sqrt{2}\angle 45° = 10.6\angle(-45°)(\text{V})$

$\dot{U}_C = \dot{I} \times (-\text{j}X_C) = 0.25\angle(-90°) \times 10\angle(-90°) = -2.5(\text{V})$

【例 2-8】 在 RLC 串联电路中，已知 $R = 10\Omega$，$X_L = 15\Omega$，$X_C = 5\Omega$，电流 $I = 2\angle 30°\text{A}$，试求：(1) 总电压 $\dot{U}$；(2) $\cos\varphi$；(3) 该电路的功率 P，Q，S。

【解】

(1) $Z=10+\mathrm{j}15-\mathrm{j}5=10\sqrt{2}\angle 45°(\Omega)$

$\dot{U}=\dot{I}Z=2\angle 30°\times 10\sqrt{2}\angle 45°=20\sqrt{2}\angle 75°(\mathrm{V})$

(2) $\cos\varphi=\cos 45°=0.707$

(3) $S=UI=2\times 20\sqrt{2}=56.6(\mathrm{V\cdot A})$

$P=S\cos\varphi=40(\mathrm{W})$

$Q=S\sin\varphi=40(\mathrm{var})$

【例2-9】 在 RLC 串联电路中，已知 $R=20\Omega$，$L=0.1\mathrm{H}$，$C=50\mu\mathrm{F}$。当信号频率 $f=1000\mathrm{Hz}$ 时，试写出其复数阻抗的表达式，此时阻抗是感性的还是容性的?

【解】

$X_C=1/(2\pi fC)=1/(2\pi\times 1000\times 50\times 10^{-6})=3.18(\Omega)$

$X_L=2\pi fL=2\pi\times 1000\times 0.1=628(\Omega)$

$Z=20+\mathrm{j}628-\mathrm{j}3.18=625.1\angle 88.2°(\Omega)$

可知此阻抗是感性阻抗。

【例2-10】 某 RLC 串联电路中，已知 $R=3\Omega$，$X_L=3\Omega$，$X_C=7\Omega$，正弦电压 $U=100\mathrm{V}$，试求电路的复阻抗、电路中的电流和各元件上的电压。

【解】

复阻抗为

$$Z=R+\mathrm{j}(X_L-X_C)=3+\mathrm{j}(3-7)=3-\mathrm{j}4=5\angle -53.1°(\Omega)$$

设电压 $\dot{U}=100\angle 0°$，则可得

$$\dot{I}=\frac{\dot{U}}{Z}=\frac{100\angle 0°}{5\angle -53.1°}=20\angle 53.1°(\mathrm{A})$$

$$\dot{U}_R=R\dot{I}=3\times 20\angle 53.1°=60\angle 53.1°(\mathrm{V})$$

$$\dot{U}_L=\mathrm{j}X_L\dot{I}=\mathrm{j}3\times 20\angle 53.1°=60\angle 143.1°(\mathrm{V})$$

$$\dot{U}_C=-\mathrm{j}X_C\dot{I}=-\mathrm{j}7\times 20\angle 53.1°=140\angle -36.9°(\mathrm{V})$$

2.5 阻抗的串联和并联

2.5.1 阻抗的串联

图2-15(a)所示为两个阻抗串联的交流电路，根据基尔霍夫电压定律，可写出它的相量表达式为

$$\dot{U}=\dot{U}_1+\dot{U}_2=Z_1\dot{I}+Z_2\dot{I}=(Z_1+Z_2)\dot{I}$$

两个串联阻抗可以用一个等效阻抗 Z 代替，在同样电压的作用下，电路中电流的有效值和相位保持不变。根据图2-15(b)所示的等效电路，可写出

$$\dot{U}=Z\dot{I}$$

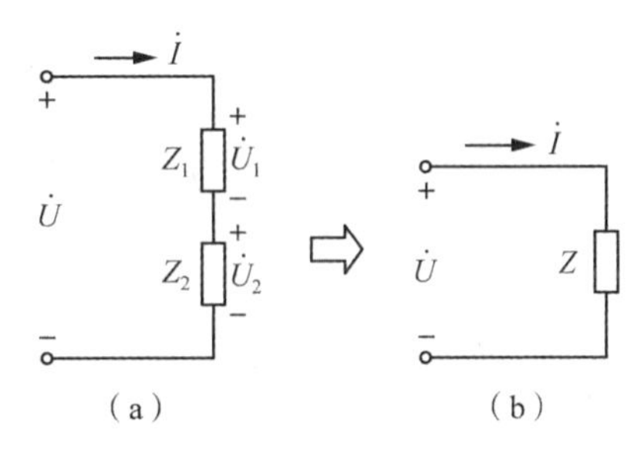

图2-15　阻抗的串联

$$Z = Z_1 + Z_2$$

注意一般说来

$$|Z| \neq |Z_1| + |Z_2|$$

分压公式为

$$\dot{U}_1 = \frac{Z_1}{Z_1 + Z_2}\dot{U}, \quad \dot{U}_2 = \frac{Z_2}{Z_1 + Z_2}\dot{U} \tag{2-42}$$

(1) *RL* 串联电路

只要将 *RLC* 串联电路中的电容 *C* 短路去掉，即令 $X_C = 0$，$U_C = 0$，则有关 *RLC* 串联电路的公式完全适用于 *RL* 串联电路。

【例 2-11】 在 *RL* 串联电路中，已知电阻 $R = 40\Omega$，电感 $L = 95.5\text{mH}$，外加频率为 $f = 50\text{Hz}$、$U = 200\text{V}$ 的交流电压源。试求：(1) 电路中的电流 I；(2) 各元件电压 U_R，U_L；(3) 总电压与电流的相位差 φ。

【解】

(1) $X_L = 2\pi fL \approx 30\Omega$，则 $I = \dfrac{U}{|Z|} = \dfrac{220}{50} = 4(\text{A})$。

(2) $U_R = RI = 160\text{V}$，$U_L = X_L I = 120\text{V}$。显然 $U = \sqrt{U_R^2 + U_L^2}$ 。

(3) $\varphi = \arctan\dfrac{X_L}{R} = \arctan\dfrac{30}{40} = 36.9°$，即总电压 u 比电流 i 超前 36.9°，电路呈感性。

(2) *RC* 串联电路

只要将 *RLC* 串联电路中的电感 *L* 短路去掉，即令 $X_L = 0$，$U_L = 0$，则有关 *RLC* 串联电路的公式完全适用于 *RC* 串联电路。

【例 2-12】 在 *RC* 串联电路中，已知电阻 $R = 60\ \Omega$，电容 $C = 20\ \mu\text{F}$，外加电压为 $u = 141.2\sin 628t\ \text{V}$。试求：(1) 电路中的电流 I；(2) 各元件电压 U_R，U_C；(3) 总电压与电流的相位差 φ。

【解】

(1) 由 $X_C = \dfrac{1}{\omega C} = 80\Omega$，$|Z| = \sqrt{R^2 + X_C^2} = 100\Omega$，$U = \dfrac{141.2}{\sqrt{2}} = 100\text{V}$，则电流为

$$I = \frac{U}{|Z|} = \frac{100}{100} = 1(\text{A})$$

(2) $U_R = RI = 60\ \text{V}$，$U_C = X_C I = 80\ \text{V}$。显然 $U = \sqrt{U_R^2 + U_C^2}$。

(3) $\varphi = \arctan\left(-\dfrac{X_C}{R}\right) = \arctan\left(-\dfrac{80}{60}\right) = -53.1°$，即总电压比电流滞后 53.1°，电路呈容性。

2.5.2 阻抗的并联

图 2-16(a) 所示为两个阻抗并联的交流电路，根据基尔霍夫电流定律，可写出它

的相量表达式为

$$\dot{I}=\dot{I}_1+\dot{I}_2=\frac{\dot{U}}{Z_1}+\frac{\dot{U}}{Z_2}=\dot{U}(\frac{1}{Z_1}+\frac{1}{Z_2})$$

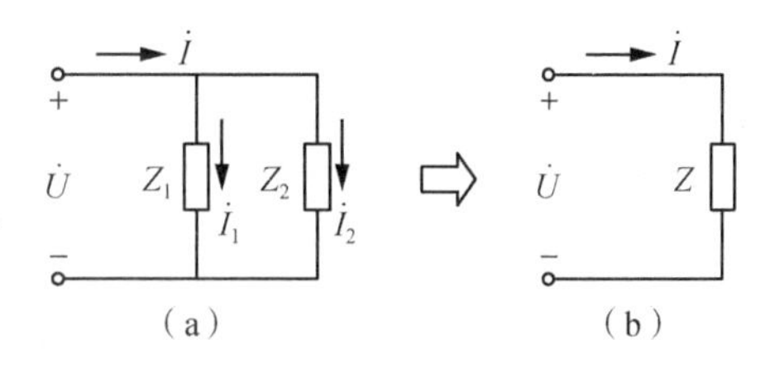

图 2-16　阻抗的并联

两个并联的阻抗也可以用一个等效阻抗 Z 代替，根据图 2-16(b)所示的电路，可写出

$$\dot{I}=\frac{\dot{U}}{Z}$$

$$\frac{1}{Z}=\frac{1}{Z_1}+\frac{1}{Z_2}$$

或

$$Z=\frac{Z_1Z_2}{Z_1+Z_2}$$

一般说来

$$|Z|\neq\frac{|Z_1||Z_2|}{|Z_1|+|Z_2|}$$

分流公式为

$$\dot{I}_1=\frac{Z_2}{Z_1+Z_2}\dot{I},\quad \dot{I}_2=\frac{Z_1}{Z_1+Z_2}\dot{I}\tag{2-43}$$

2.6　电路的谐振

电路的谐振是电路的特殊状态。从端口的电压电流关系来看，电路在相应频率下，它们的相位差为零，阻抗的电抗部分为零，电路呈电阻性。从能量的观点来看，电路在相应频率下，电源仅提供给电阻损耗的能量，而与电路之间没有能量的交换。

在同时含有电感和电容元件的电路中，如果出现电源电压与电流同相，整个电路将呈现电阻性，此时电路的工作状态就称为谐振工作状态。

2.6.1　串联谐振

谐振发生在串联电路中时，称为串联谐振。图 2-17 所示为 *RLC* 串联电路，电路中阻抗随频率的变化而变化，所以电路的电流也在不断变化，其表达式为

$$I=\frac{U_S}{|Z|}=\frac{U_S}{\sqrt{R^2+\left(\omega L-\dfrac{1}{\omega C}\right)^2}}$$

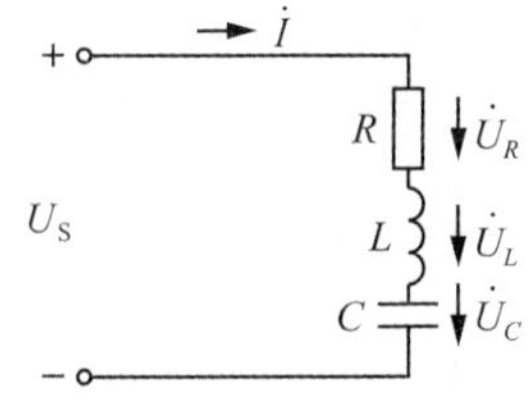

图 2-17　*RLC* 串联电路

随着角频率的变化，当 $\omega L-\dfrac{1}{\omega C}=0$ 时，电路将处于电压谐振状态，谐振角频率为

$$\omega_0 = \frac{1}{\sqrt{LC}} \tag{2-44}$$

谐振频率为

$$f_0 = \frac{1}{2\pi\sqrt{LC}} \tag{2-45}$$

从以上公式可看出，谐振角频率或谐振频率仅取决于 L，C 值，而与 R 值和电源的角频率 ω 无关。谐振时电路的电流达到最大值，即

$$I_0 = \frac{U_S}{R}$$

串联谐振时 $\omega_0 L = \frac{1}{\omega_0 C}$，电感上的电压 U_L 与电容上的电压 U_C 数值相等，相位差为 180°；谐振时电感上的电压(或电容上的电压)与电源电压之比，称为电路的品质因数 Q，即

$$Q = \frac{U_L}{U_S} = \frac{U_C}{U_S} = \frac{\omega_0 L}{R} = \frac{1}{\omega_0 CR} = \frac{\sqrt{\frac{L}{C}}}{R}$$

RLC 串联电路中，电流与角频率的关系称电流的幅频特性，即

$$I = \frac{U_S}{\sqrt{R^2 + \left(\omega L - \frac{1}{\omega C}\right)^2}} = \frac{U_S}{R\sqrt{1 + Q^2\left(\frac{\omega}{\omega_0} - \frac{\omega_0}{\omega}\right)^2}}$$

在 L，C 和 U 一定的情况下，不同的 R 值导致不同的 Q 值，不同 Q 值时幅频特性不同。

当发生串联谐振时，电路中的阻抗最小，等于电路中的电阻，即 $|Z| = \sqrt{R^2 + (X_L - X_C)^2} = R$。此时电源电压与电路中电流同相($\varphi = 0$)，电路对电源呈现电阻性，并且电流达到最大值。由于 $X_L = X_C$，于是 $U_L = U_C$，而 $\dot{U}_L$ 与 $\dot{U}_C$ 在相位上相反，互相抵消，因此电源电压 $\dot{U} = \dot{U}_R$。串联谐振常用在收音机的调频回路中。

2.6.2 并联谐振

谐振发生在并联电路中时，称为并联谐振。电感线圈(RL 串联电路)和电容器并联的电路如图 2-18 所示，此电路的等效阻抗表达式中，当 $\omega_0 C = \frac{\omega_0 L}{(\omega_0 L)^2 + R^2}$ 时，电路将呈电阻性，形成并联谐振状态。等效阻抗为

$$Z_0 = \frac{L}{RC} \tag{2-46}$$

并联谐振频率为

$$f_0 = \frac{1}{2\pi}\sqrt{\frac{1}{LC} - \frac{R^2}{L^2}} = \frac{1}{2\pi\sqrt{LC}}\sqrt{1 - \frac{R^2 C}{L}} \tag{2-47}$$

并联谐振电路的谐振频率不仅与 L 和 C 的值有关，还与 R 值有关。

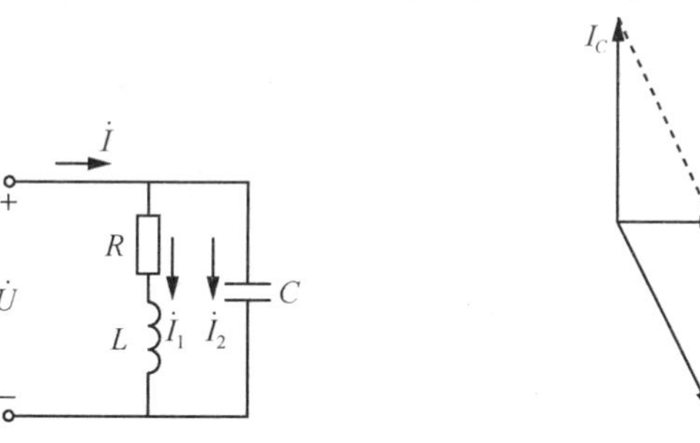

图 2-18　*RLC* 并联谐振电路　　**图 2-19　并联谐振电路的相量图**

式(2-47)表明：由于线圈中具有电阻 R，RL 与 C 并联谐振频率要低于串联谐振频率，而且在电阻值 $R \geqslant \sqrt{\frac{L}{C}}$ 时，将不存在 f_0，即电路不会发生谐振(电压与电流不会同相)。

在并联谐振时，电路的相量关系如图 2-19 所示，此时电路的总阻抗呈电阻性，但并不是最大值。当电路的总阻抗为最大值时，频率为

$$f' = \frac{1}{2\pi\sqrt{LC}}\sqrt{\sqrt{1 + \frac{2R^2 C}{L}} - \frac{R^2 C}{L}}$$

显然，f' 稍大于 f_0，此时电路呈电容性。通常电感线圈的电阻较小，当电阻 $R \leqslant 0.2\sqrt{\frac{L}{C}}$ 时，可以认为 $\frac{R^2 C}{L} \ll 1$，即电阻对频率的影响可以忽略不计，此时的谐振频率 f_0 与 f' 可视为相同，即

$$f_0 \approx f' \approx \frac{1}{2\pi\sqrt{LC}} \tag{2-48}$$

并联谐振电路的品质因数就是电感线圈(含电阻 R)的品质因数，即并联谐振电路的品质因数为

$$Q = \frac{I_C}{I_S} = \frac{\omega_0 L}{R} = \frac{1}{\omega_0 CR} \tag{2-49}$$

此时的 Q 值与串联谐振电路相同。谐振电路的等效阻抗为

$$Z \approx \frac{L}{RC}\frac{1}{1 - \mathrm{j}\left(\frac{1}{\omega RC} - \frac{\omega L}{R}\right)} = \frac{L}{RC}\frac{1}{1 - \mathrm{j}Q\left(\frac{\omega_0}{\omega} - \frac{\omega}{\omega_0}\right)} = Z_0\frac{1}{1 - \mathrm{j}Q\left(\frac{\omega}{\omega_0} - \frac{\omega_0}{\omega}\right)}$$

在电感线圈电阻对频率的影响可以忽略的条件下，RL 与 C 并联谐振电路的幅频特性可用等效阻抗幅值 $|Z|$ 随频率变化的关系曲线表示，称为 RL 与 C 并联谐振曲线。若曲线坐标以相对值 $|Z|/Z_0$ 及 ω/ω_0 表示，则所做出的曲线为通用谐振曲线，该关系为

$$\frac{|Z|}{Z_0}=\frac{1}{\sqrt{1+\left(\frac{\omega L}{R}-\frac{1}{\omega RC}\right)^2}}=\frac{1}{\sqrt{1+Q^2\left(\frac{\omega}{\omega_0}-\frac{\omega_0}{\omega}\right)^2}} \tag{2-50}$$

谐振曲线如图 2-20 所示，当 $\omega=\omega_0$ 时，并联谐振阻抗 $|Z|$ 达到最大值。同样，谐振回路 Q 值越大，则谐振曲线越尖锐，即 $|Z|$ 对频率的选择性越好。

并联谐振时，电路的阻抗为 $|Z_0|=\frac{1}{\frac{RC}{L}}=\frac{L}{RC}$，其值最大，即比非谐振情况下的阻抗要大。因此在电源电压 U 一定的情况下，电路的电流 I 将在谐振时达到最小值。由于电源电压与电路中电流同相($\varphi=0$)，因此电路对电源呈现电阻性。当 $R\ll\omega_0 L$ 时，两并联支路的电流近似相等，且比总电流大许多倍。

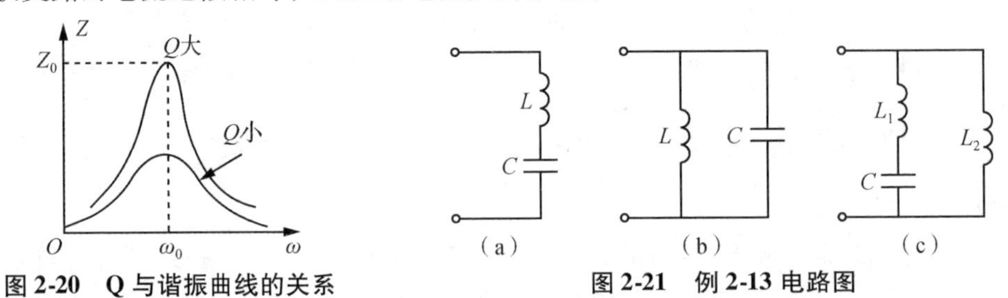

图 2-20　Q 与谐振曲线的关系　　图 2-21　例 2-13 电路图

【例 2-13】 电路如图 2-21 所示，求(a)、(b)和(c)各个电路的谐振频率。

【解】

(a) $f_a=\frac{1}{2\pi\sqrt{LC}}$

(b) $f_b=\frac{1}{2\pi\sqrt{LC}}$

(c) 谐振时 L_1 与 L_2 中的电流等大反向，两支路电抗大小相等、相位相反。即

$$\omega L_1-\frac{1}{\omega C}=-\omega L_2$$

$$\omega^2(L_1+L_2)C-1=0$$

$$f_c=\frac{1}{2\pi\sqrt{(L_1+L_2)C}}$$

【例 2-14】 图 2-22 所示为电视机中的一种吸收电路，要求该电路对某一频率的信号发生串联谐振，使其进入旁路而不进入本级放大电路。现已知 $C_1=C_2=5\text{pF}$，所要求吸收的信号频率 $f_0=30\text{MHz}$，试求 L 值。

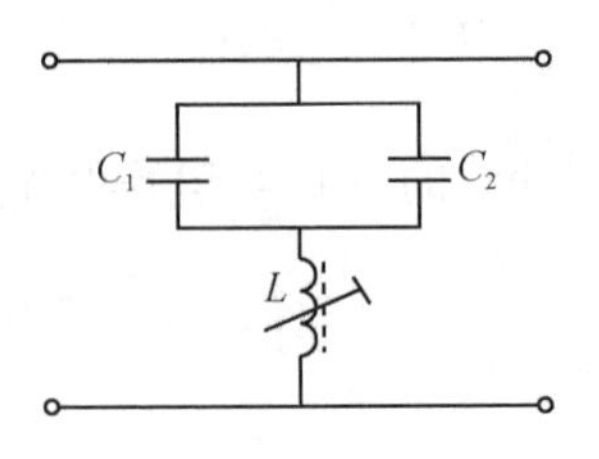

图 2-22　例 2-14 电路图

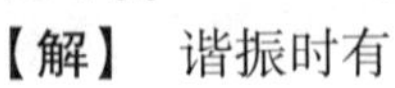

【解】 谐振时有

$$f_0=\frac{1}{2\pi\sqrt{L(C_1+C_2)}}$$

故可得

$$
\begin{aligned}
L &= \frac{1}{4\pi^2 f_0^2 (C_1 + C_2)} \\
&= \frac{1}{4\pi^2 \times (30 \times 10^6)^2 \times 10 \times 10^{-12}} (\mathrm{H}) \\
&= \frac{1}{36000\pi^2} (\mathrm{H}) = 2.81 \times 10^{-6} (\mathrm{H}) \\
&= 2.81 (\mu \mathrm{H})
\end{aligned}
$$

2.7 功率因数的提高

电源的额定输出功率为

$$P_{\mathrm{N}} = UI\cos\varphi$$

它除了决定于本身输出的电压和电流外，还与负载功率因数有关。若负载功率因数低，电源输出功率将减小，这显然是不利的。因此为了充分利用电源设备的容量，应该设法提高负载网络的功率因数。

另外，若负载功率因数低，电源在供给有功功率的同时，还要提供足够的无功功率，致使供电线路电流增大，从而造成线路上能耗增大。可见提高功率因数有很大的经济意义。

功率因数不高的原因，主要是由于大量电感性负载的存在。工厂生产中广泛使用的三相异步电动机就相当于电感性负载。为了提高功率因数，可以从两个基本方面来着手：一方面是改进用电设备的功率因数，但这主要涉及更换或改进设备；另一方面是在感性负载的两端并联适当大小的电容器。

下面分析利用并联电容器来提高功率因数的方法。原负载为感性负载，其功率因数为 $\cos\varphi_1$，电流为 $\dot{I}_1$，在其两端并联电容器 C，电路如图 2-23 所示，并联电容以后，并不影响原负载的工作状态。从相量图可知，由于电容电流补偿了负载中的无功电流，使总电流减小，电路的总功率因数提高了。

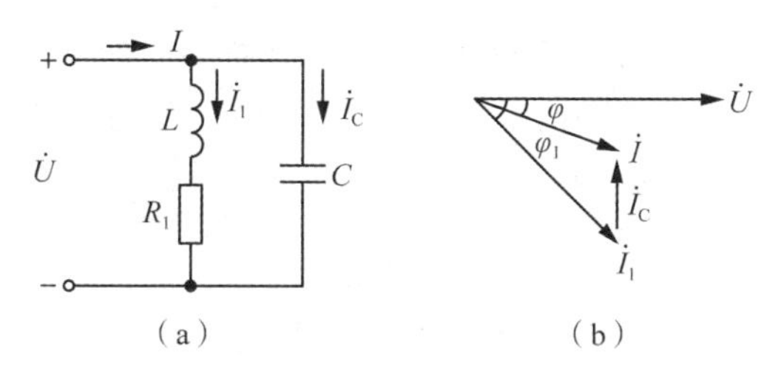

图 2-23 电感性负载与电容器并联以提高功率因数

(a)电路图 (b)相量图

设有一感性负载的端电压为 U，功率为 P，功率因数为 $\cos\varphi_1$，为了使功率因数提高到 $\cos\varphi$，可推导所需并联电容 C 的计算公式：

$$I_1\cos\varphi_1 = I\cos\varphi = \frac{P}{U}$$

流过电容的电流为

$$I_C = I_1\sin\varphi_1 - I\sin\varphi = \frac{P}{U}(\tan\varphi_1 - \tan\varphi)$$

又因为

$$I_C = U\omega C$$

所以

$$C = \frac{P}{\omega U^2}(\tan\varphi_1 - \tan\varphi) \tag{2-51}$$

在实际生产中，并不需要把功率因数提高到1，因为这样做需要并联的电容较大，功率因数提高到什么程度为宜，只能在作具体的技术经济比较之后才能决定。通常只将功率因数提高到0.9～0.95。

2.8 三相电路

三相电路是由三相电源供电的电路。三相电源是能产生三相电压，输出三相电流的电源。所谓三相电压(或电流)，是三个频率相同但相位角不同的电压(或电流)的总称。

2.8.1 三相电源

三相电源是由三个频率相同而相位不同的正弦交流电压源，按特定方式连接而成的电源系统。三相电源的每一个电压源称为三相电源中的一相。一般三相供电系统所提供的电压是对称三相电压，即一组频率相同、幅值相等而在相角上互差120°的正弦电压。设$u_{AO}(t)$的初相为零，三相电源的瞬时值可以表示为

$$u_{AO}(t) = U_m\sin\omega t = \sqrt{2}U\sin\omega t \tag{2-52}$$

$$u_{BO}(t) = U_m\sin(\omega t - 120°) = \sqrt{2}U\sin(\omega t - 120°) \tag{2-53}$$

$$\begin{aligned} u_{CO}(t) &= U_m\sin(\omega t - 240°) = \sqrt{2}U\sin(\omega t - 240°) \\ &= U_m\sin(\omega t + 120°) = \sqrt{2}U\sin(\omega t + 120°) \end{aligned} \tag{2-54}$$

对称三相电压也可表达为相量形式，即

$$\dot{U}_{AO} = Ue^{j0°} \tag{2-55}$$

$$\dot{U}_{BO} = Ue^{-j120°} \tag{2-56}$$

$$\dot{U}_{CO} = Ue^{-j240°} = Ue^{j120°} \tag{2-57}$$

式(2-52)～式(2-54)或式(2-55)～式(2-57)所表示的对称三相电压的相角关系为B相滞后于A相120°，C相又滞后于B相120°。这种由超前相到滞后相按A—B—C排序的相角关系，称为正相序，简称正序或顺序。反之，若C相超前于B相120°，B相又超前于A相120°，即C—B—A的相序，则称为负相序，简称负序或逆序。在后面的分析中如无特殊说明，均按正序处理。

图 2-24 通过波形图和相量图表示出了对称三相电压。对称三相电压相量的代数和为

$$\dot{U}_{AO} + \dot{U}_{BO} + \dot{U}_{CO} = Ue^{j0^\circ} + Ue^{-j120^\circ} + Ue^{-j240^\circ}$$
$$= U(1 - \frac{1}{2} - j\frac{\sqrt{3}}{2} - \frac{1}{2} + j\frac{\sqrt{3}}{2}) = 0$$

这与相量图上对称三相电压相量和为零是一致的，二者都反映了对称三相电压的时间函数式之和恒等于零，即

$$u_{AO}(t) + u_{BO}(t) + u_{CO}(t) = 0$$

同理，对称三相电流是一组频率相同、幅值相等而相角互差 120°的正弦电流。因此，对称三相电流的相量的代数和及时间函数式之和也必然恒等于零。

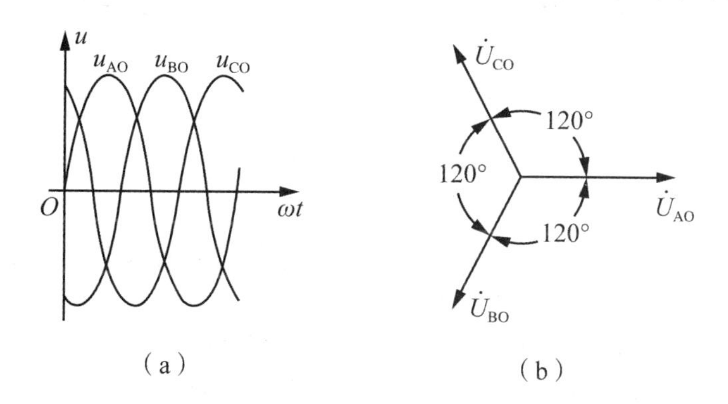

图 2-24　对称三相电压的波形图和相量图

(a)波形图　(b)相量图

三相发电机或三相变压器的次级都有三个绕组，每个绕组相当于一个单相电源。在不计绕组的阻抗时，三相电源的每一绕组的电路模型是一个电压源。三相电源的三个绕组一般都要按某种方式连接成一个整体后再对外供电。三相电源的基本连接方式有两种：一种是星形连接，或写作 Y 连接；另一种是三角形连接，或写作△连接。

2.8.1.1　三相电源星形连接

三相电源的每一绕组都有一个始端和一个末端。如果规定各相电压的参考方向都是由始端指向末端，则三相电压的相角互差 120°。将三相电源的三相绕组的“末端”连接起来，而从“始端”A，B，C 引出三根导线以连接负载或电力网，这种接法称为三相电源的星形连接。在不计电源内阻抗时，其电路模型如图 2-25 所示。由末端连接成的节点 O 称为中性点，简称中点。图中负载也接成星形，负载中性点与电源中性点间的连接线即为中线。这样的三相系统就是三相四线制。

由三个始端引出的导线即为端线。端线上的电流称为线电流，而流经电源或负载每相的电流则称为相电流。在星形连接中，每一根端线的线电流就是该线所连接的电源或负载的相电流。简而言之，在星形连接中，线电流等于相电流。

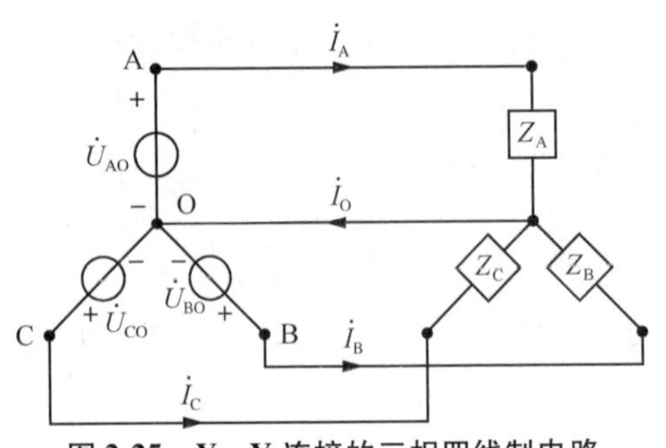

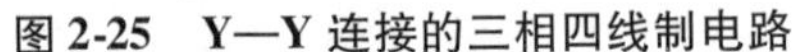
图 2-25　Y—Y 连接的三相四线制电路

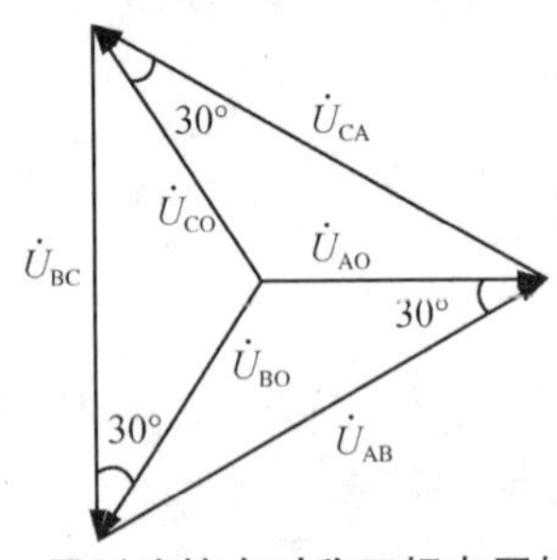

图 2-26　星形连接中对称三相电压的相量图

三相电路中，任意两端线间的电压称为线电压，而电源或负载每相的电压则称为相电压。在星形连接中，根据基尔霍夫电压定律的相量形式，线电压相量$\dot{U}_{AB}$，$\dot{U}_{BC}$，$\dot{U}_{CA}$与相电压相量$\dot{U}_{AO}$，$\dot{U}_{BO}$，$\dot{U}_{CO}$间的基本关系为

$$\dot{U}_{AB} = \dot{U}_{AO} - \dot{U}_{BO} \tag{2-58}$$

$$\dot{U}_{BC} = \dot{U}_{BO} - \dot{U}_{CO} \tag{2-59}$$

$$\dot{U}_{CA} = \dot{U}_{CO} - \dot{U}_{AO} \tag{2-60}$$

作出相量图，便可求得线电压与相电压之间的关系。作相量图的步骤是，先画出三个相电压相量，然后根据式(2-58)～式(2-60)依次取两个相电压相量之差，就得到各个线电压相量。连接三个相电压相量顶点所得三角形的三边，就代表了三个线电压相量(注意箭头指向)，如图 2-26 所示。在相电压是对称的情况下，线电压是和相电压大小不同、相角也不一样的另一组对称三相电压。线电压与相电压有效值之间的关系为

$$U_l = 2U_p \cos 30° = \sqrt{3}U_p \tag{2-61}$$

式中，U_l代表线电压有效值，U_p代表相电压有效值。这就是说，在对称三相电压星形连接的电路中，线电压的有效值等于相电压有效值的$\sqrt{3}$倍。例如，在常见的对称三相四线制中，相电压为 220 V、线电压为 380 V 就是符合上述关系的，即$\sqrt{3} \times 220\text{V} \approx 380\text{V}$。

在对称三相星形连接中，根据相量图可以得到线电压相量与相电压相量之间的关系，即

$$\dot{U}_{AB} = \sqrt{3}\,\dot{U}_{AO}e^{j30°} \tag{2-62}$$

$$\dot{U}_{BC} = \sqrt{3}\,\dot{U}_{BO}e^{j30°} \tag{2-63}$$

$$\dot{U}_{CA} = \sqrt{3}\,\dot{U}_{CO}e^{j30°} \tag{2-64}$$

在图 2-25 所示三相电路中，中线电流可由基尔霍夫电流方程确定，即

$$\dot{I}_O = \dot{I}_A + \dot{I}_B + \dot{I}_C$$

即中线电流相量等于各相电流相量之和。如果三相负载阻抗 $Z_A = Z_B = Z_C$(这种负载称为对称三相负载)，则在对称三相电压源作用下各相电流也必然是对称三相电流，这时中线电流$\dot{I}_O = 0$。中线电流既然为零，即使中线上有阻抗也不会影响电路的工作

状态；甚至将中线断开后，电路的工作状态仍与有中线时相同。这种电源与负载均作星形连接而无中线的三相系统，称为三相三线制。

2.8.1.2　三相电源的三角形连接

三相电源的三角形连接，是将电源每相绕组的末端与其后一相绕组的始端相连，形成一个闭合路径，再从三个连接点引出端线以连接负载或电力网。在不计电源内阻抗时，其电路模型如图 2-27 所示。图中负载也作三角形连接。电源和负载均作三角形连接的三相电路是另一种形式的三相三线制。

三角形连接的三相电源虽然自成一个回路，但是只要接法正确，并且电源电压是对称的，则电源回路中各相电压源的电位之和为零，即

$$\dot{U}_{SA} + \dot{U}_{SB} + \dot{U}_{SC} = 0$$

在△—△连接的三相电路中，由于每相电源(或每相负载)系直接连接在两端线之间，所以三角形连接的线电压等于相电压。但线电流则不等于相电流。根据基尔霍夫电流定律的相量形式可以写出

$$\dot{I}_{A} = \dot{I}_{AB} - \dot{I}_{CA} \tag{2-65}$$

$$\dot{I}_{B} = \dot{I}_{BC} - \dot{I}_{AB} \tag{2-66}$$

$$\dot{I}_{C} = \dot{I}_{CA} - \dot{I}_{BC} \tag{2-67}$$

做出相量图，便可求得线电流与相电流之间的关系。作相量图的步骤是，先画出三个相电流相量，然后根据式(2-65)~式(2-67)，依次取两个相电流相量之差，就得到各个线电流相量。连接三个相电流相量顶点所得三角形的三边，就代表了三个线电流相量(注意箭头指向)，如图 2-28 所示。在相电流是对称的情况下，线电流是和相电流大小不同、相角也不一样的另一组对称三相电流，线电流与相电流有效值之间的关系为

$$I_{l} = 2I_{p}\cos 30° = \sqrt{3}I_{p} \tag{2-68}$$

式中，I_l代表线电流有效值，I_p代表相电流有效值。这就是说，在对称三相三角形连接中，线电流的有效值等于相电流有效值的$\sqrt{3}$倍。

根据对称三相线电流相量与对称三相相电流相量之间的关系，可得到如下表达式

$$\dot{I}_{A} = \sqrt{3}\,\dot{I}_{AB}e^{-j30°} \tag{2-69}$$

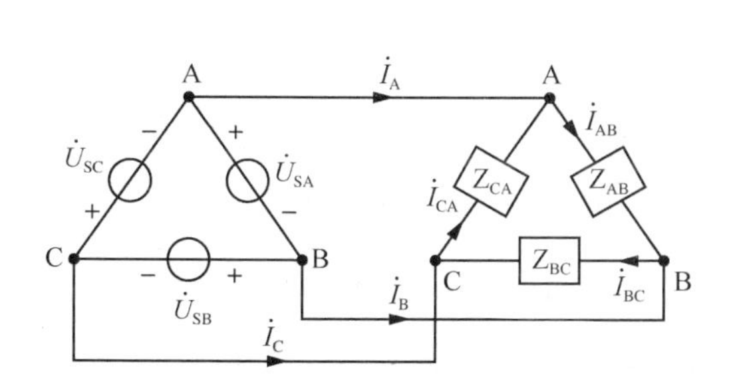

图 2-27　△—△ 连接的三相制电路

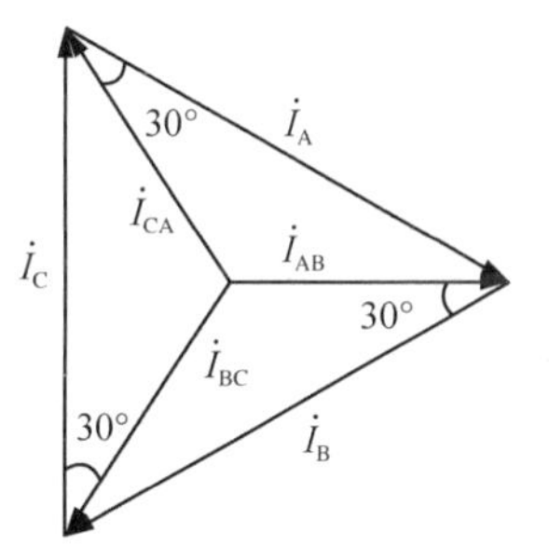

图 2-28　三角形连接中对称三相电流的相量图

$$\dot{I}_{B} = \sqrt{3}\,\dot{I}_{BC}e^{-j30^{\circ}} \tag{2-70}$$

$$\dot{I}_{C} = \sqrt{3}\,\dot{I}_{CA}e^{-j30^{\circ}} \tag{2-71}$$

显而易见，三角形连接的线电流与相电流之间的关系和星形连接的线电压与相电压之间的关系是互为对偶的。

应当注意，在三相电路中，三相负载的连接方式决定于负载每相的额定电压和电源线电压。例如，额定相电压为220 V的三相电动机，要连接到线电压为380 V的三相电源时，必须接成星形，而不能接成三角形。如果电动机的额定相电压等于电源线电压，则应接成三角形。

2.8.2 三相电路中的负载连接

2.8.2.1 对称三相电路的计算

由对称三相电源与对称三相负载构成的电路称为对称三相电路。对称三相电路实际上是一种复杂的正弦电流电路，可以用前面介绍的正弦电流电路的一般分析方法求解。然而，由于这种电路的对称性，以及它在电力工程中的重要应用价值，我们有必要寻求更简便适用的计算方法。

电源与负载均作星形连接时的对称三相电路，电路的中线电流为零，中线阻抗电压降为零，即$\dot{U}_{O'O}$，中线上没有电流，负载中性点与电源中性点为等电位点，可将O′与O两点短接。显而易见，每一相的电流等于该相电压源电压除以该相的总阻抗。因此，可以任意取出一相(例如A相)来计算。图2-29为计算A相的电路图，称为单相计算电路图。

下面通过例题来说明对称Y—Y连接三相四线电路的分析方法。

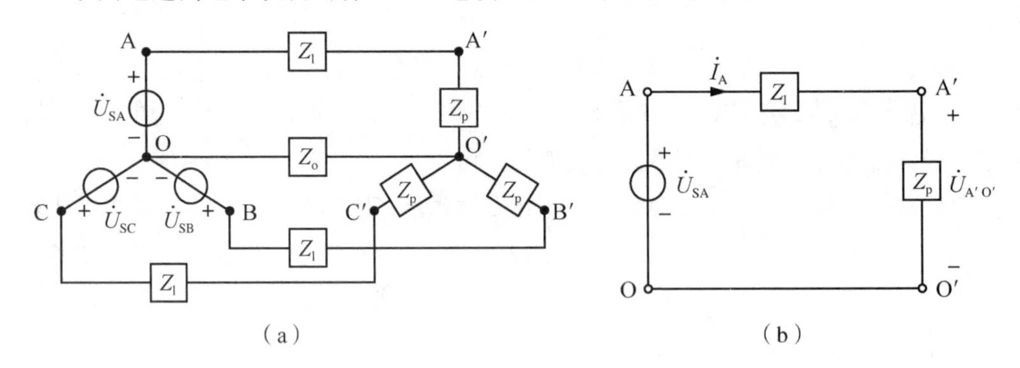

图2-29 三相电路图

(a)Y—Y连接(有中线)的对称三相电路 (b)对称三相电路的单相计算电路图

【例2-15】 在图2-29(a)所示对称三相电路中，三相电压源的电压$\dot{U}_{SA}=300e^{j0^{\circ}}$ V，$\dot{U}_{SB}=300e^{-j120^{\circ}}$ V，$\dot{U}_{SC}=300e^{j120^{\circ}}$ V，负载每相阻抗$Z_p=(45+j35)\,\Omega$，线路阻抗$Z_l=(3+j1)\,\Omega$，中线阻抗$Z_0=(2+j4)\,\Omega$。求各相电流相量及负载端相电压有效值和线电

压有效值。

【**解**】先对单相计算，其中一相的阻抗为

$$Z = Z_1 + Z_p = [(3 + j1) + (45 + j35)] = (48 + j36) = 60e^{j36.9^\circ}(\Omega)$$

A 相电流相量为

$$\dot{I}_A = \frac{\dot{U}_{SA}}{Z} = \frac{300e^{j0^\circ}}{60e^{j36.9^\circ}} = 5e^{-j36.9^\circ}(A)$$

A 相负载电压相量为

$$\begin{aligned}\dot{U}_{A'O'} &= Z_p\dot{I}_A = [(45 + j35) \times 5e^{-j36.9^\circ}]\\ &= 57e^{j37.9^\circ} \times 5e^{j36.9^\circ} = 285e^{j1^\circ}(V)\end{aligned}$$

根据 A 相电流相量，可推算出其余的两相电流相量为

$$\dot{I}_B = \dot{I}_A e^{-j120^\circ} = 5e^{-j36.9^\circ}e^{-j120^\circ} = 5e^{-j156.9^\circ}(A)$$

$$\dot{I}_C = \dot{I}_A e^{j120^\circ} = 5e^{-j36.9^\circ}e^{j120^\circ} = 5e^{+j83.1^\circ}(A)$$

负载端相电压有效值为

$$U_{A'O'} = U_{B'O'} = U_{C'O'} = 285(V)$$

负载端线电压有效值为

$$U_{A'B'} = U_{B'C'} = U_{C'A'} = \sqrt{3} \times 285 = 493.6(V)$$

由例题可以看出，为了分析 Y—Y 连接有中线的对称三相电路，可以首先任取一相(如上例中的 A 相)作为参考相，绘出其单相计算电路图如图 2-29(b)所示，按照单相电路的分析方法计算参考相，然后再按对称关系推算出其余两相的解。应当注意，原电路中两中性点 OO′之间的中线阻抗 Z_0不出现在单相计算电路中的 OO′两点之间。

对于 Y—Y 连接无中线的对称三相电路，例如，将图 2-29 中 Z_0支路断开后的电路，因其两中性点之间的电位差为零，在分析计算时，可以加上一根阻抗为零的中线，然后按上述对称三相四线电路来计算。

下面分析电源与负载作三角形连接时的对称三相电路，如图 2-30 所示。首先讨论一种简单的情形，即线路阻抗 $Z_1 = 0$ 的情形。这时由于$\dot{U}_{AA'} = 0$，$\dot{U}_{BB'} = 0$，$\dot{U}_{CC'} = 0$，电源端每相电压直接加在负载的一相上，所以可直接计算负载各相电流如下：

$$\dot{I}_{A'B'} = \frac{\dot{U}_{SAB}}{Z_p}$$

$$\dot{I}_{B'C'} = \dot{I}_{A'B'}e^{-j120^\circ}$$

$$\dot{I}_{C'A'} = \dot{I}_{A'B'}e^{j120^\circ}$$

在一般情况下，$Z_1 \neq 0$，负载相电压不等于电源相电压，故不能直接计算负载相电流。分析这一类电路的简便方法是，把电源和负载的三角形连接都化为等效的星形连接，再按 Y—Y 连接电路计算，然后返回原电路，以计算待求变量。

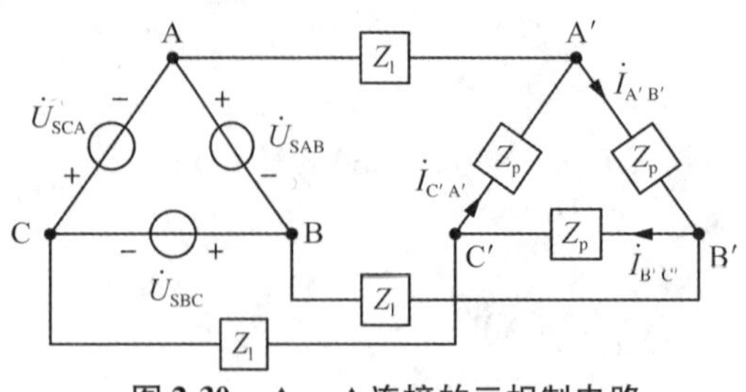

图 2-30 △—△连接的三相制电路

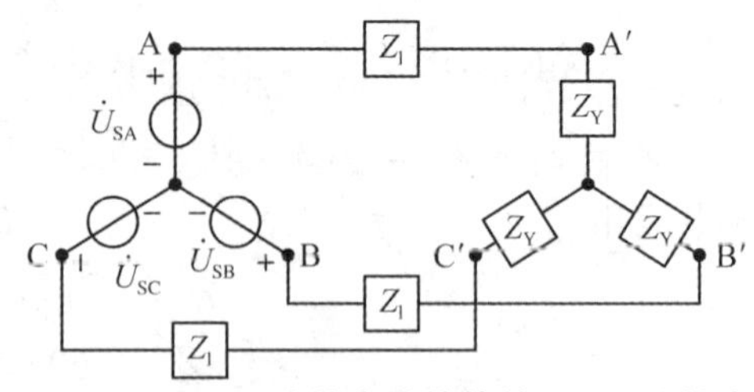

图 2-31 △—△连接电路的等效 Y—Y 连接电路

图 2-31 所示 Y—Y 连接电路是图 2-30 所示△—△连接电路的等效电路。图中对称的等效星形连接电压源的电压与原三角形连接电压源的电压的关系为

$$\dot{U}_{SA}=\frac{1}{\sqrt{3}}\dot{U}_{AB}e^{-j30^\circ} \tag{2-72}$$

$$\dot{U}_{SB}=\frac{1}{\sqrt{3}}\dot{U}_{BC}e^{-j30^\circ} \tag{2-73}$$

$$\dot{U}_{SC}=\frac{1}{\sqrt{3}}\dot{U}_{CA}e^{-j30^\circ} \tag{2-74}$$

等效星形负载阻抗与原三角形负载阻抗的关系为

$$Z_Y=\frac{1}{3}Z_\triangle \tag{2-75}$$

如果不知道电源的连接方式，而仅知道对称三相电压源的线电压，可先画出等效的对称 Y—Y 连接电路，再用本节介绍的方法计算。下面通过例题说明这种分析方法。

【例 2-16】 在图 2-32 所示三相电路中，对称三相负载作△连接，每相阻抗 $Z_\triangle=(24+j36)\Omega$，线路电阻为 1Ω。ABC 三端接至线电压为 380 V 的对称三相电源。求负载各相电流相量和各线电流相量。

【解】 因为已知线电压为 380 V 的对称三相电源不是直接加于三角形负载上的，故不能直接计算负载各相电流。然而电源端可以根据上述方法（或根据替代定理）用一组接成星形的对称三相电压源来代替，其相电压有效值为 $\frac{380V}{\sqrt{3}}=220V$，如图 2-33 所示。这样代替后，原三相电路中各处的电压、电流不会有任何改变。

再将对称△连接负载化为等效的 Y 连接负载，其中每相阻抗为

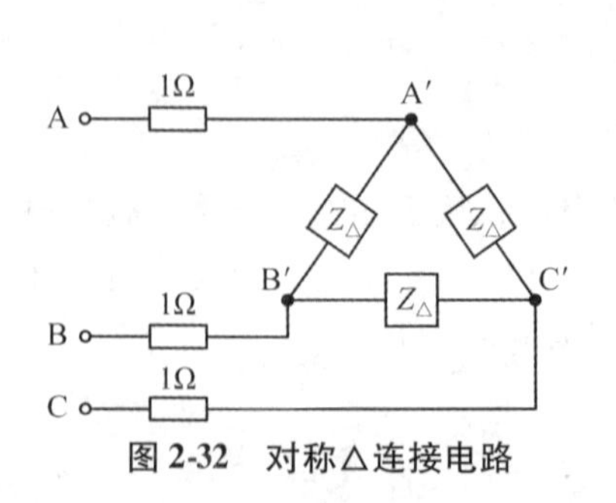

图 2-32 对称△连接电路

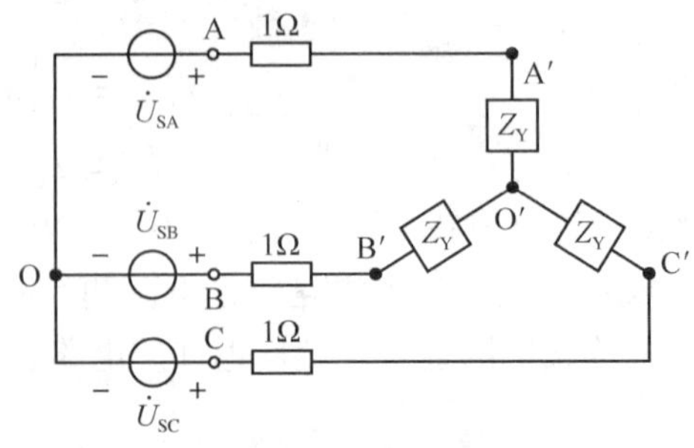

图 2-33 等效 Y—Y 连接电路

$$Z_{Y}=\frac{1}{3}Z_{\triangle}=\frac{1}{3}(24+j36)\Omega=(8+j12)\Omega$$

于是，原电路变换为图 2-33 所示的对称三相 Y—Y 连接电路。根据节点分析法，可求得两中性点间的电压为

$$\dot{U}_{OO'}=\frac{\sum\dot{I}_{S}}{\sum Y}=\frac{Y_{Y}(\dot{U}_{SA}+\dot{U}_{SB}+\dot{U}_{SC})}{3Y_{Y}}=0$$

式中，Y_{Y}代表图 2-33 所示星形连接电路中每相的导纳。由于两中性点间的电压为零，可将两中性点短接，并取 A 相为参考相，绘出单相计算电路，如图 2-34 所示。

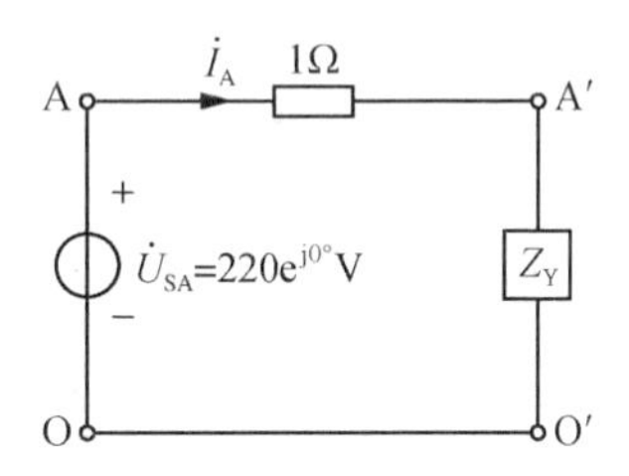

图 2-34　单相计算电路图

图中电流$\dot{I}_{A}$为原电路中连接线 AA′上的线电流相量，则可求出

$$\dot{I}_{A}=\frac{\dot{U}_{SA}}{1+(8+j12)}=\frac{\dot{U}_{SA}}{9+j12}=\frac{220e^{j0°}}{15e^{j53.1°}}=14.7e^{-j53.1°}(A)$$

其余的两线电流相量为

$$\dot{I}_{B}=\dot{I}_{A}e^{-j120°}=14.7e^{-j173.1°}(A)$$

$$\dot{I}_{C}=\dot{I}_{A}e^{j120°}=14.7e^{j66.9°}(A)$$

△连接负载相电流的有效值及各相电流相量分别为

$$I_{p}=\frac{I_{l}}{\sqrt{3}}=\frac{14.7}{\sqrt{3}}=8.49(A)$$

$$\dot{I}_{A'B'}=\frac{1}{\sqrt{3}}\dot{I}_{A}\,e^{j30°}=8.49e^{-j23.1°}(A)$$

$$\dot{I}_{B'C'}=8.49e^{-j143.1°}(A)$$

$$\dot{I}_{C'A'}=8.49e^{j96.9°}(A)$$

通过以上两类对称三相电路分析方法的讨论，可以看出，对称三相电路的一般处理方法是：首先将给定电路化为等效的对称 Y—Y 连接电路，然后任选一相作为参考相，绘出单相计算电路图，按单相电路进行计算，最后回到原电路计算待求变量。如果三相电路中有多个对称三相负载，或有两组甚至两组以上对称三相电源，一般仍可按上述办法绘出单相计算电路图进行分析。在这种情况下，单相计算电路将是一个有分支的电路。

2.8.2.2　不对称三相电路的计算

若三相电路的电源电压不对称，或负载阻抗（包括传输线阻抗）不对称，或电源电压和负载阻抗均不对称，则电路中的三相电流一般是不对称的，这就是不对称三相电路。在电力网络中，三相电源电压一般可以认为是对称的，各相负载阻抗不相等常常是导致电路不对称的原因。如果有一相断路或短路等故障发生，将会引起严重的不对称现象。

不对称三相电路的计算，虽然可以按一般复杂的正弦电流电路处理，然而由于结构上的特点，在计算方法上也有其特殊性。

当电源与负载均作星形连接时，无论有中线或无中线，均可用节点分析法求解。例如三相四线不对称三相电路，若电源各相电压为$\dot{U}_{SA}$，$\dot{U}_{SB}$，$\dot{U}_{SC}$，负载各相阻抗为Z_A，Z_B，Z_C，中线阻抗为Z_O，如图2-35所示，则负载中性点与电源中性点之间的电压为

$$\dot{U}_{O'O}=\frac{\frac{1}{Z_A}\dot{U}_{SA}+\frac{1}{Z_B}\dot{U}_{SB}+\frac{1}{Z_C}\dot{U}_{SC}}{\frac{1}{Z_A}+\frac{1}{Z_B}+\frac{1}{Z_C}+\frac{1}{Z_O}} \tag{2-76}$$

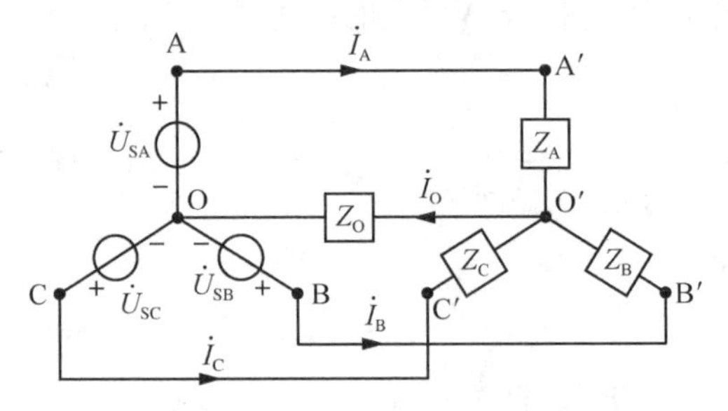

图2-35　Y—Y连接不对称三相电路

据此便可求得各相电流为

$$\dot{I}_A=\frac{\dot{U}_{SA}-\dot{U}_{O'O}}{Z_A},\quad \dot{I}_B=\frac{\dot{U}_{SB}-\dot{U}_{O'O}}{Z_B},\quad \dot{I}_C=\frac{\dot{U}_{SC}-\dot{U}_{O'O}}{Z_C}$$

及中线电流

$$\dot{I}_O=\dot{I}_A+\dot{I}_B+\dot{I}_C$$

对于不对称三角形连接负载，一般可先化为等效星形连接负载，再分析计算。

如果仅知道不对称三相电源的三个线电压$\dot{U}_{AB}$，$\dot{U}_{BC}$与$\dot{U}_{CA}$，由于它们满足基尔霍夫电压方程

$$\dot{U}_{AB}+\dot{U}_{BC}+\dot{U}_{CA}=0$$

所以其中只有两个是独立变量，我们只需任选两个电压（例如$\dot{U}_{AB}$与$\dot{U}_{BC}$），用等效电压源替代，则三个线电压都必然满足给定的条件。例如图2-36(b)即是图2-36(a)的等效电路。对于图2-36(b)所示电路，可列出节点方程，即

$$\dot{U}_{BO'}=\frac{\frac{1}{Z_C}\dot{U}_{BC}+\frac{1}{Z_A}\dot{U}_{AB}}{\frac{1}{Z_A}+\frac{1}{Z_B}+\frac{1}{Z_C}} \tag{2-77}$$

这样便可求得各相电流$\dot{I}_A$，$\dot{I}_B$和$\dot{I}_C$。

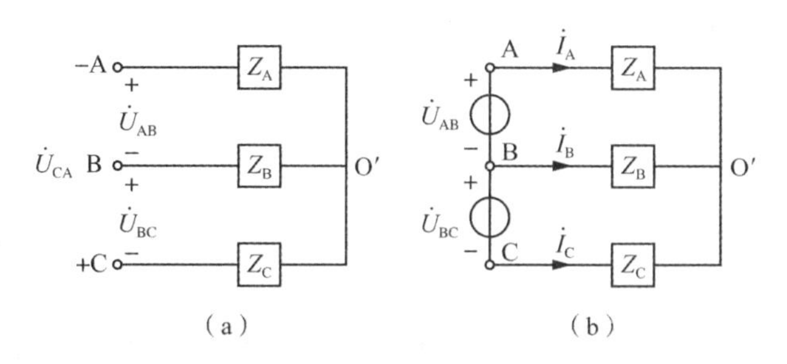

图2-36　不对称三相电路及其等效电路

由式(2-76)可以看出，如果负载对称（$Z_A = Z_B = Z_C$），电源也对称，则式中分子为零，$\dot{U}_{O'O}=0$。即在对称Y—Y连接电路中，无论有无中线以及中线阻抗的大小如何，负载中性点均与电源中性点等电位。反之，在不对称Y—Y连接电路中，只要中线阻抗不等于零，负载中性点的电位就与电源中性点的电位不相等，这种现象称为中性点位移。$\dot{U}_{O'O}$的值越大，即中性点位移越大，则负载相电压不对称的情况越严重。这是一般电力网络中应予避免的情形。从式(2-76)可以看出，在其他条件不变的情况下，要减小中性点位移，应尽可能减小中线阻抗Z_0值。

如果中线阻抗为零，即使负载严重不对称，仍有$\dot{U}_{O'O}=0$，从而使负载相电压得以保持对称。反之，如果断开中线，即中线阻抗为无限大，决定于$\dot{U}_{O'O}$的中性点位移将具有在给定不对称负载下的最大可能值，造成负载相电压严重的不对称，致使负载有的相电压可能远低于其额定电压而不能正常工作，有的相电压则可能大大高于其额定电压，导致设备的损坏。所以，单相负载按星形接法接入三相电路时，必须连接中线，并且中线上不得安装保险丝，以防止中线断开时可能造成的危害。

【例2-17】　在图2-37所示对称三相电路中，已知电源线电压为380 V，线路阻抗为$Z_1=(0.1+j0.2)\Omega$，负载一相阻抗为$Z=(18+j24)\Omega$，如B线因故断开，则断开处的电压U应为多少？

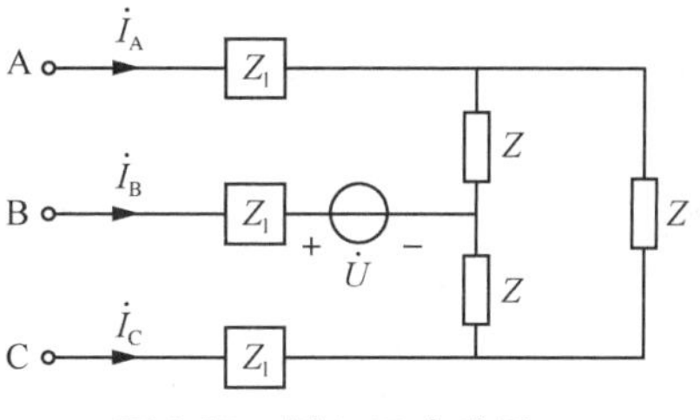

图2-37　例2-17电路图

【解】选线电压$\dot{U}_{AB}$为参考相量，则

$$\dot{U}_{AB} = 380\angle 0°\text{V}$$

$$\dot{U}_{BC} = 380\angle -120°\text{V}$$

$$\dot{U}_{CA} = 380\angle 120°\text{V}$$

B线断开后，$\dot{I}_B=0$，$\dot{I}_A=-\dot{I}_C$，计算可得

$$\dot{I}_C = \frac{\dot{U}_{CA}}{\dfrac{Z\times 2Z}{3Z}+2Z_1} = \frac{380\angle 120°}{0.2+j0.4+\dfrac{2}{3}(18+j24)} = 18.59\angle 66.65°(\text{A})$$

断开处的电压相量为

$$\dot{U} = \dot{U}_{BC} + Z_1\dot{I}_C + \frac{1}{3}Z\dot{I}_C$$

$$= 380\angle -120° + 18.59\angle 66.65° \times (0.1 + j0.2 + 6 + j8)$$
$$= 329.1\angle -150°(\text{V})$$

即断开处的电压为329.1 V。

2.8.3　三相电路的功率

一般正弦电流电路中有功功率的守恒性和无功功率的守恒性，或者说复功率的守恒性，也适用于三相正弦电流电路。根据上述功率守恒原理可知，一个三相负载吸收的有功功率应等于其各相所吸收的有功功率之和；一个三相电源发出的有功功率应等于其各相所发出的有功功率之和，即

$$P = P_A + P_B + P_C \tag{2-78}$$

式中，P为三相有功功率的总和，P_A，P_B，P_C为各相的有功功率。

在对称三相电路中，各相电压有效值、各相电流有效值和各相的功率因数角（即各相阻抗的辐角）均分别相等，因而各相的有功功率相等，于是

$$P = 3P_p = 3U_pI_p\cos\varphi_p \tag{2-79}$$

在实际应用中，通常难以同时测得一个三相负载（或三相电源）的相电压U_p和相电流I_p之值，故有必要将三相有功功率P用线电压U_l和线电流I_l表示。对于对称星形连接，有

$$U_p = \frac{1}{\sqrt{3}}U_l,\quad I_p = I_l$$

则有

$$U_pI_p = \frac{1}{\sqrt{3}}U_lI_l \tag{2-80}$$

对于对称三角形连接，有

$$U_p = U_l,\quad I_p = \frac{1}{\sqrt{3}}I_l$$

式(2-80)所示关系同样成立。故无论是对称星形连接或是对称三角形连接，三相总的有功功率均可表示为

$$P = \sqrt{3}U_lI_l\cos\varphi_p \tag{2-81}$$

应当注意，上式中的φ_p仍是某相电压超前于同一相电流的相角，而不是线电压与线电流间的相角差。

一个三相负载吸收的（或一个三相电源发出的）无功功率(Q)，应等于其各相所吸收（或发出）的无功功率(Q_A，Q_B，Q_C)之和，即

$$Q = Q_A + Q_B + Q_C \tag{2-82}$$

在对称情形下，三个相的无功功率彼此相等，故三相总的无功功率为

$$Q = 3U_pI_p\sin\varphi_p \tag{2-83}$$

用线电压、线电流表示则有

$$Q = \sqrt{3}U_lI_l\sin\varphi_p \tag{2-84}$$

三相电路的视在功率规定按下式计算

$$S = \sqrt{P^2 + Q^2} \tag{2-85}$$

在不对称的情况下，其值一般不等于各相视在功率之和。对于对称三相电路，则有

$$S = 3U_P I_P = \sqrt{3} U_l I_l \tag{2-86}$$

下面讨论对称三相电路的一个重要性质，即“瞬时功率的平衡性”。这个性质表明，在任意连接的对称三相电路中，三相瞬时功率的总和随时随刻保持不变。这很容易从以下三相瞬时功率的计算中得到证明。

设对称三相电路的功率因数角为 φ，并且选 A 相电压为参考正弦量，则三相瞬时功率为

$$\begin{aligned} p(t) &= p_A(t) + p_B(t) + p_C(t) \\ &= \sqrt{2}U\sin\omega t \cdot \sqrt{2}I\sin(\omega t - \varphi) + \sqrt{2}U\sin(\omega t - \frac{2}{3}\pi) \cdot \sqrt{2}I\sin(\omega t - \varphi - \frac{2}{3}\pi) + \\ &\quad \sqrt{2}U\sin(\omega t + \frac{2}{3}\pi) \cdot \sqrt{2}I\sin(\omega t - \varphi + \frac{2}{3}\pi) \\ &= UI[\cos\varphi - \cos(2\omega t - \varphi)] + UI[\cos\varphi - \cos(2\omega t - \varphi - \frac{4}{3}\pi)] + \\ &\quad UI[\cos\varphi - \cos(2\omega t - \varphi + \frac{4}{3}\pi)] = 3UI\cos\varphi = p \end{aligned} \tag{2-87}$$

由上式可以看出，三相瞬时功率之和是不随时间而变的常量，其值等于三相电路的有功功率(平均功率)。对称三相制的瞬时功率的平衡性是对称三相制的重要优点之一，它决定了三相旋转电机在对称情形下运行时其瞬时转矩恒定的特性。

【例 2-18】　求【例 2-15】中三相电源发出的功率、三相负载吸收的功率及线路的传输效率。

【解】　在正弦电流电路中，凡是谈到功率而无特殊说明时，均指有功功率。

三相电源发出的功率为

$$p_1 = 3U_{SA}I_A\cos\varphi_1 = 3 \times 300 \times 5 \times \cos 36.9° = 3600(\text{W})$$

三相负载吸收的功率为

$$\begin{aligned} p_2 &= 3U_{A'O'}I_A\cos\varphi_2 \\ &= 3 \times 285 \times 5 \times \cos[1° - (-36.9°)] \\ &= 3 \times 285 \times 5 \times \cos 37.9° = 3373.3(\text{W}) \end{aligned}$$

或按下式计算

$$\begin{aligned} p_2 &= \sqrt{3}U_{A'B'}I_A\cos\varphi_2 \\ &= \sqrt{3} \times 493.5 \times 5 \times \cos 37.9° = 3373.3(\text{W}) \end{aligned}$$

线路的传输效率为

$$\eta = \frac{P_2}{P_1} \times 100\% = \frac{3393.3}{3600} \times 100\% = 93.7\%$$

【例 2-19】　一台三相电动机的额定相电压为380V，作三角形连接时，额定线电流为19A，额定功率为10kW。(1) 求这台电动机的功率因数及每相阻抗，并求其在额定

工作状态下所吸收的无功功率；（2）如果把这台电动机改接成星形（假定每相阻抗不变），仍然连接到线电压为380V的对称三相电源上，则线电流及电动机吸收的功率将如何改变？

【解】

（1）当电动机作三角形连接时，若在额定电压下工作，则有

$$U_l = U_p = 380\text{V},\quad I_l = 19\text{A},\quad P_\triangle = 10\text{kW}$$

功率因数为

$$\lambda = \cos\varphi_p = \frac{P_\triangle}{\sqrt{3}U_l I_l} = \frac{10\times10^3}{\sqrt{3}\times380\times19} = 0.8$$

每相阻抗的辐角为

$$\varphi_p = \arccos 0.8 = 36.9°$$

相电流为

$$I_p = \frac{I_l}{\sqrt{3}} = \frac{19}{\sqrt{3}} = 11(\text{A})$$

故每相阻抗的模为

$$|Z_p| = \frac{U_p}{I_p} = \frac{380}{11} = 34.6(\Omega)$$

每相阻抗为

$$Z_p = |Z_p|e^{j\varphi p} = 34.6e^{j36.9°}(\Omega)$$

电动机吸收的无功功率为

$$Q = \sqrt{3}U_l I_l \sin\varphi_p = \sqrt{3}\times380\times19\times\sin36.9°(\text{var}) = 7503(\text{var}) = 7.503(\text{kvar})$$

（2）当电动机改接成星形时，相电压为

$$U'_p = \frac{U'_l}{\sqrt{3}} = \frac{380}{\sqrt{3}} = 220(\text{V})$$

线电流与相电流相等，其值为

$$I'_l = I'_p = \frac{U'_p}{|Z_p|} = \frac{220}{34.6} = 6.36(\text{A})$$

电动机吸收的功率为

$$P_Y = \sqrt{3}U'_l I'_l \cos\varphi_p = \sqrt{3}\times380\times6.36\times0.8(\text{W}) = 3340(\text{W}) = 3.34(\text{kW})$$

对比电动机作两种连接时的线电流和功率，可以看出，作星形连接时的线电流为作三角形连接时线电流的三分之一，作星形连接时的功率也等于作三角形连接时功率的三分之一。

2.8.4 安全用电

安全用电是指在使用电气设备的过程中如何保证人身和设备的安全。

(1)触电的方式

人体的触电分两种方式，一种是人体直接接触带电体；另一种是人体接触了正常情况下不带电的金属体，后者通常由于设备的绝缘损坏而使其外壳等金属部分带电，从而使接触的人体触电，这也是最常见的触电事故。

(2)触电对人体的伤害

触电事故对人体的伤害可分为电击和电伤两种。电击是指电流通过人体，使内部器官组织受到伤害，如果触电者不能迅速脱离带电体，最后会造成死亡事故；电伤是指在电弧作用下或熔断器熔丝熔断时，对人体外部的伤害，如电灼伤、金属溅伤等。

在触电中，电击和电伤对人体造成的伤害程度与人体电阻大小、人体触电面积和压力、电流途径、电流通过时间的长短、电流频率、电流大小等因素相关。根据大量触电事故资料的分析和实验，证实电击所引起的伤害程度主要与以下几个因素有关：

①与人体电阻的大小有关　人体的电阻越大，伤害越轻。有关研究结果表明，当皮肤完好且干燥时，人体的电阻大约为 $10^4 \sim 10^5\Omega$；当皮肤有损伤且潮湿时，人体电阻将降到 $800 \sim 1000\Omega$。

②与电流通过人体的时间长短有关　电流通过人体的时间越长，伤害越严重。

③与电流通过人体的途径有关　当电流通过心脏时，伤害最严重。

④与电流的大小有关　通过人体的电流超过 50mA 时，就会有生命危险。一般地说，接触 36V 以下的电压时，通常人体的电流不会超过 50mA，所以把 36V 作为安全电压。如果在潮湿的场所，安全电压的规定还要低一些，通常是 24V 或 12V。

可见，人体的自身状态和触电电流是决定触电伤害的决定因素。

(3)触电预防与急救

任何触电事故，不管伤害程度如何，我们都不希望发生。因此，首先要以预防为主。为了有效地防止触电事故，在电气设备和设施方面要严格把关，使用合格的产品，规范安装，定期检修；其次要加强人们的安全用电知识教育，建立严格的安全操作制度。

一旦出现触电事故，必须在第一时间进行急救，以减小事故带来的损失。首先要立即将触电者与电源隔离，然后检查触电者，必要时立即采用人工呼吸、心前区叩击等急救手段。

(4)电气设备接地

为了人身安全和电力系统工作的需要，要求电气设备采取接地措施，按接地目的的不同，主要可分为工作接地、保护接地和保护接零三种。

①工作接地　指电力系统的配电变压器二次侧的中性点接地，其作用为迅速切断故障设备；降低人体所承受的触电电压；降低电力线路和用电设备对地的绝缘水平，降低成本。

②保护接地　指在中性点不接地的低压系统中，为保证电气设备的金属外壳或框架在漏电时，对接触该部分的人能起保护作用而进行的接地。一旦出现触电状况，由于接地电阻很小，通过人体的电流就很小，从而保证人身安全。

③保护接零　指将电气设备的金属外壳接到中性线(俗称零线)的连接形式。需

要注意的是，在同一供电系统中，不能同时采用保护接零和保护接地。

(5)静电保护

在日常生产和生活中，静电现象可能引起可燃液体、气体爆炸或起火，及粉尘爆炸或起火等事故，而人体所穿衣服互相摩擦产生的高达上千伏静电的瞬间放电，常会使人手所触及的电子设备受到干扰。为此，在特定的场所和情况下必须对静电现象进行防控，以避免事故的发生。例如，在计算机房等场合应铺设防静电材料，操作人员不穿化纤等易产生静电的衣服；采用可靠的接地形式，这是消除导体上产生静电危害的最简单、最基本的办法；对绝缘材料运行摩擦中产生的静电等情况进行静电中和；采用泄漏法，促使静电从带电体上自行消失。

(6)雷电保护

雷电是自然界的一种复杂的静电现象，当雷云和地之间发生放电时，一旦保护措施选择不当，将会对地面上的人、建筑物以及电气设备造成严重的损害。因此，安装避雷针、良好的接地网和避雷器是常见的防雷手段。

本章小结

1. 在正弦交流电路中，激励和响应是同频率的正弦量，幅值(最大值)、角频率和初相位三个特征量是确定正弦交流电的三要素。电工学中采用有效值(等效的电流或电压值)表示交流电的大小。正弦电压和电流的振幅是它有效值的$\sqrt{2}$倍。

2. 正弦量的各种不同表示方法：

(1) 三角函数式，如 $i=I_{\mathrm{m}}\sin(\omega t+\psi_i)$；

(2) 复数的三角函数式，如$\dot{I}_{\mathrm{m}}=I_{\mathrm{m}}(\cos\psi_i+\mathrm{j}\sin\psi_i)$；

(3) 复数的指数式，如$\dot{I}_{\mathrm{m}}=I_{\mathrm{m}}\mathrm{e}^{\mathrm{j}\psi_i}$；

(4) 复数的极坐标式，如$\dot{I}_{\mathrm{m}}=I_{\mathrm{m}}\angle\psi_i$。

3. 本章介绍了单一参数元件(电阻、电感和电容)在正弦交流电路中的电压、电流及它们之间的相位关系，各元件功率的基本性质。电阻电压和电流有效值之比为电阻，电阻消耗能量，根据电阻的电压和电流有效值计算它们的平均功率。电感电压与电流有效值之比为感抗$X_L=\omega L$，电压超前于电流90°，电感储存磁场能量。电容电压与电流有效值之比为容抗$X_C=1/(\omega C)$，电压滞后于电流90°，电容储存电场能量。根据电感和电容的电压及电流的有效值计算它们的无功功率，应掌握无功功率与储能平均值的关系。

4. 在实际电路中多数是电阻、电感与电容元件三种参数组合而成的电路。在RLC串联的交流电路中，电压和电流的有效值之比称为电路的阻抗，其具有阻碍电流通过的性质。电源电压与电流之间的相位差仅由电路参数R，L，C和电源角频率决定。在正弦交流电路中，由于有电感和电容的存在，一般情况下电压和电流两个正弦量的频率相同，有一定的相位差。

5. 谐振是正弦交流电路的一种状态，如果调节电路的参数或电源的频率而使总电压、电流同相，称此电路发生了谐振，电路呈电阻性。电路谐振主要分为串联谐振和并联谐振两类。串联谐振又称电压谐振，并联谐振又称电流谐振。

6. 提高功率因数是节电的重要途径，如果电路中的功率因数低，将会使电路中的功率损耗增加，降低供电质量，同时电源得不到充分利用。为了提高功率因数，通常是在感性负载上并联一个合适的电容。

7. 三相电路是由三相电源供电的电路。三相电源是能产生三相电压，能输出三相电流的电源。三相电源的每一个电压源称为三相电源中的一相。一般三相供电系统所提供的电压是对称三相电压。三相电源的基本连接方式有两种。一种是星形连接；另一种是三角形连接。在星形连接中，每一根端线的线电流就是该线所连接的电源或负载的相电流，所以线电流等于相电流；在三角形连接的三相电路中，由于每相电源(或每相负载)直接连接在两端线之间，所以三角形连接的线电压等于相电压。

习　题

2-1　已知 $e(t) = -311\cos 314t\text{V}$，则与它对应的相量 $\dot{E}$ 为多少？

2-2　已知 $i_1 = 5\sqrt{2}\sin(\omega t + 30°)\text{A}$，$i_2 = 10\sqrt{2}\sin(\omega t + 60°)\text{A}$，求：(1) $\dot{I}_1$，$\dot{I}_2$；(2) $\dot{I}_1 + \dot{I}_2$。

2-3　在 5Ω 电阻的两端加上电压 $u = 310\sin 314t\text{V}$，求：(1) 流过电阻的电流有效值；(2) 电流瞬时值；(3) 有功功率。

2-4　已知在 10Ω 的电阻上通过的电流为 $i = 5\sin(314t - \pi/6)\text{A}$，试求电阻上电压的有效值，并求电阻所消耗的功率。

2-5　在电压为 220V、频率为 50Hz 的交流电路中，接入一组白炽灯，其等效电阻是 11Ω。(1) 求出电灯组的电流有效值；(2) 求出电灯组的功率。

2-6　有一电感 $L = 0.626\text{H}$，加正弦交流电压 $U = 220\text{V}$，$f = 50\text{Hz}$，求：(1) 电感中的电流 I_m，I，i；(2) 无功功率 Q_L；(3) 画出电流、电压相量图。

2-7　已知一电感 $L = 80\text{mH}$，外加电压 $u_L = 50\sqrt{2}\sin(314t + 65°)\text{V}$。试求：(1) 感抗 X_L；(2) 电感中的电流 I_L；(3) 电流瞬时值 i_L。

2-8　已知通过线圈的电流 $i = 10\sqrt{2}\sin 314t\text{A}$，线圈的电感 $L = 70\text{mH}$(电阻可以忽略不计)。设电流 i、外施电压 u 为关联参考方向，试计算在 $t = T/6$，$T/4$，$T/2$ 瞬间电流、电压的数值。

2-9　在关联参考方向下，已知加于电感元件两端的电压为 $u_L = 100\sin(100t + 30°)\text{V}$，通过的电流为 $i_L = 10\sin(100t + \psi_i)\text{A}$，试求电感的参数 L 及电流的初相 ψ_i。

2-10　一个 50μF 的电容接于 $u = 220\sqrt{2}\sin(314t + 60°)\text{V}$ 的电源上，求 i_C 和 Q_C，并画出电流和电压的相量图。

2-11　一个 $C = 140\mu\text{F}$ 的电容器接在电压为 220V、频率为 50Hz 的交流电路中。求：(1) 电流 I 的有效值；(2) 电容器的容抗 X_C。

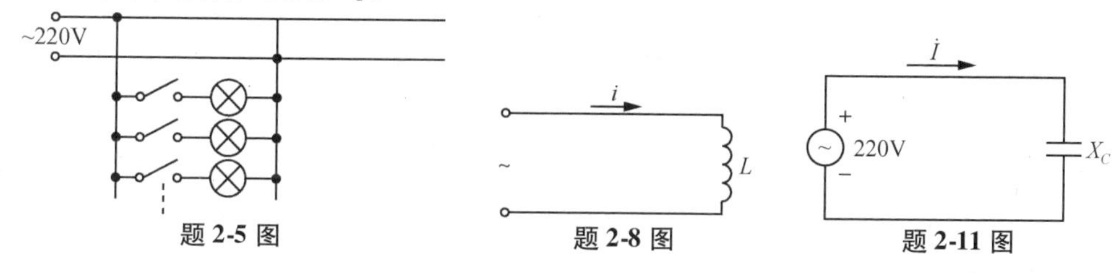

题 2-5 图　　题 2-8 图　　题 2-11 图

2-12　把一个电阻为 6Ω、电容为 120μF 的电容串接在 $u = 220\sin(314t + \frac{\pi}{2})\text{V}$ 的电源上，求电路的阻抗、电流、有功功率、无功功率及视在功率。

2-13　将电阻为 4Ω、电感为 25.5mH 的线圈接到频率为 50Hz、电压为 115V 的正弦电源上。求通过线圈的电流。如果这只线圈接到电压为 115V 的直流电源上，则电流又是多少？

2-14　有一只具有电阻和电感的线圈，当把它接在直流电流中时，测得线圈中通过的电流是

8A，线圈两端的电压是48V；当把它接在频率为50Hz的交流电路中时，测得线圈中通过的电流是12A，加在线圈两端的电压有效值是120V。试计算线圈的电阻和电感。

2-15　在 RLC 串联电路中，交流电源电压 $U = 220\text{V}$，频率 $f = 50\text{Hz}$，$R = 30\Omega$，$L = 445\text{mH}$，$C = 32\ \mu\text{F}$。试求：（1）电路中的电流大小 I；（2）总电压与电流的相位差 φ；（3）各元件上的电压 U_R，U_L，U_C。

2-16　题2-16图所示为移相电路，已知电阻 $R=100\Omega$，输入电压 u_1 的频率为500Hz。如果要求输出电压 u_2 的相位比输入电压的相位超前30°，则电容值应为多少？

2-17　已知电源电压 $\dot{U}=100\angle 0°\text{V}$，$R_1=R_2=X_L=X_C=50\Omega$，试求 $\dot{U}_{ab}$。

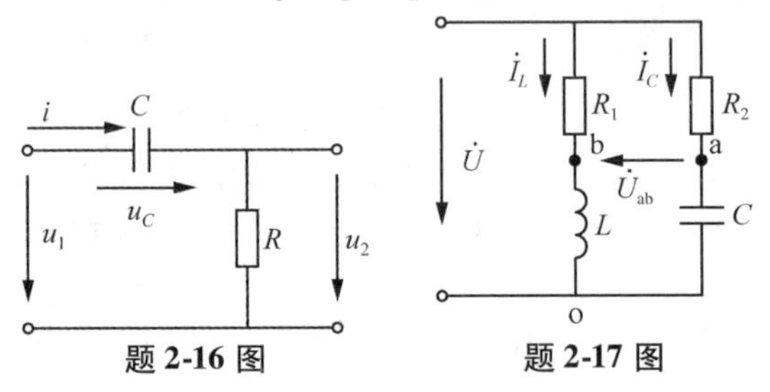

题2-16图　　　　题2-17图

2-18　已知电源电压 $\dot{U}=220\angle 0°\text{V}$，其他参数如题2-18图所示。试求：（1）等效复阻抗 Z；（2）电流 $\dot{I}$，$\dot{I}_1$ 和 $\dot{I}_2$。

2-19　已知 $Z_1=(20+\text{j}100)\Omega$，$Z_2=(50+\text{j}150)\Omega$，当要求 $\dot{I}_2$ 滞后于 $\dot{U}$ 90°时，电阻 R 为多大？

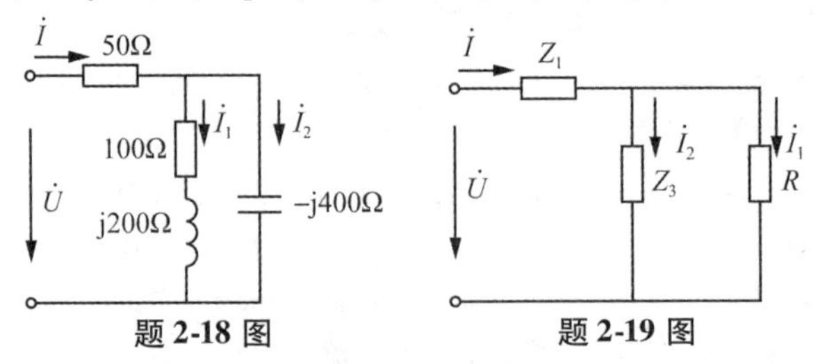

题2-18图　　　　题2-19图

2-20　已知对称三相交流电路，每相负载的电阻为 $R=8\Omega$，感抗为 $X_L=6\Omega$。

（1）设电源电压为 $U_l=380\text{V}$，求负载星形连接时的相电流和线电流；

（2）设电源电压为 $U_l=220\text{V}$，求负载三角形连接时的相电流和线电流。

2-21　对称三相负载星形连接，已知每相阻抗为 $Z=(31+\text{j}22)\Omega$，电源线电压为380V，求三相交流电路的有功功率、无功功率、视在功率和功率因数。

2-22　三相对称负载三角形连接，其线电流为 $I_l=5.5\text{A}$，有功功率为 $P=7760\text{W}$，功率因数 $\cos\varphi=0.8$，求电源的线电压 U_l、电路的无功功率 Q 和每相阻抗 Z。

2-23　一台三相交流电动机，定子绕组星形连接于 $U_l=380\text{V}$ 的对称三相电源上，其线电流 $I_l=2.2\text{A}$，$\cos\varphi=0.8$，试求每相绕组的阻抗 Z。

2-24　对称三相电路作三角形连接，每相电阻为38Ω，接于线电压为380V的对称三相电源上，试求负载相电流 I_p、线电流 I_l 和三相有功功率 P。

2-25　对称三相电源，线电压 $U_l=380\text{V}$，对称三相感性负载作三角形连接，若测得线电流 $I_l=17.3\text{A}$，三相功率 $P=9.12\text{kW}$，求每相负载的电阻和感抗。

2-26　对称三相电源，线电压 $U_l=380\text{V}$，对称三相感性负载作星形连接，若测得线电流 $I_l=17.3\text{A}$，三相功率 $P=9.12\text{kW}$，求每相负载的电阻和感抗。

2-27　如题2-27图所示负载为△形连接的对称三相电路。每相负载阻抗为 $Z=20\angle 53.1°\Omega$，对称三相电源电压中$\dot{U}_{ab}=220\angle 0°$V，正相序。试计算相电流$\dot{I}_{ab}$，$\dot{I}_{bc}$和$\dot{I}_{ca}$及线电流$\dot{I}_{a}$，$\dot{I}_{b}$和$\dot{I}_{c}$。

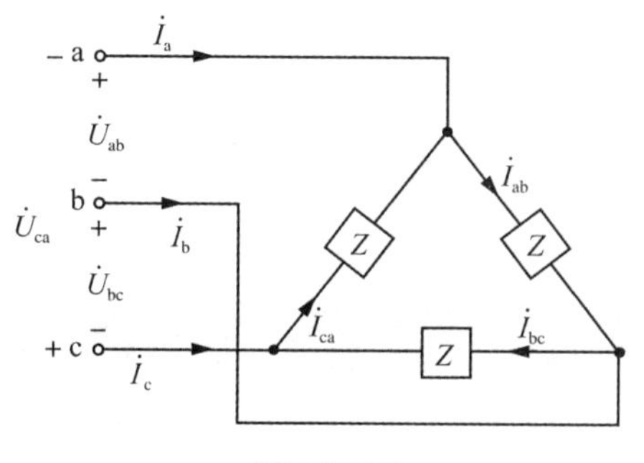

题 2-27 图

2-28　已知某单相电动机(感性负载)的额定参数，功率 $P=120$ W，工频电压 $U=220$ V，电流 $I=0.91$ A。当把电路的功率因数提高到 0.9 时，应使用一只多大的电容 C 与这台电动机并联?

2-29　电力电容器由于有损耗的缘故，可以用 R、C 并连电路表示。在工程上该损耗所占的比例常用 $\tan\delta=\frac{R}{X_C}$来表示，δ 称为损耗角。设一个电力电容器测得其电容 $C=0.67\mu$F，其等值电阻 $R=21\Omega$。试问频率为 50Hz 时，这只电容器的 $\tan\delta$ 为多少?

第3章

变压器与异步电动机

在很多电工设备(如变压器、电动机、电磁铁等)中，经常用电磁转换来实现能量的交换。学习这些电磁设备时，不仅会遇到电路问题，同时还有磁路的问题。只有同时掌握了电路和磁路的基本理论，才能对这些电工设备作全面分析。

本章在介绍磁路基础知识的前提下，对交流铁心线圈电路进行分析，进而讨论常用电动机与电器的基本结构和工作原理。本章主要讲述：变压器的基本结构、工作原理和使用；三相异步电动机的基本构造、工作原理、表示转速与转矩之间关系的机械特性；三相异步电动机起动、调速及制动的基本原理和方法，以及单向异步电动机的工作原理等。

3.1 磁路的基本知识

电工设备中，常用磁性材料做成一定形状的铁心。铁心的磁导率比周围空气或其他物质的磁导率高得多，因此铁心线圈中电流产生的磁通，绝大部分经过铁心而闭合。这种人为造成的磁通的闭合路径，称为磁路。图3-1(a)(b)(c)分别表示电磁铁、变压器以及直流电动机的磁路。磁通通过铁心(磁路的主要部分)和空气隙(有的磁路没有空气隙)而闭合。

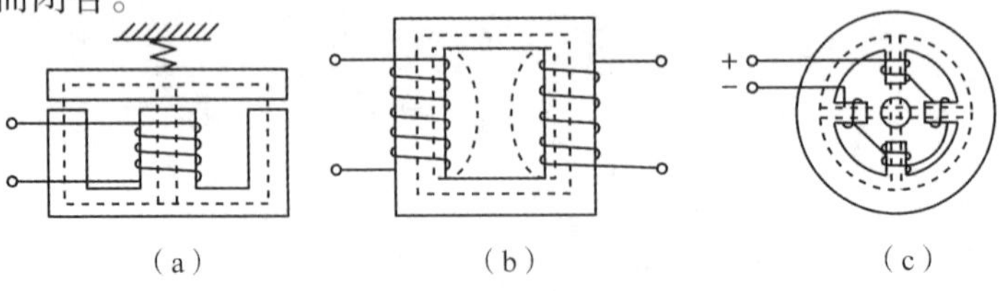

图3-1 常见电器的磁路

(a)电磁铁的磁路 (b)变压器的磁路 (c)直流电动机的磁路

3.1.1　磁路及主要物理量

3.1.1.1　基本物理量

磁路问题也是局限于一定回路内的磁场问题，而磁场可用下列几个基本物理量来说明其特性。

（1）磁通 $\boldsymbol{\Phi}$

磁通为垂直穿过某一截面积 S 的磁力线总数。在国际单位制中，磁通的单位是韦伯（Wb），简称韦。

（2）磁感应强度 $\boldsymbol{B}$

磁感应强度表示磁场内某点的磁场强弱和方向的物理量，是矢量。其大小等于垂直于 $\boldsymbol{B}$ 矢量的单位面积的磁力线数，又称磁通密度。即

$$B = \frac{\Phi}{S}$$

对于电流产生的磁场，磁感应强度的方向和电流方向满足右手螺旋定则，在国际单位制中，磁感应强度的单位是特[斯拉]（T），即 $\mathrm{Wb/m^2}$。

（3）磁场强度 $\boldsymbol{H}$

磁场强度是进行磁场计算时引进的一个辅助物理量，也是矢量。$\boldsymbol{H}$ 的方向与 $\boldsymbol{B}$ 的方向相同，即磁场的方向。在国际单位制中，磁场强度的单位是安/米（A/m）。通过它来确定磁场与电流之间的关系，即安培环路定律（或全电流方程）：

$$\oint \boldsymbol{H} \mathrm{d}l = \sum I$$

式中，$\oint \boldsymbol{H} \mathrm{d}l$ 是 $\boldsymbol{H}$ 沿任意闭合回线 l（常取磁通作为闭合回线）的线积分；$\sum I$ 是穿过该闭合回线所围面积的电流的代数和。规定：任意选定一个闭合回线的围绕方向，凡是电流方向与闭合回线方向间符合右手螺旋定则的电流为正，反之为负。

（4）磁导率 μ（绝对磁导率）

磁导率是衡量物质导磁能力大小的物理量。在国际单位制中，磁导率的单位是亨/米（H/m）。它与磁场强度 H 的乘积等于磁感应强度 B，即

$$B = \mu H$$

磁场内某一点的 H 只与电流（I）大小、线圈匝数（N）以及该点的几何位置有关，而与磁场媒质的磁性（μ）无关。但磁感应强度 B 与磁场媒质的磁性（μ）有关。也就是说，在一定电流值下，同一点的磁场强度（H）不因磁场媒质（μ）的不同而不同，但磁感应强度（B）会因磁场媒质（μ）的不同而不同，线圈内的磁通（Φ）也就不同。

实验测得真空磁导率 $\mu_0 = 4\pi \times 10^{-7}$ H/m，为一常数。

因为真空磁导率是一常数，所以将其他物质的磁导率和它进行比较是很方便的。

任意一种物质的磁导率 I_2 与真空磁导率 μ_0 的比值称为相对磁导率 μ_r，即

$$\mu_r = \frac{\mu}{\mu_0} = \frac{\mu H}{\mu_0 H} = \frac{B}{B_0}$$

所有物质按磁导率的大小（或者说按磁化的特性），可分为磁性材料和非磁性材料。

非磁性物质$\mu \approx \mu_0$，$\mu_r \approx 1$，不具有磁化的特性，且每一种非磁性材料的磁导率都是常数。因此，当磁场媒质是非磁性材料时，B 与 H 成正比($B=\mu_0 H$)，为线性关系；Φ 与 I 成正比($\Phi = BS = \mu_0 SH = \frac{\mu_0 SN}{l} I$)，也为线性关系。而磁性物质的磁导率很高，当$\mu \gg \mu_0$ 时，B 与 H 不具有线性关系。

3.1.1.2　磁路的欧姆定律

根据安培环路定律$\oint \boldsymbol{H} \mathrm{d}l = \sum I$，可得出 $Hl = NI$。式中 N 是线圈的匝数；l 是磁路的平均长度；H 是磁路铁心的磁场强度。

线圈匝数与电流的乘积 NI 称为磁通势，用 F 表示，即 $F = NI$，磁通就是由它产生的，单位为安[培](A)。

将 $H = B/\mu$ 和 $B = \Phi/S$ 代入上式，可得

$$\Phi = \frac{NI}{\frac{l}{\mu S}} = \frac{F}{R_m}$$

式中，R_m 为磁路的磁阻，S 为磁路的截面积。

上式与电路的欧姆定律在形式上相似，所以称为磁路的欧姆定律。

磁路和电路有很多相似之处，但分析和处理磁路比电路难得多。

(1)在处理电路时一般不涉及电场问题，而在处理磁路时离不开磁场的概念。

(2)在处理电路时一般可以不考虑漏电流，但在处理磁路时一般都要考虑漏磁通。

(3)磁路的欧姆定律与电路的欧姆定律只是在形式上相似。由于μ 不是常数，它随励磁电流而变，所以不能直接应用磁路欧姆定律来计算，只能用于定性分析。

(4)在电路中，当 $E=0$ 时，$I=0$；但在磁路中，由于有剩磁，当 $F=0$ 时，$\Phi \neq 0$。

(5)磁路的几个基本物理量(B，μ，H，Φ)的单位都比较复杂。

3.1.2　磁性材料的磁性能

磁性材料主要是指铁、镍、钴及其合金，其具有下列磁性能。

3.1.2.1　高导磁性

磁性材料的磁导率很高($\mu_r \gg 1$)，使它们具有被强烈磁化(呈现磁性)的特性。在磁性材料的内部可分成许多小区域，称为磁畴。在无外磁场的作用时，各个磁畴的磁性互相抵消，对外不显示磁性，在外磁场的作用下，磁畴就逐渐转到与外磁场相同的方向上，这样就产生了一个与外磁场同方向很强的磁化磁场，而使磁性材料的磁感应

强度大大增加。

3.1.2.2　磁饱和性

磁性材料由于磁化所产生的磁场，不会随着外磁场的增强而无限地增强。当外磁场(或激励电流)增大到一定值时，全部磁畴的磁场方向都转向与外磁场的方向一致，这时磁化磁场的磁感应强度 B 即达到饱和值，如图3-2所示。

图3-2中的磁化曲线可分成三段：开始 Ob 阶段，B 与 H 差不多成正比地增加；中间 bc 段，B 的增加缓慢下来；最后从 c 点开始，B 增加得很少，达到了磁饱和。

可见当有磁性物质存在时，B 与 H 并不成正比，所以磁性物质的磁导率 μ 不是常数，随 H 而改变，而且 Φ 与 I 也不成正比。

3.1.2.3　磁滞性

当铁心线圈中通有交变电流(大小和方向都变化)时，铁心受到交变磁化。在电流变化一次时，B 随 H 而变化的关系如图3-3所示。可见当 H 减到零值时，B 并未回到零值。这种磁感应强度 B 滞后于磁场强度 H 变化的性质，称为磁性物质的磁滞性。

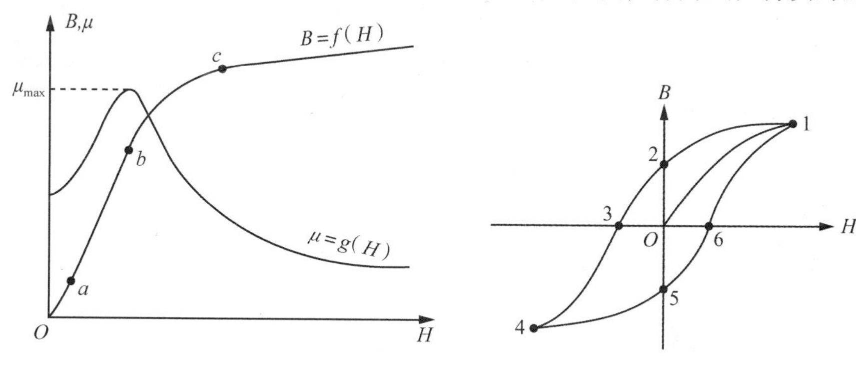

图3-2　B 和 μ 与 H 的关系　　**图3-3　磁滞回线**

图3-3中当线圈中电流减到零值(即 $H=0$)时，铁心中所保留的磁感应强度称为剩磁感应强度 B_r(剩磁)，图中用 O—2和 O—5表示；使 $B=0$ 的 H 值称为矫顽磁力 H_C，图中用 O—3和 O—6表示。

在铁心反复交变磁化的情况下，表示 B 与 H 变化关系的闭合曲线称为磁滞回线。图3-3中序号1234561即连成了磁滞回线。

按磁性物质的磁性能，磁性材料分为3种类型：

①软磁材料　具有较小的矫顽力，磁滞回线较窄。一般用来制造电机、电器及变压器等的铁心。常用的有铸铁、硅钢、铁氧体等。

②永磁材料　具有较大的矫顽力，磁滞回线较宽。一般用来制造永久磁铁。常用的有铁镍铝钴合金及稀土永磁材料等。

③矩磁材料　具有较小的矫顽力和较大的剩磁，磁滞回线接近于矩形，稳定性良好。在计算机和控制系统中用作记忆元件、开关元件和逻辑元件。常用的有镁锰铁氧体等。

3.1.3　交流铁心线圈电路

铁心线圈分为两种。直流铁心线圈通过直流电来励磁(如直流电机的励磁线圈、电磁吸盘及各种直流电器的线圈)；交流铁心线圈通过交流电来励磁(如交流电机、变压器及各种交流电器线圈)。分析直流铁心线圈比较简单，因为励磁电流是直流，产生的磁通是恒定的，在线圈和铁心中不会感应出电动势；在一定电压 U 下，线圈中的电流 I 只和线圈本身的电阻 R 有关；功率损耗也只有 RI^2。而交流铁心线圈在电磁关系、电压电流关系及功率损耗等几方面和直流铁心有所不同。

交流铁心线圈的电磁关系、电压电流关系及功率损耗如下。

3.1.3.1　电磁关系

图 3-4 所示为交流铁心线圈原理图。线圈电压和磁通的关系如图中所示。在线圈中加上正弦交流电压 u，则在线圈中将产生交变电流 i 及相应的磁通势 Ni。磁通势 Ni 产生的磁通绝大部分通过铁心而闭合，这部分磁通称为主磁通或工作磁通 Φ。此外还有很少的一部分磁通主要经过空气或其他非导磁媒介质而闭合，这部分磁通称为漏磁通 Φ_σ。这两个磁通在线圈中产生两个感应电动势，即主磁电动势 e 和漏磁电动势 e_σ。上述电磁关系如下：

$$u \longrightarrow i(Ni) \begin{cases} \Phi \longrightarrow e = -N\dfrac{\mathrm{d}\Phi}{\mathrm{d}t} \\ \Phi_\sigma \longrightarrow e_\sigma = -L_\sigma\dfrac{\mathrm{d}i}{\mathrm{d}t} \end{cases}$$

3.1.3.2　电压电流关系

交流铁心线圈可等效为图 3-5 所示电路，电压与电流的关系分析如下。

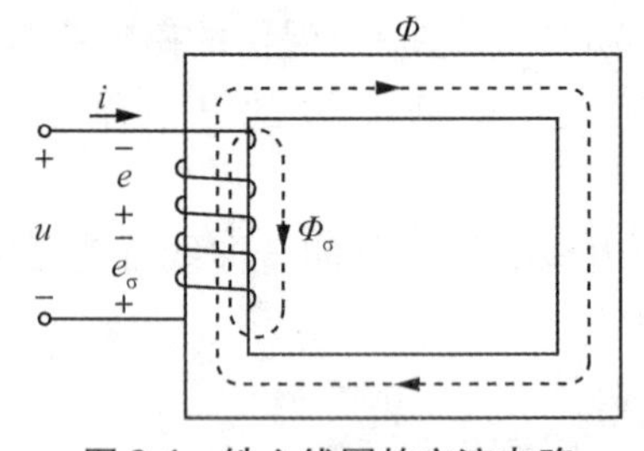

图 3-4　铁心线圈的交流电路

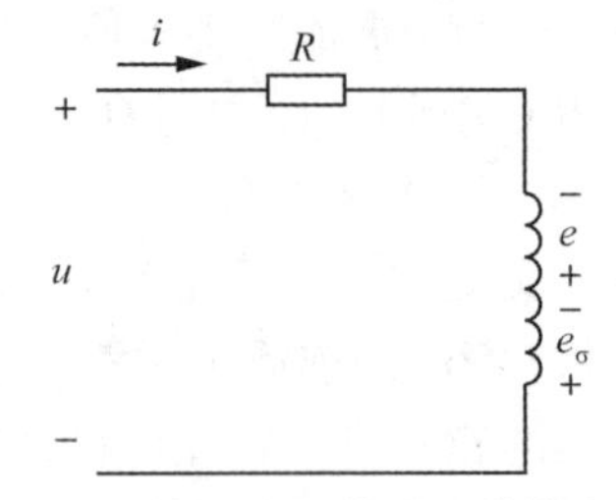

图 3-5　铁心线圈的交流等效电路

铁心线圈交流电路(图 3-5)的电压和电流之间的关系，可由基尔霍夫电压定律得出，即

$$u + e + e_\sigma = Ri$$

或

$$u = Ri + (-e_\sigma) + (-e) = Ri + L_\sigma\frac{\mathrm{d}i}{\mathrm{d}t} + (-e) \tag{3-1}$$

当 u 是正弦电压时，上式可用相量表示为

$$\dot{U} = R\dot{I} + (-\dot{E}_\sigma) + (-\dot{E}) = R\dot{I} + jX_\sigma\dot{I} + (-\dot{E}) \tag{3-2}$$

式中，$\dot{E}_\sigma = -jX_\sigma\dot{I}$，其中 $X_\sigma = \omega L_\sigma$，称为漏磁感抗；$R$ 为铁心线圈的电阻。

对于主磁电动势，由于主磁电感或相应的主磁感抗并不是常数，应按以下方法计算：

设主磁通 $\Phi = \Phi_m \sin\omega t$，则

$$\begin{aligned} e &= -N\frac{d\Phi}{dt} = -N\frac{d(\Phi_m \sin\omega t)}{dt} = -N\omega\Phi_m \cos\omega t \\ &= 2\pi f N\Phi_m \sin(\omega t - 90°) = E_m \sin(\omega t - 90°) \end{aligned} \tag{3-3}$$

式中，E_m 为主磁电动势 e 的幅值，$E_m = 2\pi f N\Phi_m$。e 的有效值为

$$E = \frac{E_m}{\sqrt{2}} = \frac{2\pi f N\Phi_m}{\sqrt{2}} = 4.44fN\Phi_m \tag{3-4}$$

通常由于线圈的电阻 R 和感抗 X_σ（或漏磁通 Φ_σ）较小，因此它们的电压降也较小，与主磁电动势比较，可以忽略不计。于是可得

$$\dot{U} = -\dot{E},\ U \approx E = 4.44fN\Phi_m = 4.44fNB_m S\ (V) \tag{3-5}$$

式中，B_m 为铁心中磁感应强度的最大值，T；S 为铁心截面积，m^2。

3.1.3.3　功率损耗

在交流铁心线圈中，除线圈电阻 R 上有功率耗损 RI^2（即铜损 ΔP_{Cu}）外，处于交变磁化下的铁心中也有功率损耗（即铁损 ΔP_{Fe}）。铁损是由磁滞和涡流产生的。

(1) 磁滞损耗

由磁滞所产生的铁损称为磁滞耗损 ΔP_h。可以证明，交变磁化一周在铁心的单位体积内所生产的磁滞损耗能量与磁滞回线所包围的面积成正比。

磁滞损耗可引起铁心发热。减少磁滞损耗的措施为选用磁滞回线狭小的磁性材料制作铁心。由于硅钢片的磁滞回线面积很小，而且导磁性能好，因此大多数电机、变压器或普通电器的铁心都采用硅钢片制成，以降低磁滞损耗。

(2) 涡流损耗

由涡流所产生的铁损称为涡流损耗 ΔP_e。

在图 3-6(a) 中，当线圈中通有交流时，它所产生的磁通也是交变的。因此不仅要在线圈中产生感应电动势，而且在铁心内也要产生感应电动势和感应电流。这种感应电流称为涡流，它在垂直于磁通方向的平面内环流。

涡流损耗也可引起铁心发热。为了减小涡流损耗，在顺磁场方向铁心可由彼此绝缘的钢片叠成，这样就可以限制涡流只能在较小的截面内流通，如图 3-6(b)。此外，通常所用的硅钢中含有少量的硅（0.8% ~4.8%），因而电阻率较大，这也可以使涡流减小。

涡流有有害的一面，但在另外一些场合下也有有利的一面。对其有害的一面应尽可能地加以限制，而对其有利的一面则应充分加以利用。例如，可利用涡流的热效应

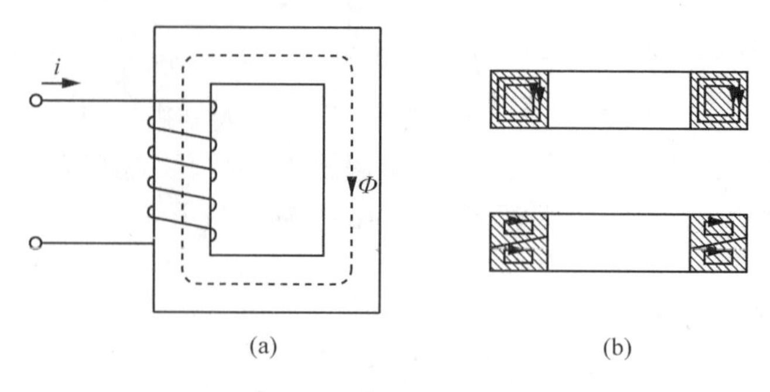

图 3-6　铁心中的涡流

来冶炼金属，利用涡流和磁场相互作用而产生电磁力的原理可制造感应式仪器、滑差电动机及涡流测距器等。

在交变磁通的作用下，铁心内的上述两种损耗合称铁损 ΔP_{Fe}。铁损几乎与铁心内磁感应强度的最大值 B_m 的平方成正比，所以 B_m 不宜选得过大，一般取 0.8 ~ 1.2 T。

综上所述，铁心线圈交流电路的有功功率为

$$P = UI\cos\varphi = RI^2 + \Delta P_{Fe} \tag{3-6}$$

3.2　变压器

变压器是利用电磁感应原理传输电能或电信号的器件，它具有变压、变流和变阻抗的作用。变压器的种类很多，应用十分广泛。比如在电力系统中用电力变压器把发电机发出的电压升高后进行远距离输电，到达目的地后再用变压器把电压降低供用户使用，以此减少传输过程中电能的损耗；在电子设备和仪器中常用小功率电源变压器改变市电电压，再通过整流和滤波，得到电路所需要的直流电压；在放大电路中用耦合变压器传递信号或进行阻抗的匹配；等等。变压器虽然大小悬殊，用途各异，但其基本结构和工作原理却是相同的。

3.2.1　变压器的基本结构

变压器由铁心和绕组两个基本部分组成，如图 3-7 所示，在一个闭合的铁心上套有两个绕组，绕组与绕组之间以及绕组与铁心之间都是绝缘的。

铁心是变压器的基本部分，变压器的一次、二次绕组都是绕在铁心上的。它的作用是在交变的电磁转换中，提供闭合的磁路，让磁通绝大部分通过铁心构成闭合回路，以增强磁感应强度，减小变压器体积和铁心损耗，一般用厚度为 0.2 ~ 0.5mm 的硅钢片叠成。

变压器的铁心分为心式和壳式两种，其结构如图 3-8 所示。心式变压器的特点是绕组包围着铁心，其结构简单，多用于高压的供电变压器等容量较大的场合；壳式变压器的结构特点是铁心包围着绕组，大多用于大电流的特殊变压器，也用于电子仪

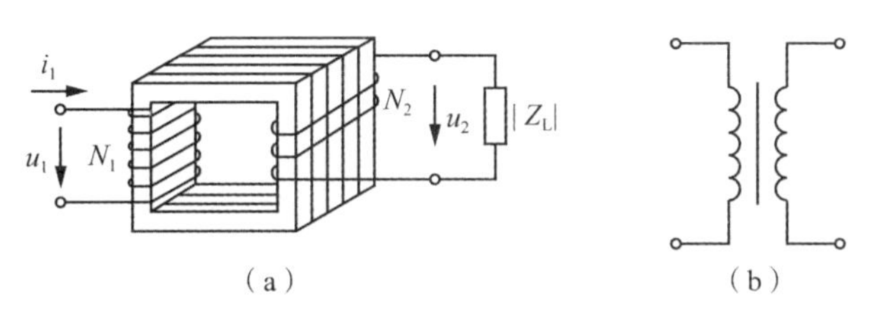

图 3-7　变压器

(a)原理图　(b)符号

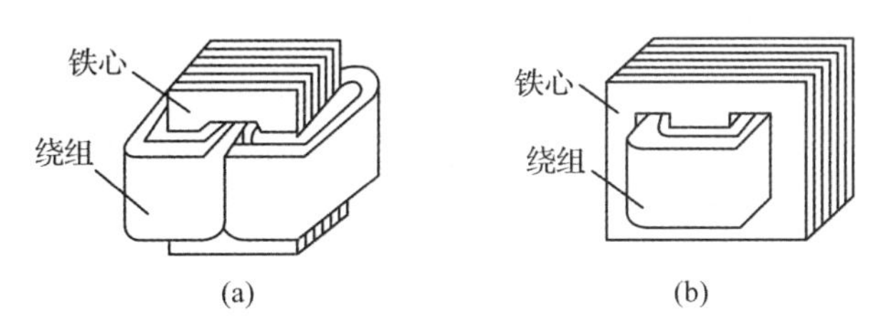

图 3-8　心式和壳式变压器

(a) 心式　(b) 壳式

器、电视、收音机的电源变压器等较小容量的场合。

绕组由绝缘铜线或铝线绕制而成，有同心式和交迭式两种。为了便于分析，把与电源连接的绕组称为一次绕组(旧称初级绕组、原边)，与负载相连的绕组称为二次绕组(旧称次级绕组、副边)。

除了铁心和绕组外，较大容量的变压器还有冷却系统、保护装置以及绝缘套管等。大容量变压器通常是三相变压器。

3.2.2　变压器的工作原理

图 3-9 所示为变压器的原理图。为了便于分析，我们将一次绕组和二次绕组分别画在两边。一次、二次绕组的匝数分别为 N_1 和 N_2。当一次绕组接上交流电压 u_1 时，一次绕组中有电流 i_1 流过。一次绕组的磁通势 N_1i_1 产生的磁通大部分通过铁心而闭合，从而在二次绕组中感应出电动势。如果二次绕组接有负载，那么二次绕组中就有电流 i_2 流过。二次绕组的磁通势 N_2i_2 也产生磁通，其绝大部分也通过铁心而闭合。因此，铁心中的磁通是一个由一次、二次绕组的磁通势共同产生的合成磁通，它称为主磁通，用 Φ 表示。主磁通穿过一次绕组和二次绕组而在其中感应出的电动势分别

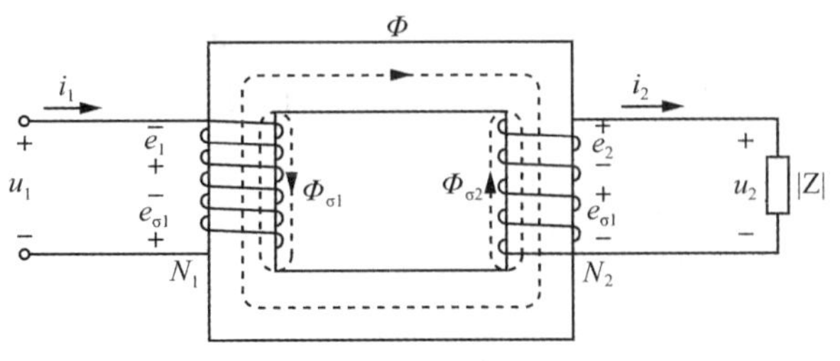

图 3-9　变压器的原理图

为 e_1 和 e_2。此外，一次、二次绕组的磁通势还分别产生漏磁电动势 $e_{\sigma1}$ 和 $e_{\sigma2}$。

上述的电磁关系可表示如下：

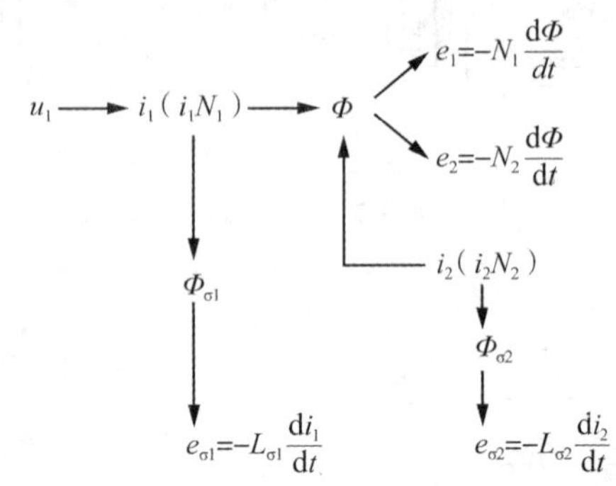

下面分别讨论变压器的电压变换、电流变换及阻抗变换。

3.2.2.1　电压变换

当一次绕组上加正弦电压 u_1 时，根据 KVL 定律，对一次绕组电路列电压方程可得

$$\dot{U}_1 = R_1\dot{I}_1 + (-\dot{E}_{\sigma1}) + (-\dot{E}_1) = R_1\dot{I}_1 + jX_1\dot{I}_1 + (-\dot{E}_1) \tag{3-7}$$

式中，R_1 和 X_1 分别为一次绕组的电阻和感抗，其值较小，压降也较小，一般可忽略，于是

$$\dot{U}_1 \approx -\dot{E}_1$$

有效值为

$$E_1 = 4.44fN_1\Phi_m \approx U_1 \tag{3-8}$$

同理，对二次绕组电路可列出

$$\dot{E}_2 = R_2\dot{I}_2 + (-\dot{E}_{\sigma2}) + \dot{U}_2 = R_2\dot{I}_2 + jX_2\dot{I}_2 + \dot{U}_2 \tag{3-9}$$

式中，R_2 和 X_2 分别为二次绕组的电阻和感抗；$\dot{U}_2$ 为二次绕组的端电压。

感应电动势 e_2 的有效值为

$$E_2 = 4.44fN_2\Phi_m \approx U_2 \tag{3-10}$$

在变压器空载时有

$$I_2 = 0,\quad E_2 = U_{20}$$

式中，U_{20}是空载时二次绕组的端电压。

由式(3-8)和式(3-10)可见，由于一次、二次绕组的匝数 N_1 和 N_2 不相等，故 E_1 和 E_2 的大小是不等的，因而输入电压 U_1(电源电压)和输出电压 U_2(负载电压)的大小也是不等的。

一次、二次绕组的电压之比为

$$\frac{U_1}{U_{20}} \approx \frac{E_1}{E_2} = \frac{N_1}{N_2} = K \tag{3-11}$$

式中，K 称为变压器的变压比(简称变比)，亦即一次、二次绕组的匝数比。可见当

U_1 一定时，只要改变 K，就可得到不同的输出电压 U_2。

变比在变压器的铭牌上注明，它表示一次、二次绕组的额定电压之比，例如"6000/400V"表明 $K=15$。即一次绕组的额定电压(一次绕组上应加的电源电压) $U_{1N}=6000V$，二次绕组的额定电压(指一次绕组上加额定电压时二次绕组的空载电压) $U_{2N}=400V$。

3.2.2.2 电流变换

由 $E_1=4.44fN_1\Phi_m\approx U_1$ 可见，当 N_1 和 f 不变时，E_1 和 Φ_m 也都近似为常量。也就是说，铁心中主磁通的最大值在变压器空载或有负载时差不多是恒定的。因此，有负载时产生的主磁通在一次、二次绕组的合成磁通势($N_1i_1+N_2i_2$)应该和空载时产生的主磁通在一次绕组上的磁通势 N_1i_0 接近相等，即

$$N_1i_1+N_2i_2\approx N_1i_0 \tag{3-12}$$

用相量表示为

$$N_1\dot{I}_1+N_2\dot{I}_2\approx N_1\dot{I}_0 \tag{3-13}$$

变压器的空载电流 i_0 用于励磁。由于铁心的磁导率高，i_0 很小，因此与 N_1I_1 相比，N_1I_0 常可忽略。于是有

$$N_1\dot{I}_1=-N_2\dot{I}_2 \tag{3-14}$$

由上式可知，一次、二次绕组的电流关系为

$$\frac{I_1}{I_2}\approx\frac{N_2}{N_1}=\frac{1}{K} \tag{3-15}$$

变压器的额定电流 I_{1N} 和 I_{2N} 是指按规定工作方式(长时连续工作、短时工作或间歇工作)运行时一次绕组和二次绕组允许通过的最大电流。

变压器的额定容量是指二次绕组的额定电压与额定电流的乘积，它是视在功率(单位 V·A)。即

$$S_N=U_{2N}I_{2N}\approx U_{1N}I_{1N}\quad(\text{单相})$$

3.2.2.3 阻抗变换

在图3-10中，负载阻抗模 $|Z|$ 接在变压器二次侧，而图中的虚线框部分可用一个阻抗模 $|Z'|$ 来等效代替。等效是指输入电路的电压、电流和功率不变，也就是说，直接接在电源上的阻抗模 $|Z'|$ 和接在变压器二次侧的负载阻抗模 $|Z|$ 对电源而言是等效的。

两者的关系可计算如下：

$$\frac{U_1}{I_1}=\frac{\frac{N_1}{N_2}U_2}{\frac{N_2}{N_1}I_2}=\left(\frac{N_1}{N_2}\right)^2\frac{U_2}{I_2}$$

由图3-10可知，$\frac{U_1}{I_1}=|Z'|$，$\frac{U_2}{I_2}=|Z|$。代入上式可得

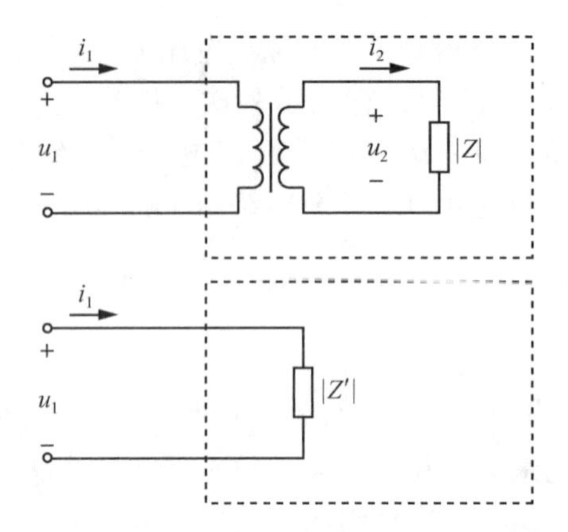

图 3-10　阻抗的等效变换

$$|Z'| = \left(\frac{N_1}{N_2}\right)^2 |Z| \tag{3-16}$$

匝数比不同，负载阻抗模 $|Z|$ 折算到一次侧的等效阻抗模 $|Z'|$ 就不同。可采用不同的匝数比，把负载阻抗模变换为所需要的、比较合适的数值。这种做法通常称为**阻抗匹配**。

【例 3-1】　已知某收音机输出变压器的原边匝数为 600，副边匝数为 30，副边原接有 16Ω 的扬声器，现要改接成 4Ω 扬声器，求 N_2 应改为多少？

【解】

$$K = \frac{N_1}{N_2} = \frac{600}{30} = 20$$

$$|Z'| = K^2 |Z| = 20^2 \times 16 = 6400\ (\Omega)$$

改接成 $|Z_L| = 4\Omega$ 扬声器后

$$K^2 = \frac{6400}{4} = 1600，则\ K = 40$$

所以：

$$N_2 = \frac{N_1}{K} = \frac{600}{40} = 15(匝)$$

【例 3-2】　设交流信号源电压 $U = 100\text{V}$，内阻 $R_0 = 800\Omega$，负载 $R_L = 8\Omega$。

(1)将负载直接接至信号源，负载获得多大功率？

(2)经变压器进行阻抗匹配，负载获得的最大功率是多少？变压器变比是多少？

【解】　(1)负载直接接信号源时，负载获得功率为

$$P = I^2 R_L = \left(\frac{U}{R_0 + R_L}\right)^2 R_L = \left(\frac{100}{800 + 8}\right)^2 \times 8 = 0.123(\text{W})$$

(2)最大输出功率时，R_L 折算到一次绕组应等于 $R_L' = 800\Omega$。负载获得的最大功率为

$$P_{max} = I^2 R_L' = \left(\frac{U}{R_0 + R_L'}\right)^2 R_L' = \left(\frac{100}{800 + 800}\right)^2 \times 800 = 3.125(\text{W})$$

变压器变比为

$$K = \frac{N_1}{N_2} = \sqrt{\frac{R_0}{R_L}} = \sqrt{\frac{800}{8}} = 10$$

3.2.3　变压器的外特性与效率

由式(3-7)和式(3-9)可以看出，当电源电压 U_1 不变时，随着二次绕组电流 I_2 的增加(负载增加)，一次、二次绕组阻抗上的电压降便跟着增加，这将使二次绕组的端电压 U_2 发生变动。当电源电压 U_1 和负载功率因数 $\cos\varphi_2$ 为常数时，U_2 和 I_2 的变化关系可用外特性曲线 $U_2=f(I_2)$ 来表示，如图 3-11 所示。对电阻性和电感性负载而言，电压 U_2 将随电流 I_2 的增加而下降。

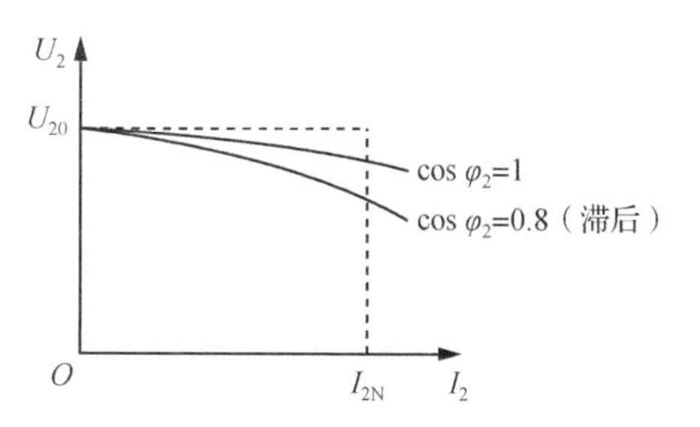

图 3-11　变压器的外特性曲线

通常希望电压 U_2 的变动越小越好。从空载到额定负载，二次绕组电压的变化程度用电压变化率 ΔU 表示，即

$$\Delta U = \frac{U_{20} - U_2}{U_{20}} \times 100\% \tag{3-17}$$

在一般变压器中，由于其电阻和漏磁感抗均很小，电压变化率是不大的，约为 5% 左右。

和交流铁心线圈一样，变压器的功率损耗包括铁心中的铁损 ΔP_{Fe} 和绕组上的铜损 ΔP_{Cu} 两部分。铁损的大小与铁心内磁感应强度的最大值 B_m 有关，与负载大小无关，而铜损则与负载大小(正比于电流平方)有关。

变压器的效率常用下式确定

$$\eta = \frac{P_2}{P_1} = \frac{P_2}{P_2 + \Delta P_{Fe} + \Delta P_{Cu}} \tag{3-18}$$

式中，P_2 为变压器的输出功率；P_1 为输入功率。

变压器的功率损耗很小，所以效率很高，通常在 95% 以上。在一般电力变压器中，当负载为额定负载的 50% ~75% 时，效率达到最大值。

【例 3-3】　有一带电阻负载的三相变压器，其额定数据如下：$S_N = 100\text{kV} \cdot \text{A}$，$U_{1N} = 6000\text{V}$，$U_{2N} = U_{20} = 400\text{V}$，$f = 50\text{Hz}$，绕组为 Y/Y_0 连接。由试验测得：$\Delta P_{Fe} = 600\text{W}$，额定负载时的 $\Delta P_{Cu} = 2400\text{W}$。试求：(1) 变压器的额定电流；(2) 满载和半载时的效率。

【解】　(1)

$$S_N = \sqrt{3}U_{2N}I_{2N} \approx \sqrt{3}U_{1N}I_{1N}$$

$$I_{1N} = \frac{S_N}{\sqrt{3}U_{1N}} = \frac{100 \times 10^3}{\sqrt{3} \times 6000} = 9.62(\text{A})$$

$$I_{2N}=\frac{S_N}{\sqrt{3}U_{2N}}=\frac{100\times10^3}{\sqrt{3}\times400}=144(\mathrm{A})$$

(2)对电阻性负载有

$$\cos\varphi=1,\ P_2=100\mathrm{kW}$$

$$\eta_{(1)}=\frac{P_2}{P_2+\Delta P_{Fe}+\Delta P_{Cu}}=\frac{100\times10^3}{100\times10^3+600+2400}\times100\%=97.1\%$$

$$\eta_{(\frac{1}{2})}=\frac{\frac{1}{2}P_2}{\frac{1}{2}P_2+\Delta P_{Fe}+(\frac{1}{2})^2\Delta P_{Cu}}=\frac{\frac{1}{2}\times100\times10^3}{\frac{1}{2}\times100\times10^3+600+(\frac{1}{2})^2\times2400}\times100\%$$

$$=97.6\%$$

3.2.4　特殊变压器

下面简单介绍几种特殊用途的变压器。

3.2.4.1　自耦变压器

自耦变压器也称为自耦调压器，它的最大特点就是可以通过转动手柄来获得一次、二次侧(原、副边)所需要的各种电压。使用时，改变滑动端的位置，便可得到不同的输出电压。N_2 连续可调，U_2 连续可调。图3-12所示为一种自耦变压器原理图，其结构特点是二次绕组是一次绕组的一部分。一次、二次绕组电压及电流之比分别为

$$\frac{U_1}{U_2}=\frac{N_1}{N_2}=K,\quad \frac{I_1}{I_2}=\frac{N_2}{N_1}=\frac{1}{K}$$

图 3-12　自耦变压器原理图

实验室中常用的调压器就是一种可以改变二次绕组匝数的自耦变压器，如图3-13所示。在使用自耦变压器时注意：原、副边绝对不能对调使用，公共绕组部分不能断开，公共端不能接火线。

自耦变压器

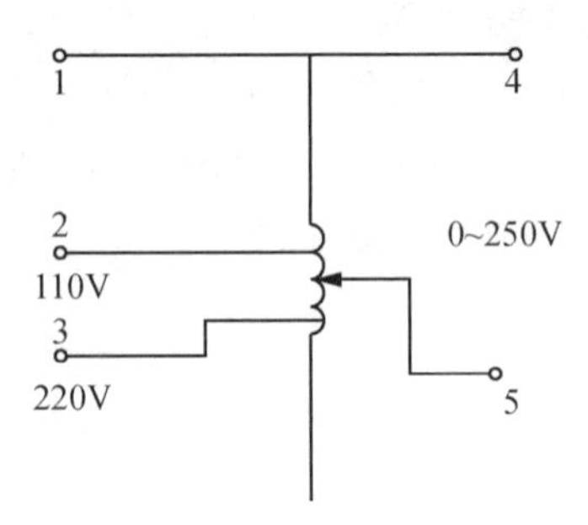

图 3-13　实验用调压变压器

3.2.4.2　仪用互感器

（1）电流互感器

电流互感器是根据变压器的原理制成的，主要用来扩大测量交流电流的量程，还可以使测量仪表与高压电路隔开，以保证人身及设备的安全。

电流互感器的接线图及符号如图3-14所示。一次绕组的匝数很少（只有一匝或几匝），它串联在被测电路中；二次绕组的匝数较多，它与电流表或其他仪表及继电器的电流线圈相连接。

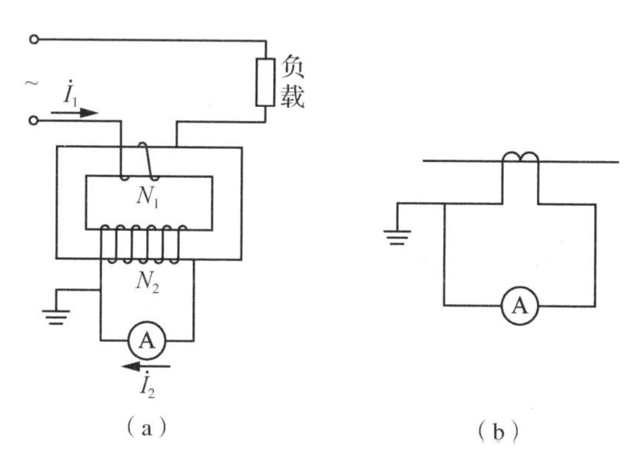

图3-14　电流互感器的接线图及符号

（a）原理图　（b）图形符号

根据变压器原理，可认为

$$\frac{I_1}{I_2} = \frac{N_2}{N_1} = K_i$$

或

$$I_1 = \frac{N_2}{N_1}I_2 = K_iI_2 \tag{3-19}$$

式中，K_i 是电流互感器的变换系数。

由式(3-19)可见，利用电流互感器可将大电流变换为小电流。电流表的读数 I_2 乘上变换系数 K_i 即为被测的大电流 I_1（在电流表的刻度上可以直接标出被测电流值）。通常电流互感器二次绕组的额定电流规定为5A或1A。

常用的钳形电流表也是一种电流互感器。它由一个将电流表接成闭合回路的二次绕组和一个铁心构成，其铁心可开、可合。测量时，把待测电流的一根导线放入钳口中，电流表上即可直接读出被测电流的大小，如图3-15所示。

因为电流互感器的一次绕组与负载串联，其一次侧电流 I_1 的大小是由负载的大小决定的，不是由二次侧电流 I_2 决定的。所以当二次绕组电路断开时，二次绕组的电流和磁通势立即消失，但 I_1 的电流不变，这时铁心的磁通全由一次绕组的磁通势 N_1i_1 产生，结果造成铁心内产生很大的磁通（因为二次绕组磁通为零，不能对消部分一次绕组的磁通）。这一方面使铁损大增，让铁心发热。另一方面又使二次绕组的感应电动势大大增高，增加危险。

所以在使用电流互感器时，不允许断开二次绕组电路。这点与普通变压器的使用有所不同。为了安全起见，电流互感器的铁心和二次绕组的一端应该做接地处理。

（2）电压互感器

电压互感器用于将高电压变换成低电压，其一次绕组匝数很多，并联于待测电路两端；二次绕组匝数较少，与电压表及电度表、功率表、继电器的电压线圈并联。使用时二次绕组不允许短路。电压互感器的接线图如图 3-16 所示。根据变压器原理，可认为

$$\frac{U_1}{U_2} = \frac{N_1}{N_2} = K$$

或

$$U_2 = \frac{N_2}{N_1}U_1 = \frac{1}{K}U_1 \tag{3-20}$$

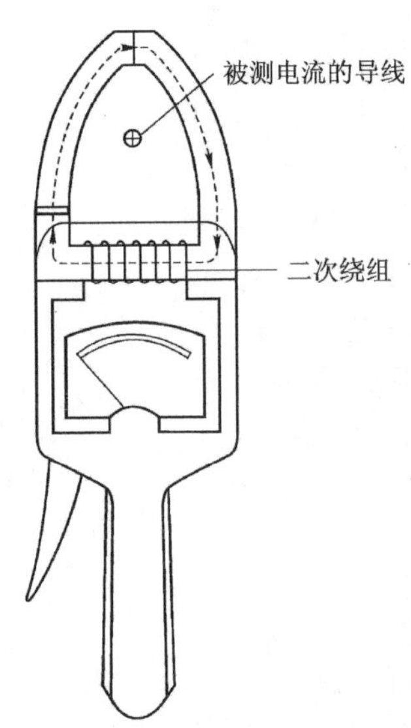

图 3-15　钳形电流表

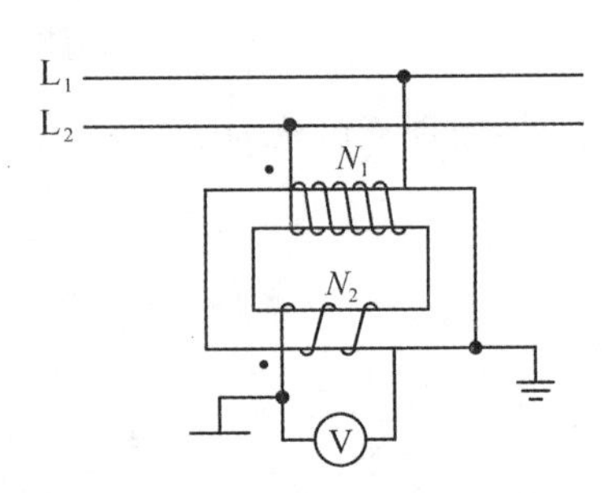

图 3-16　电压互感器的接线图

由式(3-20)可见，利用电压互感器可将大电压变换为小电压。电压表的读数 U_2 乘上变换系数 K 即为被测的大电压 U_1（在电压表的刻度上可以直接标出被测电压值）。电压互感器二次侧表头额定值为标准值 100V。使用电压互感器时，应注意：二次侧并联阻抗不得太小，否则影响测量精度；二次绕组不能短路，以防止烧坏次级绕组；铁心和二次绕组一端必须可靠接地，防止高压绕组绝缘被破坏时，造成设备的损坏和人身伤亡。

3.3　三相异步电动机的工作原理

电机是实现电能和机械能互相转换的旋转装置。把机械能转换为电能的电机称为发电机，而把电能转换成机械能的电机称为电动机。电动机分为交流电动机和直流电

动机，交流电动机又分为异步电动机和同步电动机，异步电动机又分为三相异步电动机和单相异步电动机；而直流电动机按照励磁方式的不同，分为他励、并励、串励和复励4种。

在生产上用得比较多的是交流电动机，特别是三相异步电动机，因为它具有结构简单、坚固耐用、运行可靠、价格低廉、维护方便等优点，被广泛地用来驱动各种金属切削机床、起重机、锻压机、传送带、铸造机械、功率不大的通风机及水泵等。

本章主要介绍交流电动机的基本构造、工作原理、转速与转矩之间的机械特性，介绍其起动、反转、调速及制动的基本原理和使用方法等。

3.3.1　三相异步电动机的构造

三相异步电动机主要由定子(固定部分)和转子(旋转部分)两个基本部分组成。图3-17所示为三相异步电动机的构造。

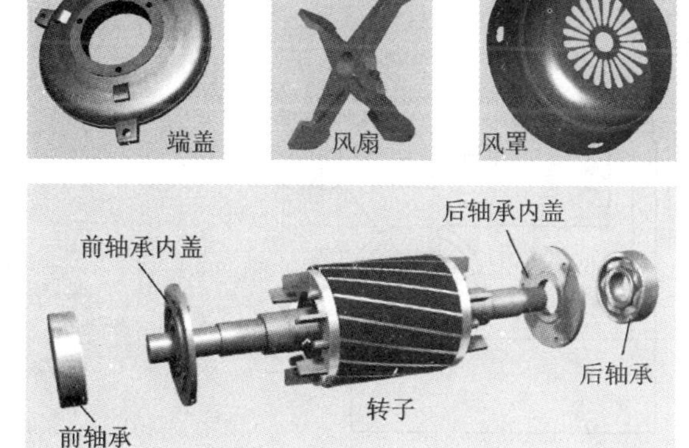

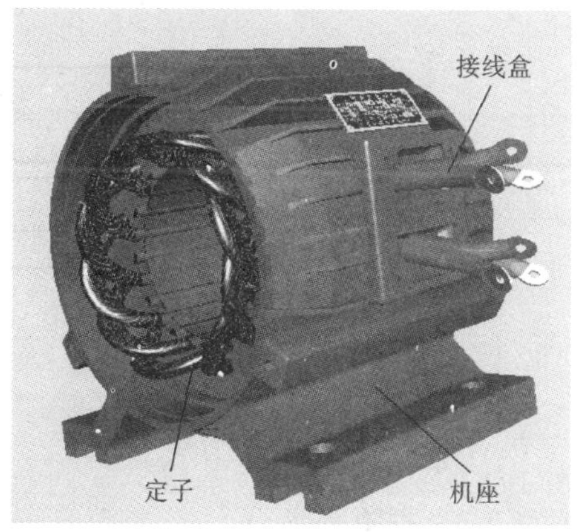

图3-17　三相异步电动机的构造

三相异步电动机的定子由机座和装在机座内的圆筒形铁心以及其中的三相定子绕组组成。机座用铸铁或铸钢制成，其作用是固定铁心和绕组，定子铁心由厚度为0.5mm相互绝缘的硅钢片叠成，硅钢片内圆上有均匀分布的槽，其作用是嵌放定子三相绕组AX、BY、CZ。定子绕组是三组用漆包线绕制好的、对称地嵌入定子铁心槽内的相同的线圈，这三相绕组可接成星形或三角形。

三相异步电动机的转子铁心是圆柱状的，也用硅钢片叠成，表面有槽，用来放置转子绕组。转子铁心装在转轴上，轴上加机械负载。

转子铁心根据构造的不同，可分为笼式(旧称鼠笼式)和绕线式两种。笼式异步电动机若去掉转子铁心，嵌放在铁心槽中的转子绕组就像一个“鼠笼”。图3-18(a)所示为笼型绕组；图3-18(b)所示为笼型转子，它一般用铜或铝铸成。

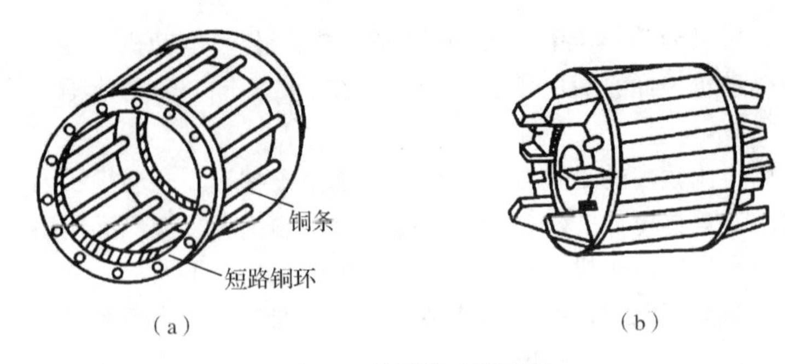

图 3-18　笼型绕组和转子

(a)笼型绕组　(b)笼型转子

绕线式异步电动机的转子绕组同定子绕组一样也是三相的，它连接成星形。每相绕组的的始端连接在三个铜制的滑环上，滑环固定在转轴上。环与环，环与转轴之间都是互相绝缘的。在环上用弹簧压着碳质电刷。绕线式转子通过轴上的滑环和电刷在转子回路中接入外加电阻，用以改善起动性能及调节转速，如图 3-19 所示。

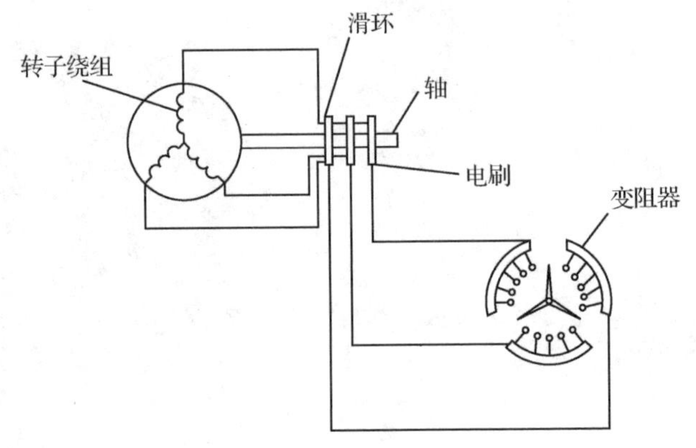

图 3-19　绕线式电动机的构造

笼式电动机与绕线式电动机只是在转子的构造上不同，它们的工作原理是一样的。

3.3.2　旋转磁场

3.3.2.1　旋转磁场的产生

图 3-20 所示为最简单的三相定子绕组 AX、BY、CZ，它们在空间按互差 120°的规律对称排列，并接成星形与三相电源 U、V、W 相连，则三相定子绕组便流过三相对称电流：

$$i_A = I_m \sin\omega t$$

$$i_B = I_m \sin(\omega t - 120°)$$

$$i_C = I_m \sin(\omega t + 120°)$$

随着电流在定子绕组中流过，在三相定子绕组中就会产生旋转磁场，如图 3-21

所示。

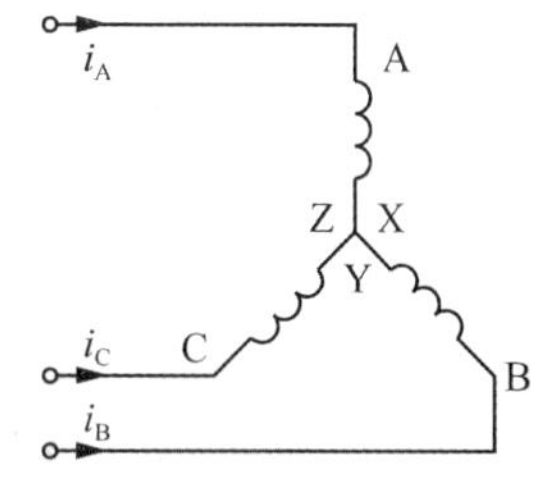

图3-20　三相异步电动机定子接线

当 $\omega t=0°$ 时，$i_A=0$，AX绕组中无电流；i_B 为负，BY绕组中的电流从Y流入，从B流出；i_C 为正，CZ绕组中的电流从C流入，从Z流出。由右手螺旋定则可得合成磁场的方向如图3-21(a)所示。

当 $\omega t=120°$ 时，$i_B=0$，BY绕组中无电流；i_A 为正，AX绕组中的电流从A流入，从X流出；i_C 为负，CZ绕组中的电流从Z流入，从C流出。由右手螺旋定则可得合成磁场的方向如图3-21(b)所示。

当 $\omega t=240°$ 时，$i_C=0$，CZ绕组中无电流；i_A 为负，AX绕组中的电流从X流入，从A流出；i_B 为正，BY绕组中的电流从B流入，从Y流出。由右手螺旋定则可得合成磁场的方向如图3-21(c)所示。

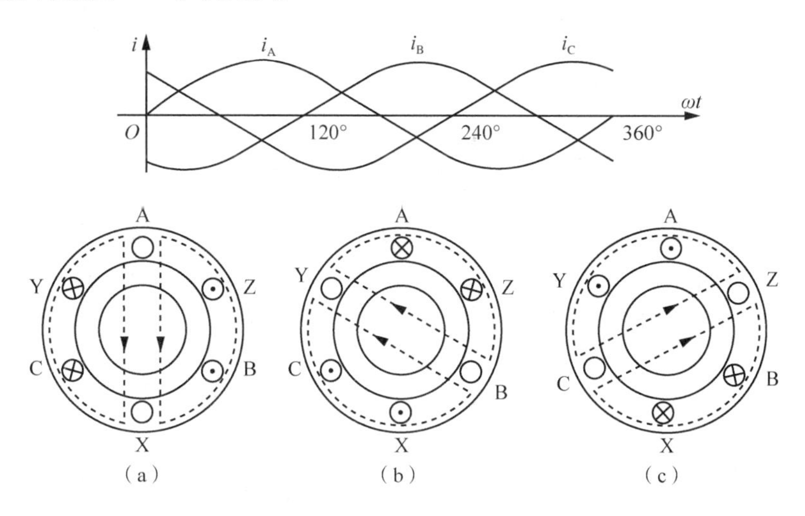

图3-21　旋转磁场的形成

(a) $\omega t=0°$　(b) $\omega t=120°$　(c) $\omega t=240°$

可见，当定子绕组中的电流变化一个周期时，合成磁场也按电流的相序方向在空间旋转一周。随着定子绕组中的三相电流不断地作周期性变化，产生的合成磁场也不断地旋转，因此称为旋转磁场。

3.3.2.2　旋转磁场的转向

从旋转磁场可以看出，在 $\omega t=0°$ 时，A相的电流 $i_A=0$，此时旋转磁场的轴线与A相绕组的轴线垂直；当 $\omega t=90°$ 时，A相的电流 $i_A=I_m$ 达到最大，这时旋转磁场轴线的方向恰好与A相绕组的轴线一致。三相电流出现正幅值的顺序为A—B—C，因此旋转磁场的旋转方向与通入绕组的电流相序是一致的，即旋转磁场的转向与三相电流的相序一致。如果将与三相电源相连接的电动机三根导线中的任意两根对调一下，则定子电流的相序将随之改变，旋转磁场的旋转方向也发生改变，电动机就会反转。

3.3.2.3 旋转磁场的极数

三相异步电动机的极数就是旋转磁场的极数。旋转磁场的极数和三相绕组的安排有关。当每相绕组只有一个线圈时，三相绕组的始端之间相差120°空间角，此时产生的旋转磁场具有一对磁极，即 $p=1$；当每相绕组由两个串联的线圈组成时，则三相绕组的始端之间相差60°空间角，产生的旋转磁场具有两对磁极，即 $p=2$，如图3-22所示。

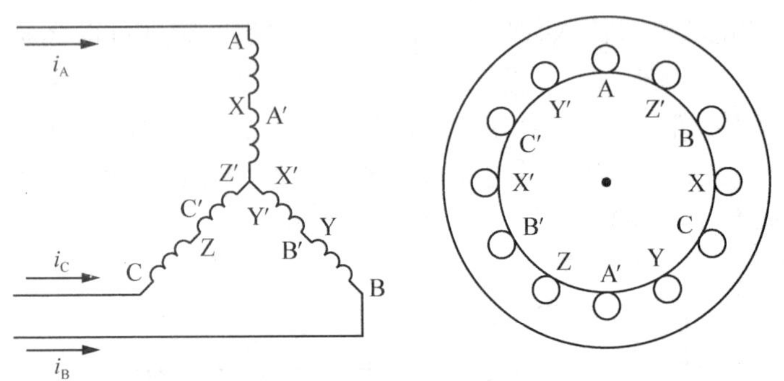

图3-22　产生两对磁极的定子绕组

同理，如果要产生三对磁极，即 $p=3$ 的旋转磁场，则每相绕组必须由串联在一起的三个线圈组成，三个线圈在空间上均匀分布，则三相绕组的始端之间相差40°空间角。磁极数 p 与三相绕组始端之间的空间角 θ 的关系为

$$\theta = 120°/p$$

3.3.2.4 旋转磁场的转速 n_0

电动机的转速是与旋转磁场有关的，而磁场极数不同，则磁场的转速就不同。在一对磁极的情况下，交流电经历一个周期，磁场恰好在空间转过一圈；若定子电流的频率为 f_1，旋转磁场在每分钟将转过 $60f_1$ 周，即 $n_0=60f_1$；若旋转磁场有两对磁极，则电流变化一周，旋转磁场将转过半周，即 $n_0=60f_1/2$。依此类推，当旋转磁场具有 p 对磁极时，旋转磁场的转速(r/min)为

$$n_0 = \frac{60f_1}{p} \tag{3-21}$$

由式(3-21)可知，旋转磁场的转速 n_0 由电流频率 f_1 和磁场的磁极对数 p 决定。对某一异步电动机而言，f_1 和 p 通常是一定的，所以磁场转速 n_0 是个常数。

在我国，工频 $f_1=50$Hz，因此对应于不同磁极对数 p 的旋转磁场转速 n_0 见表3-1所列。

表3-1　不同磁极对数时的旋转磁场转速 n_0

p	1	2	3	4	5	6
n_0	3000	1500	1000	750	600	500

3.3.3　电动机的转动原理

图3-23为三相异步电动机工作原理示意图。

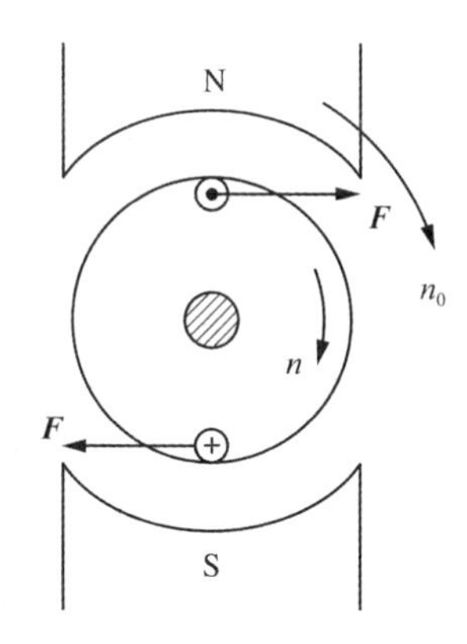

图3-23　三相异步电动机工作原理示意图

当三相定子绕组接至三相电源后，三相绕组内将流过对称的三相电流，并在电动机内产生一个旋转磁场。当 $p=1$ 时，图3-23用一对以恒定同步转速 n_0（旋转磁场的转速）按顺时针方向旋转的电磁铁来模拟该旋转磁场，在它的作用下，转子导体逆时针方向切割磁力线而产生感应电动势。感应电动势的方向由右手定则确定。由于转子绕组是短接的，所以在感应电动势的作用下，将产生感应电流即转子电流 I_2。即异步电动机的转子电流是由电磁感应而产生的，因此这种电动机又称为感应电动机。在旋转磁场和转子感应电流的相互作用下产生电磁力 $\boldsymbol{F}$（电磁力的方向用左手定则判断），因此，转子在电磁力的作用下沿着旋转磁场的方向旋转，两者的旋转方向一致。

3.3.4　转差率

电动机转子转动方向与磁场旋转的方向相同，但转子的转速 n 只能小于旋转磁场的转速 n_0，否则转子与旋转磁场之间就没有相对运动，因而磁力线就不切割转子导体，转子电动势、转子电流以及转矩也就都不存在。也就是说，旋转磁场与转子之间存在转速差，因此我们把这种电动机称为异步电动机，又因为这种电动机的转动原理是建立在电磁感应基础上的，故又称为感应电动机。

异步电动机的转子转速 n 与旋转磁场的同步转速 n_0 之差是保证异步电动机工作的必要条件。这两个转速之差与同步转速之比称为转差率，用 s 表示，即

$$s=\frac{n_0-n}{n_0}\quad 或\ n=(1-s)n_0 \tag{3-22}$$

当旋转磁场以同步转速 n_0 开始旋转时，转子则因机械惯性尚未转动，转子的瞬间转速 $n=0$，这时转差率 $s=1$；转子转动起来之后，$n>0$，n_0-n 减小，电动机的转差率 $s<1$。如果转轴上的阻转矩加大，则转子转速 n 降低，即异步程度加大，将产生较大的感应电动势和电流，从而产生足够大的电磁转矩，这时的转差率 s 增大；反之，则 s 减小。异步电动机运行时，转速与同步转速一般很接近，转差率很小，在额定工作状态下约为0.015～0.06。

【例3-4】　有一台三相异步电动机，其额定转速 $n=1470\text{r/min}$，电源频率 $f=50\text{Hz}$，求电动机的磁极对数和额定负载时的转差率 s。

【解】　电动机的额定转速接近而略小于同步转速，而同步转速对应于不同的磁极对数有一系列固定的数值。显然，与1470r/min最相近的同步转速 $n_0=1500\text{r/min}$，与

此相应的磁极对数 $p=2$，因此额定负载时的转差率为

$$s=\frac{n_0-n}{n_0}\times 100\%=\frac{1500-1470}{1500}\times 100\%=2\%$$

3.4 三相异步电动机的电路分析

三相异步电动机每相绕组的等效电路类似于变压器，定子绕组相当于变压器的一次绕组，闭合的转子绕组相当于变压器的二次绕组，其电磁关系也同变压器类似，如图 3-24 所示。

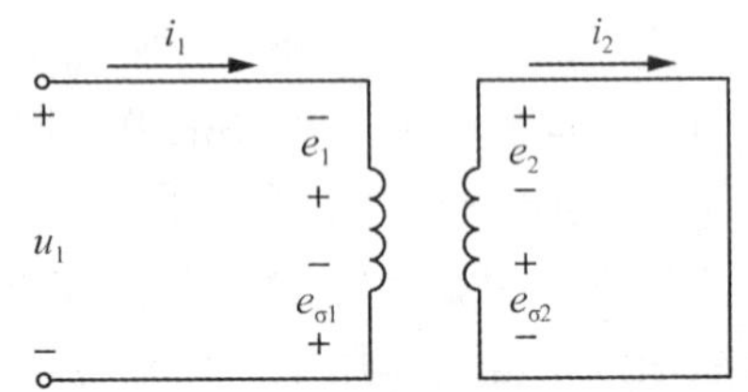

图 3-24 三相异步电动机的每相电路图

当定子绕组接三相电源电压 u_1 时，则有三相电流 i_1 通过，从而产生旋转磁场，并通过定子和转子铁心而闭合。旋转磁场在定子绕组和转子绕组中分别产生感应电动势 e_1 和 e_2。此外，漏磁通产生的漏磁电动势分别为 $e_{\sigma 1}$ 和 $e_{\sigma 2}$。

3.4.1 定子电路

定子每相电路的电压方程和变压器一次绕组的电路一样，其电压方程式为

$$u_1=R_1 i_1+(-e_{\sigma 1})+(-e_1)=R_1 i_1+L_{\sigma 1}\frac{\mathrm{d}i_1}{\mathrm{d}t}+(-e_1) \tag{3-23}$$

用相量表示为

$$\dot{U}_1=R_1\dot{I}_1+(-\dot{E}_{\sigma 1})+(-\dot{E}_1)=R_1\dot{I}_1+\mathrm{j}X_1\dot{I}_1+(-\dot{E}_1) \tag{3-24}$$

式中，R_1 和 X_1 分别为定子每相绕组的电阻和漏磁感抗。

正常工作时，定子绕组阻抗上的压降很小，可以忽略不计，故 E_1 约等于电源电压 U_1。在电源电压 U_1 和频率 f_1 不变时，Φ_m 基本保持不变。则有

$$U_1\approx E_1=4.44 f_1 N_1 \Phi_m \tag{3-25}$$

式中，f_1 为定子绕组中电流的频率，即电源的频率；N_1 为每相定子绕组的等效匝数；Φ_m 为旋转磁场每个磁极下的磁通幅值。

3.4.2 转子电路

转子每相电路的电压方程为

$$e_2=R_2 i_2+(-e_{\sigma 2})=R_2 i_2+L_{\sigma 2}\frac{\mathrm{d}i_2}{\mathrm{d}t} \tag{3-26}$$

用相量表示为

$$\dot{E}_2=R_2\dot{I}_2+(-\dot{E}_{\sigma 2})=R_2\dot{I}_2+\mathrm{j}X_2\dot{I}_2 \tag{3-27}$$

式中，R_2 和 X_2 分别为转子每相绕组的电阻和漏磁感抗。

转子电路的各个物理量计算如下：

(1)转子频率f_2

因为旋转磁场和转子间的相对转速为n_0-n，所以转子转速为

$$f_2=\frac{p(n_0-n)}{60}=\frac{n_0-n}{n_0}\cdot\frac{pn_0}{60}=sf_1 \tag{3-28}$$

转子频率f_2与转差率s有关，也就是与转速n有关。

在$n=0$，$s=1$，即转子静止不动时，$f_2=f_1$，此时旋转磁场对转子的相对切割速度最大；在额定负载时，$s=1\%\sim9\%$，则$f_2=0.5\sim4.5\text{Hz}$($f_1=50\text{Hz}$时)。

(2)转子电动势E_2

$$E_2=4.44f_2N_2\Phi_m=4.44sf_1N_2\Phi_m=sE_{20} \tag{3-29}$$

在$n=0$，$s=1$时，转子电动势为

$$E_{20}=4.44f_1N_2\Phi_m \tag{3-30}$$

此时$f_2=f_1$，转子电动势最大。转子电动势E_2与转差率s有关。

(3)转子感抗X_2

$$X_2=2\pi f_2L_{\sigma2}=2\pi sf_1L_{\sigma2} \tag{3-31}$$

在$n=0$，$s=1$时，转子感抗为

$$X_{20}=2\pi f_1L_{\sigma2} \tag{3-32}$$

此时$f_2=f_1$，转子感抗最大。可见转子感抗X_2与转子频率及转差率s有关。

(4) 转子电流I_2

$$I_2=\frac{E_2}{\sqrt{R_2^2+X_2^2}}=\frac{sE_{20}}{\sqrt{R_2^2+(sX_{20})^2}} \tag{3-33}$$

可见，转子电流I_2也与转差率s有关。当s增大，即转速n降低时，转子与旋转磁场之间的相对转速n_0-n增加，转子导体切割磁力线的速度提高，于是E_2和I_2都增加。I_2随s变化的关系曲线如图3-25所示。

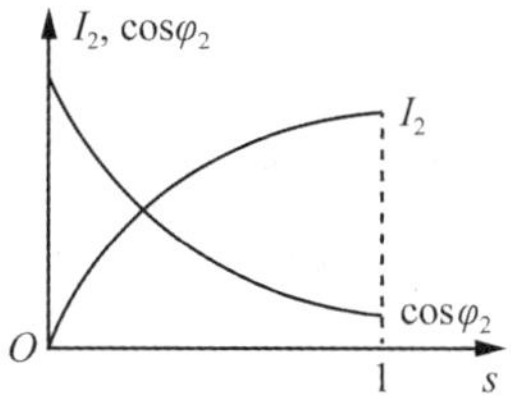

图3-25　I_2和$\cos\varphi_2$与转差率s的关系

当$s=0$，即$n_0-n=0$时，$I_2=0$；当s很小时，$R_2\geqslant sX_{20}$，$I_2\approx\frac{sE_{20}}{R_2}$，即与$s$近似成正比；当$s$接近于1时，$sX_{20}\gg R_2$，$I_2\approx\frac{E_{20}}{X_{20}}=$常数。

(5)转子电路的功率因数$\cos\varphi_2$

由于转子有漏磁通，相应的感抗为X_2，因此$\dot{I}_2$比$\dot{E}_2$滞后φ_2角，所以电动机是电感性负载。因而转子电路的功率因数为

$$\cos\varphi_2=\frac{R_2}{\sqrt{R_2^2+X_2^2}}=\frac{R_2}{\sqrt{R_2^2+(sX_{20})^2}} \tag{3-34}$$

它也与转差率s有关。当s增大时，X_2也增大，于是φ_2增大，即$\cos\varphi_2$减小。$\cos\varphi_2$随s变化的关系曲线如图3-25所示。当s很小时，$R_2\gg sX_{20}$，$\cos\varphi_2\approx1$；当s接近于1时，$\cos\varphi_2\approx\frac{R_2}{sX_{20}}$，即两者之间近似成双曲线的关系。

3.5 三相异步电动机的转矩与机械特性

电动机的作用是把电能转换为机械能，它输送给生产机械的是电磁转矩 T(简称转矩)和转速。因此，在选用电动机时，总是要求电动机的转矩与转速的关系(称为机械特性)符合机械负载的要求。了解电动机转矩的大小受哪些因素影响，以及如何计算转矩，对更好地选用电动机意义深远。电磁转矩是三相异步电动机的重要物理量，机械特性则反映了一台电动机的运行性能。

3.5.1 转矩公式

三相异步电动机的转矩是由旋转磁场的每极磁通 Φ_m 与转子电流 I_2 相互作用而产生的。因转子电路是电感性的，转子电流 I_2 比转子电动势 E_2 滞后 φ_2 角。则转矩 T 与磁通 Φ_m 及转子电流 I_2 的关系为：

$$T = K_T \Phi_m I_2 \cos\varphi_2 = K \frac{sR_2 U_1^2}{R_2^2 + (sX_{20})^2} \tag{3-35}$$

式中，K_T，K 为与电动机结构有关的常数；$\cos\varphi_2$ 为转子电路的功率因数；转矩 T 的单位为牛·米(N·m)。

可见，转矩 T 与定子绕组的每相电压 U_1 的平方成正比，所以当电源电压变化时，电动机的输出转矩也要改变。此外，转矩 T 还受转子电阻 R_2 的影响。

3.5.2 机械特性曲线

三相异步电动机的转速 n 与转矩 T 之间的关系 $n=f(T)$ 称为电动机的机械特性，如图 3-26 所示。

研究机械特性的目的是为了分析电动机的运行性能。在机械特性曲线上，要讨论以下三个转矩。

(1)额定转矩 T_N

在电动机等速转动时，它的输出转矩 T 必须与阻转矩 T_C 相平衡，阻转矩 T_C 主要是机械负载转矩 T_2，此外还包括空载损耗转矩(主要是机械损耗转矩)T_0。由于 T_0 很小，常可忽略，所以：

$$T = T_2 + T_0 \approx T_2 \tag{3-36}$$

由此可见，电动机的电磁转矩 T 近似等于电动机轴上的输出机械转矩 T_2，即

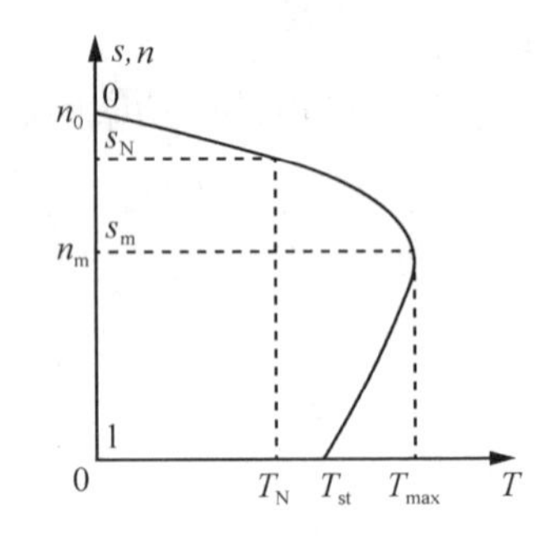

图 3-26 三相异步电动机的 $n=f(T)$ 曲线

$$T \approx T_2 = \frac{P_2}{\frac{2\pi n}{60}} \tag{3-37}$$

式中，P_2 为电动机轴上输出的机械功率，单位为瓦(W)；转矩的单位为牛·米(N·m)；转速的单位为转每分(r/min)。功率如用工程上常用的千瓦为单位，则上式可改写为

$$T = 9550\frac{P_2}{n} \tag{3-38}$$

若电动机轴上输出的机械功率 P_2 为额定功率 P_{2N}，则电动机的输出机械转矩 T_2 即为额定转矩 $T_N = 9550\frac{P_{2N}}{n_N}$。

(2)最大转矩 T_{max}

转矩在机械特性曲线上的最大值，称为最大转矩或临界转矩。此时对应的转差率为 s_m，称为临界转差率，可由 $dT/ds = 0$ 求得。即令

$$\frac{dT}{ds} = \frac{d}{ds}\left[\frac{KsR_2U_1^2}{R_2^2 + (sX_{20})^2}\right] = 0$$

可得

$$s_m = \frac{R_2}{X_{20}}$$

当 $s_m = \frac{R_2}{X_{20}}$ 时，由转矩公式可得

$$T_{max} = K\frac{U_1{}^2}{2X_{20}} \tag{3-39}$$

可见，最大转矩 T_{max} 与 U_1^2 成正比，与转子电阻 R_2 无关，如图3-27所示；s_m 与 R_2 有关，R_2 越大，s_m 也越大。

当负载转矩超过最大转矩时，电动机转速急剧下降，电动机将停止转动——产生闷车现象。

电动机一旦闷车，电流立即上升6~7倍，使电动机严重过热，以至烧坏。从另一方面考虑，若在短时间内过载，在电动机尚未过热时就恢复到正常状态，则不会损坏电动机，因此是允许的。因此，最大转矩也表示电动机具有的短时间的过载能力。

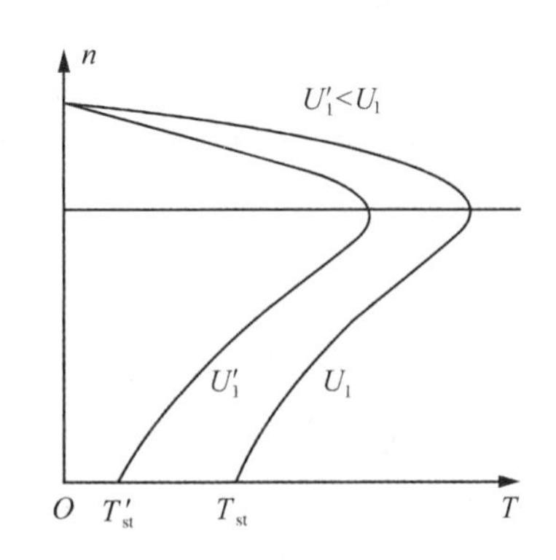

图3-27　对应于不同电源电压 U_1 的 $n=f(T)$ 曲线(R_2 = 常数)

电动机的最大转矩 T_{max} 与额定转矩 T_N 之比称为过载系数，用 $\lambda = \frac{T_{max}}{T_N}$ 表示。一般电动机的过载系数为1.8~2.2。

(3)起动转矩 T_{st}

起动转矩 T_{st} 为电动机刚起动($n=0$，$s=1$)时

的转矩，其值为

$$T_{st} = K\frac{R_2 U_1^2}{R_2^2 + X_{20}^2} \tag{3-40}$$

可见 T_{st} 与 U_1^2 及 R_2 有关。当电源电压 U_1 降低时，起动转矩会减小，如图 3-27 所示。当转子电阻 R_2 适当增大时，起动转矩会增大；当 $R_2 = X_{20}$ 时，$T_{st} = T_{max}$，$s_m = 1$；但继续增大 R_2 时，T_{st} 就要随之减小，这时 $s_m > 1$，如图 3-28 所示。

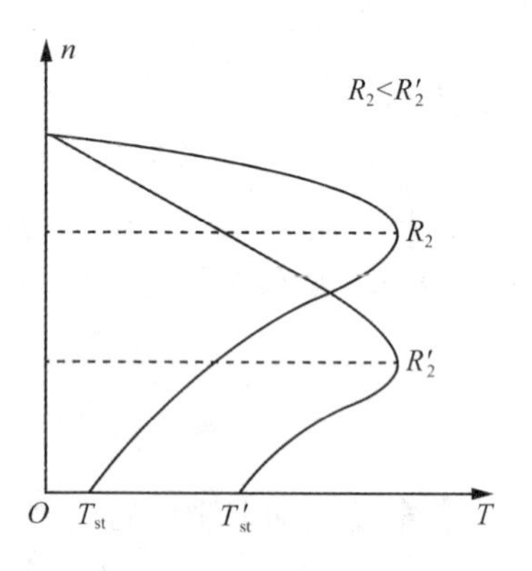

图 3-28 对应于不同转子电阻 R_2 的 $n=f(T)$ 曲线（U_1 = 常数）

电动机的起动转矩 T_{st} 与额定转矩 T_N 的比值 $K_{st} = \frac{T_{st}}{T_N}$，表示电动机的起动能力，$K_{st}$ 称为起动转矩倍数（也可以用 λ_{st} 表示）。一般异步电动机的 K_{st} 值为 1.4 ~ 2.2。

3.6 三相异步电动机的起动、调速和制动

3.6.1 起动

3.6.1.1 起动性能

电动机从接通电源时开始转动，转速逐渐上升直到稳定运转状态，这一过程称为起动。电动机能够起动的条件是起动转矩 T_{st} 必须大于负载转矩 T_2。

电动机在刚接通电源瞬间，$n = 0$，$s = 1$，旋转磁场和转子的相对速度最大，此时起动电流 I_{st} 也最大。一般中小型笼式三相异步电动机的起动电流约为额定电流的 5 ~ 7 倍。过大的起动电流会在电源线路上产生较大的电压降，影响同一变压器供电的其他负载的正常工作。

电动机在起动时，尽管起动电流较大，但由于转子的功率因数 $\cos\varphi_2$ 很低，因此电动机的起动转矩实际上并不大，有可能无法在满载下起动。

所以在实际应用中，要根据电动机的起动转矩、起动电流和电网电源的要求，采用适当的起动方法。

3.6.1.2 起动方法

（1）直接起动

直接起动就是采用刀开关或接触器直接将额定电压加到电动机上。其特点是简单，但起动电流大，将使线路电压下降，有可能影响其他负载的正常工作。

电动机直接起动的条件：若电动机和照明负载共用一台变压器供电，则电动机起动时引起的电压降不能超过额定电压的 5%；若电动机由独立的变压器供电，起动频繁时，则电动机功率不能超过变压器容量的 20%；若电动机不经常起动，则其功率

只要不超过变压器容量的 30% 即可。一般 30kW 以下的笼式异步电动机可考虑采用直接起动。

（2）降压起动

如果电动机直接起动时所引起的线路电压降较大，就必须采用降压起动。降压起动就是在起动时降低加在电动机定子绕组上的电压，以减小起动电流，待电动机转速接近稳定时，再把电压恢复到正常值。由于电动机的转矩与其电压的平方成正比，所以降压起动时转矩亦会相应减小，因此该起动方法只适用于空载或轻载起动。降压起动的具体方法主要有以下两种。

① 星形—三角形（Y—△）换接起动　如果电动机在工作时其定子绕组是连接成三角形的笼式异步电动机，那么在起动时可把它连接成星形，等到转速接近额定值时再换接成三角形。图 3-29 所示为笼式异步电动机（Y—△）换接起动的接线电路图，起动时，将手柄指向右，定子绕组连成星形降压起动；等电动机接近额定转速时，将手柄指向左，定子绕组换接成三角形，电动机正常运行。

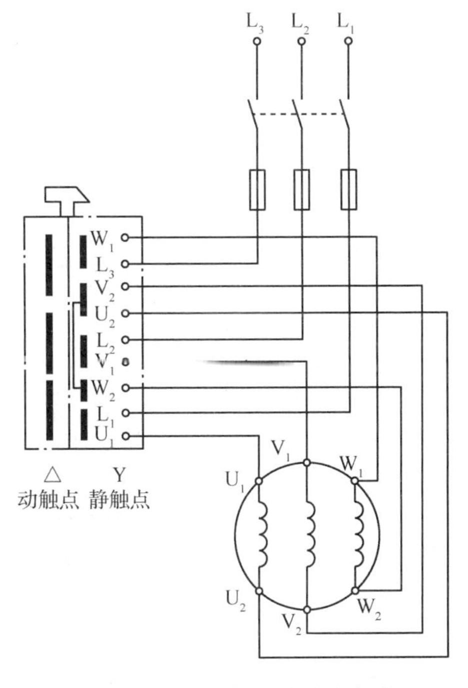

图 3-29　Y—△换接起动的接线电路图

下面分析当电动机采用星形—三角形（Y—△）换接起动（起动时定子绕组接成星形）和直接起动（定子绕组接成三角形）时，电动机的起动电流和起动转矩。

设电源的电压为 U_N，则定子线电压为

$$\frac{U_{11Y}}{U_{11\triangle}} = \frac{U_N}{U_N} = 1 \tag{3-41}$$

定子相电压为

$$\frac{U_{1pY}}{U_{1p\triangle}} = \frac{\frac{U_{11Y}}{\sqrt{3}}}{U_{11\triangle}} = \frac{1}{\sqrt{3}} \tag{3-42}$$

起动时的相电流为

$$\frac{I_{1pY}}{I_{1p\triangle}} = \frac{U_{1pY}}{U_{1p\triangle}} = \frac{1}{\sqrt{3}} \tag{3-43}$$

起动时的线电流为

$$\frac{I_{1Y}}{I_{1\triangle}} = \frac{I_{1pY}}{\sqrt{3}I_{1p\triangle}} = \frac{1}{3} \tag{3-44}$$

起动转矩为

$$\frac{T_{SY}}{T_{S\triangle}} = \left(\frac{U_{1pY}}{U_{1p\triangle}}\right)^2 = \frac{1}{3} \tag{3-45}$$

可见，采用星形—三角形（Y—△）换接起动时，电动机的起动电流和起动转矩都

降低到直接起动时的1/3。

② 自耦降压起动　若在正常运行时定子绕组为星形或三角形连接，可利用三相自耦降压变压器将电动机在起动过程中的端电压降低。图3-30为自耦降压起动电路示意图。

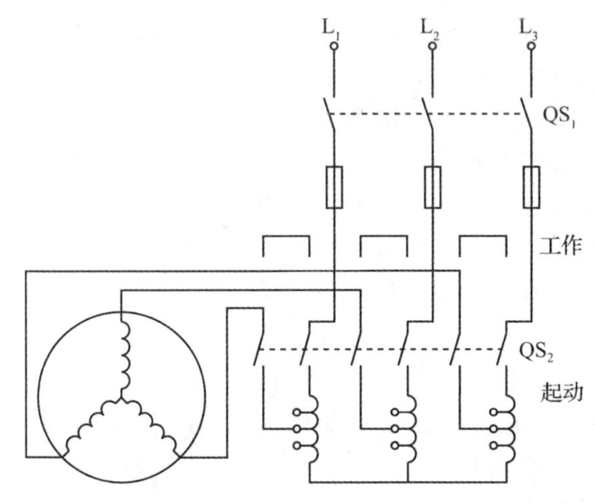

图3-30　自耦降压起动电路示意图

自耦降压变压器上常备有2～3组抽头，每个抽头的降压比为$K=U/U_N$，抽头不同则K值不同，输出的电压也不同(例如为电源电压的80%，60%，40%)，供用户选用。

采用自耦降压起动(下标a)和直接起动(下标b)时，电动机的定子绕组接法相同，但电动机的起动电流及起动转矩并不相同。这时定子绕组的线电压为

$$\frac{U_{1la}}{U_{1lb}}=\frac{U}{U_N}=K \tag{3-46}$$

定子绕组的相电压为

$$\frac{U_{1pa}}{U_{1pb}}=\frac{U_{1la}}{U_{1lb}}=K \tag{3-47}$$

起动时的相电流为

$$\frac{I_{1pa}}{I_{1pb}}=\frac{U_{1pa}}{U_{1pb}}=K \tag{3-48}$$

起动时的线电流为

$$\frac{I_{sa}}{I_{sb}}=\frac{I_{1pa}}{I_{1pb}}=K \tag{3-49}$$

电源输出的线电流为

$$\frac{I_a}{I_b}=\frac{KI_{la}}{I_{lb}}=K^2 \tag{3-50}$$

起动转矩为

$$\frac{T_{Sa}}{T_{Sb}}=\left(\frac{U_{1pa}}{U_{1pb}}\right)^2=K^2 \tag{3-51}$$

可见，采用自耦降压起动方式，电动机的起动电流降低到直接起动时的 K^2 倍，从电源取用的电流和起动转矩都降低到直接起动时的 K^2 倍。

该方法的优点是使用灵活，不受定子绕组接线方式的限制（如果电动机正常工作时是星形接法，就无法采用星形—三角形（Y—△）换接起动），缺点是设备笨重、投资大。降压起动的专用设备称为起动补偿器。

（3）转子串接电阻起动

绕线式电动机可以采用在转子回路中串接电阻 R_{st} 的起动方法。图3-31所示为绕线式电动机起动接线电路图。

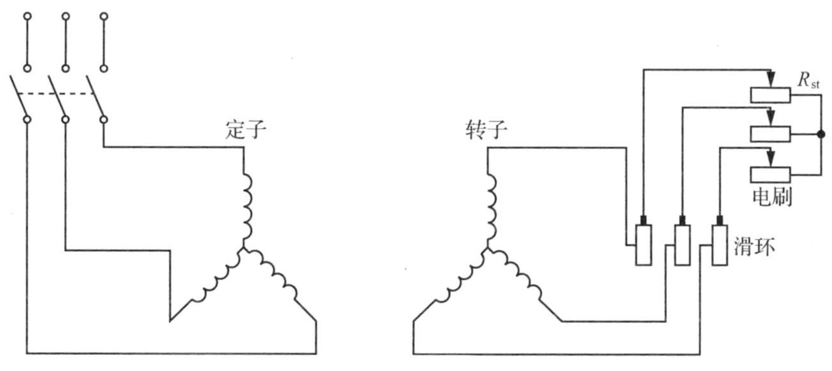

图3-31　绕线式电动机起动接线电路图

转子回路中串接电阻 R_{st} 后，R_{st} 增加，则起动时转子电流 I_2 减小，定子电流 I_1 减小，又当 $R_{st}<X_2$ 时，R_2 增加，则 T_{st} 增加。可见只要转子电路中串接适当的电阻，还可增大起动转矩。

这样既可以限制起动电流，同时又增大了起动转矩。因此，对要求起动转矩较大的生产机械如起重机、锻压机等，常采用绕线式电动机拖动。电动机起动结束后，随着转速的上升，将起动电阻逐段切除。

【例3-5】　有一Y225M-4型三相异步电动机，其额定数据见表3-2所列。试求：（1）额定电流；（2）额定转差率 s_N；（3）额定转矩 T_N、最大转矩 T_{max} 和起动转矩 T_{st}。

表3-2　Y225M-4型三相异步电动机额定数据

功率（km）	转速（r/min）	电压（V）	效率（%）	功率因数	I_{st}/I_N	T_{st}/T_N	T_{max}/T_N
45	1480	380	92.30%	0.88	7.0	1.9	2.2

【解】　（1）4～100kW的电动机通常都是380V、△连接。

$$I_N=\frac{P_2\times10^3}{\sqrt{3}U\eta\cos\varphi}=\frac{45\times10^3}{\sqrt{3}\times380\times0.923\times0.88}=84.2(\mathrm{A})$$

（2）$S_N=\dfrac{n_0-n}{n_0}=\dfrac{1500-1480}{1500}=0.013$

（3）$T_N=9550\dfrac{P_2}{n}=9550\times\dfrac{45}{1480}=290.4(\mathrm{N\cdot m})$

$$T_{max}=2.2\times T_N=2.2\times290.4=638.9(\mathrm{N\cdot m})$$

$$T_{st}=1.9\times T_N=1.9\times290.4=551.8(\mathrm{N\cdot m})$$

【例 3-6】 在上题中：(1)若负载转矩为 510.2N·m，试问在 $U=U_N$ 和 $U'=0.9U_N$ 两种情况下，电动机能否起动？(2)采用 Y—△换接起动时，求起动电流和起动转矩；又问当负载转矩为额定转矩 T_N的 80% 和 50% 时，电动机能否起动？

【解】 (1) 在 $U=U_N$ 时，$T_{st}=551.8\mathrm{N\cdot m}>510.2\mathrm{N\cdot m}$，所以能起动。

在 $U'=0.9U_N$ 时，$T'_{st}=0.9^2\times551.8\mathrm{N\cdot m}=447\mathrm{N\cdot m}<510.2\mathrm{N\cdot m}$，所以不能起动。

(2) $I_{st\triangle}=7\times I_N=7\times84.2=589.4(\mathrm{A})$

$$I_{stY}=\frac{1}{3}I_{st\triangle}=\frac{1}{3}\times589.4=196.5(\mathrm{N})$$

$$T_{stY}=\frac{1}{3}\times T_{st\triangle}=\frac{1}{3}\times551.8=183.9(\mathrm{N\cdot m})$$

在 80% 额定负载时，$\dfrac{T_{stY}}{T_N80\%}=\dfrac{183.9}{290.4\times0.8}=\dfrac{183.9}{232.3}<1$，所以不能起动。

在 50% 额定负载时，$\dfrac{T_{stY}}{T_N50\%}=\dfrac{183.9}{290.4\times0.5}=\dfrac{183.9}{145.2}>1$，所以能起动。

3.6.2 调速

由异步电动机的转速公式 $n=(1-s)\dfrac{60f_1}{p}$可知，异步电动机的调速方法有三种，即改变转差率 s、改变磁极对数 p 和改变电源频率 f_1。现分别讨论如下。

(1)变频调速

变频调速是通过改变笼式异步电动机定子绕组的供电频率 f_1 来改变同步转速 n_0 而实现调速的。如能均匀地改变供电频率 f_1，则电动机的同步转速 n_0 及电动机的转速 n 均可以平滑地改变。在交流异步电动机的诸多调速方法中，变频调速的性能最好，其特点是调速范围大、稳定性好、运行效率高。目前已有多种系列的通用变频器问世，由于使用方便、可靠性高且经济效益显著，得到了广泛的应用。

近年来变频调速技术发展很快，目前主要采用如图 3-32 所示的通用变频调速装置。

该装置主要由整流器和逆变器两大部分组成。整流器先将频率 $f=50\mathrm{Hz}$ 的三相交流电变换为直流电，再由逆变器变换为频率f_1 和电压有效值 U_1 均可调的三相交流电，供给三相笼式电动机。由此可使电动机达到无级调速，并具有较好的机械特性。

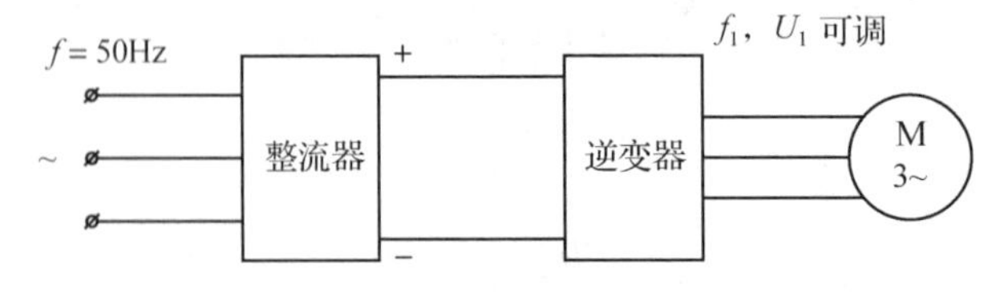

图 3-32　变频调速装置

(2)变极调速

由式 $n_0 = \frac{60f_1}{p}$ 可知，如果磁极对数 p 减小一半，则旋转磁场的转速 n_0 将提高一倍，转子转速 n 几乎也提高一倍。因此改变 p 可以得到不同的转速。如何改变磁极对数，取决于定子绕组的布置和连接方式。笼式多速异步电动机的定子绕组是特殊设计和制造的，可以通过改变外部连接方式来改变磁极对数 p，以达到调节转速的目的。

常见的多速电动机有双速、三速、四速等，均为有级调速。

(3)改变转差率调速

只要在绕线式电动机的转子电路中接入一个调速电阻 R_2(和起动电阻一样接入，如图3-31所示)，改变电阻 R_2 的大小，就可得到平滑调速。如增大调速电阻 R_2 时，转差率 s 上升，而转速 n 下降。这种调速方法的优点是设备简单、投资少，缺点是功率损耗较大，运行效率较低。这种调速方法广泛应用于起重设备中。

3.6.3　制动

阻止电动机转动，使之减速或停车的措施称为制动。因为电动机的转动部分具有惯性，所以把电源切断后，电动机还会继续转动一定时间后才停止。因此在要求电动机迅速停转或准确停在某一位置，以满足工艺要求、缩短辅助工时、提高生产率时，都需要采取制动措施。

制动措施有机械制动和电气制动两种，电气制动有以下几种方式。

(1)能耗制动

当电动机与交流电源断开后，立即给定子绕组通入直流电流，如图3-33所示，这样将建立一个静止的磁场，而电动机由于惯性作用将继续沿原方向转动。由右手定则和左手定则，不难确定这时的转子电流与固定磁场相互作用产生的转矩的方向和电动机转动的方向正相反，因而起到制动的作用，使电动机迅速停车。这种制动过程是将转子的动能转换为电能，再消耗在转子绕组电阻上，所以称为能耗制动。

这种制动能量消耗小，制动平稳，但需要直流电源。在有些机床中采用这种制动方法。

(2)反接制动

反接制动是在电动机停车时，将其所接的三根电源中任意两根对调，如图3-34所示，使电动机定子绕组中的电源相序发生改变，旋转磁场将反向旋转，产生与原来方向相反的电磁转矩，这对由于惯性作用仍沿原方向旋转的电动机便起到制动作用。当电动机转速接近零时，利用测速装置及时将电源自动切断，否则电动机将继续反转。由于反接制动时，转子以 $n+n_0$ 的速度切割旋转磁场，因而定子及转子绕组中的电流较正常运行时大十几倍，为保护电动机不致过热而烧毁，反接制动时应在定子电路中串接入电阻限流。

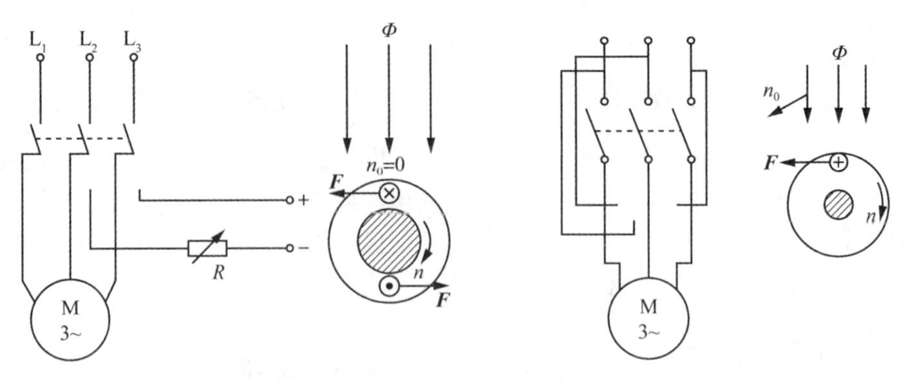

图 3-33 能耗制动　　　　图 3-34 反接制动

这种制动比较简单，效果较好，但能量消耗较大。

(3)发电反馈制动

当转子的实际转速 n 超过旋转磁场的转速 n_0 时，这时的电磁转矩会和原方向相反，因而能产生制动效果，如图 3-35 所示。

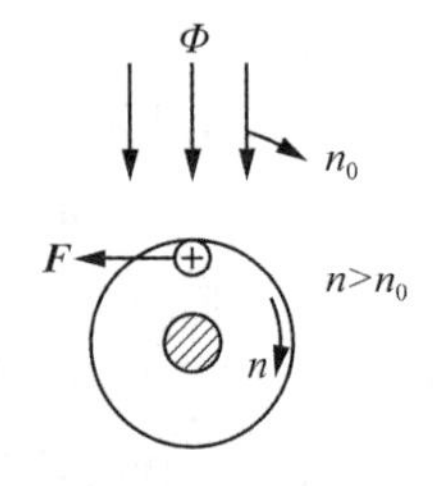

图 3-35 发电反馈制动

当起重机载物下降时，由于物体的重力加速度作用，会导致电动机的转速 n 大于旋转磁场的转速 n_0，因而电动机产生的电磁转矩是与转向相反的制动转矩。实际上这时电动机已进入发电机运行状态，将重物的势能转换为电能而反馈到电网里去，所以称为发电反馈制动。另外，当将多速电动机从高速调到低速的过程中，也会发生这种制动。因为刚将磁极对数 p 加倍时，磁场转速立即减半($n_0=\dfrac{60f_1}{p}$)，但由于惯性，转子的转速只能逐渐下降，因此就出现 $n>n_0$ 的情况。

3.7 三相异步电动机的铭牌数据

三相异步电动机的额定值刻印在每台电动机的铭牌上，现以型号为 Y132M-4 的电动机如下铭牌为例，来说明铭牌上各个数据的含义。

三相异步电动机		
型号：Y132M-4	功率：7.5 kW	频率：50 Hz
电压：380 V	电流：15.4 A	接法：△
转速：1440 r/min	绝缘等级：B	工作方式：连续
年　月　日	编号	×× 电机厂

(1)型号

为了适应不同用途和不同工作环境的需要，电动机制成不同的系列，每种系列用各种型号表示。例如：Y132M-4，其各部分的含义如下。

①Y　产品名称代号，表示三相异步电动机，其中三相异步电动机的产品名称代号还有 YR(绕线式异步电动机)、YB(防爆型异步电动机)和 YQ(高起动转矩异步电

动机）。

②132　机座中心高（mm）。

③M　机座长度代号（S－短机座；M－中机座；L－长机座）。

④4　磁极数。

（2）接法

这是指定子三相绕组的接法。一般笼式电动机的接线盒中有六根引出线，分别标有 U_1，V_1，W_1，U_2，V_2 和 W_2。其中 U_1 U_2 是第一相绕组的两端，V_1 V_2 是第二相绕组的两端，W_1 W_2 是第三相绕组的两端。

如果 U_1，V_1，W_1 分别为三相绕组的始端，则 U_2，V_2，W_2 是相应的末端。这六个引出线端在接电源之前，相互间必须正确连接。连接方法有星形（Y）连接和三角形（△）连接，如图3-36所示。通常3kW以下的三相异步电动机，连接成星形；4kW以上的，连接成三角形。

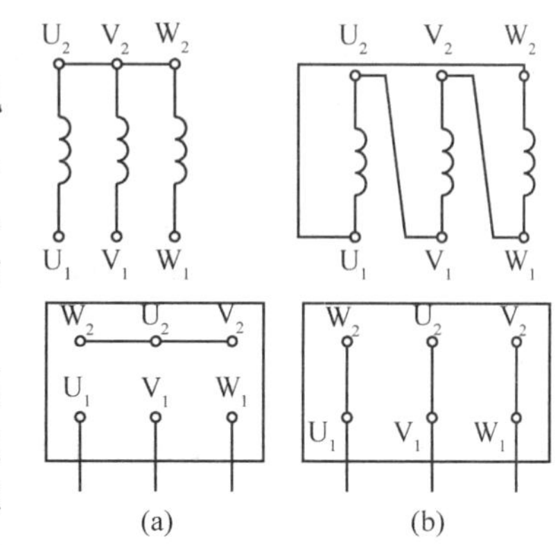

图3-36　定子绕组的星形连接和三角形连接

（a）星形接法　（b）三角形接法

（3）额定功率 P_N

额度功率是指电动机制造厂规定的，在额定条件下运行时，电动机输出轴上的机械功率，单位一般为千瓦（kW）。

对三相异步电动机，其额定功率为

$$P_N = \sqrt{3} U_N I_N \eta_N \cos\varphi_N$$

式中，η_N 和 $\cos\varphi_N$ 分别为额定条件下的效率和功率因数。

（4）额定电压 U_N

额定电压是指电动机额定运行时，外加于定子绕组上的线电压，单位为伏（V）。

一般规定电动机的工作电压不应高于或低于额定值的5%。当工作电压高于额定值时，磁通将增大，将使励磁电流大大增加，电流大于额定电流，使绕组发热；同时由于磁通的增大，铁损耗（与磁通平方成正比）也增大，使定子铁心过热。当工作电压低于额定值时，引起输出转矩减小，转速下降，电流增加，也使绕组过热，这对电动机的运行也是不利的。

我国生产的Y系列中、小型异步电动机，其额定功率在3kW以上的，额定电压为380V，绕组为三角形连接。额定功率在3kW及以下的，额定电压为380/220V，绕组为Y/△连接（即电源线电压为380V时，电动机绕组为星形连接；电源线电压为220V时，电动机绕组为三角形连接）。

（5）额定频率 f_N

我国电力网的频率为50Hz，因此除外销产品外，国内用的异步电动机的额定频率为50Hz。

（6）额定转速 n_N

额定转速是指电动机在额定电压、额定频率下，当输出端有额定功率输出时，转子的转速，单位为转每分(r/min)。

由于生产机械对转速的要求不同，需要生产不同磁极数的异步电动机，因此有不同的转速等级。最常用的是四个极的异步电动机($n_0=1500$r/min)。

(7)额定电流 I_N

额定电流是指电动机在额定电压和额定输出功率时，定子绕组的线电流，单位为安(A)。

当电动机空载时，转子转速接近于旋转磁场的同步转速，两者之间相对转速很小，所以转子电流近似为零，这时定子电流几乎全为建立旋转磁场的励磁电流；当输出功率增大时，转子电流和定子电流都随之相应增大，如图3-37中的 I_1 曲线所示。图中的曲线是一台10kW三相异步电动机的工作特性曲线。

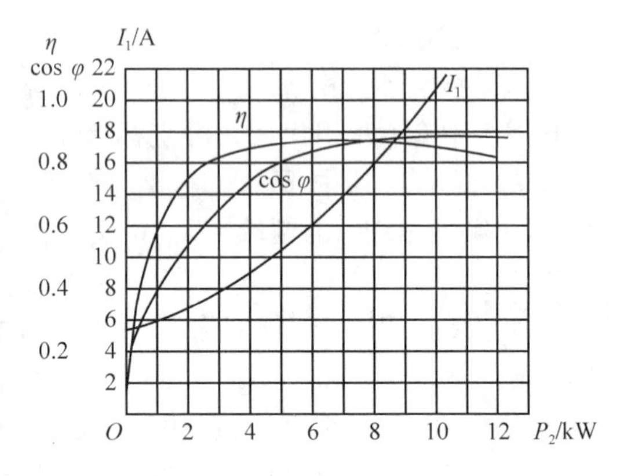

图3-37 三相异步电动机的工作特性曲线

(8)额定效率 η_N

额定效率是指电动机在额定情况下运行时的效率，是额定输出功率与额定输入功率的比值，即

$$\eta_N=\frac{P_{2N}}{P_{1N}}\times 100\% =\frac{P_N}{\sqrt{3}U_NI_N\cos\varphi_N}\times 100\%$$

异步电动机的额定效率 η_N 约为75%~92%。从图3-37中的 η 曲线可以看出，在额定功率的75%左右时电动机的效率最高。

(9)额定功率因数 $\cos\varphi_N$

因为电动机是电感性负载，定子相电流比相电压滞后一个 φ_N 角，$\cos\varphi_N$ 就是异步电动机的功率因数。

三相异步电动机的功率因数较低，在额定负载时约为0.7~0.9，而在轻载和空载时更低，空载时只有0.2~0.3。因此，必须正确选择电动机的容量，防止“大马拉小车”，并力求缩短空载的时间。图3-37中的 $\cos\varphi$ 曲线反映的是功率因数和输出功率之间的关系。

(10)绝缘等级

绝缘等级是按电动机绕组所用的绝缘材料在使用时容许的极限温度来分级的。

所谓极限温度，是指电动机绝缘结构中最热点的最高容许温度。其技术数据见表3-3所列。

表3-3 绝缘等级和极限温度

绝缘等级	A	E	B	F	H
极限温度(℃)	105	120	130	155	180

(11)工作方式

异步电动机的运行情况，可分为三种基本方式：连续运行、短时运行和断续运行。

3.8 单相异步电动机

单相异步电动机常用于功率不大的家用电器和电动工具中，例如电风扇、洗衣机、电冰箱和手电钻等。单相异步电动机的定子绕组由单相电源供电，定子上有一个或两个绕组，而转子多半为笼式。

当单相交流异步电动机通入单相交流电时，不能产生旋转磁场，而只是产生脉动磁场。如图 3-38 所示，在向单相定子绕组中通入按正弦规律变化的单相交流电后，当电流在正半周及负半周不断交变时，其产生的磁场大小及方向也在不断变化(按正弦规律变化)，但磁场的轴线则沿纵轴方向固定不动，我们把这样的磁场称为脉动磁场。当转子静止不动时，转子导体中的合成感应电动势及电流均为“0”，即合成转矩为“0”，因此转子没有起动转矩。故单相异步电动机如不采取一定措施，则电动机不能自行起动。

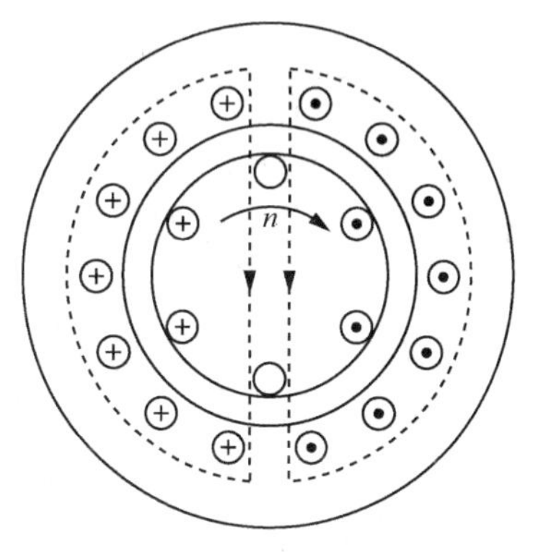

图 3-38　脉动磁场

由以上分析可知，单相异步电动机没有起动转矩。要想让它转动，就必须给它增加一套产生起动转矩的起动装置。因此，单相异步电动机的结构主要由定子、转子和起动装置三部分组成。定子和转子的组成与三相笼式异步电动机类似，只是其绕组都是单相的；而起动装置是其特有的，并且起动装置多种多样，形成不同起动形式的单相异步电动机。下面介绍两种常用的单向异步电动机。

3.8.1 电容分相式异步电动机

电容分相式异步电动机在定子上有工作绕组和起动绕组两个绕组。两个绕组在定子铁心上相差 90° 的空间角度，起动绕组中串联一个电容器。图 3-39 所示为单相电容式异步电动机的原理图。

由图 3-39 可见，同一电源向两个绕组供电，则工作绕组的电流和起动绕组的电流就会产生一个相位差，适当选择电容，使 i_1 和 i_2 的相位差为 90°，即

$$i_1 = I_{1m}\sin(\omega t - 90°)$$

$$i_2 = I_{2m}\sin\omega t$$

用三相异步电动机的分析方法，相位差为 90°的电流 i_1 和 i_2，流过空间相差 90° 的两个绕组，能产生一个旋转磁场。在旋转磁场的作用下，单相异步电动机转子得到起动转矩而转动。

除用电容来分相外，也可用电感和电阻来分相。改变电容器 C 的串联位置，可使单相异步电动机反转。

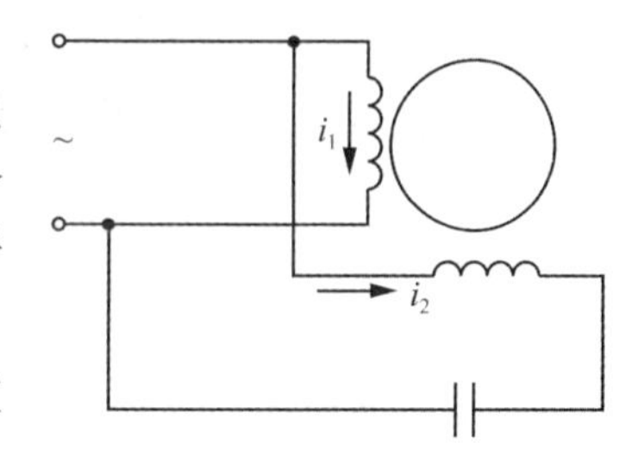

图 3-39　电容分相式异步电动机

电容分相式单相异步电动机的特征如下：

①效率　电容分相式单相异步电动机的效率因设计不同而不同，并且还因电动机容量的大小和转速的快慢而不同，一般约为 50% ~60% 。与同样容量的三相电动机比较，其效率略低一些。

②起动转矩　分相式电动机的起动转矩比罩极式电动机大，约为额定转矩的 1.2 ~2 倍。

③转速　分相式电动机的转速很稳定，负载变化时转速变化不大。

④起动电流　分相式电动机的起动电流很大，约为额定电流的 6 ~7 倍，比其他类型的单相异步电动机更大，这是它的一个缺点。

⑤功率因数　分相式电动机的功率因数也因为电动机的设计、容量和磁极数不同而不同，其大小和罩极式电动机差不多，一般为 0.45 ~0.75。

⑥过载能力　分相式电动机的停转转矩与设计有关，一般过载能力为 2 ~2.5，过载时温升较高。因此，过载 25% 的时间不要超过 5min，否则将引起电动机的过热甚至烧毁。

⑦噪声　单相异步电动机在运行中，由于脉振磁场的存在，都会有一定程度的振动和噪声。而且电动机极数越少、转速越高，振动与噪声也越大。分相式电动机当然也不例外，而且由于继电器的频繁动作，起动电流又较大，与其他类型的单相异步电动机比较，其噪声是较大的。

3.8.2　罩极式异步电动机

罩极式单相异步电动机的结构如图 3-40 所示。单相绕组绕在磁极上，在磁极的约 1/3 部分套一短路铜环。

在图 3-41 中，Φ_1 是励磁电流 i 产生的磁通，Φ_2 是 i 产生的另一部分磁通(穿过短路铜环)和短路铜环中的感应电流所产生的磁通的合成磁通。由于短路环中的感应电流阻碍穿过短路环磁通的变化，使 Φ_1 和 Φ_2 之间产生相位差，Φ_2 滞后于 Φ_1。当 Φ_1 达到最大值时，Φ_2 尚小；而当 Φ_1 减小时，Φ_2 才增大到最大值。这相当于在电动机内形成一个向被罩部分移动的磁场，它使笼式电动机转子产生转矩而起动。

罩极式单相异步电动机的移动磁场有隐极式和凸极式两种，大多数罩极电动机都采用凸极形式。

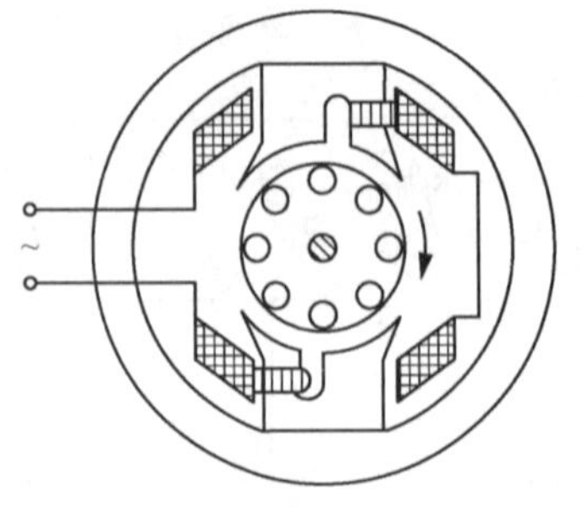

图 3-40　罩极式单相异步电动机的结构图

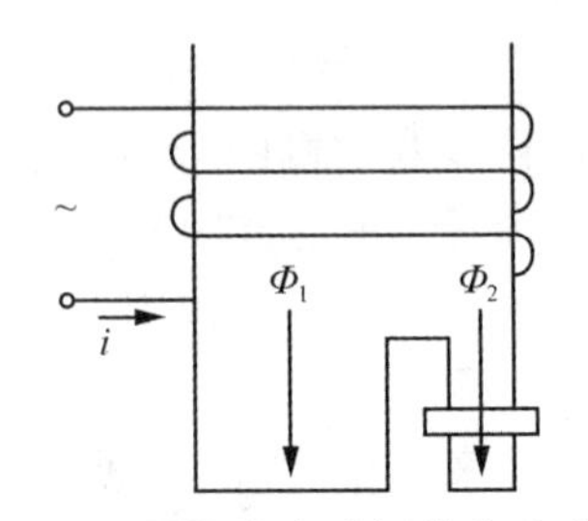

图 3-41　罩极式电动机的移动磁场

罩极式单相异步电动机的特征如下：

①效率　罩极式单相异步电动机的效率和其他类型的单相异步电动机比较，一般约低8%～15%。然而，由于罩极电动机容量很小，它的可靠性和制造成本比它的效率更为重要，因此效率低的缺点并不显得突出。

②起动特性　罩极式电动机的起动转矩很小，通常只有额定运行转矩的30%～50%。因此，罩极电动机不宜用于需要满载起动或迅速起动的设备中，一般应用于空载起动的电器，如旧式的电唱机和台风扇等。

③转速　罩极式电动机的转速几乎是恒定的，直到超载以后才迅速下降。它的转差率比其他类型的单相异步电动机大，罩极电动机的最高转速，两极式的约为2700r/min，而低转速罩极式电动机的转速只有每分钟几十转。

④减速　罩极式电动机由空载到过载，电流的变化很小，因此大都可以用机械方法使其减低转速，即使用机械方法使其停转也不会使电动机烧毁。由于具有这样一个特点，它可以用于阀门等机构中。

⑤功率因数　罩极式电动机的效率很低，而功率因数较高，但因容量很小，功率因数虽高意义也不大。

⑥噪声　罩极式电动机没有产生机械噪声和电火花的摩擦触点和电刷等部件，因而运行时，一般噪声很小，而且对无线电等设备也没有干扰。

总的来说，罩极式电动机结构简单，工作可靠，但起动转矩较小，常用于对起动转矩要求不高的设备中，如风扇、吹风机等电器。

三相异步电动机定子电路的三根电源线，如果断了一根(例如该相电源的熔断器熔断)，就相当于单相异步电动机运行。分为如下两种情况：a. 如果在起动时就断了一线，则不能起动，这时电流很大，时间长了，电动机容易被烧坏；b. 如果在运行中断了一线，则电动机仍将继续运转，若此时还带动额定负载，则势必超过额定电流，时间长了也会使电动机烧坏。

这两种情况，电动机均会因过热而导致损坏。为避免发生单相起动和单相运行，最好给三相异步电动机配备“缺相保护”装置。电源线一旦断路(即缺相)，保护装置可以立即将电源切断，并发出缺相信号，以采取保护措施。

本章小结

1. 磁路是磁通集中通过的路径，由磁性材料制成。磁路的欧姆定律定性地确定了磁路中磁通势 F、磁通 Φ 和磁阻 R_m 的基本关系。交流铁心线圈的电压 $U=4.44fN\Phi_m$，功率损耗为 $P=UI\cos\varphi=RI^2+\Delta P_{Fe}$。

2. 变压器的用途是变换电压、变换电流、变换阻抗、改变相位。其结构由铁心和绕组两部分构成，是按电磁感应原理工作的。变压器一次、二次绕组的端电压之比等于匝数比，变压器工作时二次、一次绕组的电流跟绕组的匝数成反比，即

$$\frac{U_1}{U_2}=\frac{I_2}{I_1}=\frac{N_1}{N_2}$$

3. 常用变压器有自耦变压器、多绕组变压器、仪用互感器等。

4. 三相异步电动机由定子和转子两部分构成，当在空间上彼此相差 120° 的三个相同线圈通入对称三相交流电时，就能产生一个旋转磁场，与转子间存在相对运动，在转子上产生感应电流，转子受到电磁转矩的作用而转动起来。电动机的转向与旋转磁场的方向相同，任意对调两相电源线，就可改变电动机的转向。

5. 电动机的起动电流为额定电流的 4～7 倍，为避免过大的起动电流造成电网电压的波动和降低电动机的寿命，大型电动机要采用降压起动的方法。电动机的调速方法有变频调速、变转差率调速和变极调速。常用的制动方法是反接制动和能耗制动。

6. 单相电容式异步电动机定子上有空间上相差 90° 的工作绕组和起动绕组，起动绕组中串联一个电容器，同一电流流过空间相差 90° 的两个绕组能产生一个旋转磁场，使单相异步电动机转子得到起动转矩而转动。

习 题

3-1 变压器铁心为什么要做成闭合的？如果铁心回路有间隙，对变压器有什么影响？

3-2 有一个交流铁心线圈，接在 $f=50\text{Hz}$ 的正弦电源上，在铁心中得到磁通的最大值为 $\Phi_m=2.25\times10^{-2}\text{Wb}$。现在在此线圈上再绕一个线圈，其匝数为 200。当此线圈开路时，求此两端的电压。

3-3 如题 3-3 图所示，输出变压器的二次绕组中有抽头以便接 8Ω 和 3.5Ω 的扬声器，两者都能达到阻抗匹配。试求二次绕组两部分匝数之比 N_2/N_3。

3-4 题 3-4 图所示为一理想变压器，一次绕组的输入电压 $U_1=3300\text{V}$，二次绕组的输出电压 $U_2=220\text{V}$，绕过铁心的导线所接的电压表的示数 $U_0=2\text{V}$。试问：

（1）一、二次绕组的匝数各是多少？（2）当 S 断开时，电流表 A_2 的示数 $I_2=5\text{A}$，那么 A_1 的示数是多少？（3）当 S 闭合时，电流表 A_2 的示数将如何变化？A_1 的示数将又如何变化？

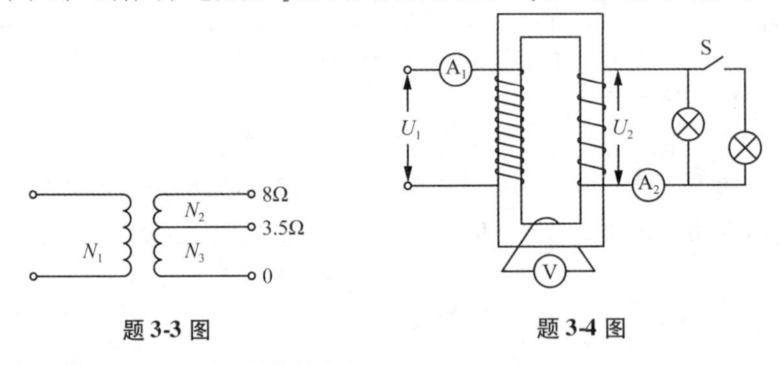

题 3-3 图　　题 3-4 图

3-5 如何改变三相异步电动机的旋转方向？

3-6 三相异步电动机采用 Y—△换接起动，是否适用于重载起动？

3-7 异步电动机带负载运行时，若电源电压下降过多，会产生什么严重后果？

3-8 带额定负载运行的三相异步电动机，当运行过程中断了一相熔丝时，会出现哪些现象？异步电动机长期缺相运行的后果如何？

3-9 在额定工作情况下的 Y180L-6 型三相异步电动机，其转速为 960r/min，频率为 50Hz，求该电动机的同步转速、磁极对数和转差率。

3-10 一台三相异步电动机，额定功率 10kW，额定转速 $n_N=2940\text{r/min}$，额定频率 $f_1=50\text{Hz}$，求其额定转差率 s_N 及轴上的额定转矩 T_N。

3-11　一台三相异步电动机，其铭牌数据如下：型号 Y180L-6，50Hz，15kW，380V，31.4A，970r/min，$\cos\varphi=0.88$。当电源线电压为380V时，试求：(1) 电动机满载运行时的转差率；(2) 电动机的额定转矩；(3) 电动机满载运行时的输入功率；(4) 电动机满载运行时的效率。

3-12　已知一台三相异步电动机的技术数据如下：额定功率4.5kW，转速950r/min，效率84.5%，$\cos\varphi=0.8$，起动电流与额定电流之比$\frac{I_{st}}{I_N}=5$，最大转矩与额定转矩之比$\frac{T_{max}}{T_N}=2$，起动转矩与额定转矩之比$\frac{T_{st}}{T_N}=1.4$，$U_N=220/380V$，$f_1=50Hz$，三角形连接。试求：(1)额定电流I_N；(2)起动电流I_{st}；(3)起动转矩T_{st}；(4)最大转矩T_{max}。

3-13　一台三相笼式异步电动机的数据为$P_N=40kW$，$U_N=380V$，$n_N=2930r/min$，$\eta_N=0.9$，$\cos\varphi_N=0.85$，$\frac{I_{st}}{I_N}=5.5$，$\frac{T_{st}}{T_N}=1.2$，定子绕组为三角形连接，供电变压器允许的起动电流为150A。问能否在以下两种情况下采用Y—△降压起动：(1) 负载转矩为$0.25T_N$；(2) 负载转矩为$0.5T_N$。

第4章 继电接触器控制系统及可编程控制器

以电动机作为原动机拖动机械设备运动，这种拖动方式称为电力拖动或电机传动。由于电能的获得、转输、转换都很方便，而且使用电动机作为原动机的设备，其体积比其他动力装置小，并且具有控制方便、运行性能好、转动效率高、可节省能源等诸多优点，所以绝大多数的机械设备都采用电力拖动。

电力拖动装置由电动机及其控制装置组成。利用继电器、接触器等控制电器实现对电动机和机械设备的控制和保护，称为继电接触器控制。本章主要介绍几种常用的控制器件和电动机的基本控制电路，并对可编程控制器做简单介绍。

4.1 常用控制电器

控制电器分为两大类：手动电器和自动电器。

4.1.1 手动电器

常用的手动电器有开关和按钮。

(1)刀开关

刀开关又称闸刀开关或隔离开关，是手控电器中最简单而使用又较广泛的一种低压电器控制器件，如图4-1所示。

刀开关一般由瓷座、刀片、刀座及胶木盖等组成，通常用作隔离电源的开关，以便能安全地对电气设备进行检修或维护，也可用作直接起动电动机的电源开关。选用时，刀开关的额定电流要不小于电动机额定电流的三倍。根据刀片数多少，刀开关分单极(单刀)、双极(双刀)和三极(三刀)。

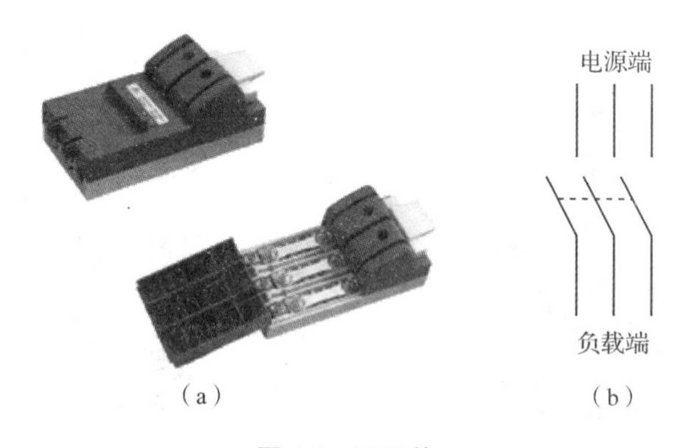

图 4-1　刀开关

（a）外形图　（b）图形符号

（2）铁壳开关

铁壳开关又称封闭式负荷开关，简称负荷开关。它是一种手动操作的开关电器，主要由装在同一转轴上的三相刀闸、操纵手柄、速断弹簧、熔断器和铁制外壳等组成，如图 4-2 所示。铁壳开关的铁盖上有机械联锁装置，能保证合闸时打不开盖，而开盖时合不上闸，以防止电弧伤人，所以使用中较安全。铁壳开关可以控制 22kW 以下的三相电动机，其额定电流按电动机额定电流的 3 倍来选用。

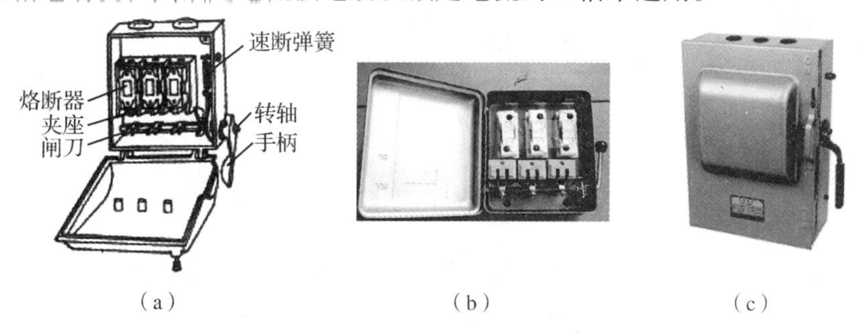

图 4-2　铁壳开关的结构图和外形图

（a）结构图　（b）内部图　（c）外形图

（3）组合开关

组合开关又称转换开关，主要由手柄、凸轮、若干组动静触点及绝缘外壳等组成，如图 4-3 所示。

在电气控制线路中，组合开关常被用作引入电源的开关，可用它来直接起动或停止小功率电动机，及控制电动机的正反转。组合开关可分为单极、双极、三极、四极等。

（4）按钮开关

按钮开关利用按钮推动转动机构，使动触点与静触点接通或断开，实现电路的换接。按钮开关是一种结构简单、应用广泛的手动电器，通常用来接通或断开电流较小的电器。按钮开关与接触器、继电器等联用，就可以对电动机等设备实现自动控制。

按钮开关的外形、结构与符号如图 4-4 所示。按钮开关一般是采用积木式结构，

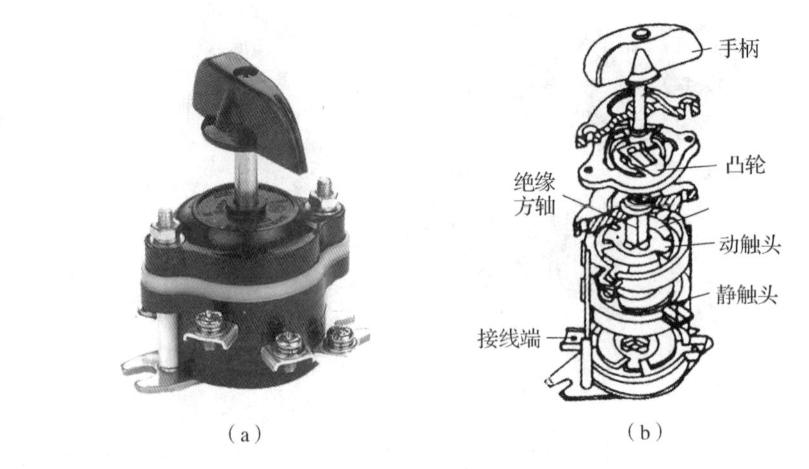

图 4-3 组合开关

(a)外形图 (b) 内部结构图

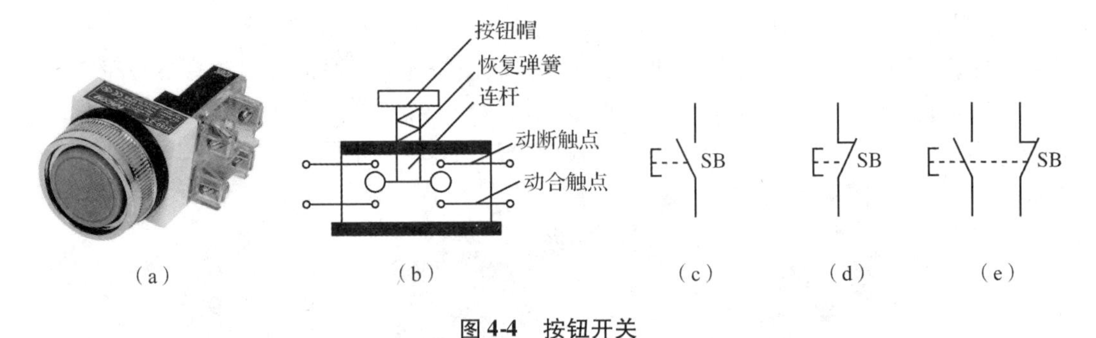

图 4-4 按钮开关

(a) 外形图 (b) 原理图 (c) 动合触点 (d) 动断触点 (e) 复合触点

由按钮帽、复位弹簧、桥式触点和外壳等组成，通常做成复合式，每一个按钮开关有一对动合触点和一对动断触点。当按下按钮时，动断触点先断开，动合触点后闭合；松开按钮时，动合触点先断开，动断触点后闭合。

当按下按钮以后，如果触点由断开状态变为闭合状态，称这类触点为动合触点，即“有动作才闭合”的意思。由于动合触点在“没有动作”的时候处于断开状态，所以也称其为常开触点。

当没有按下按钮的时候，如果触点处于断开状态，则按下按钮以后，就会变为闭合状态，称这类触点为动断触点，即“有动作才断开”的意思。由于动断触点在“没有动作”的时候处于闭合状态，所以也称其为常闭触点。

以上关于动合触点和动断触点的概念，适用于所有带触点的控制电器。

4.1.2 自动电器

常用的自动电器有熔断器、交流接触器、热继电器、时间继电器、自动空气断路器等。

(1)熔断器

熔断器主要是用作短路保护的自动控制器件。

熔断器由绝缘底座(或支持件)、触点、熔体等组成。熔体是熔断器的主要工作部分,相当于串联在电路中的一段特殊的导线,当电路发生短路或过载时,电流过大,熔体将因过热而熔化,从而切断电路。熔体常做成丝状、栅状或片状。

熔体材料具有相对熔点低、特性稳定、易于熔断的特点。在小电流的电路中,熔断器的熔体材料一般为铅锡合金、镀银铜片等低熔点材料;在大电流电路中,常采用高熔点材料,如铜、银等。在熔体熔断并切断电路的过程中会产生电弧,为了安全有效地熄灭电弧,一般均将熔体安装在熔断器壳体内,并采取措施以快速熄灭电弧。

熔断器具有结构简单、使用方便、价格低廉等优点,在低压系统中应用广泛。

熔体熔断所需时间与电流的大小有关。电流越大,熔断越快。表4-1给出了RLS系列螺旋式快速熔断器的保护特性。

表4-1 RLS系列熔断器的保护特性

额定电流倍数	熔断时间
1.1	5h不熔断
1.3	1h不熔断
1.75	1h内熔断
4	<0.2s
6	<0.02s

从保护特性可以看出,熔断器用于过载保护时是不灵敏的,它主要用于短路保护。

熔断器和其中的熔件,只有经过正确的选择才能起到应有的保护作用。熔断器的选用原则是:

①根据线路电压选择相应电压等级的熔断器;

②熔断器的额定电流要大于或等于熔体额定电流;

③熔断器的保护特性应与被保护对象的过载特性相适应,根据可能出现的短路电流,选用相应分断能力的熔断器;

④线路中各级熔断器的熔体额定电流要相匹配,保持前一级的熔体额定电流必须大于保护下一级的熔体额定电流;

⑤熔断器要按要求使用相应的熔体,不允许随意加大熔体或用其他导体代替熔体;

⑥对照明支路的熔件,可取熔件额定电流≥支路中所有灯具的工作电流;

⑦对不经常起动或轻载起动(如机床)的电动机,可取

熔件额定电流≥(1.5~2.5)电动机的额定电流

对经常起动或满载起动(如吊车)的电动机,可取

熔件额定电流≥(3~3.5)电动机的额定电流

对多台电动机同时保护的总熔断器的熔件,可取

熔件额定电流≥(1.5~2.5)容量最大的电动机额定电流+其余电动机额定电流之和

(2)交流接触器

交流接触器主要由四部分组成:①电磁系统,包括吸引线圈、动铁心和静铁心;②触点系统,包括三组主触点和一至两组动合、动断辅助触点,它和动铁心连在一起并与动铁心联动;③灭弧装置,一般容量较大的交流接触器都设有灭弧装置,以便迅

速切断电弧，免于烧坏主触点；④绝缘外壳及附件、各种弹簧、转动机构、短路环、接线柱等，如图 4-5 所示。

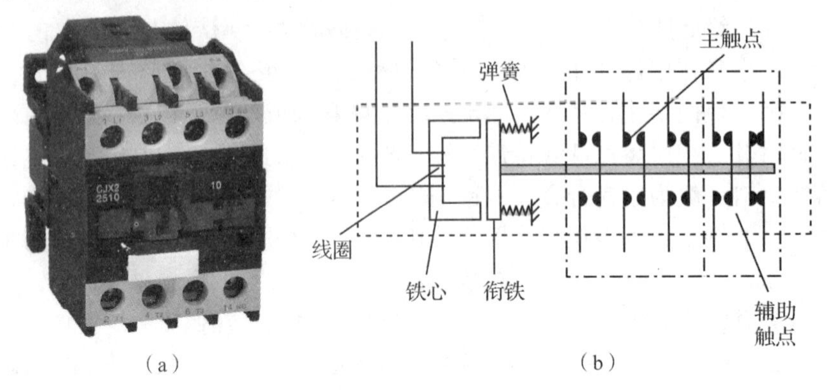

图 4-5　交流接触器

(a)外形图　(b)原理图

当线圈中无电流通过时，铁心中无电磁吸力，由于弹簧的拉力作用，使衔铁右移，故动断触点闭合，动合触点断开。

当线圈中有电流通过时，铁心中产生交变磁通和电磁吸力，使铁心吸合衔铁并使其左移，通过连杆机构，使动断触点断开，动合触点闭合。

线圈、动断触点、动合触点的符号如图 4-6 所示。

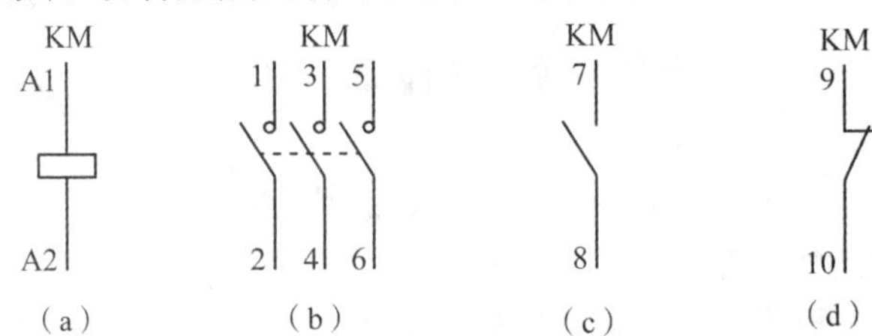

图 4-6　交流接触器电气符号图

(a)线圈　(b)主触点　(c)辅助动合触点　(d)辅助动断触点

交流接触器的技术参数主要有额定电压和额定电流。额定电压是指线圈的工作电压，常用的 CJX2 系列交流接触器的额定电压有 36V、110V、220V、380V、690V 等多种。额定电流是指主触点允许通过的电流，常用的 CJX2 系列交流接触器主触点有 12A、18A、25A、32A、65A 至 620A 等多种。

目前最常用的交流接触器主要为 CJ 系列中的 CJX2 系列、CJ20 系列、CJT1 系列等。

(3)热继电器

热继电器是用来保护电动机免受长时间的过电流(过载)而损坏的一种自动保护电器。电动机在运行过程中，如果过载将使电流超过额定值。但若过电流的数值不足以使电路中的熔断器熔断时，电动机绕组就会因长时间的过电流而导致过热，直至烧坏。

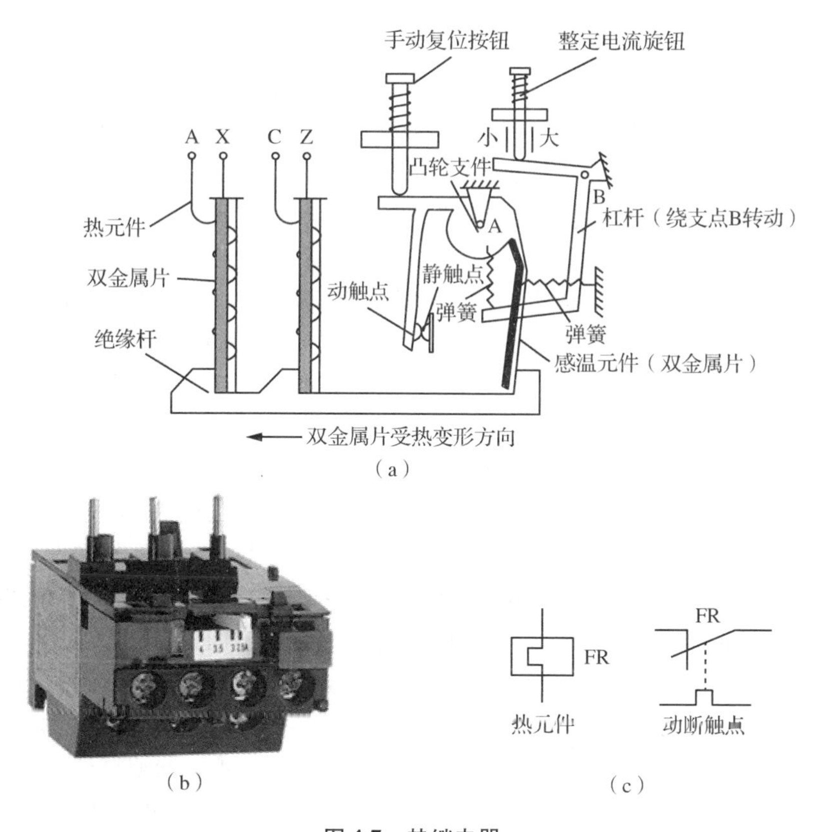

图 4-7　热继电器

(a)原理图　(b)外形图　(c)符号

热继电器的原理、外形、结构及电气符号如图 4-7 所示。

热继电器的工作原理是：由流入热元件的电流产生热量，使具有不同膨胀系数的双金属片产生弯曲变形，当形变达到一定程度时，就会脱扣并推动连杆动作，使动断触点断开，从而切断电路，实现过载保护。

使用时，热元件串接在电动机定子绕组的电路中，而动断触点则串接在控制电路中。

在图 4-7(a)中，当电动机定子绕组的电流在热继电器的整定电流以下时，发热元件产生的热量不多，主双金属片无变形，绝缘杆无动作，动断触点闭合，电动机正常运行。

当电动机定子绕组的电流为热继电器整定电流的 1.2 倍以上时，发热元件产生的热量使主双金属片受热弯曲，推动绝缘杆左移，并带动凸轮支件绕 A 点顺时针旋转，使动触点与静触点分离，实现过载保护。

热继电器动作以后，动断触点已断开，如要重新工作，需要等主双金属片冷却以后，按一下复位按钮。

图 4-7(a)中的感温元件也是一个双金属片，起温度补偿的作用。该双金属片的受热弯曲方向与主双金属片的受热弯曲方向一致。因此，当环境温度变化时，二者原始位置移动的大小与方向相同(均向左或向右弯曲)，从而使热继电器的动作特性基

本不受环境温度变化的影响。

热继电器的主要技术参数是整定电流，是指长期通过发热元件而不致使热继电器动作的最大电流。当发热元件中通过的电流超过整定电流值的20%时，热继电器应在20min内动作。热继电器整定电流的大小可通过整定电流旋钮来改变。选用和整定热继电器时，一定要使整定电流值与电动机的额定电流一致。

(4)时间继电器

时间继电器是指当加入(或去掉)输入的动作信号后，其输出电路需经过规定的时间才产生跳跃式变化(或触点动作)的一种继电器。时间继电器是一种利用电磁原理或机械原理实现延时控制的控制电器。它的种类很多，有空气阻尼型、电动型和电子型等。

时间继电器可分为通电延时型和断电延时型两种类型。

空气阻尼型时间继电器的延时范围大(0.4～180s)，结构简单，但准确度较低。其结构原理如图4-8所示。

以图4-8(a)通电延时型时间继电器为例，当线圈通电时，衔铁及托板被铁心吸引而上移，使瞬时动作触点16接通或断开。但是活塞杆和杠杆不能同时跟着衔铁一起上移，因为活塞杆的上端连着空气室中的橡皮膜，当活塞杆在释放弹簧的作用下开始向上运动时，橡皮膜随之向上凸，下面空气室的空气变得稀薄而使活塞杆受到阻尼作用而缓慢上升。经过一定时间后，活塞杆上升到一定位置，便通过杠杆推动延时触点15动作，使动断触点断开，动合触点闭合。从线圈通电到延时触点完成动作，这段时间就是继电器的延时时间。延时时间的长短可以用螺杆调节空气室进气孔的大小来改变。断电延时型的工作原理与此类似。

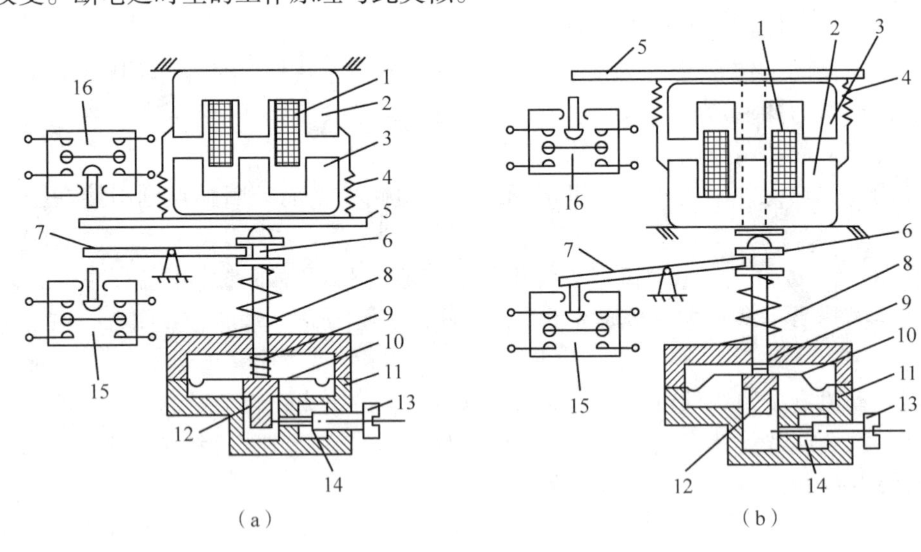

图4-8　时间继电器结构原理图

(a)通电延时型　(b)断电延时型

1. 线圈　2. 铁心　3. 衔铁　4. 反力弹簧　5. 推板　6. 活塞杆　7. 杠杆　8. 塔形弹簧　9. 弱弹簧　10. 橡皮膜　11. 空气室壁　12. 活塞　13. 调节螺杆　14. 进气孔　15，16. 微动开关

电动式时间继电器的原理与钟表类似，是由内部电动机带动减速齿轮转动而获得延时的。这种继电器延时精度高，延时范围宽（0.4 ~ 72h），但结构比较复杂，价格很贵。

图 4-9　晶体管式时间继电器的外形图

目前最常用的是用大规模集成电路制成的时间继电器，它是利用阻容原理来实现延时动作的。在交流电路中往往采用变压器来降压，集成电路作为核心器件，其输出采用小型电磁继电器，使得产品的性能及可靠性比早期的空气阻尼型时间继电器要好得多，产品的定时精度及可控性也提高得多。图 4-9 所示为晶体管式时间继电器的外形图。

（5）自动空气断路器

自动空气断路器又称自动空气开关，简称空开，是低压配电网络和电力拖动系统中非常重要的一种电器，它集控制和多种保护功能于一身。除了能完成接触和分断电路外，还能对电路或电气设备发生的短路、严重过载及欠电压等进行保护，同时也可以用于不频繁地起动电动机。它的结构形式很多，图 4-10 所示为其结构原理图。

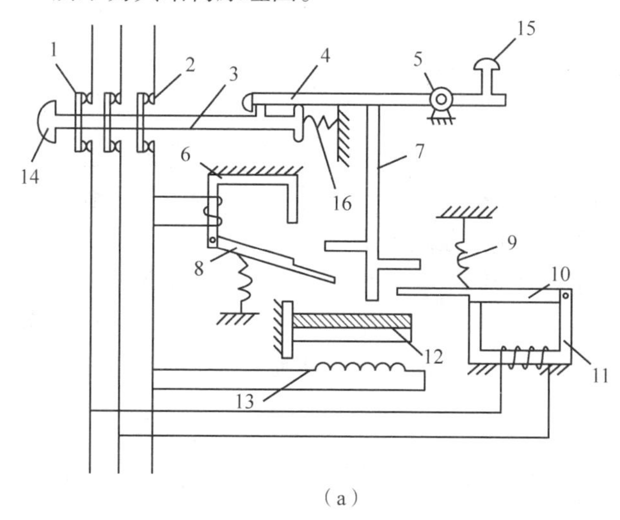

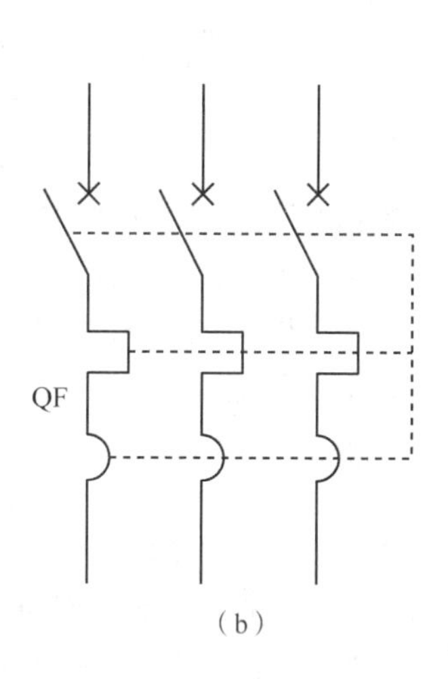

图 4-10　自动空气断路器

（a）原理图　（b）电气符号图

1. 动触点　2. 静触点　3. 锁扣　4. 搭钩　5. 转轴座　6. 电磁脱扣器　7. 杠杆　8. 电磁脱扣器衔铁　9. 拉力弹簧　10. 欠电压脱扣器衔铁　11. 欠压脱扣器　12. 热双金属片　13. 热元件　14. 合闸按钮　15. 分闸按钮　16. 压力弹簧

如图 4-10 所示，自动空气开关的三副主触点中 1 为动触点，2 为静触点，它们串联在被控制的三相电路中。当按下合闸按钮 14 时，外力使锁扣 3 克服压力弹簧 16 的斥力，将固定在锁扣上面的动触点 1 与静触点 2 闭合，并由锁扣锁住搭钩 4，使开关处于接通状态。

当开关接通电源后，电磁脱扣器、热脱扣器及欠电压脱扣器若无异常反应，则开关正常运行。当线路发生短路或严重过载时，短路电流超过瞬时脱扣整定电流值，电磁脱扣器 6 产生足够大的吸力，将衔铁 8 吸合并撞击杠杆 7，使搭钩 4 绕转轴座 5 向上转动与锁扣 3 脱开，锁扣在压力弹簧 16 的作用下将三副主触点断开，并切断电源。

当线路发生一般性过载时，过载电流虽不能使电磁脱扣器动作，但能使热元件 13 产生一定热量，促使双金属片 12 受热向上弯曲，推动杠杆 7 使搭钩与锁扣脱开，将主触点断开，并切断电源。

欠电压脱扣器 11 的工作过程与电磁脱扣器恰恰相反，当线路电压正常时电压脱扣器 11 产生足够的吸力，克服拉力弹簧 9 的作用而将衔铁 10 吸合，衔铁与杠杆脱离，锁扣与搭钩才得以锁住，主触点方能闭合。当线路上电压全部消失或电压下降至某一数值时，欠电压脱扣器吸力消失或减小，衔铁被拉力弹簧 9 拉开并撞击杠杆，主电路电源被断开。同样道理，在无电源电压或电压过低时，自动空气开关也不能接通电源。

正常断开电路时，按下分闸按钮 15 即可。

自动空气断路器有良好的保护特性，能在较短的时间内断开电路，且动作后(如短路故障排除后)不需要更换元件，广泛应用于电动机的不频繁起动以及电路的通断控制中。

4.2　三相异步电动机的基本控制电路

控制电路种类很多，其中一类控制电路通常采用继电器、接触器等控制电器来完成控制目的，所以常把这一类控制电路称为继电接触器控制系统。为了方便地对继电接触控制系统进行分析和设计，常根据其作用原理画出其线路图，线路图包括主电路和控制电路两部分，画图时，将主电路和控制电路清楚地分开。这种线路图称为控制线路的原理图。主电路是联接主设备(如电动机)的电路，电流的大小由主设备确定。控制电路是操纵主设备按设计要求进行工作的电路，它的电流往往比主电路的电流小得多。

关于控制系统原理图，有以下规定：

①原理图中的所有电器用统一规定的符号来表示，对两个以上的同一类电器，可在其文字符号的尾部加注数字来加以区分，常用电器的文字和图形符号见表 4-2 所列。

②同一个电器的各个部分(如交流接触器的线圈、主触点及辅助触点)通常是分散表示的，需使用同一个文字符号。

③继电接触器控制系统有多种不同的工作状态，所以控制系统中的各个电器设备也会处于不同的工作状态，如触点的闭合或断开，线圈有电流或无电流，按钮是否被按下等。而原理图只能表示一种状态。因此规定：原理图所表示的状态，均为电器的初始状态，即在没有通电或没有发生机械动作时的状态。如对交流接触器来说，是在动铁心没有被吸合(线圈无电流)时触点的状态；对按钮来说，是在没有被按下时触

表 4-2　常用电器的文字及图形符号

<table>
<tr><th colspan="3">名称和文字符号</th><th>图形符号</th><th colspan="2">名称和文字符号</th><th>图形符号</th></tr>
<tr><td rowspan="2">按钮触点(SB)</td><td colspan="2">动合</td><td></td><td rowspan="2">三相异步电动机(MA)</td><td>笼式</td><td>M</td></tr>
<tr><td colspan="2">动断</td><td></td><td>绕线式</td><td>M</td></tr>
<tr><td colspan="3">接触器线圈(KM)
继电器线圈(FR)</td><td></td><td colspan="2">直流电动机(MD)</td><td>M</td></tr>
<tr><td rowspan="3">接触器触点(KM)</td><td colspan="2">主触点</td><td></td><td colspan="2">三极开关(QS)</td><td></td></tr>
<tr><td rowspan="2">辅助触点</td><td>动合</td><td></td><td rowspan="2">行程开关(SQ)</td><td>动合</td><td></td></tr>
<tr><td>动断</td><td></td><td>动断</td><td></td></tr>
<tr><td rowspan="2">热继电器(FR)</td><td colspan="2">动断触点</td><td></td><td rowspan="4">时间继电器触点(KT)</td><td>动合延时闭合</td><td></td></tr>
<tr><td colspan="2">热元件</td><td></td><td>动断延时断开</td><td></td></tr>
<tr><td colspan="3">熔断器(FU)</td><td></td><td>动合延时断开</td><td></td></tr>
<tr><td colspan="3">指示灯(HL)</td><td></td><td>动断延时闭合</td><td></td></tr>
</table>

点的状态；对热继电器来说，是没有产生过载保护时的状态。

4.2.1　三相异步电动机直接起动的控制线路

(1)点动控制电路

图 4-11 所示为三相异步电动机点动控制电路。图中 FU 是熔断器，KM 是交流接触器，FR 为热继电器，M 为三相异步电动机。

起动时，首先闭合电源开关 QS，然后按起动按钮 SB。接触器线圈 KM 通电后使主触点 KM 闭合，电动机通电运转。当放开按钮 SB 时，接触器线圈 KM 断电，使主触点 KM 断开，于是电动机停止运转。由此实现按下起动按钮 SB 电动机转动，松开 SB 则停止转动的点动控制。

点动控制常用于吊车、行车等需要定位操作的场合。

如果电动机过载，热继电器的发热元件 FR 将发热，使其动断触点断开，切断控制回路的电流，使接触器的全部动合触点断开，令电动机停转。

(2)长动控制电路

电动机的长动控制电路如图 4-12 所示。和点动控制电路相比有两点变化，一是增加了一个停车按钮 SB_1；二是在起动按钮 SB_2的两端并联了接触器的一个动合辅助触点 KM。

起动时，首先闭合电源开关 QS，然后按下起动按钮 SB_2，使交流接触器线圈 KM 得电，接触器的主触点和辅助动合触点同时闭合。这时，即使松开 SB_2，控制电路经过接触器的辅助动合触点仍然能够形成电流通路，接触器线圈 KM 仍有电流通过，其主触点仍然处于接通状态，故电动机继续运转。正是由于在启动按钮 SB_2的两端并联了接触器的辅助动合触点，才能在松开 SB_2以后仍能维持电动机的连续运转，因此将接触器的这个触点称为自锁触点。

按下停车按钮 SB_1后，控制电路失电，电动机停止运转。

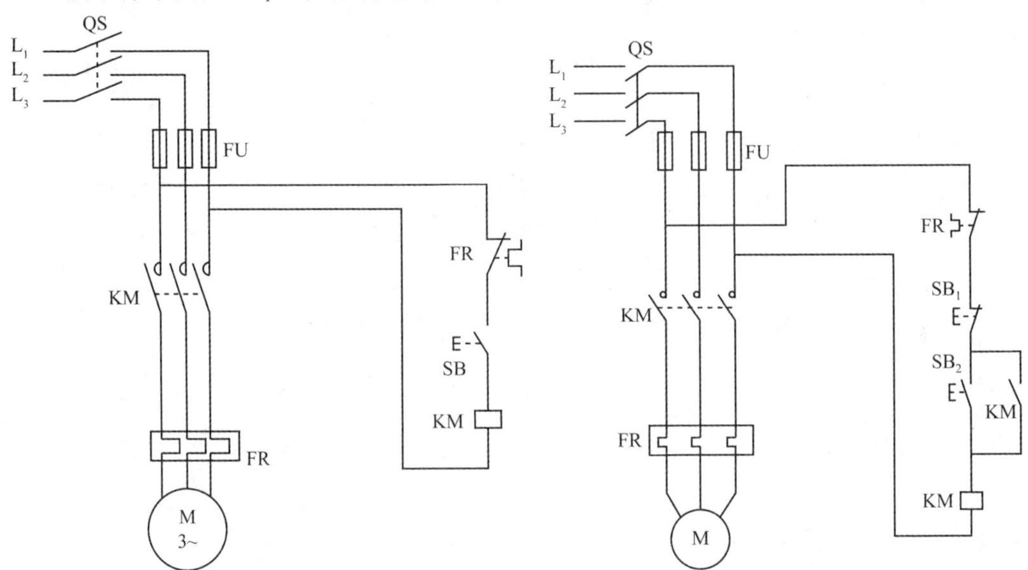

图 4-11　三相异步电动机点动控制电路　　　**图 4-12　三相异步电动机长动控制电路**

4. 2. 2　三相异步电动机正反转的控制线路

若要实现三相异步电动机的正反转控制，只需将接至电动机的三根电源线中的任意两根对调即可。为此就要用到两个交流接触器。当正转接触器的主触点吸合时，电动机正转；当反转接触器的主触点吸合时，由于调换了电动机的两根电源线，因而改变了电动机的电源相序，电动机就会反转。另外，必须保证两个交流接触器不能同时工作，否则会出现短路故障。

常用的三相异步电动机正反转控制线路如图 4-13 所示。电路中，正转接触器 KM_F的一个动断辅助触点串接在了反转接触器 KM_R的线圈电路中；反转接触器 KM_R的一个动断辅助触点串接在了正转接触器 KM_F的线圈电路中；这两个动断辅助触点称为互锁触点，互锁触点可以保证 KM_F和 KM_R不会同时工作，从而不会出现短路故障，这种控制作用称为互锁。

起动时，首先闭合电源开关 QS，当按下正转启动按钮 SB_F后，电源 L_1经过热继

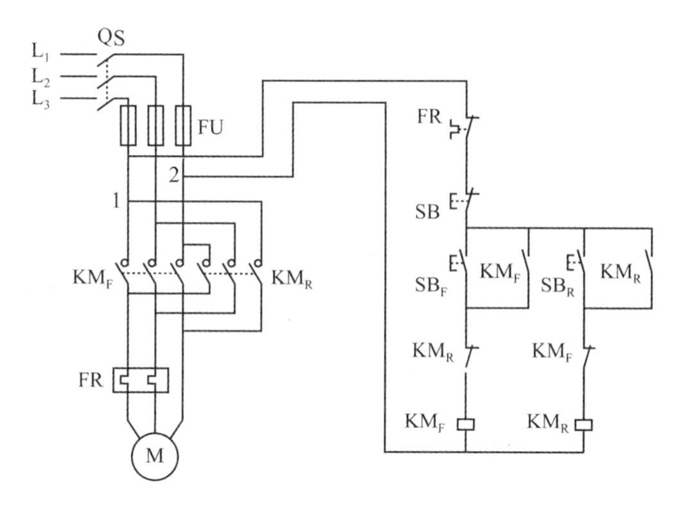

图 4-13　三相异步电动机正反转控制电路

电器 FR 的动断触点、停止按钮 SB 的动断触点、正转启动按钮 SB_F的动合触点、反转接触器 KM_R的动断辅助触点、正转接触器 KM_F的线圈，最后到达电源 L_3，构成了一个闭合回路。所以当按下 SB_F后，由于此时 KM_R的线圈没有电流通过(失电)，KM_R的动断辅助触点处于闭合状态，使正转接触器 KM_F的线圈得电(有电流通过)，则其主触点吸合，动合辅助触点吸合，辅助动断触点断开。KM_F的主触点吸合，使电动机正向转动；KM_F的动合辅助触点吸合而产生自锁，使电动机能够连续运行；KM_F的动断辅助触点断开，确保了在 KM_F得电时，KM_R的线圈不会得电，这样就能避免出现短路。

电动机反转的启动过程与前述过程相似，由于 KM_R的主触点吸合后，调换了接入电动机的两根电源线 L_1和 L_3，从而改变了电动机的供电相序，使电动机反向转动。需要说明的是，由于存在互锁，所以当电动机正转时，如果想改为反转，则首先需要按下停止按钮 SB，使电动机停车，此时再按反转启动按钮 SB_R，电动机才能反转。

对于具有直接反转条件的小容量电动机，因这种控制电路不能直接反转，而必须先停车后再按反转按钮，使操作十分不便。为了解决这个问题，可采用图 4-14 所示的控制电路。其主电路与图 4-13 相同，但在其控制线路中采用了复式按钮(也称组合按钮)和触点联锁的控制方式。

当按下正转起动按钮 SB_F时，电源 L_1与 L_3之间通过热继电器 FR 的动断触点、正转接触器 KM_F的线圈、反转接触器 KM_R的动断辅助触点、反转起动按钮 SB_R的动断触点、正转起动按钮 SB_F的动合触点、停止按钮 SB 的动断触点形成电流通路，使交流接触器 KM_F 得电，其主触点吸合，使电动机正向转动。与此同时，反转控制电路中的动断触点 KM_F断开，形成联锁保护。

需反转时，按下反转起动按钮 SB_R，此时串接在正转控制电路中的 SB_R的动断触点，在 SB_R的动合触点闭合前先断开，切断了正转接触器 KM_F线圈的电流，使电动机先停车。与此同时，串接在反转控制电路中的动断触点 KM_F闭合。等到 SB_R的动合触点闭合时，热继电器 FR 的动断触点、反转接触器 KM_R的线圈、正转接触器 KM_F的动

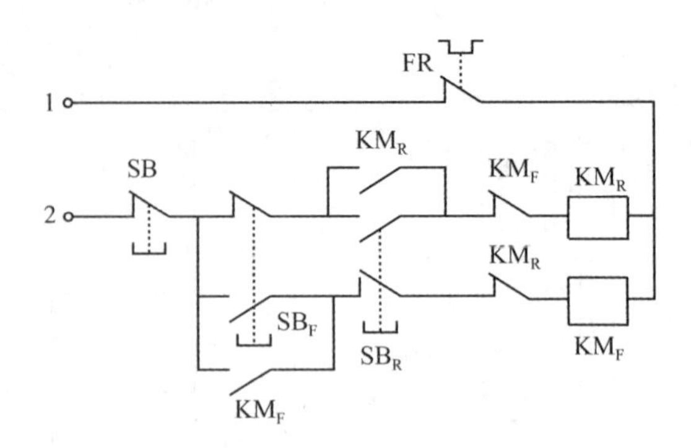

图 4-14　采用复式按钮的电动机正反转控制电路

断辅助触点、反转起动按钮 SB_R的动合触点、正转起动按钮 SB_F的动断触点、停止按钮 SB 的动断触点形成电流通路，交流接触器 KM_R的线圈得电，电动机反转。

4.2.3　行程控制电路

用于限制机械运动的位置或行程，使运动部件按一定位置或行程自动停止、反向运动、变速运动或自动往返运动等，这类控制称为**行程控制**，行程控制所使用的开关称为**限位开关或行程开关**。

行程开关的种类很多，但结构基本相似，差别仅在于传动方式不同。图 4-15 所示为一种组合按钮式的行程开关，其中有一对动断触点 3 和一对动合触点 4，它们是由安装在运动部件上的挡块撞击行程开关上的压头 1 而产生动作的，并依靠复位弹簧 2 进行复位。

(1)限位控制

图 4-16 所示为采用行程开关控制的行车限位控制电路。电路中使用了两个行程

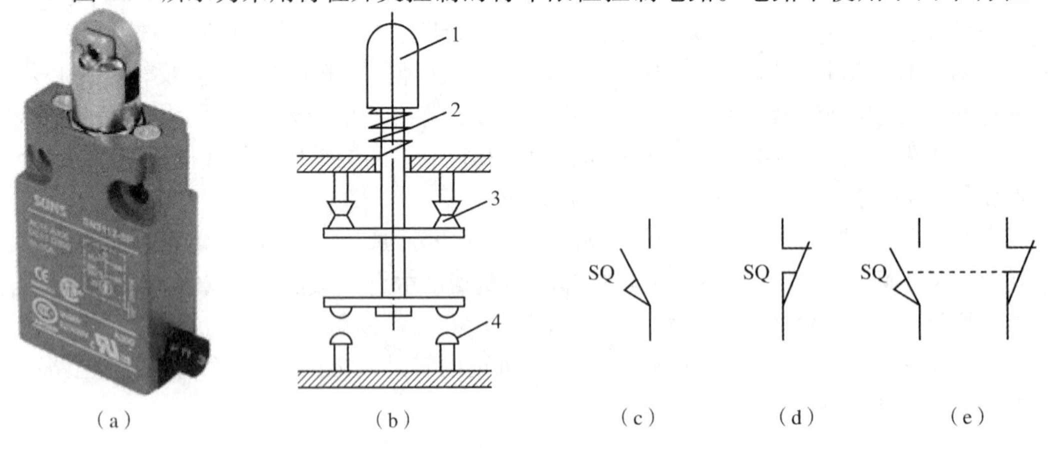

图 4-15　行程开关

(a)外形图　(b)原理图　(c)动合触点　(d)动断触点　(e)复合开关

1. 压头　2. 复位弹簧　3. 动断触点　4. 动合触点

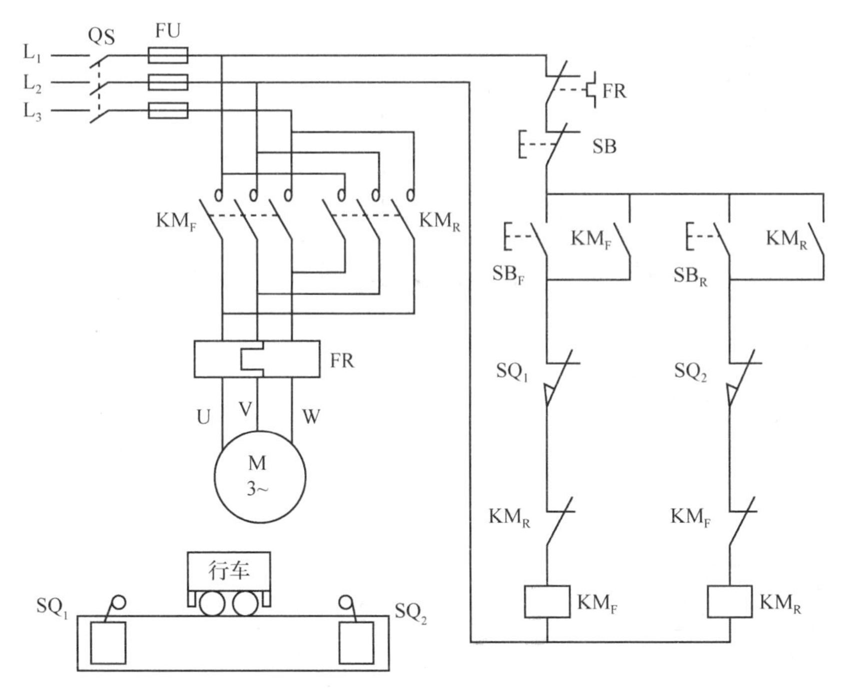

图 4-16　行车限位控制电路

开关，一个向左限位，一个向右限位。行车的运行空间被限制在左右两个行程开关之间。

主电路是由接触器 KM_F 和 KM_R 组成的电动机正、反转控制电路。向左限位触点 SQ_1 和向右限位触点 SQ_2 分别串联在 KM_F 和 KM_R 的线圈电路中。

当按正转按钮 SB_F 时，接触器 KM_F 得电，电动机正转，行车向左运动；当行车运动到左边预定位置时，行车上的挡块撞击左限位开关 SQ_1 的压头，使触点 SQ_1 断开，电动机停车。

当按反转按钮 SB_R 时，接触器 KM_R 得电，电动机反转，行车向右运动；当行车运动到右边预定位置时，行车上的挡块撞击右限位开关 SQ_2 的压头，使触点 SQ_2 断开，电动机反转停止。

(2) 自动往返控制

在上述限位控制中，行车的往返是依靠按钮操作进行的。如果需要在左右两个限位开关之间自动往返，只需在图 4-16 基础上稍加修改，利用行程开关中的动合触点按图 4-17 接线即可。图 4-17 中的 SQ_3 和 SQ_4 是新增加的两个行程开关，一旦限位开关 SQ_1 或 SQ_2 失效时可对整个机械装置进行保护。

当按下 SB_F，接触器 KM_F 线圈得电，电动机正转并利用机械传动装置拖动工作台向左运动；当工作台上的挡块碰撞行程开关 SQ_1（固定在床身上）时，其动断触点断开，接触器 KM_F 线圈失电，电动机停车；与此同时 SQ_1 的常开触头闭合，使接触器 KM_R 线圈得电，电动机反转并拖动工作台向右运动；这时行程开关 SQ_1 复位。当工作台向右运动至规定位置时，挡铁碰撞行程开关 SQ_2，使其动断触点断开，接触器 KM_R

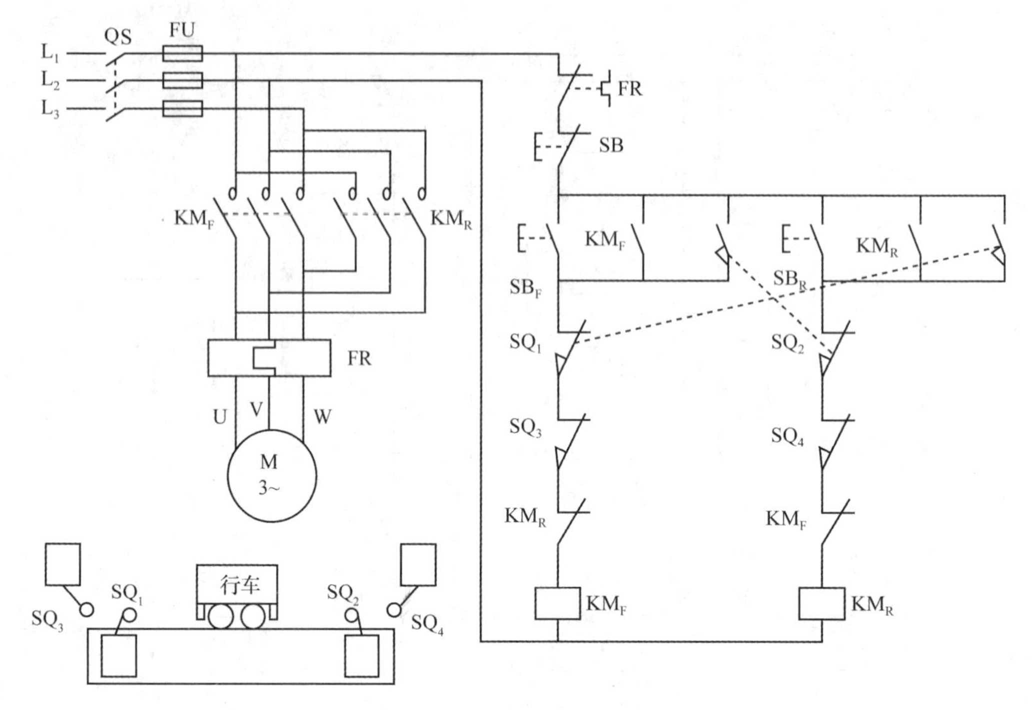

图 4-17 行车自动往返控制电路

线圈失电，电动机停车；同时 SQ_2的动合触点闭合，使 KM_F线圈得电，电动机又开始正转。这样往复循环，直到按下停止按钮 SB，则工作台停止运动。

4.2.4 时间控制电路

图 4-18 所示为电动机延时起动控制电路。用以实现电动机 M_1起动后，M_2延时起动的功能。

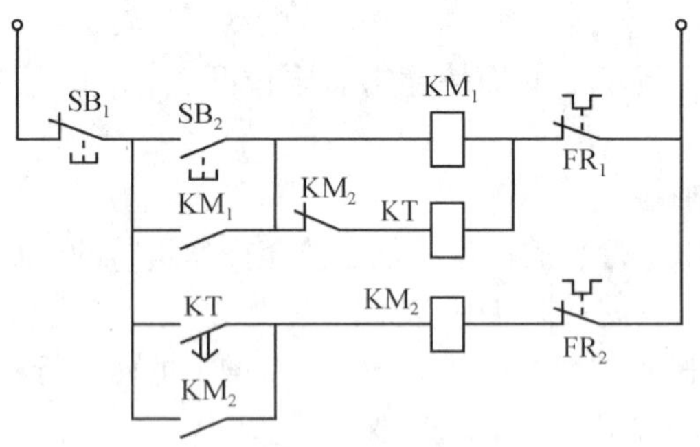

图 4-18 延时起动控制电路

按下起动按钮 SB_2，则 KM_1的线圈得电，电动机 M_1起动。同时，时间继电器 KT 的线圈也得电，经过时间继电器 KT 的设定时间后，其延时闭合的动合触点就会闭合，使接触器 KM_2的线圈得电，电动机 M_2起动。KM_2的动合触点起到自锁作用，KM_2的动断触点起到联锁作用。

4.2.5 顺序控制电路

在生产实际中，常需要几台电动机按规定的顺序运转，以便相互配合。图 4-19 所示为两台电动机的顺序控制电路，其中 M2 为主机，M1 为副机。根据生产要求，起动时应副机先开（主机不能先开），停车时应主机先停（副机不能先停）。

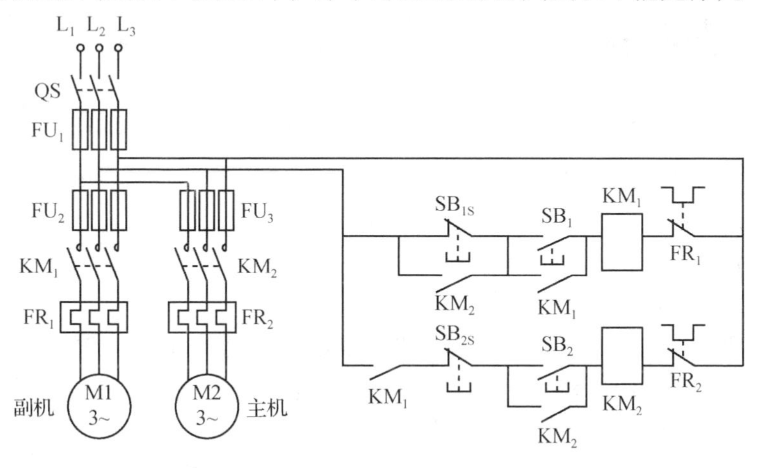

图 4-19 顺序控制电路

为了满足上述要求，在图 4-19 的控制电路中，主机接触器线圈 KM_2 与副机接触器的动合触点 KM_1 串联，副机停车按钮 SB_{1S} 与主机接触器的动合触点 KM_2 并联。

可以看出，开车时只有副机 M1 起动，KM_1 闭合后，主机接触器 KM_2 才能得电。停车时只有主机 M2 先停车，KM_2 断开以后，副机停车按钮 SB_1 才能使副机接触器线圈 KM_1 失电。从而达到了副机先开，主机先停的目的。

4.3 可编程控制器（PLC）

可编程控制器（Programmable Logic Controller，PLC）是 1969 年由美国数字设备公司研制成功的，并广泛应用于各种生产控制中。目前，新的系列产品可与局域网构成分布式控制系统。图 4-20 所示为三菱公司生产的 FX1N 系列 PLC 的外形。

可编程控制器是将传统继电器控制技术和现代计算机信息处理两者的优点结合发展起来的一种新型工业控制装置，其已成为工业自动化领域中最重要、应用最多的控制设备。

4.3.1 PLC 的结构及各部件的作用

PLC 的组成部分和结构如图 4-21 所示，它实质上是一种专用于工业控制的计算

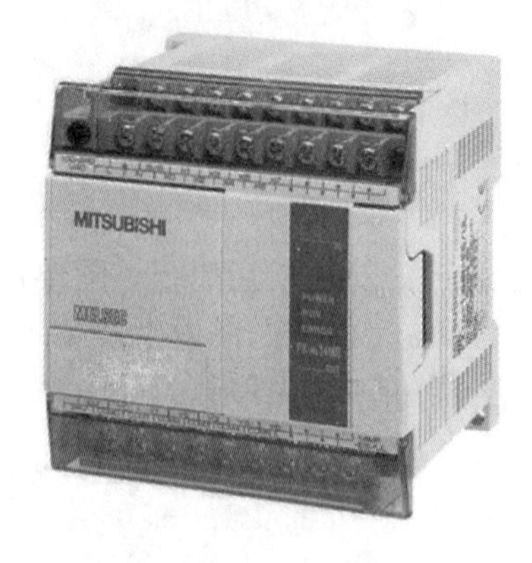

图 4-20　三菱 PLC－FX1N 系列外形

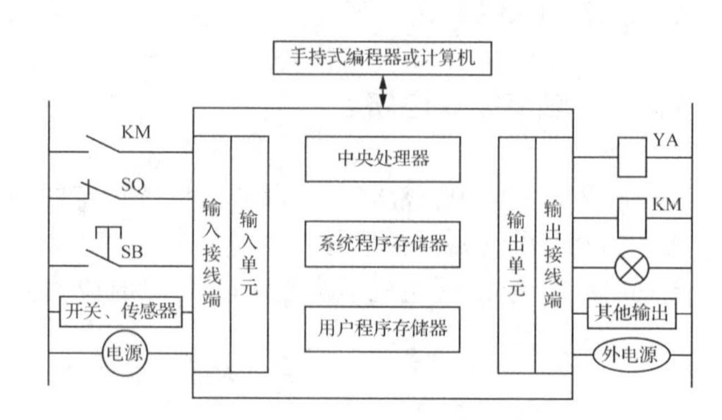

图 4-21　PLC 的组成部分与结构

机，其硬件结构基本上与微型计算机类似，可区分为 7 个主要部分：输入、输出、存储器、中央处理单元(CPU)、通信模块、电源及操作显示。

各部分介绍如下：

①输入部分　负责采集外部指令及设备状态。

②输出部分　将 CPU 的运算结果向外部输出，并对外部系统实施监控。

③存储器　存储用户程序及信息。存放系统软件的存储器称为系统程序存储器，存放应用软件的存储器称为用户程序存储器。

④中央处理单元(CPU)　可编程逻辑控制器的控制中枢。它按照程序规定的逻辑关系，对输入、输出信号的状态进行各种运算、处理和判断，最终得到相应的输出。

⑤通信模块　负责和其他设备进行通信。

⑥电源　向输入、输出及 CPU 等提供合适的电源。

⑦操作显示　编写或调试用户程序，显示程序运行的状态。

4.3.2　PLC 工作原理

当可编程逻辑控制器投入运行后，其工作过程一般分为输入采样、执行用户的程序和输出刷新 3 个阶段。完成上述 3 个阶段称为一个扫描周期。在整个运行期间，可编程逻辑控制器的 CPU 以一定的扫描速度重复执行上述 3 个阶段。

(1)输入采样阶段

可编程逻辑控制器以扫描方式依次地读入所有输入状态和数据，并将它们存入输入区。输入采样结束后，转入用户程序执行和输出刷新阶段。在这两个阶段中，即使输入状态和数据发生变化，输入区中的状态和数据也不会改变。因此，如果输入为脉冲信号，则该脉冲信号的宽度必须大于一个扫描周期，才能保证在任何情况下，该输入均能被读入。

(2)用户程序执行阶段

可编程逻辑控制器按由上而下、自左至右的顺序依次地扫描用户程序(梯形图)，并按先左后右、先上后下的顺序对由触点构成的控制线路进行逻辑运算，然后根据逻辑运算的结果，刷新该逻辑线圈在输出区中对应的状态。

(3)输出刷新阶段

当用户程序执行完毕后，可编程逻辑控制器就进入输出刷新阶段。在此期间，CPU 按照输出区内对应的状态和数据刷新所有的输出锁存电路，再经输出电路驱动相应的外设。

图 4-22(a)所示为控制一台三相异步电动机起停的继电接触器控制电路，图 4-22(b)所示为用 PLC 控制电动机起停的等效电路，二者的主电路相同，这里没有画出。

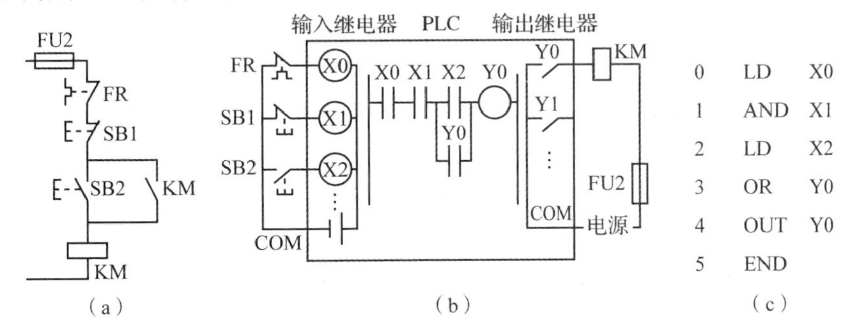

图 4-22　三相异步电动机的单向控制电路

图 4-22(b)的操作命令来自 FR 热继电器的动断触点和按钮开关 SB1 及 SB2，它们分别接到 PLC 的三个输入接线端子，这三个输入接线端子分别与 PLC 内部的输入继电器 X0～X2 的线圈相连。Y0 为输出继电器，它有一副动合触点接到输出接线端子上。该电路的被控对象为接触器 KM 的线圈，将 KM 线圈接到输出接线端子上，COM 为公共端子。

正常工作时，FR 的动断触点闭合，SB1(停止按钮)也闭合。因此 X0 和 X1 的线圈得电，使 X0 和 X1 的动合触点处于闭合状态，此时，如果按下启动按钮 SB2，则电动机开始旋转。电路的动作过程如下：

起动：按 SB2→ Ⓧ2 线圈得电→X2 的动合触点闭合→ Ⓨ0 得电

→Y0 的动合触点闭合，自锁

→Y0 的动合触点闭合，线圈 KM 得电 → 主电路的 KM 主触点闭合，电动机旋转

SB2 复位(松开按钮)后，X2 线圈失电，X2 的动合触点断开。由于 Y0 自锁，因此 Ⓨ0 仍得电，使得 KM 线圈仍有电流通过，电动机长动。

停止：按 SB1 → Ⓧ1 线圈失电 → X1 的动合触点复位(断开) → Ⓨ0 失电 → Y0 的动合触点复位(断开) → KM 线圈失电 → 电动机停车。

SB1 复位(松开按钮) → Ⓧ1 得电 → X1 的动合触点闭合。但由于 X2 和 Y0 的动合触点均处于断开状态，Y0 线圈仍失电，KM 线圈失电，电动机停转。

4.3.3 PLC的特点

和继电接触器控制电路相比，可编程逻辑控制器具有以下鲜明特点：

(1)使用方便，编程简单

采用简明的梯形图、逻辑图或语句表等编程语言，使得编程简单、方便，因此系统开发周期短，现场调试容易。另外，可在线修改程序、改变控制方案而不需改动硬件。

(2)功能强，性能价格比高

一台小型PLC内有成百上千个可供用户使用的编程元件，具有很强的功能，可以实现非常复杂的控制功能。PLC还可以通过联网实现分散控制，集中管理。

(3)硬件配套齐全，用户使用方便，适应性强

PLC产品已经标准化、系列化、模块化，各种硬件装置品种齐全，使用户能灵活方便地进行系统配置，组成不同功能、不同规模的系统。

(4)可靠性高，抗干扰能力强

PLC用“软件”(程序)代替“硬件”(继电器、接触器等)，仅剩下与输入和输出有关的少量硬件元件，接线可减少到继电接触器控制系统的1/10~1/100，因触点接触不良造成的故障大为减少。

(5)系统的设计、安装、调试工作量少

模块化、标准化设计的PLC使控制柜的设计、安装、接线工作量大大减少。PLC的用户程序可以在实验室模拟调试，输入信号用小开关来模拟，通过PLC上的发光二极管可观察输出信号的状态。完成了系统的安装和接线后，在现场的统调过程中如果发现问题，一般情况下通过修改程序就可以解决，所以，系统的调试时间比继电接触控制器系统少得多。

(6)维修工作量小，维护方便

PLC的故障率很低，且有完善的自诊断和显示功能。PLC或外部的输入装置和执行机构发生故障时，可以根据PLC上的发光二极管或编程器提供的信息迅速地查明故障原因，用更换模块的方法就可以迅速地排除故障。

4.4 PLC的程序编制

可编程控制器最突出的优点之一就是采用“软”继电器(软件)代替“硬”继电器(实际元件)，用软件编程逻辑代替传统的硬件布线逻辑来实现控制作用，而且对熟悉继电接触器控制电路的技术人员来说，PLC的编程语言易于理解和掌握。应该指出，由于PLC的设计和生产尚无统一的国际化标准，因而各厂家的产品所使用的编程语言及编程语言中所采用的助记符号不尽相同。目前国内应用较多的有OMRON公司的C系列、三菱公司的F系列、SIEMENS公司的SYMATIC系列等。

PLC的编程语言有梯形图语言、指令助记符语言等，为增强数据运算和通信联网

功能，有些 PLC 还可用 C 语言等高级语言进行编程。在这些语言中，尤以梯形图、指令助记符语言最为常用。

4.4.1　梯形图

梯形图是在继电接触器控制原理图的基础上演变而来的一种图形语言，它将 PLC 内部的各种编程元件(如输入继电器、输出继电器、辅助继电器、定时器、计数器等)和命令用特定的图形符号标注和描述，并赋以一定的意义。常用的符号对应关系见表 4-3 所列。

表 4-3　继电器和梯形图符号对应关系

符号名称	继电器电路符号	梯形图符号
动合触点		
动断触点		
线圈		

梯形图就是按照控制逻辑的要求和连接规则将这些图形符号进行组合，构成表示输入、输出之间逻辑关系的图形，它具有直观、可读性强的特点，是目前使用最多的一种编程方式。

梯形图的编程规定如下：

①每个梯形图由多层梯级(或逻辑行)起始于左母线经过接点的各种连接，最后通过输出继电器线圈终止于右母线，每一个逻辑行代表一个逻辑方程。梯形图中左、右两边的竖线(称左、右母线)表示假想的逻辑电源，当某一逻辑行运行的结果为 1 时，表示有电流自左向右流动。梯形图按自左向右、自上而下的顺序编写，PLC 按此顺序执行程序。

②每一个逻辑行的最右边为输出继电器线圈、计数器、定时器，也代表逻辑行的结束。不能将继电器线圈、计数器、定时器放在触点的左边。

③梯形图中某一编号的输出线圈只能出现一次，而同一编号的动合或动断触点可无限次使用。

输入继电器仅受外部输入信号控制，不能有各种内部驱动，因此梯形图中只出现输入继电器的触点，而不出现输入继电器的线圈。梯形图中，输入继电器触点和输出继电器的线圈对应的是寄存器相对应的状态，而不是物理触点和线圈。现场执行元件只能通过受控于输出继电器状态的接口元件来驱动。PLC 的内部定时器、计数器、辅助继电器的线圈不能用于输出控制。

按照以上编程规则，控制电动机起停的 PLC 外部接线图及梯形图如图 4-23(a)和(b)所示。

电动机单向控制的 PLC 梯形图如图 4-22(b)所示。

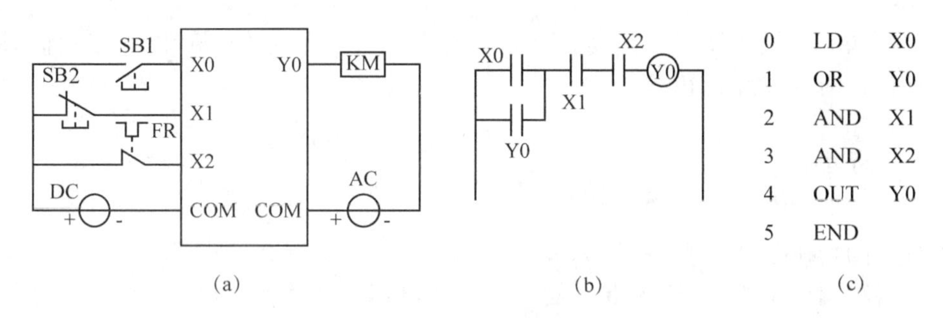

(a) (b) (c)

图 4-23 控制电动机起停的 PLC

(a) 外部接线图 (b) 梯形图 (c) 语句表

4.4.2 语句表

语句表是采用指令助记符进行编程的。不同系列 PLC 的指令助记符各不相同，这里以 F 系列机型的 PLC 为例来加以说明，它的基本指令比较简单，指令的助记符见表 4-4 所列。

表 4-4 F 系列机型的 PLC 指令助记符

指令助记符	功 能
LD	动合触点与左侧母线相连或处于支路的起始位置
LDI	动断触点与左侧母线相连或处于支路的起始位置
AND	动合触点与前面部分串联
ANI	动断触点与前面部分串联
OR	动合触点与前面部分并联
ORI	动断触点与前面部分并联
ORB	串联触点组之间的并联
ANB	并联触点组之间的串联
OUT	驱动输出线圈的指令，可用于输出继电器、辅助继电器、定时器、计数器等
END	程序结束指令

通常根据梯形图来编写语句表。图 4-23(c)所示为控制电动机起停的 PLC 语句表，图 4-22(c)所示为电动机单向控制的 PLC 语句表。

最后以图 4-13 所示的电动机正反转控制电路为例，来进一步说明 PLC 的编程方法。若采用 PLC 控制，则主电路不变，只需要 PLC 的四个输入点和两个输出点就可以构成 PLC 控制系统。其外部接线图、梯形图、语句表如图 4-24 所示。

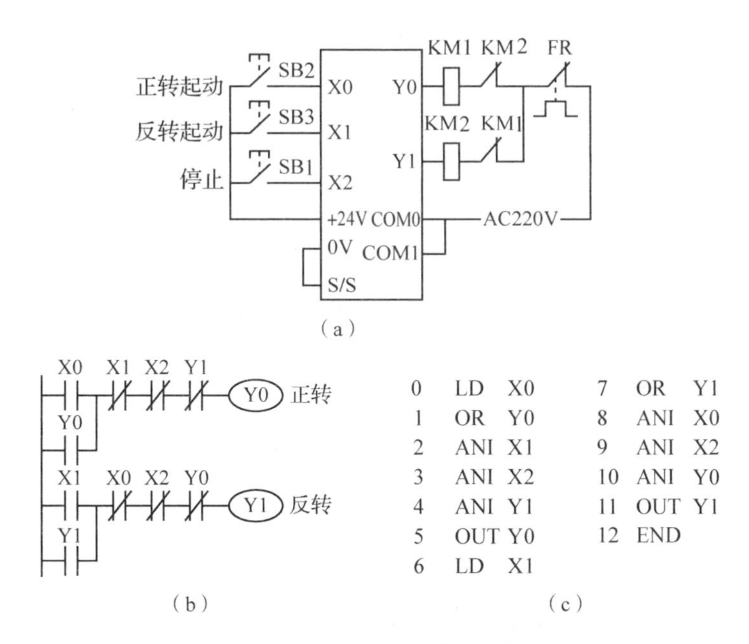

图4-24 电动机正反转控制电路

(a)外部接线图 (b)梯形图 (c)语句表

4.5 PLC的通信与联网

4.5.1 通信网络的基本概念

4.5.1.1 通信系统的组成

最简单的数据通信系统由传送设备、通信介质和通信协议组成。

(1) 传送设备

传送设备含发送器和接收器，对于多台设备之间的传送有主从之分，主设备起控制和处理信息的作用，从设备负责接收主站的信号并执行主站的控制信息。

(2)通信介质

连接传送设备的数据线，如同轴电缆、双绞线、光纤等，称为通信介质。不同的通信介质，其传送数据的速率、支持的网络类型以及抗干扰能力都有所不同。例如同轴电缆传送数据的速率比双绞线好，而光纤的数据传送速率最高。

(3)通信协议

通信协议是数据通信所必须遵守的规则。它是关于通信的各种电气技术、机械技术和软件技术的标准，一般由国际上公认的标准化组织制定。适用于区域网的主要通信协议是国际电子电气工程师协会IEEE的IEEE802通信协议，它包括IEEE802.1～IEEE802.11等11个项目。

不同厂家、不同信号的PLC通信协议也各不相同。目前，PLC与上位计算机之间的通信可按照标准化协议进行，但 PLC 与 PLC 之间、PLC 与远程 I/O 之间的通信协议还没有标准化。

4.5.1.2 数据通信方式

按照数据在线路上的传输方向，通信方式可分为单工通信、半双工通信与全双工通信，如图 4-25 所示。

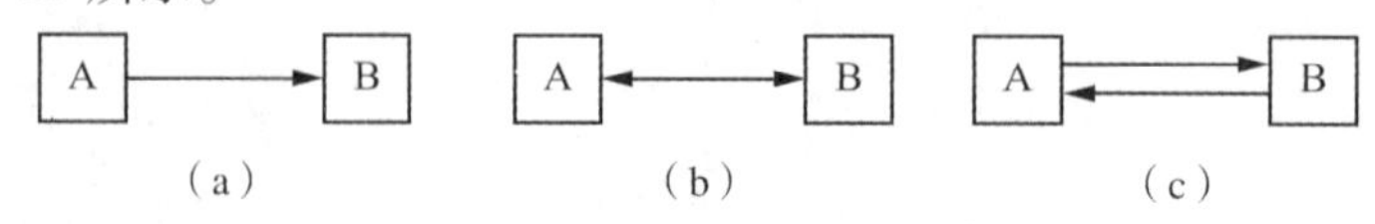

图 4-25 数据通信方式

(a)单工 (b)半双工 (c)全双工

单工通信只支持数据在一个方向上传输，又称为单向通信。

半双工通信允许数据在两个方向上传输，但在同一时刻，只允许数据在一个方向上传输。它实际上是一种可切换方向的单工通信，即通信双方都可以发送信息，但不能双方同时发送(当然也不能同时接收)。

全双工通信允许数据同时在两个方向上传输，又称为双向同时通信，即通信的双方可以同时发送和接收数据。

根据每次传送的数据位数，可将通信方式分为两种：并行通信和串行通信。

并行通信一次同时传送 8 位二进制数据，从发送端到接收端需要 8 根传输线。并行方式主要用于近距离通信，如在计算机内部的数据通信通常以并行方式进行。这种方式的优点是传输速度快，处理简单。

串行通信一次只传送一位二进制数据，从发送端到接收端只需要一根传输线。串行方式虽然传输率低，但适合于远距离传输。在网络中普遍采用串行通信方式。

4.5.1.3 PLC 的通信接口

三菱公司 FX2 系列 PLC 的串行通信接口主要有 RS－232、RS－422 和 RS485 等。

(1) RS-232C

RS-232C 是一种标准化接口，它既是一种协议标准，又是一种电气标准，规定了通信设备之间信息交换的方式与功能。其传输速率为 19200、9600、4800、2400、1200、600、300bit/s(英文缩略为 bps)。

在通信距离较近(一般不大于 15m)、传输速率要求不高的场合，可以直接采用 RS-232 接口。

(2) RS-422

RS-422 接口是 EIA(Electronic Industries Association，电子工业协会，美国电子行业标准制定者之一)1977 年推出的新接口标准 RS-449 的一个子集，它定义了 RS-232 所没有的 10 种电路功能，最大的数据传输速率可达 10MB/s，最大通信距离为 1200m。

(3)RS-485A

RS-485A 通信接口实际上是 RS-422A 的变形，它与 RS-422A 的不同点在于 RS-422A 为全双工，RS-485A 为半双工。RS-485A 仅需两根传输线就可以完成信号的发送与接收；其抗干扰性能好，传输距离可达 1200m，传输速率可达 10MB/s。

4.5.2 PLC 与计算机的通信

(1)基本功能

PLC 与计算机通信是 PLC 通信中最简单、最直接的一种形式，几乎所有种类的 PLC 都具有与计算机通信的功能，PLC 与计算机之间的通信又称上位通信，与 PLC 通信的计算机常称为上位计算机。由于计算机直接面向用户，应用软件丰富，人机界面友好，编程调试方便，网络功能强大，因此在数据处理、参数修改、图像显示、打印报表、文字处理、系统管理、工作状态监视、辅助编程及网络资源管理等方面具有绝对的优势，而直接面向生产现场、面向设备进行实时控制却是 PLC 的特长，把 PLC 与计算机连接起来实现数据通信，可以更有效地发挥各自的优势，互补应用上的不足，扩大 PLC 的应用范围。

(2)通信模块

PLC 与计算机通信主要采用 RS-232C 或 RS-422A 接口。计算机上的接口是标准的 RS-232C 接口；若 PLC 上的通信接口也是 RS-232C 时，则 PLC 与计算机可以直接使用适配电缆进行连接，如图 4-26 所示。

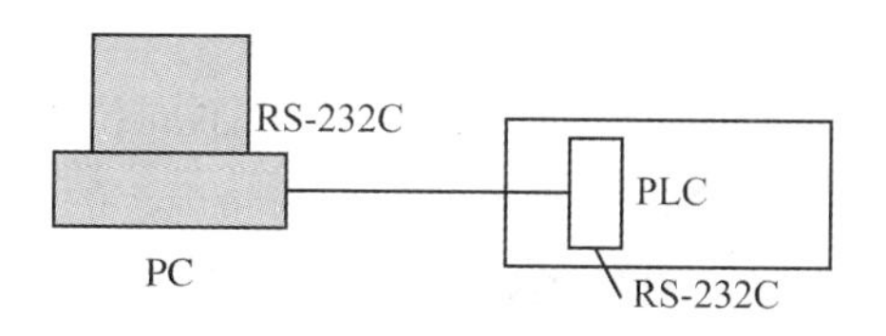

图 4-26　PLC 与计算机直接通信

当 PLC 上的接口是 RS-422A 时，必须在 PLC 与计算机之间加一个 RS-232C/RS-422A 转换电路，再使用相应的适配电缆将三者连接起来，即可实现通信，如图 4-27 所示。可见，PLC 与计算机通信，一般不需要专用的通信模块，最多只需一个 RS-232C/RS-422A 通信接口模块即可。

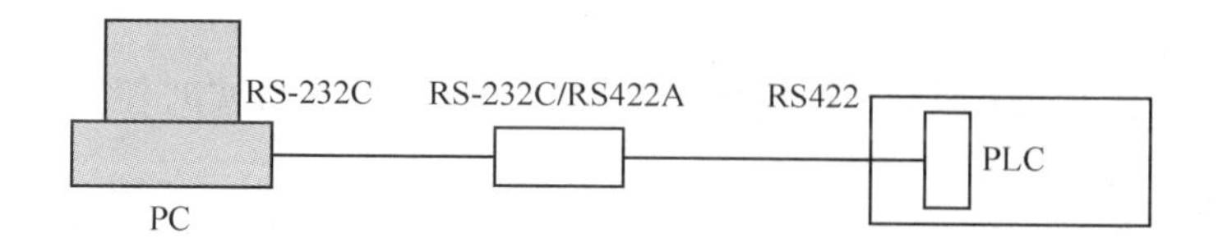

图 4-27　PLC 与计算机通过接口通信

4.5.3 PLC 之间通信

对于构建复杂的多任务控制系统，单靠增加 PLC 点数是不太现实的，所以，一般是采用多台 PLC 联网通信的方式。PLC 之间的通信，常称为同位通信。

PLC 之间通信，必须通过专用的通信模块来实现，根据通信模块的连接方式，同位通信可分为单级系统和多级系统。

单级系统是一台 PLC 只连接一个通信模块，再通过适配器将两台或两台以上的 PLC 连在一起，并构成一个通信系统。

多级系统是一台 PLC 连接两个或两个以上通信模块，再通过通信模块将多台 PLC 连在一起，从而组成一个通信系统。

图 4-28 所示为两台 FX2 系列 PLC 通过 FX2-40AP 或 FX2-40AW 模块相互连接。

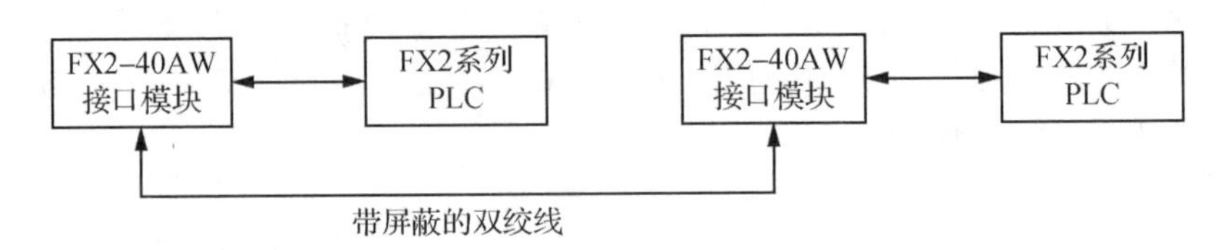

图 4-28　FX2 系列 PLC 双机并联通信

4.5.4 PLC 联网

PLC 联网是建立在 PLC 通信的基础上，将位于不同位置的上位计算机、各种具有通信能力的现场设备，用通信介质连接起来，按照规定的通信协议，以某种特定的通信方式高效地完成数据传送、交换和处理。

由 PLC、计算机、远程 I/O 相互连接所形成的分布式控制系统、现场总线控制系统已得到广泛应用，这种大规模的 PLC 多机通信系统实际上就构成了 PLC 网络系统。

例如，在一个自动化工厂中，PLC 网络系统的连接形式可以用图 4-29 来表示。

①工厂管理级　主要采用通用计算机，负责工程和产品设计、制定材料资源计划、协调管理部门间各种事宜等工作。

②车间级　是生产线上使用计算机和 PLC 的数据控制级，主要负责生产线上的数据采集、编程调试、工艺的优化选择、参数设定等工作。

③单元级　主要使用 PLC 及相关设备，对生产过程进行实时控制，直接操纵设备的运行，以实现各种控制功能。

PLC 网络系统的三级结构是一个互联的整体，从设计到制造，从控制到管理，真正实现了“管理控制一体化”的生产模式。

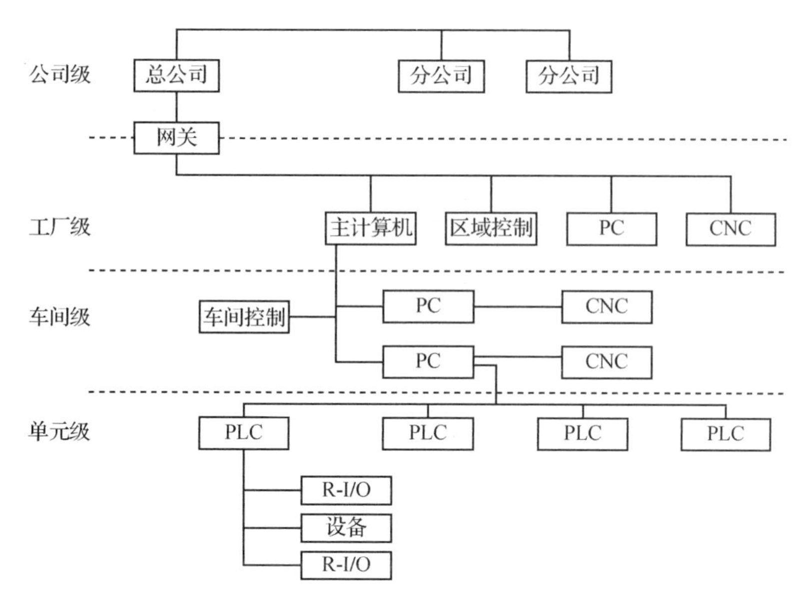

图 4-29　工厂 PLC 网络系统

本章小结

本章介绍了常用的控制电器，如手动控制电器：刀开关、铁壳开关、组合开关、按钮开关以及自动电器(熔断器、交流接触器、热继电器、时间继电器、自动空气断路器等)。在此基础上，重点介绍了三相异步电动机的 6 种基本控制电路：点动控制电路、直接起动控制电路、正反转控制电路、行程控制电路、时间控制电路和顺序控制电路。应在掌握常用控制电器的基础上，理解和掌握上述控制电路的组成、工作原理以及组成控制电路的各个控制电器在电路中的作用。除此以外，还应理解电动机控制电路中的自锁和联锁的概念。

本章的另一部分内容是关于 PLC 的一些基础知识，如 PLC 的结构、工作原理、特点、编程方法及联网通信。应初步掌握常用的 PLC 编程语言，如梯形图语言和指令助记符语言；然后再结合可编程控制器的工作原理，领会 PLC 的程序编制方法。

习　题

4-1　某机床加工过程中，需要三相异步电动机既能点动又能连续运转，试画出该电动机的继电接触器控制电路。

4-2　某设备要求可以自动往返运动，且电动机可以正反转转动，试画出三相异步电动机的主电路和控制电路。

4-3　为保护设备，要求设备上的两台电动机不能同时工作，试画出电动机的主电路和控制电路。

4-4　画出能在两处控制同一台电动机的控制电路，即两处都能使电动机起动和停止，但只用一个接触器。

4-5　今有两台三相异步电动机 M_1 和 M_2，按下列要求设计主电路和控制电路：M_1 起动后 M_2 延时 10s 后才可以手动起动；除了上述要求，M_2 还有正、反转控制功能。

4-6 试画出用一个按钮的动合触点控制电动机起动、停止的控制电路(提示：使用三个交流接触器)。

4-7 什么是可编程控制器？在复杂的电气控制中，采用 PLC 控制比采用传统的继电器控制有哪些优越性？

4-8 可编程控制器的梯形图编程规则主要有哪些内容？

4-9 画出图 4-13 所示电动机正、反转控制电路的梯形图。

4-10 写出习题 4-9 梯形图的语句表。

第 5 章

半导体二极管和晶体管

半导体技术的飞速发展，不仅使半导体器件获得了极为广泛的应用，而且成为近代电子学的重要组成部分。本章重点介绍晶体二极管、三极管及二极管整流电路。

5.1 半导体的基础知识

物质按导电能力的不同，可分为导体、半导体、绝缘体。半导体的导电能力介于导体和绝缘体之间，在常态下更接近于绝缘体，但在掺杂、受热或光照后，其导电能力明显增强而接近于导体。用于制造电子器件的半导体材料有硅、锗和砷化镓等。

5.1.1 本征半导体

最常用的半导体材料是硅(Si)和锗(Ge)，它们都是四价元素。最外层的电子数为4，称为价电子，为了制作半导体器件，它们都被提纯制成单晶体。

完全纯净的不含任何杂质而又具有晶体结构的半导体称为本征半导体。本征半导体中原子排列得非常整齐，原子按四角系统组成晶格点阵，如图5-1所示。晶体原子紧密相连，使原子的外层轨道互相交叠。这样原属于每个原子的价电子不仅受自身原子核的束缚，而且还受到相邻原子核的作用，使每两个相邻原子核间都共有一对价电子，它们把相邻的原子结合在一起，构成共价键结构，在共价键结构中，每个原子最外层因具有八个电子而处于较稳定的状态，但共价键中的电子不像绝缘体的价电子束缚得那样紧。在光激发或热激发下，本征半导体的共价键结构中的价电子获得能量就可能挣脱共价键的束缚，成为自由电子，而在原共价键结构中留下一个空位，称为空穴。空穴表示在该处缺少一个电子，丢失电子的原子带正电，称为正离子，如图5-2所示。

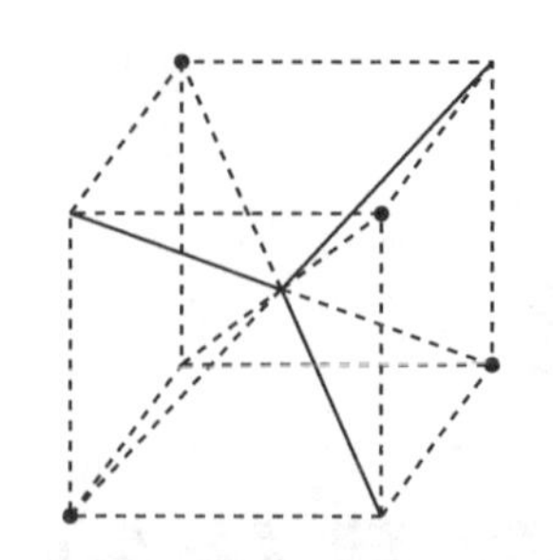

图 5-1 晶体中原子的排列方式

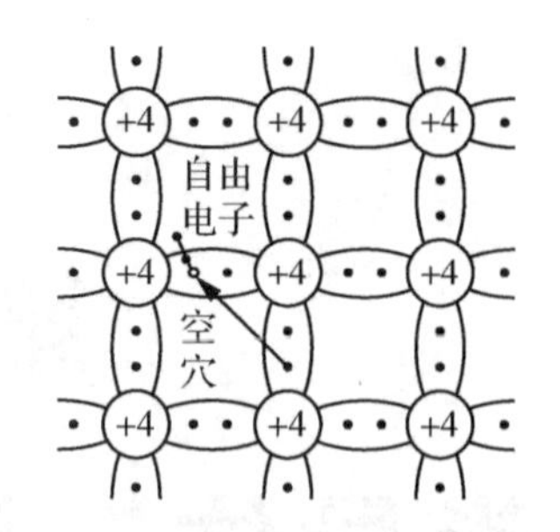

图 5-2 单晶硅中共价键结构及电子空穴对的产生

本征半导体中，外界激发所产生的自由电子和空穴总是成对出现，称为电子-空穴对，这种现象称为本征激发。本征激发产生的自由电子和空穴的数量是十分有限的，且处于动态平衡状态。

在本征半导体的两端施加电压，在外施电压作用下，本征半导体中自由电子从低电位移向高电位，形成电子电流；共价键中的受束缚的电子依次填补空穴，使空穴由高电位移向低电位，形成空穴电流。

可见，自由电子和空穴都是运载电流的粒子，故称载流子。但应注意：在外加电压作用下，两种载流子的运动方向相反，但形成的电流方向一致，总电流为二者之和。电子导电是自由电子的定向移动，空穴导电是受束缚电子依次填补空穴的定向移动，二者本质不同，空穴"相当于"带正电的粒子。由于本征半导体中本征激发产生的载流子数量有限，故而形成的电流很小。

5.1.2 N 型半导体和 P 型半导体

常温下，本征激发产生的电子-空穴对数量极少，故本征半导体的导电能力很低。然而若在本征半导体中掺入微量杂质，就会大大改善半导体的导电性能。随所掺杂质的性质不同，可以得到两类不同的杂质半导体。

(1) N 型半导体

在本征半导体中掺入少量的五价元素（如磷 P），掺入的磷原子取代硅单晶体内某一个硅原子的位置，并与其相邻的硅原子结成共价键。这样在半导体的晶体结构中，磷原子最外层的五个价电子中的四个将和相邻的四个硅原子组成共价键。多余的一个价电子在磷原子核的吸引之下在磷原子的附近活动（该价电子不在共价键中），因其受磷原子核的束缚十分薄弱，故其极易摆脱这种束缚而成为自由电子。

同时，由于热激发的缘故，共价键中的受束缚电子一旦成为自由电子，将同时产生空穴，即出现电子-空穴对。因此，在这种杂质半导体中，总的载流子数目大为增多，因而导电能力大为增强。但两种载流子的数目不等，自由电子是多数载流子，简称多子；空穴是少数载流子，简称少子。此种杂质半导体称为 N 型半导体。

(2) P 型半导体

在本征半导体中掺入少量的三价元素（如硼 B），这样，在半导体的晶体结构中，硼原子最外层的三个价电子在和相邻的四个硅原子组成共价键时因缺少一个价电子，极易从相邻的硅原子中捕获一个价电子而形成最外层轨道八个电子的稳定状态，成为带负电的硼离子，而被夺去价电子的位置形成空穴。

此外，由于热激发的缘故，共价键中的受束缚电子一旦成为自由电子，将同时产生空穴，从而出现电子-空穴对。因此，在这种杂质半导体中，总的载流子数目大为增多，使导电能力大为增强。但两种载流子的数目不等，空穴是多数载流子，简称多子；自由电子是少数载流子，简称少子。此种杂质半导体称为P型半导体。

不论何种杂质半导体，整个半导体对外都显示电中性。不同的是N型半导体中自由电子是多数载流子，导电以电子电流为主；P型半导体中空穴是多数载流子，导电以空穴电流为主。

5.1.3　PN结及其单向导电性

5.1.3.1　PN结

P型或N型半导体与本征半导体相比，只是导电能力增强，仅能用来制造电阻元件，半导体集成电路中的电阻就是这样做成的。通常是在一块晶片上用不同的掺杂工艺使一边形成P型半导体，而另一边形成N型半导体，这样在其交界处就会形成PN结。当P型和N型半导体共处一体后，由于两种杂质半导体载流子浓度不同，在其交界面就会发生载流子的扩散运动。P区空穴越过界面向N区扩散，并和N区自由电子复合；N区自由电子越过界面向P区扩散，并和P区空穴复合。

多数载流子运动的结果为：在分界面的P区一侧留下了带负电的不能移动的杂质离子；在分界面的N区一侧留下了带正电的不能移动的杂质离子，分界面处形成很薄的一个正负离子层，如图5-3所示。

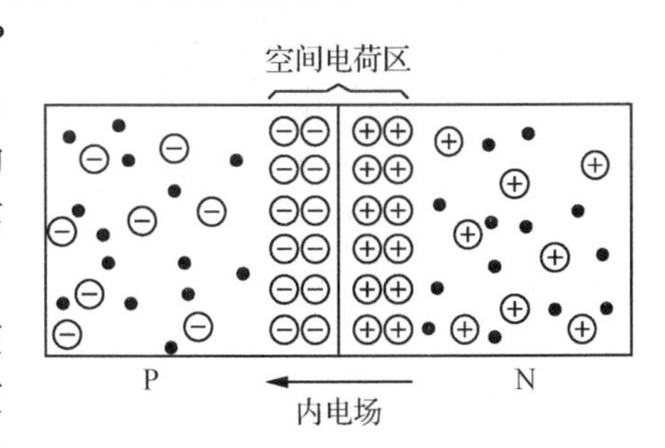

图5-3　空间电荷区的形成

正负离子层中的杂质离子是不能移动的空间电荷，不能参与导电，称为空间电荷区。空间电荷区缺少能运载电流的载流子，呈现高电阻，故又称为(载流子)耗尽层。空间电荷区中的正负离子产生一个由N区指向P区的内电场，它对多数载流子的扩散运动起阻碍作用，故又称阻挡层。

应该指出，内电场的存在对多数载流子的扩散运动起阻碍作用的同时，对少数载流子的漂移运动(在电场作用之下载流子的定向移动)却起着推动作用。多数载流子的扩散运动使空间电荷区加宽，内电场增强，多子扩散运动被削弱，少子漂移运动被增强。

少数载流子的漂移运动使空间电荷区变窄，内电场削弱，多子扩散运动被增强，少子漂移运动被削弱。

多子扩散运动形成的扩散电流和少子漂移运动形成的漂移电流方向是相反的。一旦二者达到动态平衡，空间电荷区的宽度将保持相对稳定，这个处于动态平衡的空间电荷区被称为PN结。

PN结两边既然带有正、负电荷，这与极板带电时的电容器的情况相似。PN结的这种电容称为结电容。结电容的数值不大，只有几个皮法，工作频率不高时，容抗很大，可视为开路。

5.1.3.2 PN结的单向导电性

PN结在外加电场作用下，上述平衡状态将被破坏。

(1)PN结加正向电压

对PN结施加正向电压，即P区接电源正极，N区接电源负极，使PN结正向偏置，如图5-4(a)所示。

由于空间电荷区缺少载流子而呈现高阻抗，电源电动势E几乎全部施加于空间电荷区上，而在PN结中产生一个和内电场反向的外电场，破坏了原来的平衡，使多子扩散运动占据优势，外电场驱使P区的空穴和N区的自由电子分别由两侧进入空间电荷区，从而抵消了空间电荷的阻挡作用，使空间电荷区变窄。内电场被削弱，多数载流子源源不断地越过空间电荷区而形成较大的正向电流。

此时，PN结呈现低电阻而处于导通状态，称为正向导通。

(2)PN结加反向电压

对PN结施加反向电压，即P区接电源负极，N区接电源正极，使PN结反向偏置，如图5-4(b)所示。

几乎完全施加于空间电荷区的外加电压将在PN结中产生一个和内电场同向的外电场，在外电场作用下，P区多子空穴和N区多子自由电子将背离PN结。空间电荷区变宽，内电场增强，原有的多子扩散运动和少子漂移运动的动态平衡被破坏，多子扩散几乎被完全抑制，少子漂移运动则可顺利进行，在内外电场作用下越过空间电荷区形成反向电流，但因少数载流子数目极少，故反向电流很小，几乎为零(μA数量级)。

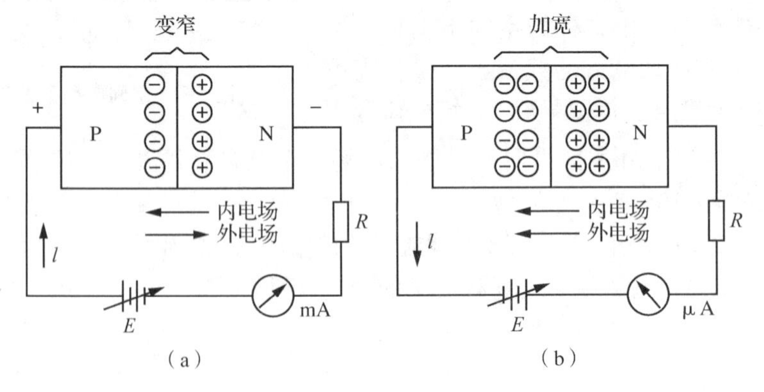

图5-4 PN结的单向导电性

(a)加正向电压 (b)加反向电压

此时，PN 结呈现为高阻而几乎处于截止状态，称为反向截止。

综上所述，PN 具有单向导电性。具体体现如下：

①正向导电电流主要由多数载流子的扩散运动形成，因多数载流子的数目多，故呈现为低阻导通状态，正向电流较大。

②反向电流主要由少数载流子的漂移运动形成，因少数载流子的数目极少，故呈现高阻截止状态，反向电流极小。

③流过 PN 结的电流为空穴电流和电子电流之和。二者运动方向相反，但电流方向一致，电流流动过程中半导体中失去的载流子(电荷)，由外接电源及时予以补充。

④外加正向电压增大将使 PN 结内电场进一步削弱，故正向电流随正向电压的增大而增大，且依指数规律上升；但电压的变化并不能改变少子数目，较小的外加反向电压已足以使少子穿过 PN 结形成反向电流，因此增大反向电压，反向电流也不会增大，故在一定的外加电压的范围内反向电流不变，这种电流称为反向饱和电流。

⑤少数载流子由本征激发的电子-空穴对产生，受温度影响很大，故反向电流的大小受温度影响显著。

5.2　半导体二极管

5.2.1　结构及用途

半导体二极管是在一个 PN 结芯片上焊上两根接触电极引出线并用管壳封装而成。所谓二极是指它有两个电极，从 P 型区引出的电极称为阳极(正极)，从 N 型区引出的电极称为阴极(负极)。

按所用材料不同，二极管可制成硅或锗二极管；按其结构不同，可制成点接触型和面接触型二极管，如图 5-5(a)(b)所示。点接触型二极管的 PN 结使用电形成法制成，PN 结面积很小，故其工作电流较小(约几十毫安以下)，但它的结电容也小，允许工作频率较高，这种二极管适用于高频检波、元件保护和脉冲数字电路；面接触型

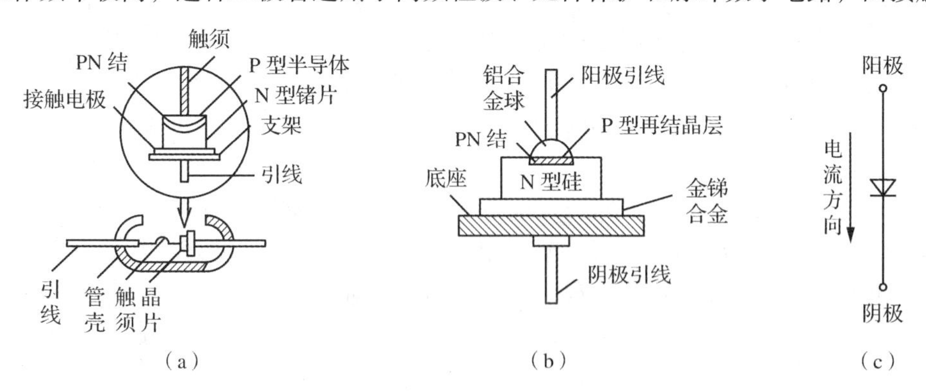

图 5-5　二极管的结构及符号

(a)点接触型　(b) 面接触型　(c) 符号

二极管的PN结使用合金法或扩散法制成，结面积大，结电容大，这种二极管适用于大电流(几百毫安至几千安)的低频电路和整流电路。

图5-5(c)所示为二极管的国家标准符号，箭头方向表示加正电压时的正向电流方向，逆箭头方向不导通，体现出二极管的单向导电特性。

5.2.2 伏安特性

二极管的性能常用伏安特性表示。所谓伏安特性，是指流过二极管的电流与其两端所加电压的函数关系。图5-6所示为根据实测数据绘出的二极管的伏安特性曲线。

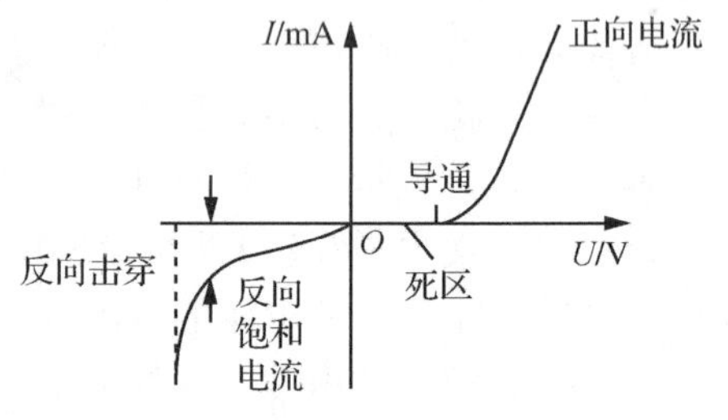

图5-6 二极管的伏安特性

由图5-6可知，二极管伏安特性是非线性的，大致可分为四个区域：死区、正向导通区、反向截止区和反向击穿区。

(1)死区

死区为二极管正向特性的起始部分。因为此时外加电压较小(硅管小于0.5V，锗管小于0.1V)，外电场不足以克服PN结内电场对多数载流子所造成的阻挡作用，因此正向电流极小，几乎为零。此时二极管虽然加正向电压，但仍呈现高阻不导通状态，此范围称为“死区”。

(2)正向导通区

当二极管所加正向电压大于死区电压后，内电场被大大削弱，正向电流随正向电压增加而按指数规律增大。此时，二极管进入导通状态。当正向电压继续增大时，正向电流将急剧增加，而二极管两端电压降几乎不变，称此电压降为二极管正向导通压降。硅管正向导通压降为0.6~0.7V，而锗管为0.2~0.3V。

(3)反向截止区

二极管加上反向电压时，外电场与内电场方向一致，在它们共同作用下，由少数载流子的漂移运动形成了极小的反向电流。由于少数载流子数量有限，它们基本上都参与导电，因而在反向电压不超过反向击穿电压时，反向电流很小且恒定，称为反向饱和电流，通常为微安数量级。此时二极管呈现高阻截止状态，反向饱和电流易受温度影响，将随温度升高而显著增大。

(4)反向击穿区

二极管外加反向电压过高时，反向电流会突然急剧增加，造成PN结损坏，这种现象称为“击穿”。击穿发生在空间电荷区，原因是反向电压过高，电场力增大到有可能将共价键上的电子拉出来形成自由电子和空穴对，这些载流子和参与漂移运动的少子在强大的外电场作用下被加速，高速运动的电子与其他原子核外层电子碰撞后产生出新的电子-空穴对，形成雪崩式电离，使载流子数目大大增多，反向电流迅速增大而烧坏PN结。产生击穿时的反向电压值，称为二极管的反向击穿电压。

5.2.3　主要参数

二极管的参数是正确选择和使用二极管的依据。各种参数均可由半导体器件手册查出。现将几个主要参数说明如下：

(1)最大整流电流 I_{OM}

最大整流电流是指二极管长期工作时所允许通过的最大正向平均电流。该电流是由 PN 结的面积和散热条件确定的。若电流超过最大整流电流值，会使 PN 结过热而损坏管子。例如，二极管 2CP10 的最大整流电流为 100mA。

(2)反向工作峰值电压 I_{RM}

它是保证二极管不被反向击穿而规定的反向工作峰值电压，一般为反向击穿电压的$\frac{1}{3}\sim\frac{1}{2}$。例如 2CP10 型硅二极管的击穿电压为 50V，那么该二极管工作时所能承受的反向峰值电压应小于 16V，这样就可保证二极管不被反向击穿。

(3)反向峰值电流

它是二极管加上反向峰值电压时的反向饱和电流。它的值越小，表明管子的单向导电性能越好。温度对反向电流影响较大，使用时应注意。硅管反向电流较小，一般在几个微安以下，而锗管的反向电流约为硅管的几十到几百倍。硅管热稳定性好，反向击穿电压高；但锗管的死区电压及导通管压降较硅管的低，有些场合就需选用锗管。

二极管的单向导电性应用范围极广，可用于整流、检波、限幅、隔离、钳位、元件保护以及在数字电路中用作开关元件等。

【例 5-1】 在图 5-7(a)电路中，已知 E_1，E_2 均为 5V，$u_i=10\sin\omega t$V，其波形图见图 5-7(b)。试画出电压 u_o 的波形(二极管 D_1，D_2 正向压降可忽略不计)。

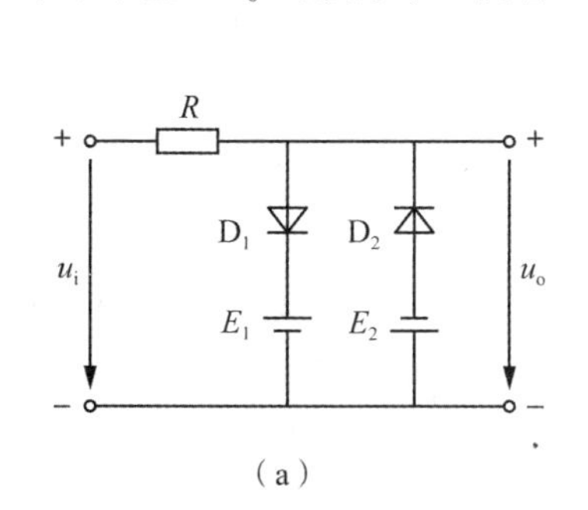

(a)

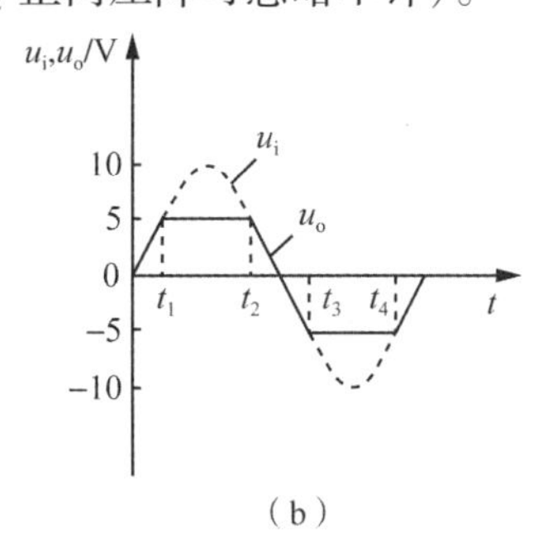

(b)

图 5-7　例 5-1 图

(a)二极管限幅电路　(b)电压波形

【解】 当 u_i 处于正半周，且 $0\leqslant u_i<E$ 时，D_1，D_2 均处于反向截止状态，电阻 R 上没有电流，也没有电压，所以输出电压$u_o=u_i$；当 $u_i\geqslant 5$V，即 $t_1<t<t_2$ 时，D_1 导通，D_2 截止，输出电压 $u_o=5$V。

当 u_i 处于负半周，$u_i < -5V$，即 $t_3 < t < t_4$ 时，D_1 截止，D_2 导通，输出电压 $u_o = -5V$。而在 $-5V < u_i < 5V$ 期间，D_1，D_2 均处于反向截止状态，所以输出电压 $u_o = u_i$。综合以上分析，u_o 波形如图 5-7(b) 中实线所示。

可见，在此电路中二极管都起到了削波限幅作用，故这种电路称为二极管削波或限幅电路。

5.3 稳压二极管及其稳压电路

稳压管是一种特殊工艺制成的面接触型硅二极管，特殊之处在于它工作在反向击穿状态。稳压管 PN 结面上各点的电流比较均匀，保证其在一定的反向电流范围内，PN 结的温度不会超过允许数值。这种管子的击穿是可逆的，切断外加电压后，PN 结仍能恢复原状。在电路中与适当阻值的限流电阻相配合，能起到稳定电压的作用，故称为稳压管(或称齐纳二极管)。

稳压管的外形和结构与普通二极管相似。稳压管的伏安特性和符号如图 5-8 所示。

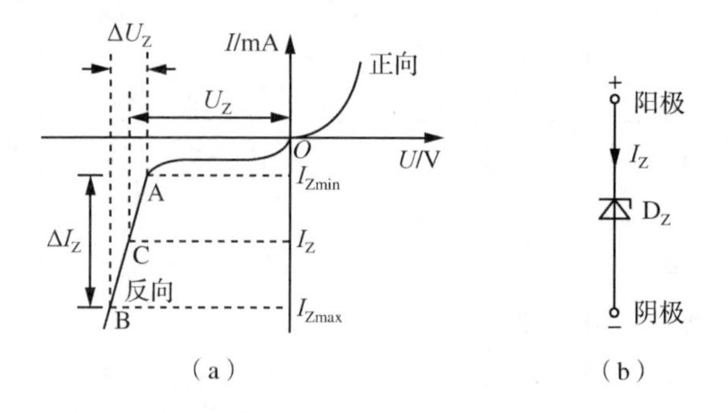

图 5-8 稳压管的伏安特性及符号

(a)特性曲线 (b)图形符号

5.3.1 伏安特性

稳压管的伏安特性曲线与普通二极管相似，其差异仅仅在于稳压管的反向击穿特性曲线比二极管的要陡些。从反向特性曲线上可以看出，当反向电压增高到击穿电压时，反向电流突然剧增，如图 5-8(a)所示。稳压管采用高掺杂的特殊工艺制成，空间电荷区内的电荷密度大，因而该区域更窄，容易形成很强的内电场。当反向电压加到某一定值时，反向电流急增，稳压管反向击穿。此后，电流虽然在很大范围内变化($I_{Zmin} \sim I_{Zmax}$)，但稳压管两端的电压只有少许变化，只要外电路限流电阻保证电流在限制范围之内，稳压管只处于电击穿而不致引起热击穿，管子将完好无损。

5.3.2　主要参数

（1）稳定电压 U_Z

稳定电压就是稳压管在正常工作时的端电压，一般为3～25V，有的可达200V。手册中所列的都是在一定条件（工作电流、温度）下的数值。由于稳压管的参数分散性很大，即使是同一型号的稳压管，稳压值也有差异。但在一定条件下，每一只稳压管都有一个确定的稳定电压值。

（2）稳定电流 I_Z

稳定电流就是稳压管正常工作时的参考电流。开始稳压时对应的电流称为最小稳压电流 I_{Zmin}，对应额定功耗时的稳压电流称为最大稳压电流 I_{Zmax}。正常工作电流 I_Z 可在 I_{Zmin}～I_{Zmax}取值，如图5-8所示。

（3）电压温度系数 α_U

电压温度系数指稳压管的稳压值受温度变化影响的系数。例如，2CW18稳压管的电压温度系数为0.095%/℃，就是说温度每增加1℃，其稳压值将升高0.095%。一般说来，稳压值低于4V的稳压管，电压温度系数为负值；高于7V的稳压管，此系数为正值；而6V左右的稳压管，电压温度系数很小。

（4）动态电阻 r_Z

动态电阻是指稳压管电压的变化量与相应电流变化量之比（也称为稳压管的交流动态电阻），即

$$r_Z = \frac{\Delta U_Z}{\Delta I_Z}$$

该值一般为几欧至十几欧。它反映了反向伏安特性曲线陡峭的程度，曲线越陡，则动态电阻 r_Z 越小，稳压性能越好。

（5）最大允许耗散功率 P_{ZM}

最大允许耗散功率是指保证稳压管安全工作所允许的最大功率损耗，即

$$P_{ZM} = I_{Zmax} U_Z$$

【例5-2】　图5-9中，已知 $E=20V$，$R_1=900\Omega$，$R_2=1.1k\Omega$。稳压管 D_Z 的稳定电压 $U_Z=10V$，最大稳定电流 $I_{Zmax}=8mA$，试问稳压管的偏置是否合适？流过稳压管的电流如果超过了 I_{Zmax}，应该如何解决？

【解】　（1）稳压管处于反向偏置。设稳压管开路，则稳压管开路电压为

$$U_{DZ} = \frac{R_2}{R_1 + R_2} \cdot E = 11\ (V)$$

显然，$U_{DZ} > U_Z$，稳压管偏置电压合适。

（2）稳压管偏置电压合适，于是 D_Z 两端电压 $U_Z=10V$，同一电压加于 R_2 两端，故有

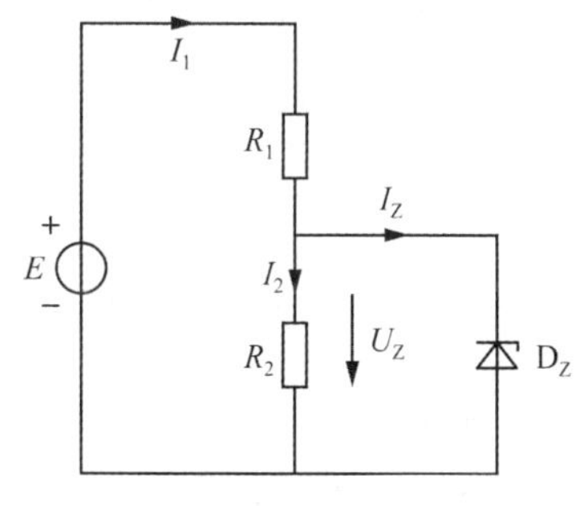

图5-9　例5-2图

$$I_2 = \frac{U_Z}{R_2} = 9.1\ (\text{mA})$$

$$I_1 = \frac{E - U_Z}{R_1} = 11.1\ (\text{mA})$$

所以

$$I_Z = I_1 - I_2 = 2\text{mA} < I_{Z\max}$$

如果 $I_Z > I_{Z\max}$，应减小 R_2，使 R_2 分流大些，但必须满足 $U_{DZ} > U_Z$，使稳压管获得合适的偏置电压。

5.3.3 稳压电路

最简单的稳压电路可由限流电阻 R 和稳压管 D_Z 构成，如图 5-10 所示。

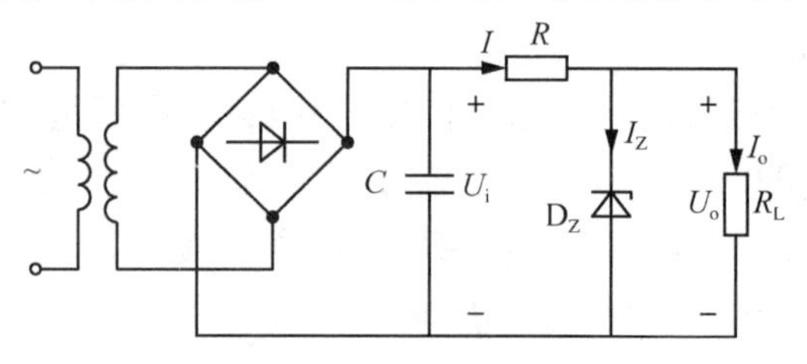

图 5-10 稳压电路

整流滤波后的输出电压作为稳压电路的输入电压 U_i，而稳压电路的输出电压就是稳压管的稳定电压，即负载电压 $U_o = U_Z$。

稳压电路中的 R 是限流电阻，也称调整电阻，它和稳压管 D_Z 配合起稳压作用。由图可得

$$U_o = U_Z = U_i - RI = U_i - R(I_Z + I_o)$$

当电网电压波动而使整流滤波后的输出电压 U_o 变化(如电网电压上升而使 U_i 增大)时，相关变化为

$$U_i\uparrow \to U_o\uparrow = U_Z\uparrow \to I_Z\uparrow\uparrow \to I\uparrow = I_Z + I_o\uparrow \to RI\uparrow \to U_o\downarrow = U_Z\downarrow = U_i - RI$$

当负载变化而使负载电压变化(如负载电阻 R_L 减小而使负载电压 U_o 下降)时，相关变化为

$$R_L\downarrow \to I_o\uparrow \to I\uparrow \to RI\uparrow \to U_o\downarrow = U_Z\downarrow \to I_Z\downarrow\downarrow \to I\downarrow \to RI\downarrow\downarrow \to U_o\uparrow = U_Z\uparrow$$

可见，此稳压电路通过稳压管的调整电流作用和电阻 R 的调整电压作用来达到稳压的目的，近似维持输出电压 $U_o = U_Z$ 不变，而获得稳定的负载电压。

5.3.4 光电二极管和发光二极管

光电二极管又称光敏二极管，它的反向电流随光照强度的增加而上升，管壳上装有玻璃窗口以接收光照，如图 5-11 所示。光电二极管工作于反向偏置状态，无光照时，电路中电流很小，有光照时，电流急剧增加。

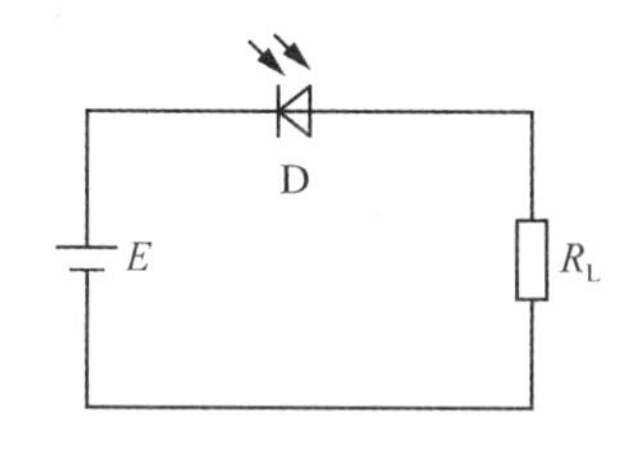

图5-11　光电二极管电路

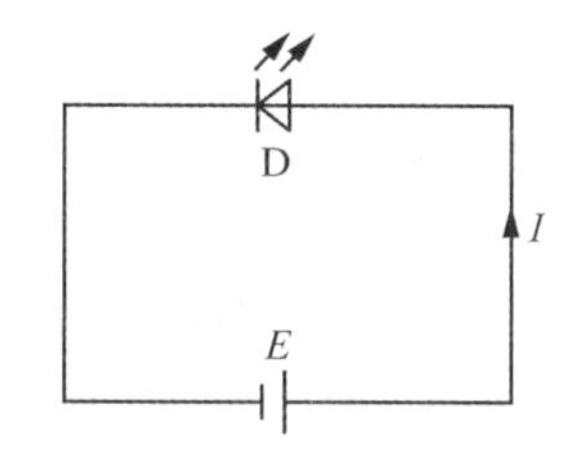

图5-12　发光二极管电路

发光二极管工作于正向偏置状态。正向电流通过发光二极管时，它会发出光来，光的颜色由发光二极管的材料而定，有红、黄、绿等颜色。其图形符号如图5-12所示。正向工作电压一般不超过2V，正向电流为10mA左右。发光二极管常用作数字仪表和音响设备中的显示器。

5.4　晶体管

晶体管也称为半导体三极管或三极管，是最重要的一种半导体元件，其放大作用和开关作用促使电子技术飞跃发展。晶体管的特性是通过特性曲线和工作参数来分析研究的。为了更好地理解晶体管的外部特性，首先简单介绍其内部结构和载流子的运动规律。

5.4.1　晶体管的结构

在纯净的半导体基片上，按生产工艺扩散掺杂制成两个“背靠背”紧密结合的PN结，引出三个电极，封装在金属或塑料外壳内而制成三极管，其外形如图5-13所示。三极管内部结构是由三层不同类型的杂质半导体构成的，有两个PN结。按掺杂浓度不同，三极管可分为NPN型和PNP型两类，其结构和图形符号如图5-14所示。无论哪种类型三极管，都有三个导电区，即发射区、集电区和基区。由三个区引出的三个电极分别是发射极E、集电极C和基极B。发射区与基区交界处的PN结为发射结，集电区与基区交界处的PN结为集电结，集电结的结面积比较大。三个导电区掺杂浓

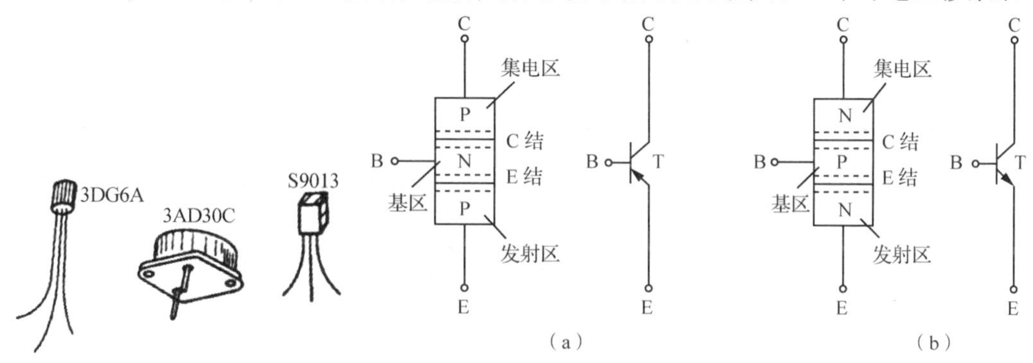

图5-13　三极管的外形

图5-14　三极管的结构和图形符号
(a) PNP型　(b) NPN型

度不尽相同，发射区最大，集电区次之，基区最小，并且基区最薄(约几微米)。这些都是为三极管能够实现电流放大作用而设计的。

在NPN型和PNP型三极管的电路符号中，发射结的箭头方向表示三极管工作在放大状态时实际的电流方向。目前，国产的NPN型管大多是硅管(3D系列)，PNP型管大多是锗管(3A系列)，由于硅管的温度稳定性强于锗管，故硅管应用较多。

5.4.2 晶体管的电流分配与放大原理

晶体管具有电流放大作用。为了分析晶体管的放大原理和内部的电流分配情况，我们采用NPN型硅管构成一个共发射极接法的实验电路，如图5-15所示。电路中，欲放大的信号加在基极和发射极构成的输入回路中，而将放大后的信号在集电极和发射极构成的输出回路中取出。因为发射极是公共端，故该电路的接法称为共发射极接法。

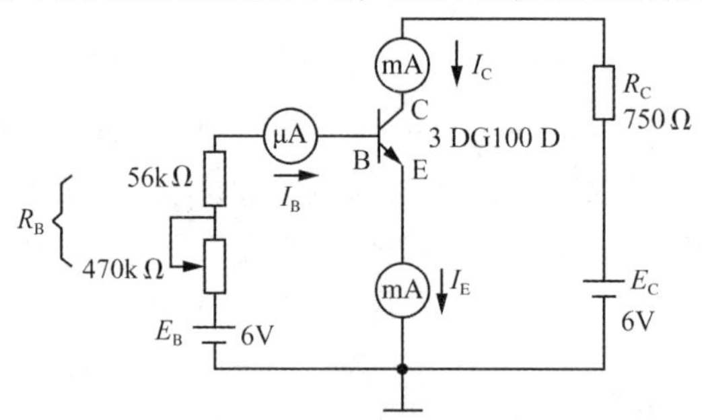

图5-15 三极管电流分配原理的实验电路

首先，调节电位器 R_B 来改变 U_{BE}，则基极电流 I_B、集电极电流 I_C、发射极电流 I_E 都发生变化。最后，断开发射极(即 $I_E=0$)，测量 I_B 和 I_C，将数据记入表5-1中。观察和分析测量的数据，可得出以下结论：

(1)每一列数据都符合基尔霍夫电流定律，即

$$I_B + I_C - I_E = 0 \quad (I_E \approx I_C \gg I_B) \tag{5-1}$$

表5-1 三极管电流测试记录

I_B(μA)	0	20	40	60	80	100	-0.1
I_C(mA)	0.001	0.80	1.61	2.41	3.22	4.03	0.0001
I_E(mA)	0.001	0.82	1.65	2.48	3.31	4.12	0

(2)电流放大作用。从数据的第二列到第六列，集电极电流 I_C 和基极电流 I_B 的比值分别为

$$\frac{I_{C1}}{I_{B1}} = \frac{0.8}{0.02} = 40$$

$$\frac{I_{C2}}{I_{B2}} = \frac{1.61}{0.04} = 40.25$$

$$\vdots$$

$$\frac{I_{C5}}{I_{B5}}=\frac{4.03}{0.1}=40.3$$

可以看出，I_C 与 I_B 的比值基本相等，近似为 40，即近似为常数，称该常数为三极管直流(静态)电流放大系数，用 $\bar{\beta}$ 表示。我们再计算集电极电流 I_C 和基极电流 I_B 的相对变化量的比值，可得

$$\frac{\Delta I_{C1}}{\Delta I_{B1}}=\frac{I_{C2}-I_{C1}}{I_{B2}-I_{B1}}=\frac{1.61-0.80}{0.04-0.02}=40.5$$

$$\frac{\Delta I_{C2}}{\Delta I_{B2}}=40$$

$$\vdots$$

$$\frac{\Delta I_{C5}}{\Delta I_{B5}}=40.5$$

从以上数据可以得到一个重要的结论：基极电流较小的变化，可引起集电极电流较大的变化，即基极电流对集电极电流具有小量控制大量的作用，这就是三极管的电流放大作用。电流变化量 ΔI_C 和 ΔI_B 之间满足确定的比例关系，即

$$\beta=\frac{\Delta I_C}{\Delta I_B} \tag{5-2}$$

比例系数 β 的大小反映了三极管控制作用的强弱，即电流放大作用的强弱，故称 β 为交流(动态)电流放大系数。

(3)表 5-1 中第一组数据是在 $I_B=0$(即基极开路)时测得的，此时 $I_E=I_C=0.001$ mA，数值很小，通常称为穿透电流，用 I_{CEO} 表示。

第七组数据是在 $I_E=0$(即发射极开路)时测得的，此时在 E_C 和 E_B 作用下，由集电极流向基极的电流值更小，为 0.1μA。由于电位 V_C 大于 V_B，该电流正好是集电结反向饱和电流，用 I_{CBO} 表示。

(4)三极管起放大作用的外部条件是：发射结正向偏置，集电结反向偏置。

下面用载流子在晶体管内部的运动规律来解释上述结论。

①发射区向基区扩散电子　对 NPN 型三极管而言，因为发射区自由电子(多数载流子)的浓度高，而基区自由电子(少数载流子)的浓度低，所以自由电子要从浓度高的发射区(N 型)向浓度低的基区(P 型)扩散。由于发射结处于正向偏置，故发射区自由电子的扩散运动加强，不断扩散到基区，并不断从电源补充进电子，形成发射极电流 I_E，如图 5-16 所示。基区的多数载流子(空穴)也要向发射区扩散，但由于基区的空穴浓度比发射区的自由电子的浓度小得多，因此空穴电流很小，可以忽略不计(在图 5-16 中未画出)。

②电子在基区扩散和复合　从发射区扩散到基区的自由电子起初都聚集在发射结附近，靠近集电结的自由电子很少，形成了浓度上的差别。因而自由电子将向集电结方向继续扩散。在扩散过程中，自由电子不断与空穴(P 型区中的多数载流子)相遇而复合。由于基区接电源 U_{BB} 的正极，因而基区中受激发的价电子不断被电源拉走，这相当于不断补充基区中被复合掉的空穴，形成电流 I_{BE}[图 5-16(b)]，它基本上等于

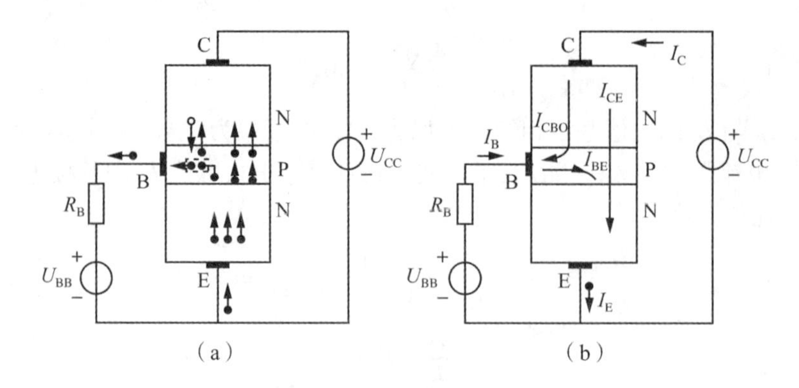

图 5-16 晶体管中的电流

(a)载流子运动 (b)电流分配

基极电流 I_B。

在中途被复合掉的电子越多，扩散到集电结的电子就越少，这不利于晶体管的放大作用。为此基区就要做得很薄，基区掺杂浓度要很小(这是放大的内部条件)，这样才可以大大减少电子与基区空穴复合的机会，使绝大部分自由电子都能扩散到集电结边缘。

③集电区收集从发射区扩散过来的电子　由于集电结反向偏置，它阻挡集电区(N 型)的自由电子向基区扩散，但可将从发射区扩散到基区并达到集电区边缘的自由电子拉入集电区，从而形成电流 I_{CE}，它基本上等于集电极电流 I_C。

除此以外，由于集电结反向偏置，集电区的少数载流子(空穴)和基区的少数载流子(电子)将向对方运动，形成电流 I_{CBO}。这种电流很小，它构成集电极电流 I_C 和基极电流 I_B 的一小部分，但它受温度影响很大，并与外加电压的大小关系不大。

上述的晶体管中载流子运动和电流分配关系绘制在图 5-16 中。

总之，从发射区扩散到基区的电子中只有很小一部分在基区复合，绝大部分都到达集电区。也就是构成发射极电流 I_E 的两部分中，I_{BE}部分是很小的，而 I_{CE}部分所占比例是很大的。这个比值用 $\bar{\beta}$ 表示，即

$$\bar{\beta} = \frac{I_{CE}}{I_{BE}} = \frac{I_C - I_{CBO}}{I_B + I_{CBO}} \approx \frac{I_C}{I_B} \tag{5-3}$$

从前面的电流放大实验可知，在晶体管中，不仅 I_C 比 I_B 大得多，而且当调节可变电阻 R_B 使 I_B 有一个微小的变化时，将会引起 I_C 很大的变化。

从上述的晶体管内部载流子的运动规律不难理解，要使晶体管起电流放大作用，发射结必须正向偏置，集电结必须反向偏置(这是放大的外部条件)。而放大的内部条件是：基区做得很薄、掺杂浓度低，发射区杂质浓度大，集电结的结面积大。

以上是以 NPN 型三极管为例来说明的，若使用 PNP 型三极管，只需将电源 E_B 和 E_C 极性对调，所不同的仅是相应电极电流方向相反。

5.4.3 晶体管的特性曲线

三极管的特性曲线是反映三极管各电极电压与电流之间相互关系的曲线。特性曲

线所反映的三极管性能是分析放大电路的重要依据，以下介绍常用的三极管共发射极接法的输入特性曲线和输出特性曲线。这些特性曲线可用晶体管特性图示仪直接地显示出来，也可以通过图 5-15 所示的实验电路测得的数据进行绘制。实验电路中使用 NPN 型硅管 3DG100D。

(1)输入特性曲线

输入特性曲线是指当集—射极电压 U_{CE} 为常数时，输入电路(基极电路)中基极电流 I_B 与基—射极电压 U_{BE} 之间的关系曲线 $I_B = f(U_{BE})$，如图 5-17 所示。

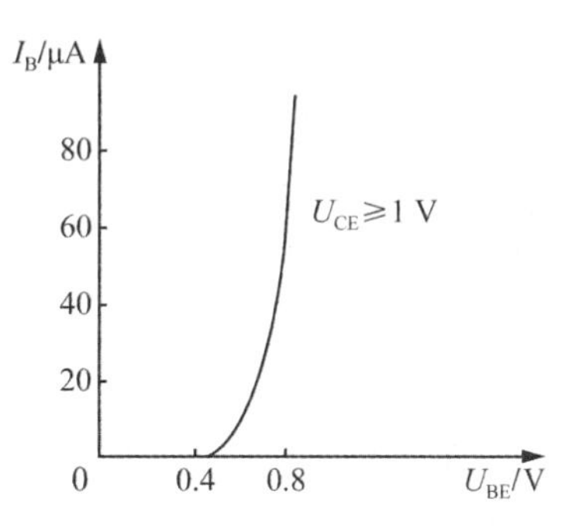

图 5-17　3DG100D 晶体管的输入特性曲线

对硅管而言，当 $U_{CE} \geq 1V$ 时，集电结已反向偏置，而基区又很薄，可以把从发射区扩散到基区的电子中的绝大部分拉入到集电区。此后，U_{CE} 对 I_B 就不再有明显的影响，也就是说，$U_{CE} > 1V$ 后的输入特性曲线基本上是重合的。所以，通常只画出 $U_{CE} \geq 1V$ 的一条输入特性曲线。

由图 5-17 可知，和二极管的伏安特性一样，晶体管输入特性也有一段死区。只有在发射结外加电压大于死区电压时，晶体管才会出现基极电流 I_B。硅管的死区电压约为 0.5V，锗管的死区电压约为 0.1V。在正常工作情况下，NPN 型硅管的发射结电压 $U_{BE} = 0.6 \sim 0.7V$，PNP 型锗管的发射结电压 $U_{BE} = -0.3 \sim -0.2V$。

(2)输出特性曲线

输出特性曲线是指当基极电流 I_B 为常数时，输出电路(集电极电路)中集电极电流 I_C 与集—射极电压 U_{CE} 之间的关系曲线 $I_C = f(U_{CE})$。在不同的 I_B 下，可得出不同的曲线，所以晶体管的输出特性曲线是一簇曲线，如图 5-18 所示。

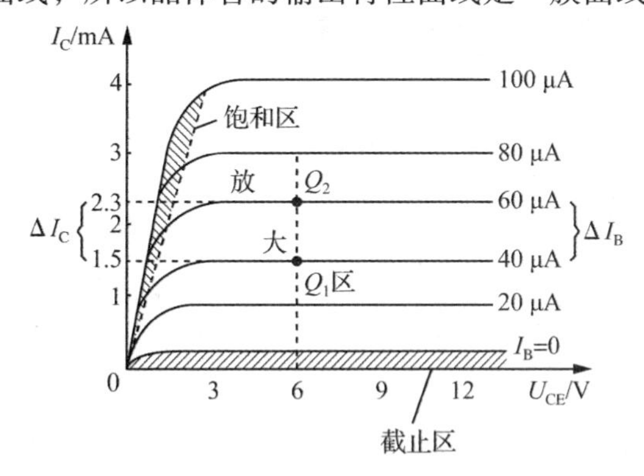

图 5-18　3DG100D 晶体管的输出特性曲线

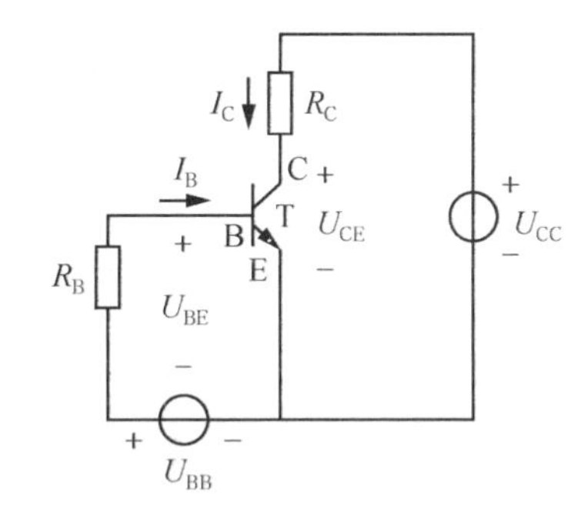

图 5-19　共发射极电路

通常把晶体管的输出特性曲线分为三个工作区，也就是说晶体管有三种工作状态。可结合图 5-19 所示的电路来分析(集电极电路中接有电阻 R_C)。

①放大区　输出特性曲线近于水平的部分是放大区。在放大区，$I_C = \bar{\beta} I_B$。放大区也称为线性区，因为 I_C 和 I_B 成正比的关系。如前所述，晶体管工作在放大状态时，

发射结处于正向偏置，集电结处于反向偏置，即对于NPN型管来说，应使$U_{BE}>0$，$U_{BC}<0$。此时，$U_{CE}>U_{BE}$。

②截止区　$I_B=0$的曲线以下的区域称为截止区。$I_B=0$时，$I_C=0.001\text{mA}$（称为穿透电流I_{CEO}）。对NPN型硅管而言，当$U_{BE}<0.5\text{V}$时即已开始截止，但是为了可靠截止，常使$U_{BE}\leqslant 0$。截止时集电结也处于反向偏置（$U_{BC}<0$）。此时，$I_C\approx 0$，$U_{CE}\approx U_{CC}$。

③饱和区　当$U_{CE}<U_{BE}$时，集电结处于正向偏置（$U_{BC}>0$），它失去收集基区中电子的能力，此时无论再怎样增加I_B，I_C也增加很少或不再增加，晶体管处于饱和状态。在饱和区，I_B的变化对I_C的影响较小，两者不成正比，放大区的$\bar{\beta}$不能适用于饱和区。饱和时，发射结也处于正向偏置。此时，$U_{CE}\approx 0$，$I_C\approx\dfrac{U_{CC}}{R_C}$。

由上可知，当晶体管饱和时，$U_{CE}\approx 0$。发射极与集电极之间如同一个处于接通状态的开关，其间电阻很小；当晶体管截止时，$I_C\approx 0$，发射极与集电极之间如同一个处于断开状态的开关，其间电阻很大。可见，晶体管除了具有放大作用外，还具有开关作用。

图5-20所示的就是晶体管在三种工作状态下的电压和电流。

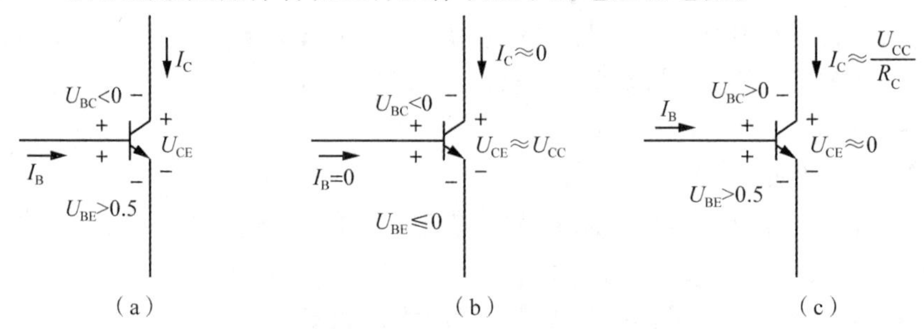

图5-20　晶体管三种工作状态下的电压和电流

(a)放大　(b)截止　(c)饱和

表5-2列出了晶体管在三种工作状态下结电压的典型值。

表5-2　晶体管结电压的典型数据

管　型	工作状态				
	饱和		放大	截止	
	U_{BC}(V)	U_{CE}(V)	U_{BC}(V)	U_{BE}(V)	
				开始截止	可靠截止
硅管(NPN)	0.7	0.3	0.6～0.7	0.5	≤0
锗管(PNP)	-0.3	-0.1	-0.3～-0.2	-0.1	0.1

【例5-3】　在图5-21的电路中，$U_{CC}=12\text{V}$，$R_C=3\text{k}\Omega$，$R_B=20\text{k}\Omega$，$\bar{\beta}=100$，当输入电压U_i分别为3V、1V和-1V时，试问晶体管处于何种状态？

【解】　由图5-20(c)可知，晶体管饱和时集电极电流近似为

$$I_C \approx \frac{U_{CC}}{R_C} = \frac{12}{3000}(\mathrm{A}) = 4(\mathrm{mA})$$

晶体管刚刚进入饱和区(临界饱和)时的基极电流为

$$I'_B = \frac{I_C}{\beta} = \frac{4}{100}(\mathrm{A}) = 0.04(\mathrm{mA})$$

(1)当 $U_i=3\mathrm{V}$ 时

$$I_B = \frac{U_i - U_{BE}}{R_B} = \frac{3-0.7}{20\times10^3}(\mathrm{A}) = 115(\mu\mathrm{A}) > I'_B$$

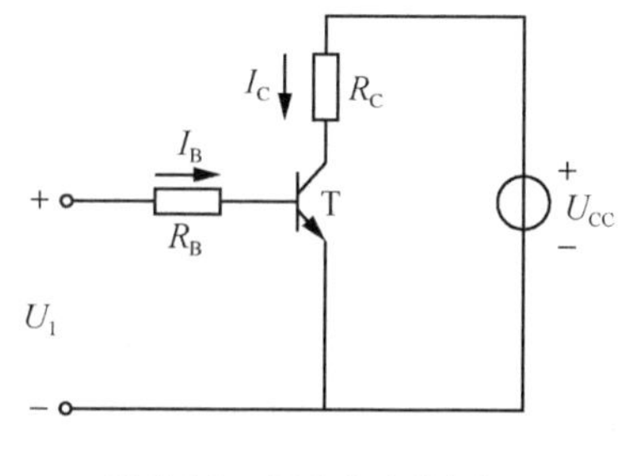

图 5-21　例 5-3 电路图

因而晶体管已经处于深度饱和状态。

(2)当 $U_i=1\mathrm{V}$ 时

$$I_B = \frac{U_i - U_{BE}}{R_B} = \frac{1-0.7}{20\times10^3}(\mathrm{A}) = 15(\mu\mathrm{A}) < I'_B$$

因而晶体管处于放大状态。

(3)当 $U_i=-1\mathrm{V}$ 时，晶体管可靠截止。

5.4.4　晶体管的参数

晶体管的特性除了用特性曲线表示外，还可用一些数据来说明，这些数据为晶体管的参数。晶体管的参数也是设计电路、选用晶体管的依据。主要参数有：

(1)电流放大系数 $\bar{\beta}$，β

如前所述，当晶体管接成共发射极电路时，在静态(无输入信号)时集电极电流 I_C 与基极电流 I_B 的比值称为共发射极静态电流(直流)放大系数，即

$$\bar{\beta} = \frac{I_C}{I_B}$$

当晶体管工作在动态(有输入信号)时，基极电流的变化量为 ΔI_B，引起集电极电流的变化量为 ΔI_C。ΔI_C 与 ΔI_B 的比值称为动态电流(交流)放大系数，即

$$\beta = \frac{\Delta I_C}{\Delta I_B}$$

【例 5-4】 从图 5-18 所给出 3DG100D 晶体管的输出特性曲线上，计算出 Q_1 点处的 $\bar{\beta}$，并由 Q_1 点和 Q_2 两点计算 β。

【解】 ① 在 Q_1 点处，$U_{CE}=6\mathrm{V}$，$I_B=40\mu\mathrm{A}=0.04\mathrm{mA}$，$I_C=1.5\mathrm{mA}$，故

$$\bar{\beta} = \frac{I_C}{I_B} = \frac{1.5}{0.04} = 37.5$$

② 由 Q_1 点和 Q_2 两点($U_{CE}=6\mathrm{V}$)得

$$\beta = \frac{\Delta I_C}{\Delta I_B} = \frac{2.3-1.5}{0.06-0.04} = \frac{0.8}{0.02} = 40$$

由此可见，$\bar{\beta}$ 和 β 的定义虽然不同，但在输出特性曲线近于平行等距并且 I_{CEO} 较小的情况下，两者数值较为接近。今后在估算时，常用 $\bar{\beta}\approx\beta$ 这个近似关系。

由于晶体管的输出特性曲线是非线性的，只有在特性曲线的近于水平部分，I_C 随 I_B 成正比例地变化，β 值才可认为是基本恒定的。

由于制造工艺的分散性，即使同一型号的晶体管，β 的数值也有一些差别。常用的晶体管的 β 值为几十到几百。

(2)集—基极反向截止电流 I_{CBO}

如前所述，I_{CBO}是当发射极开路时由于集电结处于反向偏置，集电区和基区中的少数载流子向对方漂移运动形成的电流。在室温下，小功率锗管的 I_{CBO}约为几微安到几十微安，小功率硅管在 1μA 以下，其值越小越好。I_{CBO}受温度的影响大，硅管在温度稳定性方面胜于锗管。图 5-22 所示为测量 I_{CBO}的电路。

(3)集—射极反向截止电流 I_{CEO}

I_{CEO}已在前文提及，它是当 $I_B=0$(将基极开路)、集电结处于反向偏置和发射结处于正向偏置时的集电极电流。又因为其好像是从集电极直接穿透晶体管而到达发射极的，所以又称为穿透电流。图 5-23 所示为测量 I_{CEO}的电路。硅管 I_{CEO}约为几微安，锗管 I_{CEO}约为几十微安，其值越小越好。

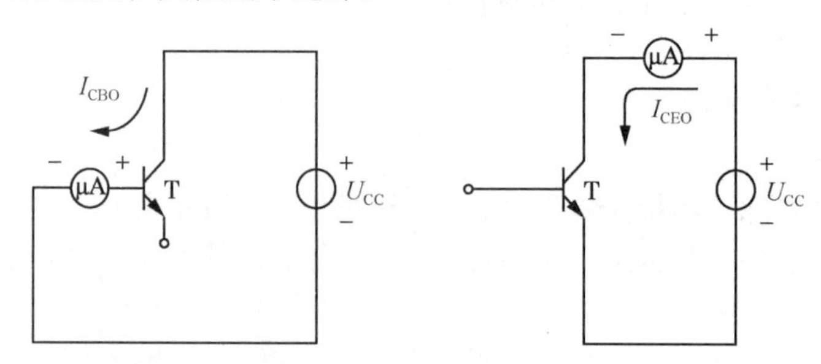

图 5-22　测量 I_{CBO}的电路　　**图 5-23　测量 I_{CEO}的电路**

由式(5-3)可得

$$I_C = \bar{\beta} I_B + (1+\bar{\beta}) I_{CBO} = \bar{\beta} I_B + I_{CEO}$$

式中，$I_{CEO}=(1+\bar{\beta})I_{CBO}$。

在一般情况下，$\beta I_B \gg I_{CEO}$，故

$$I_C \approx \bar{\beta} I_B$$

$$I_E = I_C + I_B \approx (1+\bar{\beta}) I_B$$

(4)集电极最大允许电流 I_{CM}

集电极电流 I_C 超过一定值时，晶体管的 β 值就会下降。当 β 值下降到正常数值的 2/3 时的集电极电流称为集，电极最大允许电流 I_{CM}。因此，在使用晶体管时，I_C 超过 I_{CM}并不一定会使晶体管损坏，但需要以降低 β 值为代价。

(5)集—射极反向击穿电压 $U_{(BR)CEO}$

基极开路时，加在集电极和发射极之间的最大允许电压，称为集—射极反向击穿电压 $U_{(BR)CEO}$。当晶体管的集—射极电压大于 $U_{(BR)CEO}$时，I_{CEO}突然大幅度上升，说明晶体管已被击穿。手册中给出的 $U_{(BR)CEO}$一般是常温(25℃)时的值，晶体管在高温下，其 $U_{(BR)CEO}$值要降低，使用时应特别注意。为了电路可靠，应取集电极电源电压

$U_{CC} \leqslant \left(\frac{1}{2} \sim \frac{2}{3}\right) U_{(BR)CEO}$。

(6)集电极最大允许耗散功率 P_{CM}

由于集电极电流在流经集电结时将产生热量，使结温升高，因而会引起晶体管参数变化。当晶体管因受热而引起的参数变化不超过允许值时，集电极所消耗的最大功率称为集电极最大允许耗散功率 P_{CM}。

P_{CM}主要受结温 T_j 的限制，一般来说，锗管允许结温为70℃ ~90℃，硅管约为150℃。

根据晶体管的 P_{CM}值，由 $P_{CM} = I_C U_{CE}$ 可在晶体管的输出特性曲线上做出 P_{CM}曲线，它是一条双曲线。

由 I_{CM}，$U_{(BR)CEO}$和 P_{CM}三者共同确定晶体管的安全工作区，如图5-24所示。

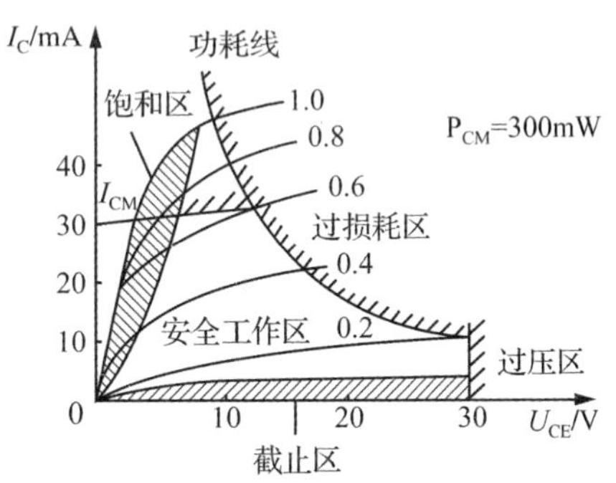

图5-24　晶体管的安全工作区

以上讨论的几个参数，其中 β 和 I_{CBO}(I_{CEO})是表明晶体管性能优劣的主要指标；I_{CM}，$U_{(BR)CEO}$和 P_{CM}都是极限参数，用来说明晶体管的使用限制。

【例5-5】 在图5-19所示的晶体管电路中，选用的是3DG100D型晶体管，其极限参数为 $U_{(BR)CEO} = 30V$，$I_{CM} = 20mA$，$P_{CM} = 100mW$。试问：(1) 集电极电源电压 U_{CC}最大可选多少？(2) 集电极电阻 R_C 最小可选多少？(3) 集电极耗散功率 P_C 为多少？

【解】 (1) 选 $U_{CC} \leqslant \frac{2}{3} U_{(BR)CEO} = \frac{2}{3} \times 30 = 20(V)$，即 U_{CC}最大可选20V。

(2)晶体管饱和时集电极电流最大可达到

$$I_C \approx \frac{U_{CC}}{R_C}$$

按照 I_C 小于 I_{CM}的要求，选集电极电阻为

$$R_C > \frac{U_{CC}}{I_{CM}} = \frac{20}{20} = 1(k\Omega)$$

因此选2 kΩ。

(3)集电极耗散功率为

$$P_C = U_{CE} I_C = (U_{CC} - R_C I_C) I_C$$

出现最大集电极耗散功率时的集电极电流 I_C 可由$\frac{dP_C}{dI_C} = 0$ 求得，即

$$I_C = \frac{U_{CC}}{2R_C} = \frac{20}{2 \times 2} = 5(mA)$$

此时 $P_C = U_{CE} I_C = (U_{CC} - R_C I_C) I_C = (20 - 2 \times 5) \times 5 = 50(mW) < P_{CM}$，工作于安全区。

本章小结

本章主要介绍了半导体二极管、稳压管、三极管的工作特性及其应用。PN 结是现代半导体器件的基础。一个 PN 结可制成一个二极管，两个 PN 结即可形成双极型三极管。

半导体二极管的基本特征是单向导电性，利用它的这一特点，可实现整流、检波、限幅等。特殊二极管，如稳压管，则可用来稳定电压。半导体二极管的伏安特性是非线性的，因此它是非线性器件。

半导体三极管是一种电流控制器件，即通过基极电流或射极电流去控制集电极电流。所谓放大作用，实质上就是一种控制作用。当三极管处于放大状态时，管子的发射结必须正向偏置，而集电结必须反向偏置。除此以外，三极管还可工作在截止状态和饱和状态。和二极管一样，三极管也是非线性器件。半导体三极管的出现，为固体电路开辟了广阔的应用领域。

习 题

5-1 判断题 5-1 图所示理想二极管电路中的二极管是否导通，并求输出端电压 u_o。

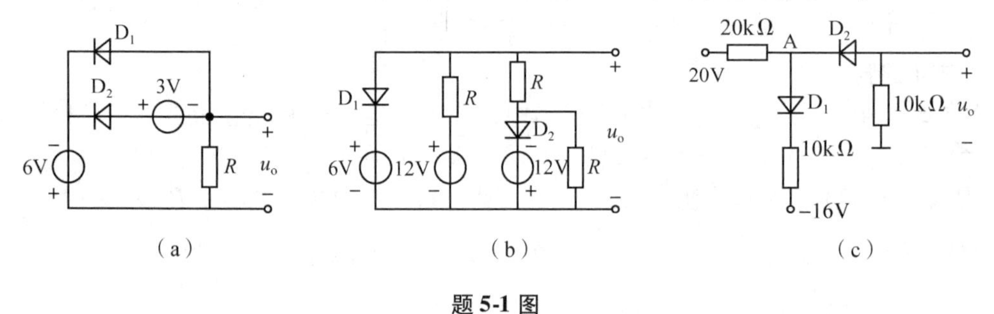

题 5-1 图

5-2 如题 5-2 图(a)(b)所示，二极管均为理想元件，已知输入电压 $u_i = 6\sin\omega t$V，试分别画出输出电压 u_o 的波形。

5-3 已知二极管的正向导通电压 $U_D = 0.7$V，估算题 5-3 图所示电路中流过二极管 D 的电流 I_D 和 A 点电位 V_A。

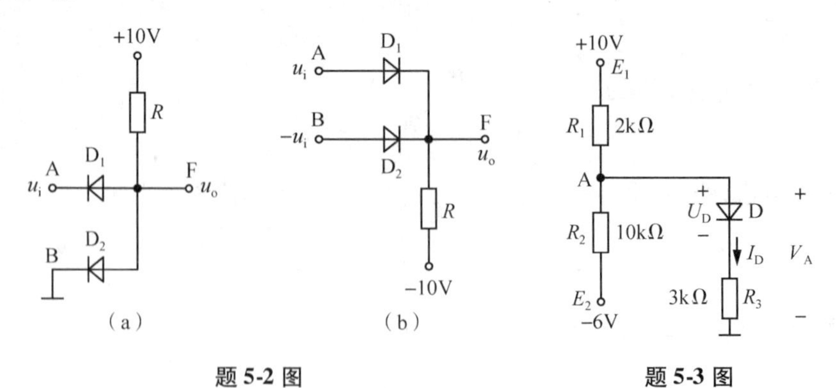

题 5-2 图　　题 5-3 图

5-4　理想二极管组成的限幅电路如题5-4图所示。输入电压 $u_i = 20\sin\omega t$V，试分别画出输出电压 u_o 的波形。

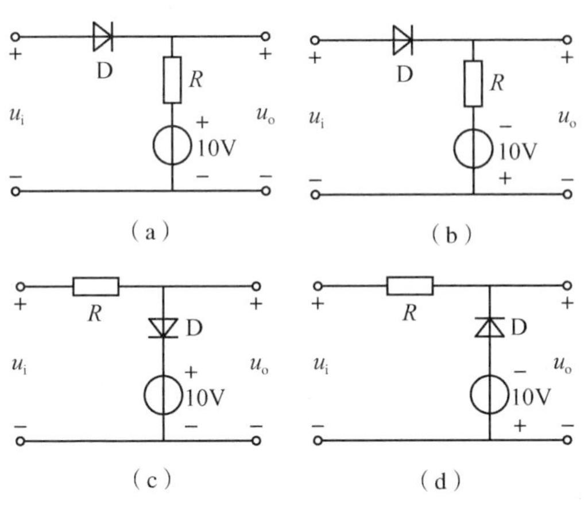

题5-4图

5-5　理想二极管电路如题5-5图所示。已知输入电压 u_i(单位V) $=2t(t=0\sim7\text{s})$，试画出输出电压变化曲线。

5-6　理想二极管电路如题5-6图所示，$E=10$V，$u_i=20\sin\omega t$ V。当 $R_L \gg R$ 时，试画出 u_o 的波形。

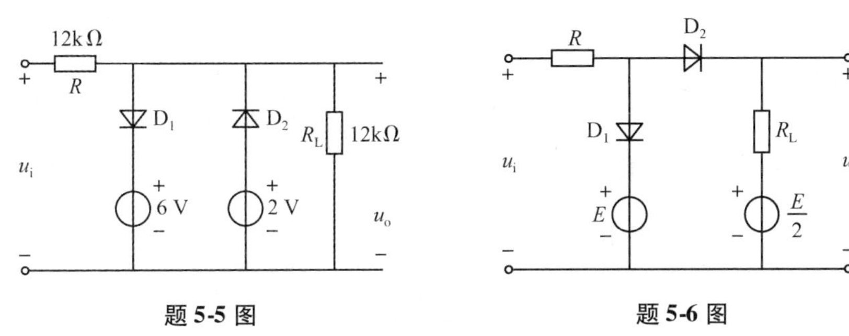

题5-5图　　**题5-6图**

5-7　稳压管稳压电路如题5-7图所示。已知稳压管 D_{Z1} 和 D_{Z2} 的稳定电压分别为6 V和9V，正向导通电压均为0.7V，输入电压 $U_i=24$V。试求电路的输出电压 U_o(设限流电阻 R，R_1，R_2 阻值合适)。

5-8　稳压管稳压电路如题5-8图所示，稳压管的参数为 $U_Z=9.8$V，$I_Z=5$mA，$I_{Zmax}=22$mA，$R_L=1.8\text{k}\Omega$，要求当输入电压 U_i 在标称值上下发生±20%波动时，输出电压 U_o 基本不变。试确定限流电阻 R 和输入电压 U_i 的值。

5-9　稳压二极管电路如题5-9图所示。已知稳压管电流 $I_Z=5$mA时的稳定电压 $U_Z=7.3$V，稳压管最小稳定电流 $I_{Zmin}=0.2$mA，稳压管动态电阻 $r_Z=20\Omega$，供电电源的标称电压是11V，但有±1V的波动。试求：(1) 当负载开路时，在标称电压下，输出电压 U_o 的值；(2) 当负载开路，供电电源电压 U_{CC} 波动±1V时，产生的输出电压变化量 ΔU_o 的值；(3) 接入负载电阻 $R_L=3\ \text{k}\Omega$ 时，输出电压变化量 ΔU_o 的值；(4) 当 $R_L=0.6\ \text{k}\Omega$ 时，输出电压变化量 ΔU_o 的值；(5) 确保稳压管能够正常工作($I_Z \geqslant I_{Zmin}$)时，所允许的最小负载电阻 R_{Lmin} 的值。

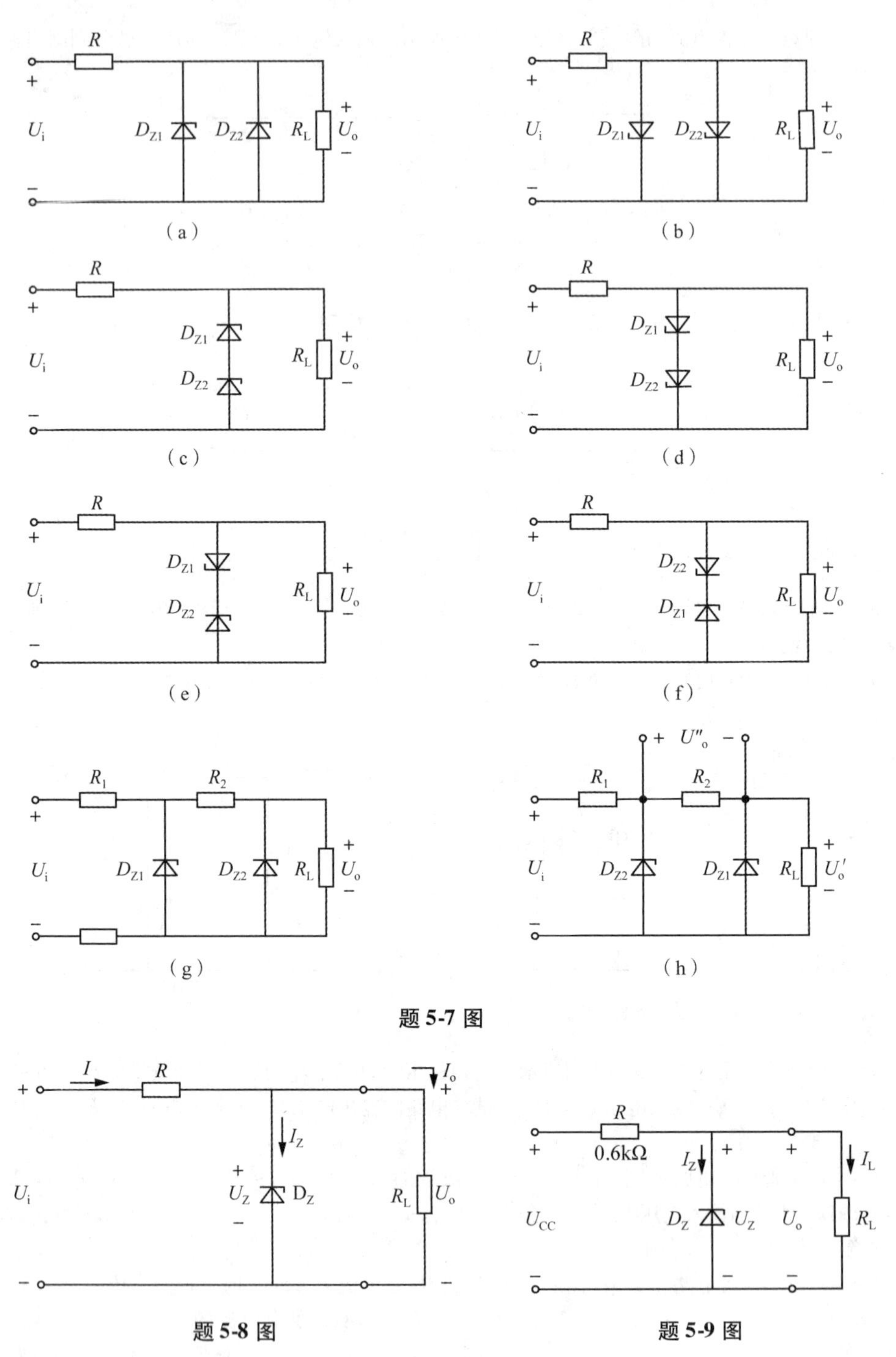

题 5-7 图

题 5-8 图

题 5-9 图

5-10　稳压管稳压电路如题 5-10 图所示。已知稳压管 D_{Z1} 和 D_{Z2} 的稳定电压分别为 6V 和 9V，试画出 $0\leqslant U_i\leqslant 30V$ 范围内的电压传输特性曲线 $U_o=f(U_i)$。

5-11　如题 5-11 图(a)所示电路，二极管 D_1，D_2 的正向导通压降为 0.6V，输入电压 u_i 为幅值等于 5V 的三角波，如题 5-11 图(b)，试画出输出电压 u_o 的波形。

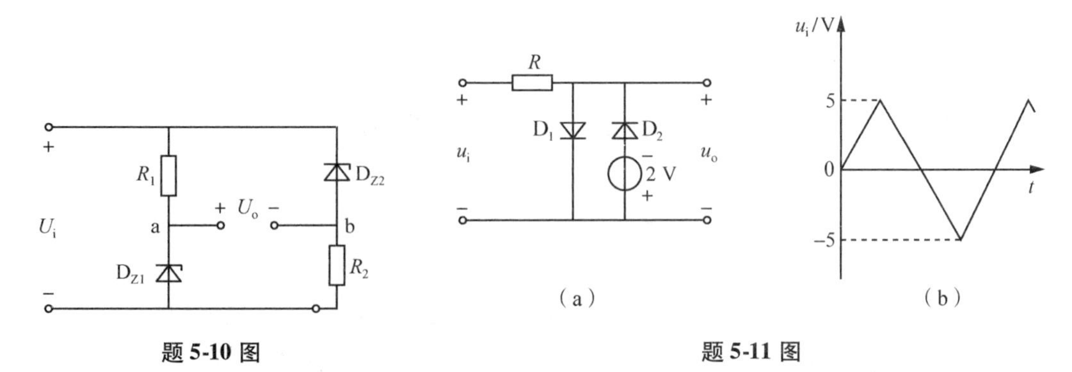

题 5-10 图　　　　　　　　　　　　题 5-11 图

5-12　晶体管电路如题 5-12 图所示，已知 $\beta=60$。试分析各电路的工作状态。

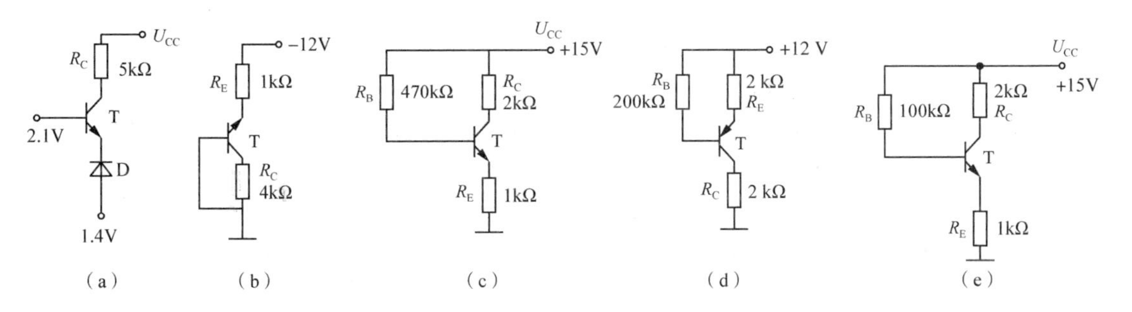

题 5-12 图

5-13　测得处于放大状态的三个三极管的各电极电位分别如题 5-13 图(a)(b)(c)所示，试判断各管的类型，并区分 E，B，C 三个电极。

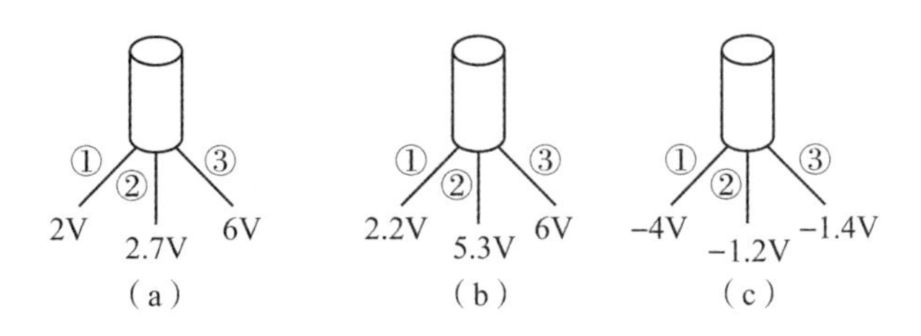

题 5-13 图

5-14　测得放大电路三极管两个电极上的直流电流如题 5-14 图所示。试判断三极管的管型，区分 E，B，C 电极并计算电流放大倍数 $\bar{\beta}$。

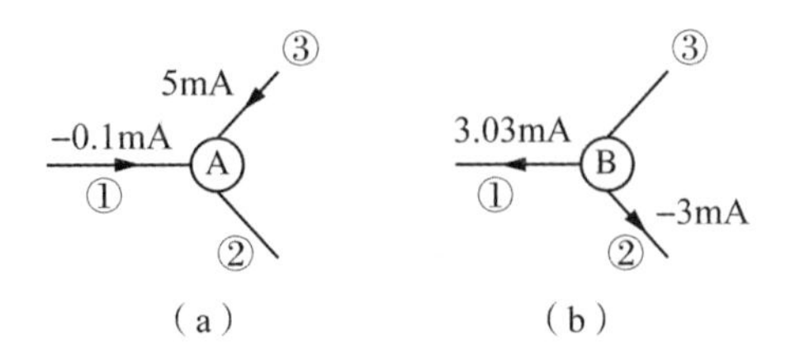

题 5-14 图

5-15 电路如题5-15图所示，试判断各三极管的类型、材料和工作状态。

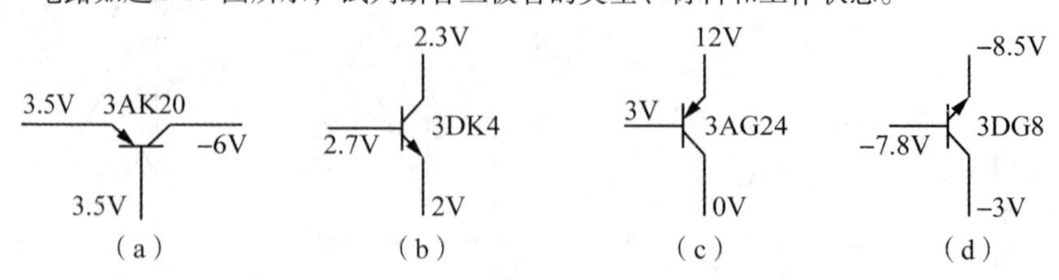

题 5-15 图

5-16 在题5-16图(a)所示电路中，已知晶体管T的$U_{BE}=0.6V$，$\beta=60$，输入电压u_i为题5-16图(b)所示的矩形波信号。试求输出电压u_o的值，并画出在U_i作用下U_o的曲线图。

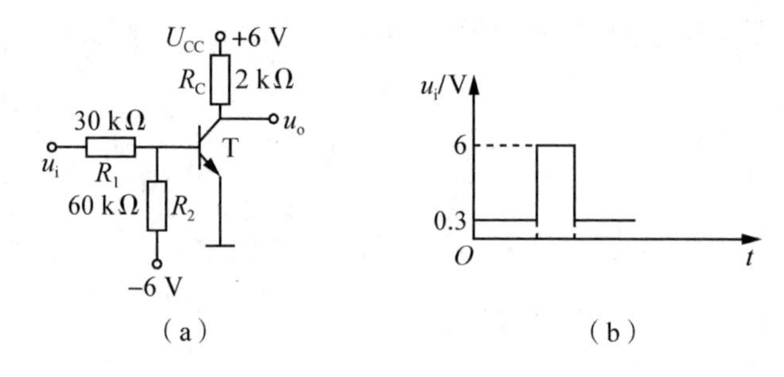

题 5-16 图

第 6 章

基本放大电路

放大电路用于将微弱的电信号(电压、电流、功率)在不失真或在允许的失真范围内放大到需要的数值。这个微弱的电信号一般都是由非电物理量，如温度、压力、位移等经过传感器转换而来的，称为模拟信号。其电平与对应的物理量一样，是平滑地连续变化的，可取一定范围内的任意值。放大电路的应用十分广泛，是模拟电子电路中最重要的基本单元电路。

本章讨论由分立元件组成的各种常用基本放大电路，研究其电路结构、工作原理、分析方法以及特点和应用。

6.1 基本放大电路的组成

基本放大电路是指应用一两个放大器件构成的能实现放大作用的单元电路。下面以图 6-1 所示阻容耦合共射放大电路为例来说明放大电路的组成。

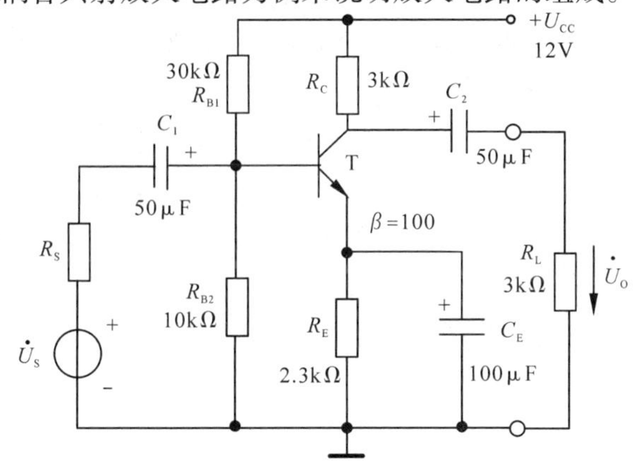

图 6-1　阻容耦合基本放大电路

该放大电路主要由三极管 T、集电极负载电阻 R_C、基极偏置电阻 R_{B1}，R_{B2} 和集电极电源 U_{CC} 组成。

（1）三极管 T

NPN 型三极管起电流放大作用。利用它可在集电极电路获得放大了的电流，此电流受输入信号的控制。从能量的观点来看，输入信号的能量是较小的，而输出的能量是较大的，但这并不是放大电路把输入的能量放大了。能量是守恒的，并不能放大，输出的较大能量是来自直流电源 U_{CC}。实质是能量较小的输入信号通过三极管的控制作用，控制电源 U_{CC} 所提供的能量，以在输出端获得一个能量较大的输出信号。因此，可以说三极管是一个控制元件。

（2）集电极电源 U_{CC}

它通过 R_{B1}，R_{B2}，R_E 给 T 的发射结以正向偏置（$U_B > U_E$），提供 I_B 和 U_{BE}；通过 R_C，R_E 给 T 的集电结以反向偏置（$U_C > U_B$），提供直流 I_C 和 U_{CE}；保证三极管处于放大状态，同时为放大电路提供能源。

（3）集电极负载电阻 R_C

集电极负载电阻简称集电极电阻，它的作用是把三极管的电流放大作用转换成电压放大作用。

（4）基极偏置电阻 R_{B1}，R_{B2} 和发射极电阻 R_E

这些电阻选取合适的阻值，使三极管在没有输入信号的情况下有合适的直流（I_B，I_C，U_{BE}，U_{CE}）状态，即有合适且稳定的静态工作点 Q。

（5）耦合电容 C_1，C_2 和射极旁路电容 C_E

放大电路用来放大信号，所谓信号就是要传递的信息，如收音机中听到的声音，从电视中看到的图像等。它们的共同点是，信号是变化量。放大电路输入端接信号源，输出端接负载。对于变化的信号应能畅通无阻地进行传递，但又不要影响放大电路的直流工作状态。为此，在信号源与放大电路输入端之间以及放大电路输出端与负载之间接上隔直耦合电容 C_1 和 C_2。利用电容对交流信号频率呈现很小容抗的特性，以沟通信号源、放大电路和负载三者之间的交流通道；利用电容器的隔直特性，保证放大电路的直流工作状态。射极旁路电容 C_E 对发射极电流的交流分量 i_e 提供通路，以此提高放大电路的输出电压幅度。

放大电路输入回路经信号源、耦合电容 C_1、基极 B、发射极 E、射极旁路电容 C_E 构成；输出回路经集电极 C、发射极 E、射极旁路电容 C_E、负载电阻 R_L、集电极耦合电容 C_2 而闭合。由于输入、输出回路共用发射极，所以放大电路的这种组态称为**共发射极放大电路**，简称共射放大电路。

在放大电路中，电压和电流同时存在直流分量和交流分量，为避免混淆，用表 6-1 中的符号表示各种类型的电流和电压。

表6-1　放大电路中电压、电流表示法

变　量	代　称	下　标	实　例
总瞬时值	小写字母	大写字母	u_{BE}，u_{CE}，i_B，i_C，i_E
交流分量瞬时值	小写字母	小写字母	u_{be}，u_{ce}，i_b，i_c，i_e
交流有效值	大写字母	小写字母	U_{be}，U_{ce}，I_b，I_c，I_e
直流量及电源	大写字母	大写字母	U_{BE}，U_{CE}，U_{CC}，U_{BB}，U_{EE}，I_B，I_C，I_E，E_C，E_B，E_E

6.2　共射放大电路的分析

放大电路的分析可分为静态和动态两种情况。放大电路在工作时，存在两个激励源，一个是直流电源(直流)，另一个是输入信号(通常是交流)。所以，在放大电路中，各电流和电压是直流信号和交流信号的叠加。为了便于分析，通常对直流量和交流量分别进行分析和计算。

当放大电路未加输入信号($u_i=0$)时，电路中各处的电流和电压都是直流量，称为直流工作状态或静态。此时，放大电路中的电压和电流 I_B，I_C，I_E，U_{BE}和 U_{CE}称为静态值或直流分量，上述静态值在三极管的输入和输出特性曲线上确定了一个坐标点，称该点为静态工作点 Q。静态值关系到放大电路工作的质量，所谓静态分析就是要确定放大电路的静态值。

当放大电路的输入信号 $u_i \neq 0$ 时，电路中的电流和电压处于变动的状态，这时电路处于动态工作状态，简称为动态。动态分析是在静态值确定以后，对交流信号的传输进行分析。所以，在分析放大电路时，通常先分析和计算静态值，而后再分析和计算动态值。静态是放大电路工作的基础，而动态是放大的目的。

放大电路中经常使用电抗元件，因此，直流电路的路径和方向(直流通道)与信号传输的路径和方向(交流通道)也就不同。确定直流通道和交流通道的原则如下：

①确定直流通道时，电容视为开路，电感视为短路。

②确定交流通道时，当容抗值很小时(通常能够满足)，可将电容视为短路；另外，由于直流电源的输出电压很稳定，相当于恒压源，其内阻极小，所以可将直流电源视为短路。

计算静态工作点和有关直流分量时，必须用直流通道；分析放大电路的信号放大作用以及计算其性能指标时，必须用交流通道。

6.2.1　静态分析

直流通道计算法和图解法是静态分析的两种基本方法。

6.2.1.1　用放大电路的直流通道计算静态值

以图6-1所示的分压式偏置放大电路为例，根据图6-2(a)所示的直流通道，可列

写以下 KVL 方程

$$R_{B1}I_{B1}+U_{BE}+(1+\beta)R_EI_B=U_{CC} \tag{6-1}$$

$$R_{B1}I_{B1}+R_{B2}(I_{B1}-I_B)=U_{CC} \tag{6-2}$$

对式(6-1)、式(6-2)联立求解可得

$$I_B=\left(\frac{R_{B2}}{R_{B1}+R_{B2}}U_{CC}-U_{BE}\right)/[(1+\beta)R_E+R_{B1}/\!/R_{B2}]$$

取 $U_{BE}=0.6\text{V}$，可得

$$I_B=\frac{3-0.6}{7.5+(1+100)\times 2.3}=10\ (\mu\text{A})$$

$$I_C\approx\beta I_B=100\times 0.01=1\ (\text{mA})$$

$$U_{CE}\approx U_{CC}-I_C(R_C+R_E)=12-1\times(3+2.3)=6.7\ (\text{V})$$

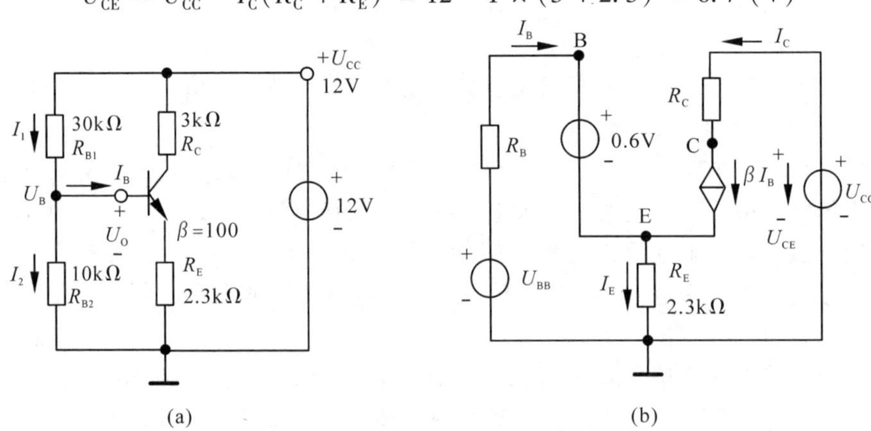

图 6-2 图 6-1 电路的直流通道和直流等效电路

(a) 直流通道 (b) 直流等效电路

以上计算比较繁琐，所以通常采用以下所述的估算法来计算静态值：

分压式共射放大电路，一般满足 $I_{B1}\gg I_B$[参见图 6-2(a)]，因而 $I_{B1}=I_{B2}+I_B\approx I_{B2}$（即可忽略 I_B 的分流作用），则

$$U_B\approx\frac{R_{B2}}{R_{B1}+R_{B2}}\cdot U_{CC}=3(\text{V})$$

U_B 和 U_E 基本上是固定的，于是

$$U_E=U_B-U_{BE}=2.4(\text{V})$$

所以

$$I_E=\frac{U_E}{R_E}\approx 1(\text{mA})$$

$$I_C\approx I_E=1(\text{mA})$$

$$I_B=I_C/\beta=1\text{mA}/100=10(\mu\text{A})$$

$$U_{CE}\approx U_{CC}-I_C(R_C+R_E)=12-1\times(3+2.3)=6.7(\text{V})$$

综上所述，对于分压式共射放大电路的静态计算，可按下述步骤进行：

$$U_B\to U_E\to I_E\approx I_C\to U_{CE}$$

6.2.1.2 用图解法计算放大电路的静态值

以图6-1共射放大电路为例，将其直流通道中的输出回路画于图6-3(a)。回路的左边是三极管，其输出特性曲线如图6-3(b)所示($\beta = 100$)。回路的右边是由 U_{CC}，R_C 和 R_E 组成的有源二端网络，其电压方程式为

$$U_{CE} = U_{CC} - I_C(R_C + R_E)$$

这是一个直线方程，在纵轴上的截距为$\dfrac{U_{CC}}{R_C + R_E}$(此时 $U_{CE} = 0$)，在横轴上的截距为 U_{CC}(此时 $I_C = 0$)。直线的斜率为 $\tan\alpha = \dfrac{1}{R_C + R_E}$，因为它是由直流通路得出的，且与集电极和发射极负载电阻有关，所以称为直流负载线(DC线)。负载线与三极管基极电流($I_B = 10\mu A$)确定的那条输出特性曲线的交点 Q 称为放大电路的静态工作点。由交点 Q 就可以确定放大电路的电压和电流的静态值($I_B = 10\mu A$，$I_C = 1mA$，$U_{CE} = 6.7V$)。

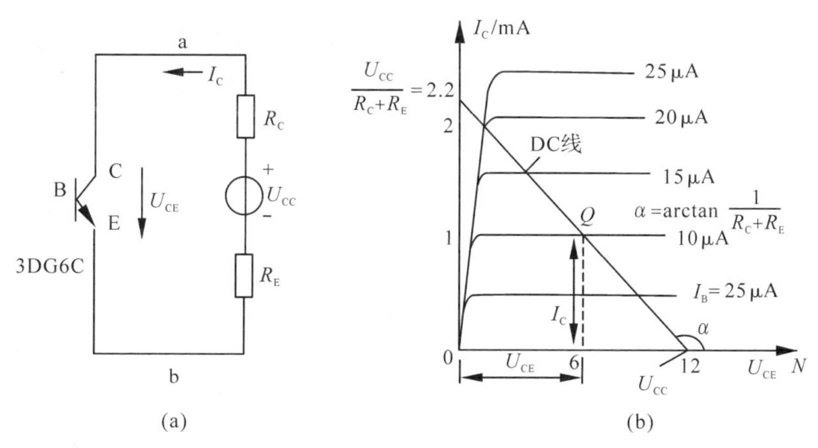

图6-3 放大电路静态工作点的图解

(a)直流输出回路 (b)根据输出特性和负载线确定工作点

由图6-3可见，基极电流 I_B 的大小不同，静态工作点在负载线上的位置就不同。可通过改变 I_B 的大小来获得一个合适的工作点。因此，I_B 很重要，通常称它为偏置电流，简称偏流。产生偏流的电路称为偏置电路，而电阻 R_{B1}，R_{B2}称为分压式的偏置电阻，可通过改变 R_{B1}，R_{B2}或 R_E 的阻值来调整偏流 I_B 的大小。

用图解法求静态值的一般步骤为：给出三极管的输出特性曲线组→做出直流负载线→由直流通道求出偏流 I_B→得出相应的静态工作点→找出静态值。

6.2.2 动态分析

动态分析是在静态值确定以后，对交流信号的传输进行分析并计算放大电路的性能指标(电压放大倍数、输入电阻和输出电阻等)。微变等效电路法和图解法是动态

分析的两种基本方法。

6.2.2.1 微变等效电路法

由于三极管的输入、输出特性曲线都是非线性的，所以由三极管组成的电路是非线性电路。但是，三极管如果工作在小信号条件下，且有一个合适的静态工作点，就可以认为在给定的工作范围内，三极管工作在特性曲线的线性范围内，从而将三极管看成一个线性元件，并用一个与它等效的线性电路来表示。这样，我们就可以运用已经学过的线性电路计算方法来分析放大电路。这种在小信号情况下，把三极管当作一个线性元件来分析的方法，称为微变等效电路法。微变就是指信号的变化量很小。

(1)三极管的微变等效电路

三极管是一个三端元件，在放大电路中，它既包含在输入回路中，也包含在输出回路中。而放大电路的输入信号是一个变化的电压和电流，所以，在动态分析中只讨论电压和电流的交流分量。

三极管的基极和发射极处于放大电路的输入回路中，两者之间的伏安特性就是三极管的输入特性，如图 6-4(a)所示。在输入信号的变化量很微小的条件下，三极管特性在静态工作点 Q 附近的工作段可认为是直线。因此，当 U_{CE} 为常值时，由输入信号引起的微变量 ΔU_{BE} 和 ΔI_B 成正比关系，其比值用 r_{be} 表示，称为三极管的输入电阻，即

$$r_{be} = \left.\frac{\Delta U_{BE}}{\Delta I_B}\right|_{U_{CE}}$$

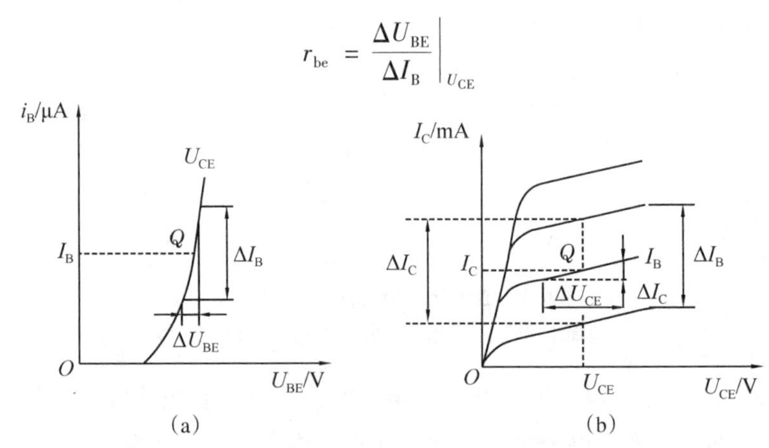

图 6-4 三极管参数的物理意义及图解求法

(a) 由输入特性曲线求 r_{be} (b) 由输出特性曲线求 β 和 r_{ce}

当输入信号是正弦量 u_{be} 时，微变量就相当于小信号下的交流分量，则上式可写为

$$r_{be} = \left.\frac{U_{be}}{I_b}\right|_{U_{CE}}$$

它就是输入电压与基极电流的有效值(或幅值)之比。显然，其值大小与工作点的位置有关。在线性区，输入电阻是一常数，并确定了 U_{be} 与 I_b 之间的关系，因此，三极管的输入电路可以用一个线性电阻 r_{be} 来等效代替，如图 6-5(b)所示。一般 r_{be} 为几百

欧至几千欧。低频小功率三极管的输入电阻 r_{be} 常用下式估算

$$r_{be} = 200\Omega + (1+\beta)\frac{26(\mathrm{mV})}{I_{E}(\mathrm{mA})}\Omega \tag{6-3}$$

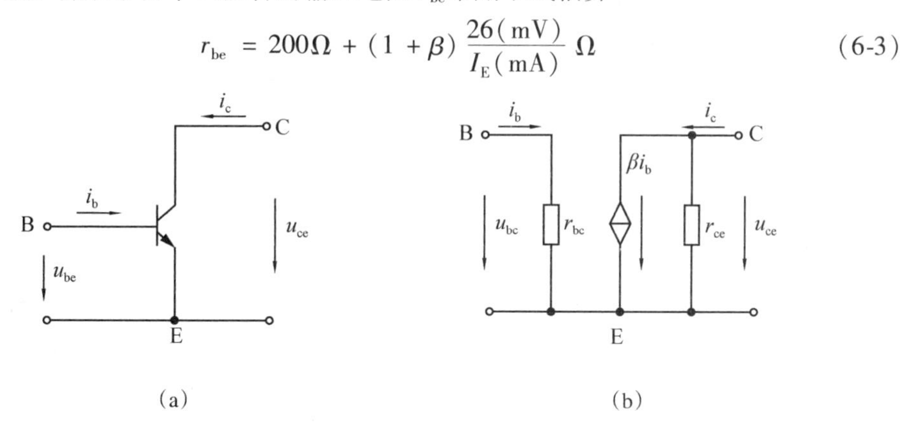

图 6-5　三极管及其微变等效电路

三极管的集电极 C 和发射极 E 处于放大电路的输出回路中，两者之间的伏安特性就是三极管的输出特性，如图 6-4(b) 所示。输出特性在放大区近似为一簇与横轴平行的直线。输出回路的电流变化量 ΔI_{C} 只取决于输入电流的变化量 ΔI_{B}，而与集电极电压的变化量无关，即 $\Delta I_{C} - \beta\Delta I_{B}$，或 $i_{c} - \beta i_{b}$，具有所谓的"恒流特性"。因此，三极管的输出端可以用一个等效的恒流源 βi_{b} 来代替。这个恒流源有它的特点，在小信号条件下，β 是一个常数，由它确定 i_{c} 受 i_{b} 的控制关系，可见它不是一个独立电源，而是一个受基极电流 i_{b} 控制的受控恒流源。

实际上，输出特性曲线并非完全水平，而是略略向上翘起，如图 6-4(b) 所示。在 I_{B} 为常数的情况下，当 U_{CE} 增加 ΔU_{CE} 时，I_{C} 也相应增加 ΔI_{C}，这两个变化量的比值也可以用一个等效电阻 r_{ce} 来表示，即

$$r_{ce} = \left.\frac{\Delta U_{CE}}{\Delta I_{C}}\right|_{I_{B}} = \left.\frac{U_{ce}}{I_{c}}\right|_{I_{B}}$$

r_{ce} 称为三极管的输出电阻，它表示了三极管输出电压与输出电流间的关系。在小信号情况下，r_{ce} 也是一个常数，一般其为几十千欧到几百千欧。

r_{ce} 的存在说明了 I_{C} 并非完全与 U_{CE} 无关，即输出回路并非是个恒流源，而是一个电流源，它的内阻就是 r_{ce}。因此，三极管的输出端可以等效为一个受控恒流源 βi_{b} 与输出电阻 r_{ce} 的并联组合，如图 6-5(b) 所示。最后，将输入、输出回路的公共端(发射极)连接在一起，就得到图 6-5(b) 所示的三极管微变等效电路。由于 r_{ce} 阻值很大，常被视为开路。综上所述，可把三极管输入端 B，E 用一个输入电阻 r_{be} 来代表，把输出端 C，E 看作是一个受控恒流源 βi_{b}，这就是三极管简化的微变等效电路。

(2) 放大电路的微变等效电路

由三极管的微变等效电路和放大电路的交流通道可得出放大电路的微变等效电路。应该注意到，微变等效电路是针对放大电路交流分量的分析而提出来的，它只适用于分析计算电压、电流的交流分量。当然也可以直接由具体的放大电路画出其微变等效电路。一般来说微变等效电路都是由放大电路的两个输入端自左向右画出。所有

的耦合电容和旁路电容都视为短路(容抗为零)；而且直流电源的内阻通常很小，可以忽略不计，对交流信号来讲，直流电源就可以认为是短路的；三极管用其简化的微变等效电路来代替。这样就得到如图 6-6 所示的放大电路的微变等效电路。电路中的电压和电流都是交流分量，箭头方向表示正方向。

(3)电压放大倍数的计算

图 6-7 所示为分压式偏置电路的微变等效电路。设输入信号是正弦信号，图中的电压、电流可用向量表示。

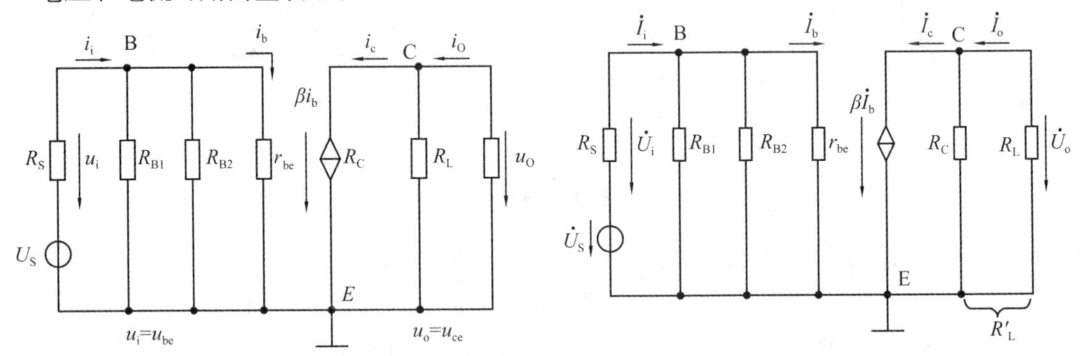

图 6-6　图 6-1 放大电路的微变等效电路　　　**图 6-7　微变等效电路**

由图 6-7 可知，令 $R_L' = R_C // R_L$，则 $\dot{U}_o = -\beta\dot{I}_b R_L'$，$\dot{U}_i = \dot{I}_b r_{be}$，故放大电路的电压放大倍数为

$$A_u = \frac{\dot{U}_o}{\dot{U}_i} = -\beta\frac{R_L'}{r_{be}} \tag{6-4}$$

式中的负号说明输出电压 $\dot{U}_o$ 与输入电压 $\dot{U}_i$ 的相位相反。

当放大电路的输出端开路(去除负载 R_L)时，电压放大倍数为

$$A_u = -\beta\frac{R_C}{r_{be}} \tag{6-5}$$

由此可见，空载时的 A_u 大于有载时的 A_u，且 R_L 越小，A_u 越低。这与图解法中的结果是一致的(在图解法中，因接有负载电阻 R_L，使交流负载线比直流负载线更陡，在相同的输入电压 u_i 作用下，有载时的输出电压 u_o 比空载时的输出电压小)。

通过对式(6-4)进行分析，似乎可以得到这样的结论：三极管的 β 值越大，A_u 也越大。但实践证明，选用 β 较大的三极管时，为了保持同样的静态工作点，往往不能得到较大的电压放大倍数 A_u。这是因为三极管的 β 越大，根据式(6-3)，它的输入电阻 r_{be} 也越大。如果将发射极静态工作电流 I_E 提高一点，在一定范围内因 I_E 增加，r_{be} 减小，将使 A_u 显著地增大。但是，I_E 并不能无限制地增大，因为当 I_E 增大时，放大电路的静态工作点将沿着负载线上移，有可能使放大电路产生饱和失真(见图解法)。另一方面，I_E 增大时，三极管的输入电阻 r_{be} 将减小[见式(6-3)]。r_{be} 是信号源(或前级放大电路)的负载，这将使信号源的内阻电压降增加(或使前级放大电路的电压放大倍数下降)。一般低频小信号放大电路的 I_E 约为几毫安。

因此，既要提高放大电路的电压放大倍数，而又不导致三极管的输入电阻下降，根据式(6-3)，必须选用β较大的三极管。因为在同一I_E下，虽然并不能显著提高本级放大电路的电压放大倍数，但却可以获得较高的输入电阻，因而减轻了前级放大电路的负担，使前级放大电路的电压放大倍数增大。这就是在放大电路中仍然选用β较大的三极管的一个重要原因。但是，β较大的三极管，其温度稳定性往往较差，所以一般选用β值不超过 100 的三极管。

(4)输入电阻的计算

对于接在放大电路输入端的信号源来说，放大电路是信号源的负载。我们将放大电路输入端的电压变化量 Δu_i 和电流变化量 Δi_i 之比定义为放大电路的**输入电阻** r_i，即

$$r_i = \frac{\Delta u_i}{\Delta i_i}$$

可见这个输入电阻就是放大电路去掉信号源后，两个输入端之间的等效电阻，也就是信号源的负载电阻。输入电阻由微变等效电路最易求出，即

$$r_i = R_{B1} \mathbin{/\!/} R_{B2} \mathbin{/\!/} r_{be} \approx r_{be} \tag{6-6}$$

应该注意的是，信号源及其内阻与放大电路的输入电阻无关，不应计算在内。

由于三极管的输入电阻 r_{be} 不是很大，所以共射放大电路的输入电阻也不大。这就使得放大电路向信号源索取的电流增大，加重了信号源的负担。同时，经过信号源内阻的电压衰减，使放大电路获得的输入信号的电压 u_i 减小，输出电压也必定相应减小。如果信号源是前一级的放大电路，那么后级放大电路的输入电阻就是前级放大电路的负载电阻，因此，输入电阻低将使前级放大电路的电压放大倍数明显下降。这说明放大电路的输入电阻不仅对该电路自身有影响，而且对信号源或前级放大电路也有影响。为此，许多电子设备尤其是用作测量仪器(如晶体管电压表、示波器等)的放大电路，都要求具有很高的输入电阻，以免仪器接入电路后，因被测信号衰减过多而影响测量精度。

(5)输出电阻的计算

对于放大电路的负载 R_L 而言，放大电路相当于一个内阻为 r_o 的信号源。r_o 就是放大电路的**输出电阻**，它是一个动态电阻。在放大电路的微变等效电路中，当把信号源短路，输出端开路(去掉 R_L)时，微变等效电路就变成了一个无源二端网络(二端网络的输出端就是放大电路的输出端)，放大电路的输出电阻 r_o 在数值上等于此无源二端网络的等效电阻。以图 6-7 所示的微变等效电路为例，其输出电阻

$$r_o = R_C \tag{6-7}$$

我们知道，对一个电源或信号源来讲，内电阻越小，带负载时输出电压下降越小，带负载能力越强，因此，通常希望放大电路的输出电阻低一些。由于共射放大电路的集电极电阻 R_C 通常是比较大的，因而其带负载能力较差。

6.2.2.2　图解法

当给放大电路输入一正弦电压时，则在线性范围内三极管的 u_{be}，i_b，i_c 和 u_{ce} 都

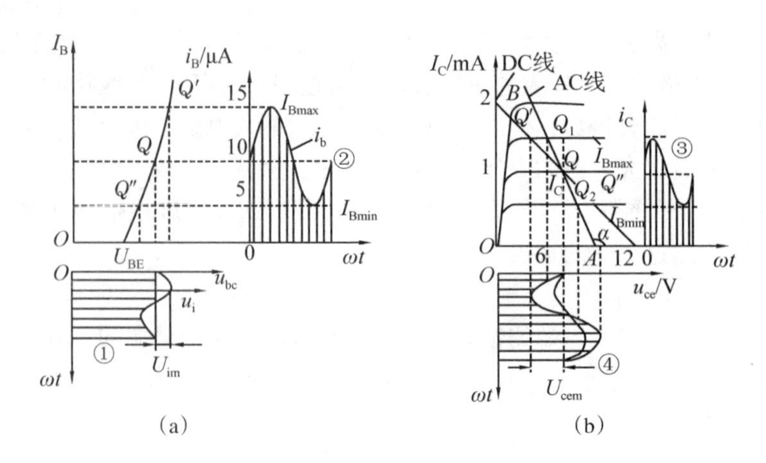

图 6-8 放大电路动态分析图解

将在各自的直流分量的基础上按正弦规律变化。其动态工作状况如图 6-8 所示。

(1)输入回路

设输入电压 $u_i = 0.01\sin\omega t$ V，当它作用在放大电路输入端时，则有

$$u_{BE} = U_{BE} + u_{be} = U_{BE} + U_{im}\sin\omega t = 0.7 + 0.01\sin\omega t \text{ (V)}$$

u_{BE}的变化规律见图 6-8(a)中的曲线①，根据输入特性曲线，u_{BE}的变化将导致 i_B 的变化。i_B 的波形图见图 6-8(a)中的曲线②，由图上可读出对应于峰值为 0.01V 的输入电压，基极电流 i_B 将在 5 ~ 15μA 之间变化。i_B 中的交流分量 i_b 在一定范围内也为正弦波。

(2)输出回路

根据图 6-7 可知，$R'_L = R_C // R_L$，且电压

$$u_{ce} = -i_c R'_L \tag{6-8}$$

式中，负号表示 u_{ce}的实际极性与规定的正极性相反。式(6-8)所确定的直线称为**交流负载线**(AC 线)，交流负载线是一条直线，其斜率为 $\tan\alpha' = -\frac{1}{R'_L}$。因为 $R'_L < R_L$，所以交流负载线比直流负载线更陡些。当输入的交流信号过零时，放大电路的工作点就回到了静态工作点 Q 上(见静态工作点的定义)，可见交流负载线也要通过 Q 点。若放大电路空载($R_L = \infty$)，则交流负载线(AC 线)与直流负载线(DC 线)重合，这是特殊情况，一般放大电路总是要带负载的。

将图 6-8(a)得到的 i_B 波形移到图 6-8(b)中，利用交流负载线便可画出 i_C 及 u_{CE} 的波形，见图中曲线③和④，当 i_B 在 15 ~ 5μA 之间变动时，Q 点在 AC 线上也随之变动，分别对应为 Q_1 点和 Q_2 点，直线段 Q_1Q_2 是工作点移动的轨迹，通常称为动态工作范围。由图 6-8(b)可见，i_B 在一定范围内变化，将引起 i_C 和 u_{CE}也按类同的规律变化，u_{CE}中的交流分量 u_{ce}就是输出电压 u_o。

(3)非线性失真与静态工作点 Q 的选择

在设计和调试放大电路时，必须正确设置静态工作点 Q。因为 Q 点位置不当，可能使 i_C 及 u_{CE}的波形产生失真。图 6-9 表示了 Q 点设置过低(Q_2 点)，输入信号的负半周工作点进入截止区，使 i_B 和 i_C 等于零，进而引起 i_B，i_C 和 u_{CE}产生**截止失真**。对

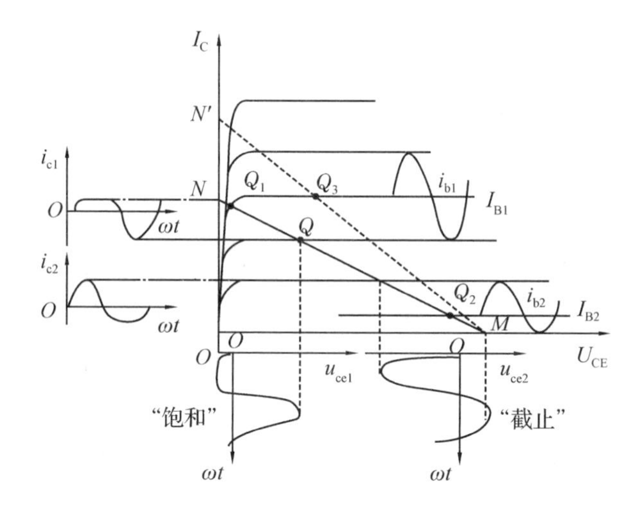

图 6-9　放大电路的截止失真和饱和失真

于 NPN 型管，输出电压波形出现顶部失真，用示波器可观察到输出电压 u_o 波形的正半周被削掉一部分。

图 6-9 同时表示了 Q 点设置过高(Q_1 点)时，则在信号的正半周，工作点进入饱和区，当 i_B 增大到一定值时，i_C 不再增大，从而引起 i_C 和 u_{CE} 产生饱和失真。对于 NPN 型管，输出电压 u_o 波形出现底部失真，用示波器可观察到输出电压 u_o 的负半周被削掉一部分。

综上分析，可归纳为以下几点：

①截止失真和饱和失真都是由于三极管工作到特性曲线的非线性部分而引起的，所以它们都属于非线性失真。

②静态工作点 Q 对动态工作有直接影响。只要正确选择 Q 点就能使 u_o 波形失真减至最小。通过改变偏置电阻(R_{B1} 和 R_{B2})调整 Q 点位置最为方便。例如，当 u_o 产生底部失真时，是由 Q 点偏高和静态基极电流 I_B 偏大造成的，可适当增大 R_{B1} 来消除饱和失真。反之，若 u_o 产生顶部失真，则适当减小 R_{B1} 阻值，将 Q 点上移，以消除截止失真。当然，适当改变 R_C 阻值，也可以调整 Q 点位置，图 6-9 中的 Q_3 点，就是由减小 R_C 阻值使 Q 点由 Q_1 点移到 Q_3 点而脱离饱和工作区。

③静态工作点设置在交流负载线 MN 的中间位置时，输出电压 u_o 最不易产生波形失真。

④有时输入信号幅度较小，则输出电压、电流也小，此时工作点可适当选低一点，以减小静态时的基极电流和集电极电流，提高放大电路的效率。

图解法可直观形象地说明放大电路的工作原理，说明电路参数对负载线及静态工作点的影响，对分析放大电路的非线性失真很有利。但是，图解法比较麻烦，特别是对复杂的放大电路，应用很不方便。另外，即使是同一型号的三极管，其特性曲线也往往相差较大，为图解法的应用带来许多困难。因此，在分析小信号放大电路时，一般采用微变等效电路法。

【例 6-1】　图 6-10(a)所示为固定偏置共射放大电路。已知 $U_{CC}=12\text{V}$，$R_B=300\text{k}\Omega$，

$R_C=4\ \text{k}\Omega$，三极管 $\beta=40$。（1）试计算静态工作点；（2）计算三极管输入电阻 r_{be}；（3）画出放大电路的微变等效电路；（4）计算输入电阻 r_i 和输出电阻 r_o；（5）计算当 $R_L=4\ \text{k}\Omega$ 时的电压放大倍数 A_u。

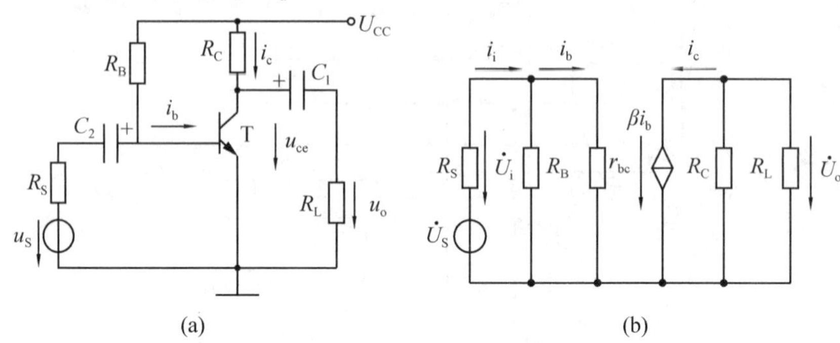

图 6-10 固定偏置共射放大电路

（a）电路图 （b）微变等效电路

【解】 （1）计算静态工作点：

$$I_B=\frac{U_{CC}-U_{BE}}{R_B}=\frac{12-0.6}{300}\approx 40\ (\mu\text{A})$$

$$I_C\approx\beta I_B=40\times 0.04=1.6\ (\text{mA})$$

$$U_{CE}=U_{CC}-I_CR_C=12-1.6\times 4=5.6\ (\text{V})$$

（2）计算 r_{be}：

$$I_E=I_B+I_C=0.04+1.6=1.64\ (\text{mA})$$

$$r_{be}=200\Omega+(1+\beta)\frac{26(\text{mV})}{1.64(\text{mA})}\Omega=850(\Omega)$$

（3）微变等效电路如图 6-10（b）所示。

（4）计算输入电阻 r_i 和输出电阻 r_o：

$$r_i=R_B\,/\!/\,r_{be}=300\,/\!/\,0.85\approx 0.85\ (\text{k}\Omega)$$

$$r_o=R_C=4(\text{k}\Omega)$$

（5）用式（6-4）计算电压放大倍数：

$$R'_L=R_L\,/\!/\,R_C=2(\text{k}\Omega)$$

$$A_u=-\beta\frac{R'_L}{r_{be}}=-40\times\frac{2000}{850}=-94$$

【例 6-2】 在图 6-1 所示的分压式偏置放大电路中，已知 $U_{CC}=12\text{V}$，$R_{B1}=20\text{k}\Omega$，$R_{B2}=10\text{k}\Omega$，$R_C=2\text{k}\Omega$，$R_E=2\text{k}\Omega$，$R_L=6\text{k}\Omega$，三极管 $\beta=40$，C_1，C_2 及 C_E 足够大。（1）试计算静态工作点；（2）画出放大电路的微变等效电路；（3）计算放大电路的 A_u，r_i 和 r_o。

【解】（1）$U_B=\dfrac{R_{B2}}{R_{B1}+R_{B2}}U_{CC}=\dfrac{10}{20+10}\times 12=4(\text{V})$

$$I_C\approx I_E=\frac{U_B-U_{BE}}{R_E}=\frac{4-0.6}{2\times 10^3}\text{A}=1.7(\text{mA})$$

$$I_B=\frac{I_C}{\beta}=\frac{1.7}{40}=0.0425\ (\mathrm{mA})$$

$$U_{CE}=U_{CC}-I_C(R_C+R_E)=12-1.7\times10^{-3}\times(2+2)\times10^3=5.2(\mathrm{V})$$

(2)微变等效电路如图 6-6 所示。

(3)$r_{be}=\left[200+(1+\beta)\frac{26}{I_E}\right]\Omega=\left[200+(1+40)\times\frac{26}{1.7}\right]\Omega=0.827(\mathrm{k\Omega})$

$$A_u=-\beta\frac{R_L'}{r_{be}}=-40\times\frac{\frac{2\times6}{2+6}}{0.827}=-72.6$$

$$r_i=R_{B1}/\!/R_{B2}/\!/r_{be}\approx r_{be}=0.827(\mathrm{k\Omega})$$

$$r_o\approx R_C=2(\mathrm{k\Omega})$$

6.2.3　静态工作点的稳定

如前所述，为了保证较好的放大效果并且不出现非线性失真，放大电路应有一个合适的静态工作点。但由于某些原因，如温度的变化，会使集电极电流的静态值 I_C 发生变化，从而影响静态工作点的稳定，所以在设计放大电路的时候，要充分考虑到静态工作点的稳定问题。

图 6-10(a)所示为固定偏置共射放大电路，当环境温度升高时，集电极电流的静态值 I_C 就会随之变大，使其静态工作点发生改变，所以，此电路不能稳定静态工作点。

图 6-1 是分压式偏置放大电路，当静态值 I_C 随温度的升高而变大时，I_E 也会变大，则 U_E 也将随之升高。但由于分压电阻 R_{B1}，R_{B2}不随温度的改变而改变，使得 U_B 保持不变，从而使 U_{BE}减小，由三极管的输入特性可知，I_B 也将减小，这就使 I_C 也相应减小一些。结果是 I_C 随温度的升高而变大，导致 I_B 减小，反过来又使 I_C 减小，因此，I_C 基本维持不变。显然，U_{CE}也基本不变。这里是通过 I_E 的直流负反馈作用，限制了 I_C 的改变，使工作点 Q 保持稳定。所以分压式偏置放大电路的静态工作点 Q 基本不受环境温度的影响，是能够稳定静态工作点的放大电路。上述稳定静态工作点的物理变化过程可简明表示如下：

温度升高 $\rightarrow I_C\uparrow\rightarrow I_E\uparrow\rightarrow U_E\uparrow\rightarrow U_{BE}\downarrow\rightarrow I_B\downarrow\rightarrow I_C\downarrow$

6.3　射极输出器及阻容耦合多级放大电路

射极输出器是一种常用的放大电路，如图 6-11 所示，由于电路的输出是从三极管的发射极引出，所以称其为射极输出器。从电路结构上看，由于直流电源对交流信号相当于短路，所以集电极成为输入回路和输出回路的公共端，因而又将此电路称为共集电极放大电路，简称共集放大电路，图 6-12 所示为它的微变等效电路。

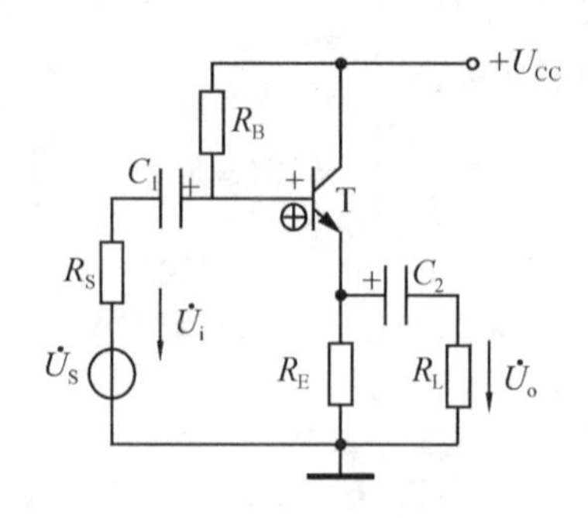

图 6-11 射极输出器

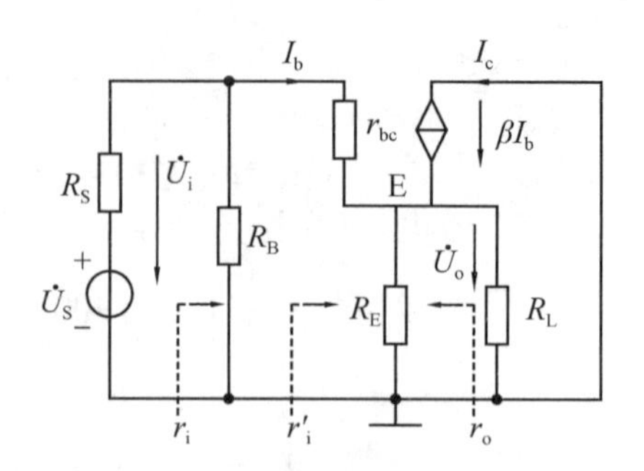

图 6-12 射极输出器的微变等效电路

6.3.1 静态分析

根据图 6-11，在静态时电容 C_1，C_2 开路，则输入回路电压平衡方程式为

$$U_{CC} = I_B R_B + U_{BE} + (1+\beta) I_B R_E$$

所以静态工作点为

$$I_B = \frac{U_{CC} - U_{BE}}{R_B + (1+\beta) R_E} \tag{6-9}$$

$$I_C = \beta I_B$$

$$U_{CE} = U_{CC} - I_E R_E$$

6.3.2 动态分析

6.3.2.1 电压放大倍数

由图 6-12 可得

$$\dot{U}_o = \dot{I}_e (R_E \,//\, R_L) = (1+\beta)\dot{I}_b R'_L \quad (R'_L = R_E \,//\, R_L)$$

$$\dot{U}_i = \dot{I}_b r_{be} + (1+\beta)\dot{I}_b R'_L$$

$$A_u = \frac{\dot{U}_o}{\dot{U}_i} = \frac{(1+\beta) R'_L}{r_{be} + (1+\beta) R'_L} \tag{6-10}$$

由式(6-10)可知，射极输出器有以下特点：

①射极输出器的电压放大倍数接近 1 而略小于 1。因为通常 $(1+\beta) R'_L \gg r_{be}$，所以 $\dot{U}_o$ 略小于 $\dot{U}_i$。射极输出器没有电压放大作用，但射极电流 $\dot{I}_e = (1+\beta)\dot{I}_b$，故仍具有电流放大作用和功率放大作用。

②输出电压与输入电压同相位，且 A_u 近似为 1，具有输出电压跟随输入电压的作用，所以射极输出器又称为射极跟随器。

6.3.2.2 输入电阻

由图 6-12 所示的微变等效电路可知，射极输出器的输入电阻为

$$r_i = R_B \,/\!/\, [r_{be} + (1+\beta)R'_L] \tag{6-11}$$

通常，R_B 的阻值为几十千欧至几百千欧，并且$(1+\beta)R'_L$ 的阻值很大，因此，与共射放大电路相比，射极输出器的输入电阻很高，可达几十千欧至几百千欧。

6.3.2.3　输出电阻

由射极输出器的微变等效电路（图 6-12），可得到求解输出电阻 r_o 的等效电路，如图 6-13 所示。因该电路含有受控恒流源，故可采用在输出端外加电压 $\dot{U}'_o$ 的方法来求等值电阻 r_o。此时，应将输入端信号源 $\dot{U}_S$ 短路（但信号源内阻 R_S 保留），将负载电阻 R_L 开路。

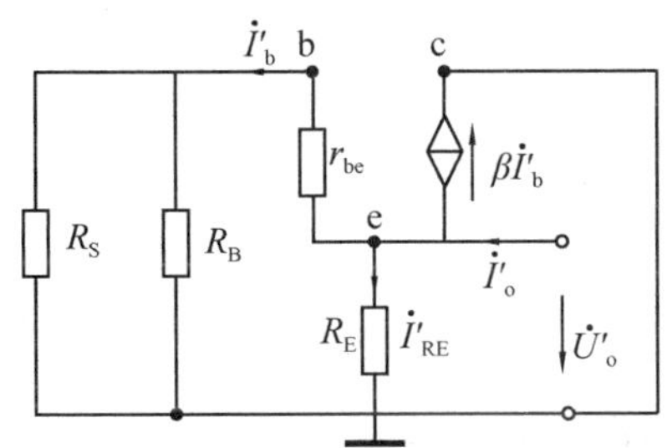

图 6-13　计算射极输出器输出电阻的电路

由图 6-13 可知

$$\dot{I}'_o = \dot{I}'_b + \beta\dot{I}'_b + \dot{I}'_{RE} = (1+\beta)\frac{\dot{U}'_o}{r_{be} + (R_S /\!/ R_B)} + \frac{\dot{U}'_o}{R_E}$$

因此，输出电阻为

$$r_o = \frac{\dot{U}'_o}{\dot{I}'_o} = \frac{r_{be} + (R_S /\!/ R_B)}{(1+\beta)} /\!/ R_E \tag{6-12}$$

由于 $R_E \gg \frac{r_{be} + (R_S /\!/ R_B)}{1+\beta}$，且 $\beta \gg 1$，故

$$r_o \approx \frac{r_{be} + (R_S /\!/ R_B)}{\beta} \tag{6-13}$$

由此可见，射极输出器的输出电阻很小，其值约为几十欧至几百欧，说明射极输出器具有恒压源输出的特性。

射极输出器的特点是：电压放大倍数接近 1 但略小于 1；输出电压与输入电压同相位，具有跟随作用；具有一定的电流和功率放大能力；输入电阻高，且与外接负载有关；输出电阻低，且与信号源内阻 R_S 有关。

【例 6-3】　图 6-11 所示的射极输出器，已知三极管 $\beta = 60$，$I_E = 2.6\text{mA}$，$R_B = 200\text{k}\Omega$，$R_E = 4\text{k}\Omega$，$R_S = 100\Omega$，$R_L = 2\text{k}\Omega$。试求它的输入电阻、输出电阻和电压放大倍数。

【解】　首先计算三极管的输入电阻 r_{be}：

$$r_{be} = \left[200 + (1+\beta)\frac{26(\text{mA})}{I_E(\text{mA})}\right]\Omega = 0.81(\text{k}\Omega)$$

而

$$R_L' = R_E // R_L = 4 // 2 = 1.33(\text{k}\Omega)$$

所以

$$r_i = R_B // [r_{be} + (1+\beta)R_L'] = 58.1(\text{k}\Omega)$$

输出电阻为

$$r_o \approx \frac{r_{be} + (R_S // R_B)}{\beta} = 13.5(\Omega)$$

电压放大倍数为

$$A_u = \frac{\dot{U}_o}{\dot{U}_i} = \frac{(1+\beta)R_L'}{r_{be} + (1+\beta)R_L'} = 0.99$$

6.3.3　阻容耦合多级放大电路

由一个三极管组成的单级放大电路，电压放大倍数只有几十到上百倍，往往不能满足实际要求。这就需要把若干个单级放大电路组合起来，构成多级放大电路。其中前几级为电压放大级，末级或加上末前级为功率放大级。

多级放大电路框图如图6-14所示，图中每一个方框代表一个单级放大电路，方框之间带箭头的连线表示信号传递方向，前一级的输出是后一级的输入。第一级称为输入级，它的任务是将小信号进行放大；最末一级(有时也包括末前级)称为输出级，负责电路的功率放大；其余各级称为中间级，负担着电压放大的任务。

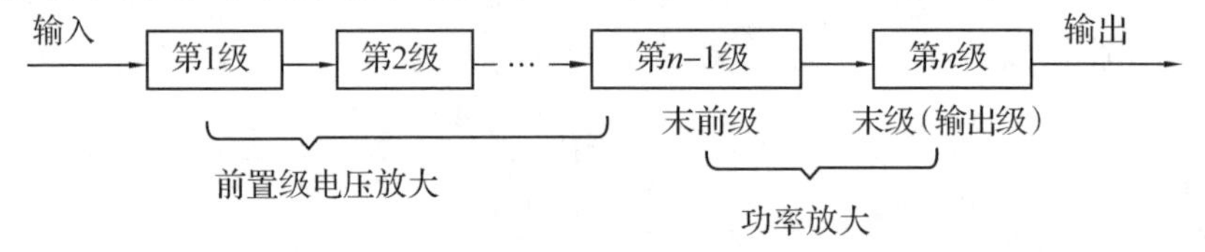

图6-14　多级放大电路框图

在多级放大电路中，输入级与信号源、级与级之间、输出级与负载之间，都要以适当的方式连接起来，使信号能逐级往后传输，这种级间连接称为**耦合**。通常采用阻容耦合、变压器耦合或直接耦合三种方式。由于变压器耦合在放大电路中的应用逐渐减少，故不再讨论。耦合电路必须保证信号畅通、不失真地传输，尽量减小损失，保证多级放大电路有合适的静态工作点。

6.3.3.1　阻容耦合放大电路

图6-15所示为两级阻容耦合放大电路，每一级都是前面讨论过的分压式共射放大电路。将耦合电容与下一级的输入电阻合起来称为阻容耦合。

只要耦合电容的容量足够大，交流信号频率又不太低，则其容抗就很小，信号就会顺利传输。由于电容能隔断直流，因而各级放大电路的静态工作点互不影响，彼此独立。因此，阻容耦合方式在多级放大电路中获得了广泛的应用。但在集成电路中，

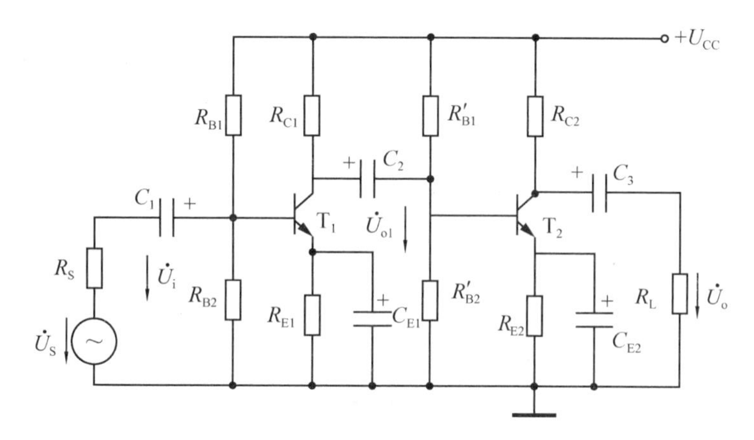

图 6-15　两级阻容耦合放大电路

难以制造容量较大的电容，因而只能采用直接耦合。

6.3.3.2　计算多级放大电路的电压放大倍数

在输入信号较小时，放大电路处于线性工作状态，各项参数均为常数，则多级放大电路也可以用微变等效电路表示，如图 6-16 所示。图中每一级电压放大倍数的计算与单级放大电路相同。因前一级的输出是后一级的输入，即 $\dot{U}_{o1}=\dot{U}_{i2}$，所以前一级的负载电阻应将后一级的输入电阻包含在内。在单级放大电路中，输入信号电压与输出电压的相位相反。在两级放大电路中，由于两次反相，因此，输出电压 $\dot{U}_o$ 与输入电压 $\dot{U}_i$ 相位相同。两级放大电路的电压放大倍数为

$$A_u=\frac{\dot{U}_o}{\dot{U}_i}=\frac{\dot{U}_{o1}\cdot\dot{U}_o}{\dot{U}_i\cdot\dot{U}_{i2}}=A_{u1}\cdot A_{u2}\tag{6-14}$$

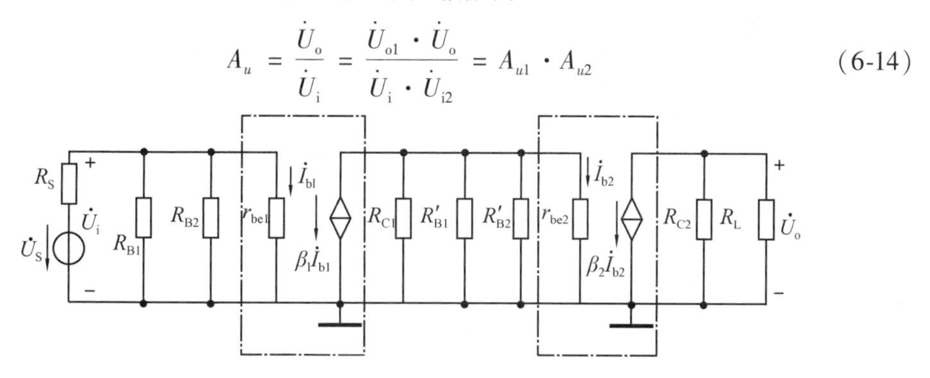

图 6-16　图 6-15 电路的微变等效电路

【例 6-4】　在图 6-15 所示的两级阻容耦合放大电路中，已知 $R_{B1}=30\text{k}\Omega$，$R_{B2}=15\text{k}\Omega$，$R'_{B1}=20\text{k}\Omega$，$R'_{B2}=10\text{k}\Omega$，$R_{C1}=3\text{k}\Omega$，$R_{C2}=2.5\text{k}\Omega$，$R_{E1}=3\text{k}\Omega$，$R_{E2}=2\text{k}\Omega$，$R_L=5\text{k}\Omega$，$C_1=C_2=C_3=50\mu\text{F}$，$C_{E1}=C_{E2}=100\mu\text{F}$。如果三极管的 $\beta_1=\beta_2=40$，$U_{CC}=12\text{V}$，试求：(1)各级的静态值；(2)两级放大电路的电压放大倍数。

【解】　(1)求解各级的静态值。

第一级为

$$U_{B1}=\frac{R_{B2}}{R_{B1}+R_{B2}}U_{CC}=\frac{15}{30+15}\times 12=4\ (\mathrm{V})$$

$$R_B=R_{B1}\ /\!/\ R_{B2}=10\ (\mathrm{k\Omega})$$

$$I_{B1}=\frac{U_{B1}-U_{BE1}}{R_B+(1+\beta_1)R_{E1}}=\frac{4-0.6}{10+(1+40)\times 3}=0.025\ (\mathrm{mA})$$

$$I_{C1}=\beta_1 I_{B1}=40\times 0.025=1\ (\mathrm{mA})$$

$$U_{CE1}=U_{CC}-I_C(R_{C1}+R_{E1})=6\ (\mathrm{V})$$

第二级为

$$U_{B2}=\frac{R'_{B2}}{R'_{B1}+R'_{B2}}U_{CC}=\frac{10}{20+10}\times 12=4\ (\mathrm{V})$$

$$R'_B=R'_{B1}\ /\!/\ R'_{B2}=6.7\ (\mathrm{k\Omega})$$

$$I_{B2}=\frac{U_{B2}-U_{BE2}}{R'_B+(1+\beta_2)R_{E2}}=\frac{4-0.6}{6.7+(1+40)\times 2}=0.038\ (\mathrm{mA})$$

$$I_{C2}=\beta_2 I_{B2}=40\times 0.038=1.52\ (\mathrm{mA})$$

$$U_{CE2}=U_{CC}-I_{C2}(R_{C2}+R_{E2})=5.16\ (\mathrm{V})$$

(2)求解电压放大倍数。

三极管 T_1 的输入电阻为

$$r_{be1}=200\Omega+(1+\beta_1)\frac{26}{I_{E1}}\Omega=1.24\ (\mathrm{k\Omega})$$

三极管 T_2 的输入电阻为

$$r_{be2}=200\Omega+(1+\beta_2)\frac{26}{I_{E2}}\Omega=0.88\ (\mathrm{k\Omega})$$

第二级的输入电阻为

$$r_{i2}=R'_{B1}\ /\!/\ R'_{B2}\ /\!/\ r_{be2}=0.78\ (\mathrm{k\Omega})$$

第一级的负载电阻为

$$R'_{L1}=R_{C1}\ /\!/\ r_{i2}=0.62\ (\mathrm{k\Omega})$$

第二级的负载电阻为

$$R'_{L2}=R_{C2}\ /\!/\ R_L=1.67\ (\mathrm{k\Omega})$$

第一级的电压放大倍数为

$$A_{u1}=\frac{\dot{U}_{o1}}{\dot{U}_i}=-\frac{\beta_1 R'_{L1}}{r_{be1}}=-40\times\frac{0.62}{1.24}=-20$$

第二级的电压放大倍数为

$$A_{u2}=\frac{\dot{U}_o}{\dot{U}_{i2}}=-\frac{\beta_2 R'_{L2}}{r_{be2}}=-40\times\frac{1.67}{0.88}=-76$$

两级电压放大倍数为

$$A_u=A_{u1}\cdot A_{u2}=1520$$

6.4　直流放大电路

前面讨论的是交流放大电路，信号的频率范围一般为20Hz～20kHz(即音频范围)。但在自动控制系统和检测仪表中，经常需要放大频率低于20Hz的信号或者是变化非常缓慢的非周期性信号，甚至是极性不变而仅大小变化的信号。我们把相应的放大电路称为直流放大电路。

显然，直流放大电路的级间耦合不能采用具有隔直作用的阻容耦合或变压器耦合，只能采用直接耦合，所以，直流放大电路就是直接耦合放大电路。它既能放大交流信号，也能放大直流信号，所以应用非常广泛。

6.4.1　直接耦合放大电路的特殊问题

与阻容耦合放大电路相比较，直接耦合放大电路存在着两个特殊问题。

(1)前、后级静态工作点相互牵制

图6-17所示为两级直接耦合放大电路，前后级的静态工作点互相影响、互相牵制，使电路的设计和调试比较困难。

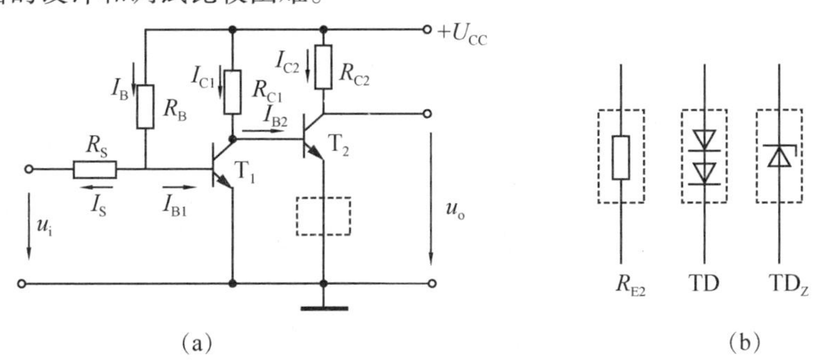

图6-17　两级直接耦合放大电路

(a)电路　(b) T_2射极可供选择的元件

(2)零点漂移

理想的直流放大电路，当输入信号为零(即输入短路)时，放大电路的输出电压应保持恒定。但是，当直接耦合放大电路的输入端短路后，输出电压往往会偏离原来的起始值，并随时间缓慢而无规则地变化，这种现象称为零点漂移(简称零漂或温漂)。

产生零漂的原因很多，如三极管参数(I_{CE0}，U_{BE}，β)随温度变化、电路元件参数变化、电源电压波动等都会引起放大电路静态工作点缓慢变化，使输出端的电压相应地波动。在上述原因中，温度的影响最为严重，所以也称其为温度漂移或温漂。

在阻容耦合多级放大电路中，虽然每一级放大电路的内部也存在零漂，但因有级间耦合电容的隔直作用，使零漂只限于本级范围内。而在直接耦合放大电路中，前级的漂移将传送到后级并逐级放大，使得放大电路在输出端产生很大的电压漂移。特别是当输入信号比较微弱的时候，零漂所造成的虚假信号会淹没真实信号，使放大电路失去实际意义。显然，在输出的总漂移中，第一级的零漂影响最大。

6.4.2 典型差动放大电路

抑制零漂最有效的方法是采用差动放大电路，图 6-18 所示即为典型差动放大电路，是由两个特性相同的三极管 T_1 和 T_2 组成的理想对称电路。图中正负电源及射极电阻 R_E（称长尾电阻）为两管共用，通常 R_E 的阻值较大，使电源 U_{CC} 在其上产生较大的压降，引起两管静态工作点处于不合理的位置，为此引入了一个辅助电源 $-U_{EE}$，以抵消 R_E 上的直流压降，为基极提供一个适当的偏置。输入信号由两管的基极加入，从两管的集电极输出。因此，可以认为该电路是由两个性能相同的单管共射放大电路组合而成的一个单元电路。

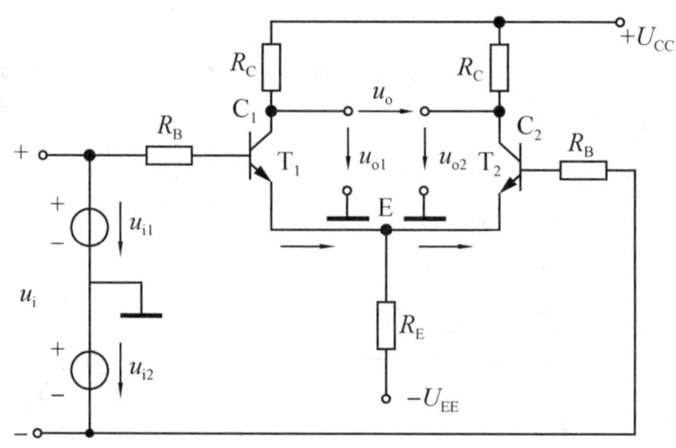

图 6-18 带长尾电阻的差动放大电路

(1)对零点漂移的抑制作用

在没有输入信号时，u_{i1} 和 u_{i2} 均为零。由于电路完全对称，两管的静态集电极电流以及静态集电极电压相等，因此，输出电压 u_o 为零，即 $u_o = u_{o1} - u_{o2} = 0$。当温度变化或电源电压波动时，两管的集电极电流和电压将产生相同的变化，即 $\Delta I_{C1} = \Delta I_{C2}$，$\Delta u_{o1} = \Delta u_{o2}$，由于 $u_o = u_{o1} - u_{o2}$，因此温漂在输出端产生的电压变化量相互抵消，使输出电压恒定，从而抑制了零点漂移。

上述抑制零漂的关键点就在于电路的对称性，也在于输出电压取自两管的集电极之间（称为双端输出）。但对每只三极管来说，零漂还是较大的，为此接入了射极电阻 R_E，用来稳定 T_1 和 T_2 各自的静态工作点（见 6.2.3 节）。因此，即使是电路稍不对称或采用单端输出方式的时候，也能有效地抑制零漂。但是引入 R_E 以后，会使 T_1 和 T_2 的基极电位升高，所以在电路中增加了一个电源 $-U_{EE}$，用来抵消 R_E 两端的直流压降，使 T_1 和 T_2 能有一个合适的静态工作点。

(2)静态分析

静态时（$u_{i1} = 0$，$u_{i2} = 0$），由于差动放大电路左右对称，可设 $I_{B1} = I_{B2} = I_B$，$I_{C1} = I_{C2} = I_C$，由图 6-18 可知

$$U_{EE} - U_{BE} = R_B I_B + 2R_E I_E$$

一般情况下 $U_{EE} \gg U_{BE} + R_B I_B$，所以

$$I_E = \frac{U_{EE} - U_{BE} - R_B I_B}{2R_E} \approx \frac{U_{EE}}{2R_E}$$

$$I_C \approx I_E, I_B = \frac{I_C}{\beta}$$

$$U_{CE} = U_{CC} - R_C I_C \approx U_{CC} - \frac{U_{EE} R_C}{2R_E}$$

(3)动态分析

①差模输入　当差放电路的两个输入信号大小相等，相位相反时，$u_{i1} = -u_{i2}$，这种输入方式称为差模输入方式，这种信号称为差模输入信号，用 u_{id} 表示，即

$$u_{i1} = u_{id}, \quad u_{i2} = -u_{id}$$

在差模信号作用下，T_1 管的集电极电流增加，T_2 管的集电极电流等量地减小，使 T_1 管集电极电位下降，T_2 管集电极电位等量地升高。如果两管集电极对地的电压变化量分别用 u_{o1} 和 u_{o2} 表示，则 u_{o1} 和 u_{o2} 大小相等，相位相反。所以，电路对差模输入信号有放大作用。

由于两管电流的变化量大小相等，方向相反，故流过射极电阻 R_E 中的电流变化量为零，说明电阻 R_E 对差模信号不起作用，所以，射极 E 相当于交流接“地”。另外，当把负载电阻 R_L 接在两个三极管的集电极之间(称为双端输出)可将 R_L 看成两个阻值为$\frac{R_L}{2}$的电阻相串联，由于 u_{o1} 和 u_{o2} 大小相等，相位相反，所以，两个电阻的连接点处(也就是 R_L 的中间点)也相当于交流接“地”。这时电路的左右两边均相当于普通的单管放大电路。图 6-18 的微变等效电路如图 6-19 所示，用微变等效电路可方便地求出放大电路的电压放大倍数为

$$A_d = \frac{u_{od}}{u_{i1} - u_{i2}} = \frac{u_{o1} - u_{o2}}{2u_{id}} = \frac{2u_{o1}}{2u_{i1}} = A_{d1} = -\beta \frac{R'_L}{R_B + r_{be}}$$

式中 $R'_L = R_C // \frac{1}{2} R_L$，$A_{d1}$ 为单管共射放大电路的电压放大倍数。因此，双端输出时，差动放大电路的电压放大倍数与单管电路的电压放大倍数相同。由此可见，差动放大电路实质上是通过牺牲一个三极管的电压放大倍数，换取对零点漂移的抑制。

空载时，整个放大电路的电压放大倍数为

$$A_d = \frac{u_{od}}{u_{i1} - u_{i2}} = \frac{u_{o1} - u_{o2}}{2u_{id}} = \frac{2u_{o1}}{2u_{i1}} = A_{d1} = -\beta \frac{R_C}{R_B + r_{be}}$$

由图 6-19 不难求出放大电路的输入电阻 r_i 和输出电阻 r_o：

$$r_i = 2(R_B + r_{be})$$

$$r_o = 2R_C$$

②共模输入　当差放电路的两个输入信号大小相等，相位相同，即 $u_{i1} = u_{i2} = u_{ic}$ 时，这种输入方式称为共模输入方式，这种输入信号称为共模输入信号，用 u_{ic} 表示。显然，由于两管所加信号完全一样，则两管集电极电流变化相同，集电极电位变化也

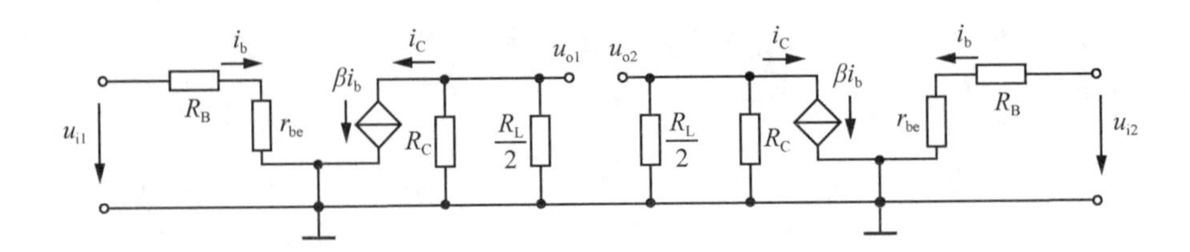

图 6-19　图 6-18 所示电路的微变等效电路

相同，因此输出电压 $u_{oc}=u_{c1}-u_{c2}=0$，说明双端输出的差动放大电路对共模信号没有放大作用，其共模电压放大倍数 $A_c=u_{oc}/u_{ic}=0$。实质上，差放电路对零漂的抑制作用就是抑制共模信号的一个特例。因为零漂造成的每管集电极的漂移电压，除以其电压放大倍数并折合到各自的输入端，就相当于给这个放大电路加入了一对共模信号。理想情况下 $A_c=0$，所以输出电压没有漂移。

实际电路中，由于对应元件不可能完全对称，两管特性不可能完全相同，因此 $A_c\neq 0$，但很小，一般为$10^{-2}\sim 10^{-4}$。显然 A_c 越小，电路对零漂和共模信号的抑制能力越强。

③差动输入　如果两个输入信号 u_{i1}，u_{i2}既非差模又非共模，其大小和相位都是任意的，分别加在两个输入端和地之间，这样的输入方式称为差动输入(也可以称为比较输入)，这样的信号称为差动信号。

为了便于分析，通常把差动信号分解为差模分量 u_{id}和共模分量 u_{ic}的组合：

$$u_{ic}=\frac{1}{2}(u_{i1}+u_{i2})$$

$$u_{id}=\frac{1}{2}(u_{i1}-u_{i2})$$

例如，假设

$$u_{i1}=10\ \text{mV},\ u_{i2}=2\ \text{mV}$$

则

$$u_{ic}=\frac{1}{2}\times(10+2)=6\ (\text{mV})$$

$$u_{id}=\frac{1}{2}\times(10-2)=4\ (\text{mV})$$

因而

$$u_{i1}=u_{ic}+u_{id}=6+4=10\ (\text{mV})$$
$$u_{i2}=u_{ic}-u_{id}=6-4=2\ (\text{mV})$$

可见，任意两个输入信号均可分解为一个差模分量和一个共模分量的组合。根据上面的分析，差放电路对共模信号没有放大作用，放大的只是差模分量，差放电路总的差模输入电压为 $u_{i1}-u_{i2}=2u_{id}$，则被放大的只是这个差模输入电压，即

$$u_o=A_d(u_{i1}-u_{i2})=A_d\times 2u_{id}$$

电路只放大了两个输入信号的差值，因此，称其为差动放大电路。

【例 6-5】　差动放大电路如图 6-20 所示，已知 $\beta_1=\beta_2=100$，两管的 $U_{BE}=0.7\text{V}$，

$R_C = 6.2\text{k}\Omega$，$R_B = 3\text{k}\Omega$，$R_E = 5.6\text{k}\Omega$，$U_{CC} = 12\text{V}$，负载电阻 $R_L = 6.2\text{k}\Omega$。试计算：（1）静态工作点；（2）差模性能指标 A_d，r_{id}，r_o；（3）若接有射极调零电位器 $R_p = 200\Omega$，再重新计算(1)(2)两项内容。

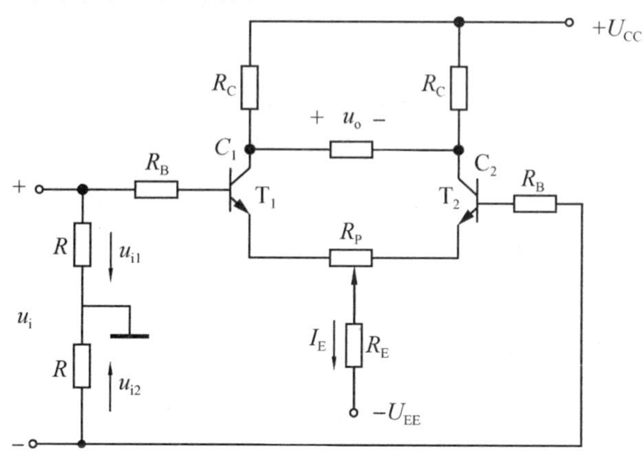

图 6-20　例 6-5 电路图

【解】（1）图中 R 为均压电阻，其阻值较小，可将输入信号 u_i 转换为差模输入信号，即 $u_{i1} = \frac{1}{2}u_i$，$u_{i2} = -\frac{1}{2}u_i$。

静态时，$u_{i1} = 0$，$u_{i2} = 0$，可得两管的静态发射极电流为

$$I_E = \frac{U_{EE} - U_{BE} - R_B I_B}{2R_E} \approx \frac{U_{EE}}{2R_E} = \frac{12}{2 \times 5.6} = 1.07\ (\text{mA})$$

集电极电流为

$$I_{C1} = I_{C2} \approx I_E = 1.07\ (\text{mA})$$

基极电流为

$$I_{B1} = I_{B2} = \frac{I_{C1}}{\beta} = \frac{1.07}{100}\text{mA} \approx 0.01\text{mA} = 10(\mu\text{A})$$

集电极对地电压为

$$U_{C1} = U_{C2} = U_{CC} - I_C R_C = 12 - 1.07 \times 6.2 = 5.37\ (\text{V})$$

三极管的动态输入电阻为

$$r_{be} = r_{be1} = r_{be2} = \left[200 + (\beta + 1)\frac{26}{I_E}\right]\Omega = \left[200 + (100 + 1) \times \frac{26}{1.07}\right]\Omega = 2.65(\text{k}\Omega)$$

(2)求差模性能指标。

本例为双端输入、双端输出差放电路。当加入差模输入信号时，两管的 u_{o1} 和 u_{o2} 大小相等、方向相反，使 R_L 的一端电位升高，另一端电位降低，负载电阻 R_L 的中点的电位不变，因此 R_L 的中点相当于对地短路，所以每管的负载为 $\frac{1}{2}R_L$。则差模电压放大倍数为

$$A_d = -\beta\frac{R'_L}{R_B + r_{be}} = -100 \times \frac{2.06}{3 + 2.65} = -36.5$$

式中，$R'_L = R_C // \frac{1}{2}R_L = 2.06(\text{k}\Omega)$。

两输入端之间的差模输入电阻为

$$r_{id} = 2(R_B + r_{be}) = 2 \times (3 + 2.65) = 11.3(\text{k}\Omega)$$

两集电极之间的差模输出电阻为

$$r_o = 2R_C = 12.4(\text{k}\Omega)$$

(3)若电路不完全对称，为保证输入信号为零时输出电压为零，应在两管射极串入一阻值较小的调零电位器 R_P，滑动点两边的电阻分别是 T_1，T_2 管的射极电流串联负反馈电阻。改变滑动点的位置，可使两管负反馈深度有所不同，从而达到调整零点的目的。此电路接有射极调零电位器 $R_P = 200\ \Omega$，设其滑动点处于中间位置，每管射极将接入 $\frac{1}{2}R_P$ 电阻，因其阻值比 R_E 小很多，因而 R_P 的接入对静态工作点几乎无影响，不必重新计算。但动态的一些性能指标 A_d，r_{id}有所变化，而输出电阻 r_o 不变。

$$A_d = -\beta \cdot \frac{R'_L}{R_B + r_{be} + (1+\beta)\frac{R_P}{2}} = -100 \times \frac{2.06}{3 + 2.65 + (1+100) \times \frac{0.2}{2}} = 12.08$$

$$r_{id} = 2\left[R_B + r_{be} + (1+\beta)\frac{R_P}{2}\right] = 2 \times \left[3 + 2.65 + (1+100) \times \frac{0.2}{2}\right] = 31.5\ (\text{k}\Omega)$$

$$r_o = 2R_C = 12.4(\text{k}\Omega)$$

6.4.3 共模抑制比 K_{CMRR}

为了综合衡量差动放大电路对差模信号放大作用和对共模信号的抑制能力，引入共模抑制比 K_{CMRR}，其定义为

$$K_{CMRR} = \left|\frac{A_d}{A_c}\right|$$

用分贝表示则为

$$K_{CMRR} = 20\lg\left|\frac{A_d}{A_c}\right| \quad \text{dB}$$

该值越大，说明差动放大电路放大差模信号的能力越强，而受共模干扰的影响越小。一般要求 K_{CMRR}在$10^3 \sim 10^6$(60 ~ 120 dB)。

6.4.4 差动放大电路的输入、输出方式

因为差动放大电路有两个输入端和两个输出端，所以其输入、输出方式有四种：双端输入—双端输出；双端输入—单端输出；单端输入—双端输出；单端输入—单端输出。前两种输入、输出方式前文已经介绍过，下面分析单端输入的情况。

图 6-21 所示为单端输入差动放大电路。设信号电压 u_i 从 T_1 管基极加入，T_2 管基极接地。由于 T_1 管的射极跟随作用，使 T_1，T_2 管接在一起的发射极 E 与地之间的

电压与输入信号电压 u_i 同相，E 点电位的变化同时作用在 T_2 管上，而 T_2 管的基极接地，所以使 T_2 管的基、射极之间得到了一个与 u_i 反相的信号电压。只要 R_E 足够大，它对信号电流的分流作用就可以忽略，则 R_E 支路对信号可视为开路，这样，输入信号将被两管均分，使 T_1，T_2 管的基极、射极间分别得到一对大小相等、极性相反的差模信号，即

$$u_{be1} \approx u_{be2} \approx \frac{1}{2}u_i$$

因此，当信号为单端输入时，只要 R_E 值足够大，两个对称的三极管仍然得到一对近似的差模信号，与双端输入的状态基本相同。其电压放大倍数也与双端输入时一样。

如果采用单端输出（即单端输入—单端输出方式），则应注意放大电路输入信号与输出信号的相位关系。在图 6-21 中，假设由 T_1 管集电极和地之间输出，则输出电压与输入电压反相位；若由 T_2 管集电极输出，则输出电压与输入电压同相位，故分别称为反相输出和同相输出。

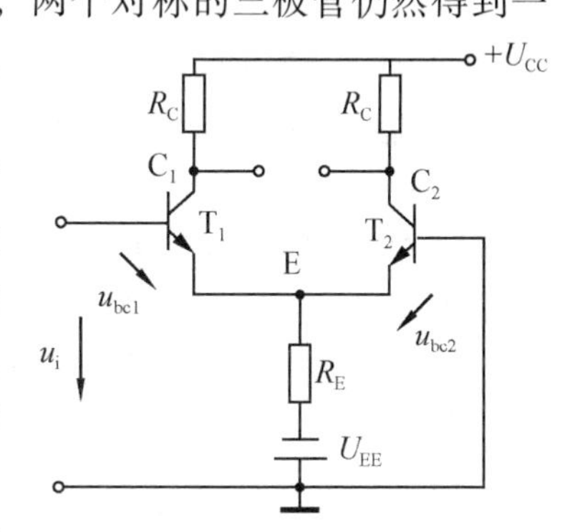

图 6-21　单端输入差动放大电路

当负载一端接集电极，另一端接地的时候，输出电压等于集电极电压的变化量，故单端输出时，电压放大倍数只有双端输出时的一半，即

$$A_{d(1)} = \frac{u_{od}}{u_{id}} = \frac{u_{o1}}{2u_{i1}} = -\beta\frac{R_C}{2(R_B + r_{be})}\text{（反相输出）}$$

$$A_{d(1)} = \frac{u_{od}}{u_{id}} = \frac{-u_{o2}}{2u_{i2}} = \beta\frac{R_C}{2(R_B + r_{be})}\text{（同相输出）}$$

6.5　互补对称功率放大电路

在电子设备和自动控制系统中，多级放大电路的末级或加上末前级一般为功率放大级，以便能够输出足够大的功率，驱动较大的负载。例如使扬声器的音圈振动发出声音，推动电动机旋转，使继电器动作，使仪表指示或记录，在雷达显示器或电视机中使光点随信号偏转等。和电压放大电路相同，功率放大电路也是利用三极管的电流控制作用，将直流电源供给的能量按照输入信号的变化规律传送给负载。不同之处在于电压放大电路输入的是小信号，输出的是足够大的电压信号；而功率放大电路输入的是大的电压信号，输出的信号具有足够大的功率，即输出信号的电压和电流都要足够大。功率放大电路在保证足够大的功率输出的情况下，就要解决效率和失真这一对主要矛盾。

传统的功率放大电路常采用变压器耦合方式，利用变压器的阻抗变换作用获得合适的负载阻抗，以便实现阻抗匹配，输出较大的功率。但由于变压器体积大、功率损耗大、频率特性差、无法实现集成化等原因，已很少使用。目前功率放大电路多采用

无输出变压器的功率放大电路(OTL 电路)及无输出电容的功率放大电路(OCL 电路)，在集成运放中多采用 OCL 电路，本节即着重讨论这种电路的工作原理和特点。

6.5.1　乙类互补对称功率放大电路

放大电路的负载一般都是阻抗不大的扬声器、继电器、电动机等，如扬声器的阻抗常为4Ω、8Ω 和16Ω。只有采用射极输出器，才能解决与负载阻抗匹配的问题。射极输出器虽然电压放大倍数 $A_u \approx 1$，但电流放大倍数 $A_i = 1 + \beta$，输入电阻 r_i 高，输出电阻 r_o(约十几欧至几十欧)低，可直接驱动负载；较大的 A_i 可实现功率放大。如果采用单管射极输出器，则三极管必须在信号的整个周期内都处于放大状态。当信号为正半周时，输出电压也处于正半周。对于图 6-11 所示的射极输出器电路，耦合电容 C_2 充上静态射极电压，极性为左正右负。当输入的信号变负半周时，三极管 T 的发射结可能反偏而导致三极管截止，输出不再跟随输入而产生失真。这就是说，单管射极输出器正向跟随好，负向跟随不好。如果采用两个射极输出器组成互补电路，则可使每个射极输出器都处于正向跟随状态，这就构成了互补对称功率放大电路，如图 6-22 所示。图 6-22(a) 中 T_1 为 NPN 管，T_2 为 PNP 管，要求两管参数对称，特性相同。两管的基极和发射极分别连接在一起，信号从基极输入，从射极输出，R_L 为负载。电路由正、负电源供电。

静态时，$u_i = 0$，两管均无直流偏置，处于截止状态，$u_o = 0$，没有信号输出。

当输入信号为正半周时，基极电位升高，T_1 管因发射结正偏而导通。T_2 管为 PNP 管，此时发射结因反偏而截止。电流自 U_{CC} 正极，经 T_1 管集电极、发射极，自上而下流过 R_L，如图 6-22(a)中实线所示。T_1 管以射极输出器的形式将正半周的输入信号传递到负载，由正电源供电。

当输入信号为负半周时，基极电位降低，T_1 管因发射结反偏而截止。T_2 管发射结则正偏导通。电流自 U_{EE} 正极(地)，由下而上流过 R_L，经 T_2 管发射极、集电极而回到 U_{EE} 负极，如图 6-22(a)中虚线所示。T_2 管以射极输出器形式将负半周的输入信号传递到负载，由负电源供电。

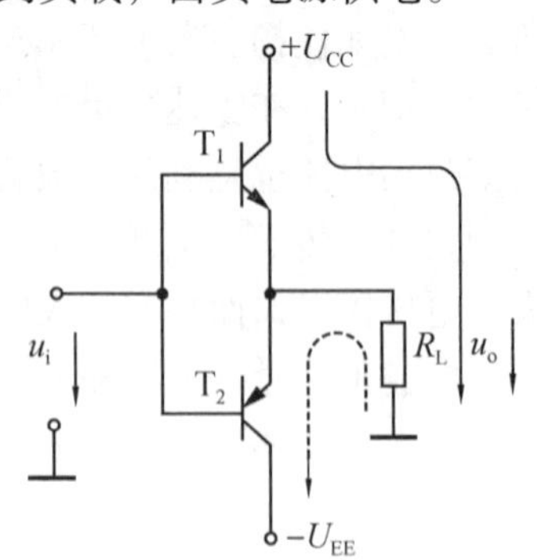

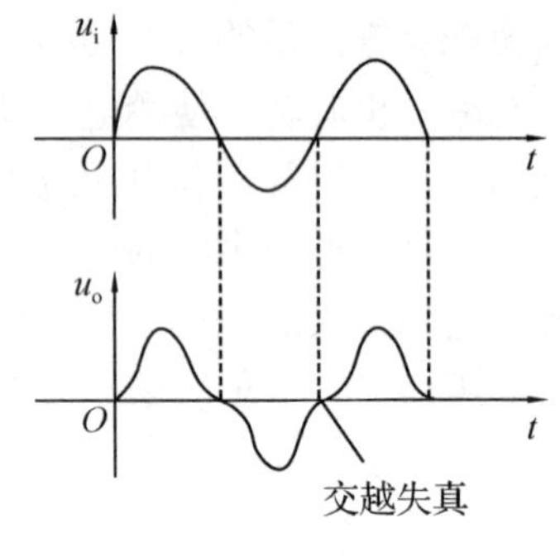

图 6-22　互补对称功率放大电路

(a) 基本互补对称功放电路　(b) 输出电压产生交越失真

因此，在输入信号作用下，T_1 和 T_2 管以互补形式交替工作，正负电源交替供电，电路由此实现了双向跟随。由于射极输出器电流放大倍数较大，电路在跟随所加的输入信号电压的同时，能够输出较大的电流，从而可使负载得到足够大的功率。

在分析放大电路的工作状态时，常用三极管在信号的一个周期内的导通角度作为分类标准。当三极管在信号的整个周期内都导通时，导通角 $\theta = 360°$，称为甲类工作状态，如前述各种放大电路中的三极管；当三极管只在信号的半个周期内工作时，导通角 $\theta = 180°$，称为乙类工作状态。因此图 6-22(a)所示电路称为乙类互补对称放大电路。导通角处于两者之间的，称为甲乙类工作状态。

由图 6-22(a)可知，静态时，T_1 和 T_2 均为零偏。在输入信号电压过零点的附近，总会有一段时间信号的幅值低于三极管 T_1 和 T_2 的死区电压，使两管处于截止状态，此时输出电压为零，从而出现了如图 6-22(b)所示的失真。此失真发生在信号正负交替变化处，故称为交越失真。为了消除交越失真，只需给 T_1 和 T_2 一个较小的静态偏置，使两管在静态时有一个大小相等的微小电流，让两管均处于微导通状态就可以了。

6.5.2　甲乙类互补对称功率放大电路

如图 6-23 所示，电路工作在甲乙类状态，既能减小交越失真，又不使两管静态偏流加大，因此对输出功率和效率影响较小。

静态时有电流流过偏置电路，调节 R_1 可改变这个电流的大小。图 6-23 中，R_2 及 TD_1，TD_2 向功放管 T_1，T_2 提供正向偏置电压，适当选择 R_2，使 $U_{B_1B_2} = U_{R_2} + U_{TD_1} + U_{TD_2}$ 略大于 T_1 和 T_2 的死区电压之和，则两管在静态时均处于微导通状态。二极管 TD_1 和 TD_2 的直流压降对 T_1 和 T_2 的发射结有温度补偿作用。动态时，由于 R_2 阻值很小，TD_1 和 TD_2 的动态电阻也很小，因此可以认为输入信号完全相等地作用在 T_1 和 T_2 两管的基极上。T_1 和 T_2 的射极连接点 A 称为中点，由于上、下电路对称，两管静态集电极电流相等，所以中点静态电位 $V_A = 0$，负载电流等于零。调整 R_1，可使 $V_A = 0$。

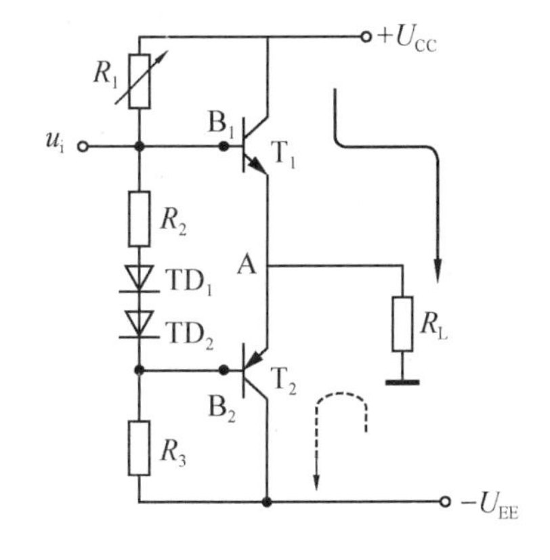

图 6-23　有偏置电路的互补对称功放电路

当输入信号为正半周时，T_1 导通加剧，T_2 由微导通变为截止，R_L 上得到正半周信号，电流通路如图 6-23 中实线所示。当输入信号为负半周时，T_2 导通加剧，T_1 逐渐截止，R_L 上得到负半周信号，电流通路如图 6-23 中虚线所示。这样在信号的一个周期内，电路均有输出，没有死区问题，消除了交越失真。

这个电路在静态时 T_1 和 T_2 同时导通，在输入信号作用下，两管导通时间比半个周期长，即导通角 $\theta > 180°$，所以称为甲乙类互补对称电路。应该指出，这种电路的 R_2，TD_1 和 TD_2 支路绝不可断开，否则会造成 T_1，T_2 两管基极电流过大，使 T_1 和 T_2

管因功耗过大而烧毁。

6.5.3 复合管及复合管互补对称功率放大电路

6.5.3.1 复合管

在需要较大输出功率的时候，功放管需输出较大的电流（安培数量级），所以需采用大功率管。如果功放管的电流放大系数β值不是很大，则需要很大的基极推动电流，但前置小功率电压放大电路很难提供这么大的电流。因此需要采用β值很大的复合管。另外，复合管还可以解决大功率 NPN 和 PNP 管配对困难的问题。

复合管就是把两个或两个以上的三极管适当地连接起来，等效成一只三极管。在连接时应保证每管的电流方向正确。NPN 管 I_B，I_C 流入三极管，I_E 流出三极管。或者说，有两个电流流入、一个电流流出的三极管，便为 NPN 管，且流出电流为 I_E。这样就可以方便地判断出复合管的极性及三个电极。

NPN 管和 PNP 管接成复合管，并具有电流放大作用的只有四种组合形式，如图 6-24 所示。T_1 一般为小功率管，称为推动管；T_2 一般为大功率管，称为输出管。

图 6-24(a)中，T_1，T_2 都是 NPN 型管，即用 NPN 推动 NPN 管。T_1 管的基极电流 I_B 经 T_1 放大后成为 T_2 管的基极电流，再被 T_2 管放大后，成为 T_2 管的集电极电流 I_C，所以复合管的电流放大系数β近似等于两个三极管的电流放大系数β_1，β_2的乘积，即

$$\beta = \beta_1 \cdot \beta_2 \tag{6-15}$$

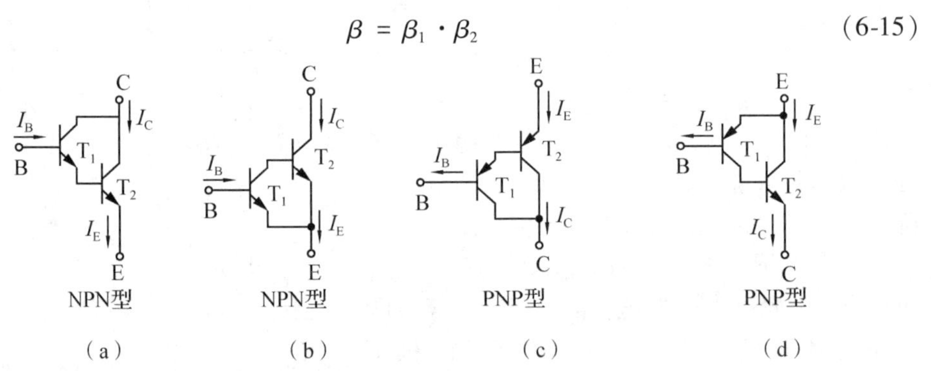

图 6-24 两个三极管构成的复合管

复合管的类型取决于推动管，复合管的功率取决于输出管。

用图 6-24(a)(c)所示的复合管代替图 6-23 中的 T_1 和 T_2，就构成了采用复合管的 OCL 互补对称输出极，如图 6-25 所示。

6.5.3.2 准互补对称输出级

在分立元件电路中，不同类型的大功率管难以配对，因此，通常将 T_2，T_4 采用同类型管，T_1，T_3 采用不同类型管，组成图 6-26 所示的准互补对称输出级。集成运算放大器的输出级多用此种电路。

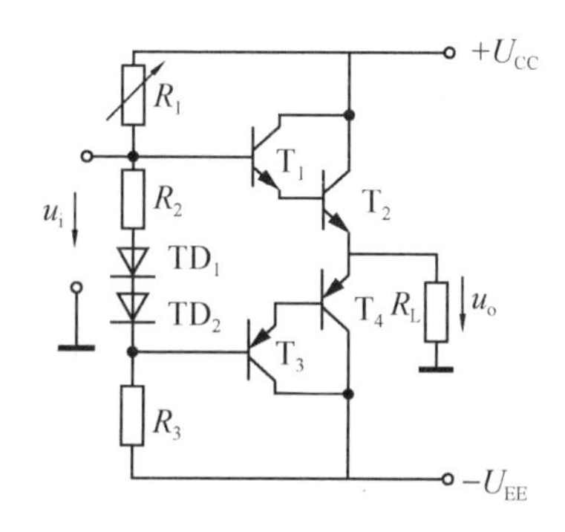

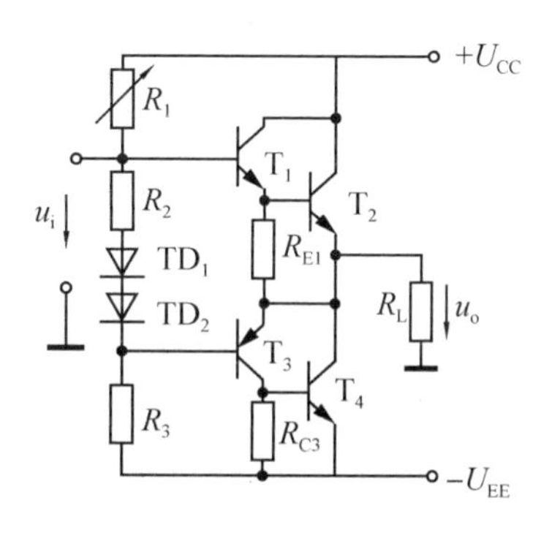

图6-25　复合管互补对称输出级　　　　**图6-26　准互补对称输出级**

在图6-25所示电路中，复合管中的推动管 T_1 和 T_3 的穿透电流全部流入推动管并被放大，造成复合管的穿透电流过大。图6-26电路中的电阻 R_{E1} 和 R_{C3} 的作用是分流推动管的穿透电流，达到减小复合管穿透电流的目的。但 R_{E1} 和 R_{C3} 对信号电流同样有分流作用，因此其阻值不宜过大或过小，一般在几十欧至几百欧之间。

6.5.3.3 单电源互补对称功率放大电路

在分立元件的功率放大电路中，有时为了省去一个电源，可采用图6-27所示的单电源互补对称功放电路。注意其利用电容 C 上充电电压代替省去的电源 U_{EE}。

图6-27中，T_1，T_2 两管特性相同，电路上下对称，所以静态时中点A的电位为 $U_A=\frac{1}{2}U_{CC}$，电容 C 上的充电电压 $U_C=\frac{1}{2}U_{CC}$。

当输入信号为正半周时，T_1 导通，T_2 截止。U_{CC} 通过 T_1 向负载提供正半周电流，同时给电容充电；当输入信号为负半周时，T_1 截止，T_2 导通。这时 $U_C=\frac{1}{2}U_{CC}$ 作为直流电源使用，给 T_2 供电，为负载提供负半周电流。因而在负载 R_L 上得到完整的输出波形。电容 C 有隔直耦合作用，当电容 C 足够大时，可认为电容上的电压维持不变，其上的直流电压 $U_C=\frac{1}{2}U_{CC}$ 又起到 $-U_{EE}$ 的作用。

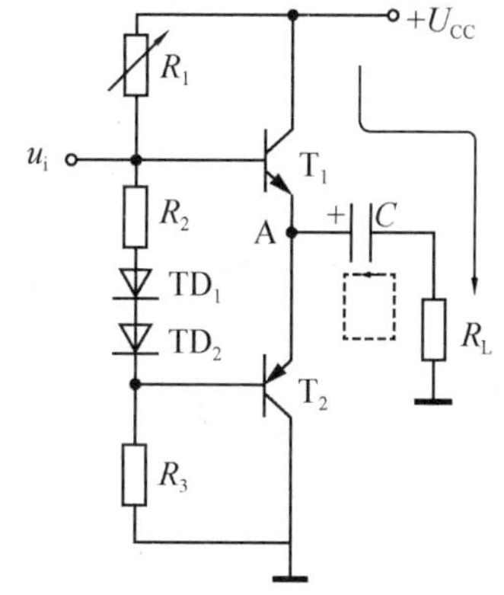

图6-27　单电源互补对称功放电路

单电源互补对称功放电路，因不用变压器作交流耦合元件，所以又称为无输出变压器功放电路，简称OTL功放电路。

6.5.3.4 互补对称功率放大电路的输出功率和效率

功率放大电路最重要的技术指标是电路能够输出的最大不失真功率 P_{om} 和效率 η。

图6-26电路中，当 T_2 导通、T_4 截止时，正电源供电，R_L 上得到的最大电压(峰值)为 U_{CC} 减去 T_2 的饱和管压降 U_{CES}，则 u_o 的最大电压有效值为

$$U_{om} = \frac{U_{CC} - U_{CES}}{\sqrt{2}}$$

根据 $P = \frac{U^2}{R}$ 的关系，负载电阻 R_L 上能够获得的最大功率为

$$P_{om} = \frac{U_{om}^2}{R_L} = \frac{(U_{CC} - U_{CES})^2}{2R_L} \tag{6-16}$$

此时，流过负载的电流可表示为

$$i_L = \frac{U_{CC} - U_{CES}}{R_L} \cdot \sin\omega t$$

这个电流是电源提供的。因此，负载得到最大输出功率时，考虑到两管正、负半周轮流工作，电源所供给的总平均功率 P_E 应是 $i_L U_{CC}$ 在半个周期内积分的平均值，即

$$P_E = \frac{1}{\pi}\int_0^{\pi}\left(\frac{U_{CC} - U_{CES}}{R_L}\sin\omega t\right)U_{CC}\mathrm{d}\omega t = \frac{2U_{CC}(U_{CC} - U_{CES})}{\pi R_L} \tag{6-17}$$

效率 η 是电路输出的交流功率 P_{om} 与电源提供的平均功率 P_E 之比，即

$$\eta = \frac{P_{om}}{P_E} = \frac{\pi}{4} \cdot \frac{U_{CC} - U_{CES}}{U_{CC}} = 78.5\% \times \frac{U_{CC} - U_{CES}}{U_{CC}} \tag{6-18}$$

如果忽略三极管的饱和管压降，理想情况下，效率可高达 78.5%，一般大功率管的 U_{CES} 为 2 ~ 3V，故其效率要小于 78.5%。功率放大电路的输出功率很大，因此提高其效率具有实际意义。互补对称功率放大电路效率高的实质是两管交替工作在甲乙类状态，既解决了输出失真的矛盾，同时又极大地减小了基极偏流，使每个三极管的静态工作点都选得较低，从而减小了功率损耗。

6.5.3.5 集成功率放大器

由于 OCL、OTL 功率放大电路中三极管为直接耦合，故很便于制成集成电路。目前已经生产出多种不同型号、可输出不同功率的集成功率放大器。使用这种集成电路时，只需要在电路外部接入规定数值的电阻、电容及负载即可。电路接入电源后，无须调整静态工作点，就可以向负载提供一定的功率。

LM384 集成音频功率放大器广泛应用于收录机、电视机、对讲机等多种音响电路，它的外部接线如图 6-28 所示。信号 u_i 经音量调节电位器 R_P 从反相端输入，输出

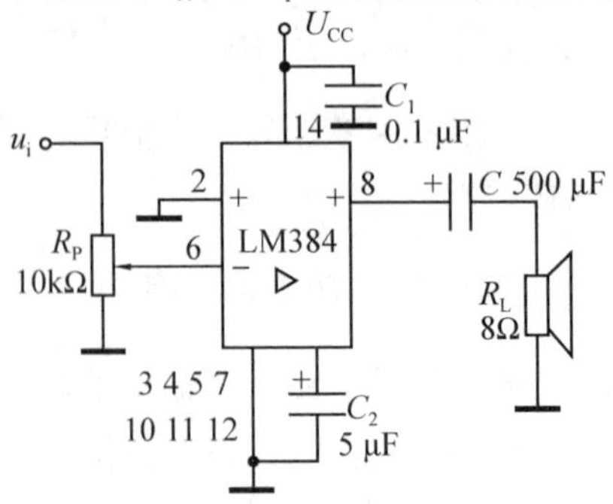

图 6-28 LM384 集成功率放大器的外部接线

端经耦合电容 C 驱动扬声器 R_L。其最大电源电压 U_{CC} 为28V。当 $U_{CC}=26V$，$R_L=8\ \Omega$ 时，可获得峰—峰值为22V的输出电压，相应的输出功率 $P_o=7.6W$，失真约为5%；当输入电压减小到18V时，输出功率降到5.1W，而失真仅为0.2%。为了便于集成组件散热和降低联线阻抗，输出端有7个地线引脚(3，4，5，7，10，11，12)。电容 C_1，C_2 用于改善放大器的性能。

本章小结

本章的主要内容是放大电路，放大电路在电子技术中具有很重要的作用。放大电路的核心器件是三极管，作为放大元件的三极管必须工作在放大区，即发射结正偏，集电结反偏。放大电路中的三极管连接了放大电路的输入回路和输出回路；由于三极管只有三个引脚，所以必有一个引脚是输入回路和输出回路的公共端。以发射极为公共端的电路称为共发射极电路，以集电极为公共端的电路称为共集电极电路，以基极为公共端的电路称为共基极电路。

放大电路的分析分为动态分析和静态分析两部分，静态分析的主要任务是计算电路的静态工作点，动态分析的主要任务是计算电路的电压放大倍数、输入电阻和输出电阻。

本章首先介绍了共发射极放大电路(简称为共射放大电路)，对其静态特性和动态特性做了详细分析。放大电路静态分析的方法有两种：直流通路法和图解法；动态分析的方法也有两种：微变等效电路法和图解法。通过对共射放大电路的分析，引入了关于静态工作点的稳定和放大电路失真的问题，并对这两个问题做了一定的分析。

除此以外，还介绍并分析了射极输出器、阻容耦合多级放大电路及差动放大电路，并适时介绍了零点漂移问题。最后简要介绍了几种功率放大电路。

在本章的学习中，重点掌握放大电路的分析内容，分析方法以及各种放大电路的特点。共射放大电路的优点是具有较大的电压放大倍数，缺点是输入电阻比较小，输出电阻比较大。与此相反，射极输出器的优点是输入电阻比较大，输出电阻比较小。差动放大电路是应用较多的一种放大电路，其最大特点是能够抑制零点漂移。所以，在多级放大电路中通常将射极输出器放在第一级以提高电路的输入电阻，也可以将其放在最末级或次末级以提高电路的输出电阻；功率放大电路通常放在最末级。为了使多级放大电路具有高的电压放大倍数，通常将共射放大电路放在中间级。

习　题

6-1　电路如题6-1图所示，已知 $\bar{\beta}=50$，$U_{BE}=0.7V$，$U_{CES}=0.3V$，判断电路中三极管的工作状态。

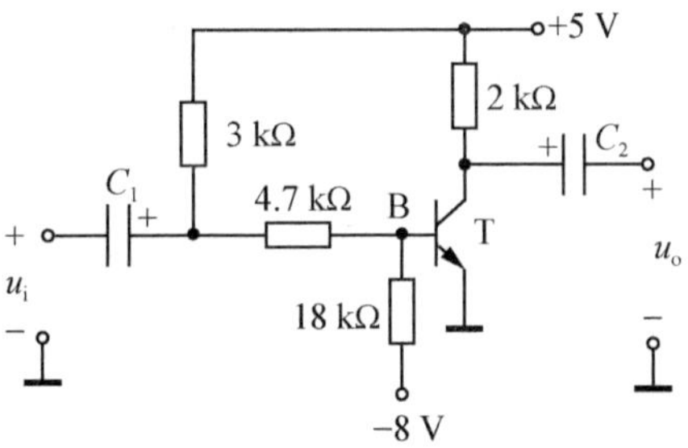

题6-1图

6-2 放大电路如题6-2图所示，试分析：(1)R_C变大而其余参数U_{CC}，R_B，$\bar{\beta}$不变时，I_B，I_C与U_{CE}是否变化？(2)提高U_{CC}同时增大R_B使I_B不变，其余参数也不变时，I_C与U_{CE}是否变化？(3)减小R_B，其余参数不变时，I_B，I_C与U_{CE}是否变化？(4)$\bar{\beta}$变大，其余参数不变时，I_B，I_C与U_{CE}是否变化？

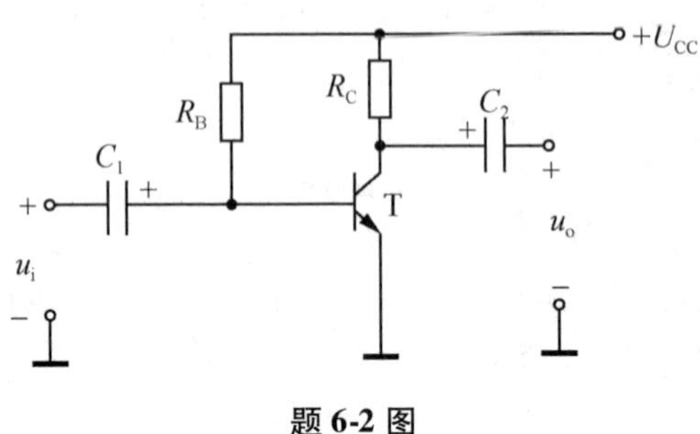

题6-2图

6-3 如题6-3图所示共射放大电路中，已知$\beta=50$，$U_{CES}=0.7V$，$U_{BE}=0.7V$，$A_u=-91$。请用图解法按下列要求求解：(1)画出输出回路的直流、交流负载线；(2)求用有效值表示的电路输出电压幅度U_{omax}；(3)若输入信号电压$u_i=27\sin\omega t$ mV，试分析电路能否正常放大此信号；(4)如何调整电路元件参数使该电路有尽可能大的输出幅度？其值为多大？

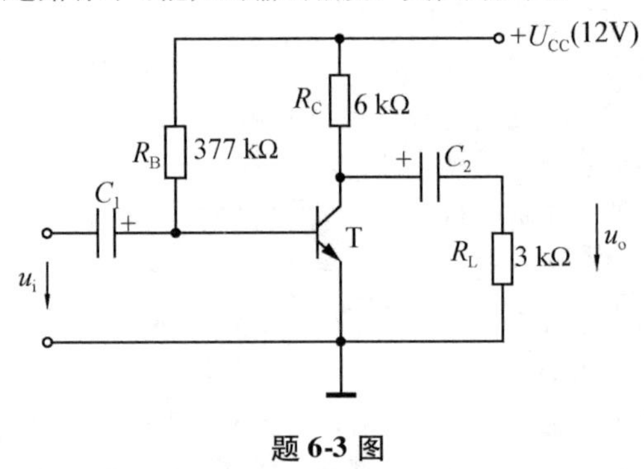

题6-3图

6-4 题6-4图所示电路中，已知三极管的$\beta=100$，$U_{BE}=0.7V$，求电路的静态工作点(I_B，I_C，U_{CE})。

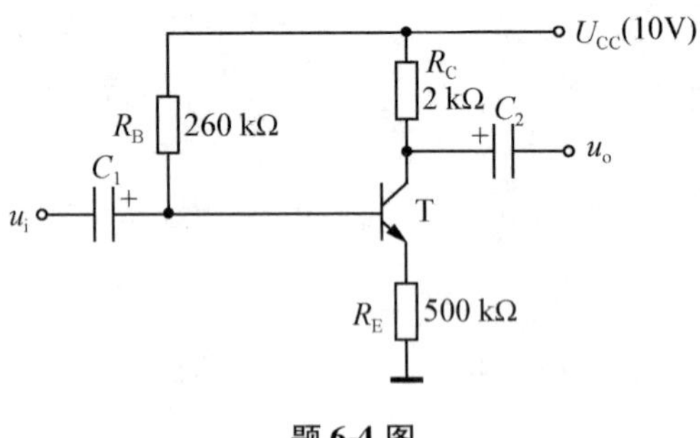

题6-4图

6-5 电路如题6-5图所示，已知$U_{CC}=12V$，$R_{B1}=120k\Omega$，$R_{B2}=39k\Omega$，$R_{E1}=100\Omega$，$R_{E2}=2k\Omega$，$R_C=R_L=3.9k\Omega$，$R_S=1k\Omega$，$\beta=60$，$U_{BE}=0.7V$。求放大电路的输入电阻r_i、输出电阻r_o、电压放大倍数A_u和输出电压u_o与信号源e_S之间的放大倍数A_{us}。

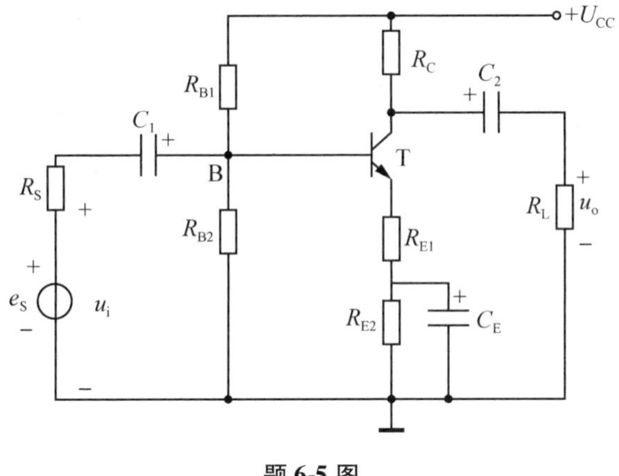

题 6-5 图

6-6　放大电路的输入电阻 $r_i=1\text{k}\Omega$，接负载电阻 $R_L=6\text{k}\Omega$ 时的电压放大倍数 $A_u=-100$，信号源内阻 $R_S=2\text{k}\Omega$。求：(1)输出电压与信号源 e_S 之间的放大倍数 A_{us}；(2)电流放大倍数 A_i；(3)功率放大倍数 A_p。

6-7　对题 6-7 图所示电路，在偏置电路中接入二极管 D，对稳定静态工作点的作用是否更大？

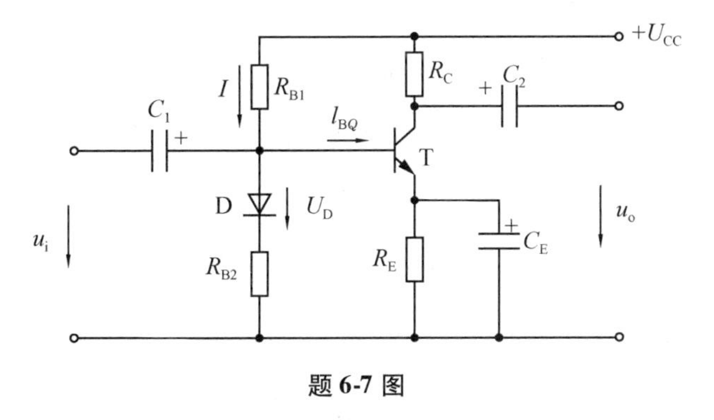

题 6-7 图

6-8　题 6-8 图所示电路中，已知 $U_{CC}=12\text{V}$，$R_B=280\text{k}\Omega$，$R_C=R_E=2\text{k}\Omega$，$r_{be}=1.4\text{k}\Omega$，$\beta=100$。试求：(1)A 输出端的电压放大倍数 A_{u1}；(2)B 输出端的电压放大倍数 A_{u2}。

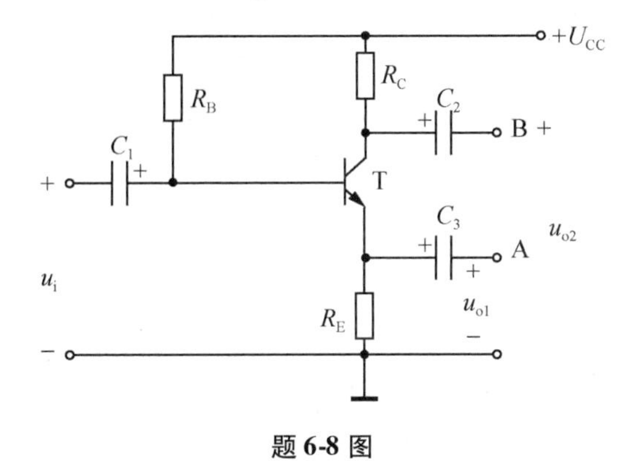

题 6-8 图

6-9　题 6-9 图所示的射极输出器中，已知 $R_S=50\Omega$，$R_{B1}=100\text{k}\Omega$，$R_{B2}=30\text{k}\Omega$，$R_E=1\text{k}\Omega$，$r_{be}=1\text{k}\Omega$，$\beta=50$。试求电压放大倍数 A_u、输入电阻 r_i、输出电阻 r_o。

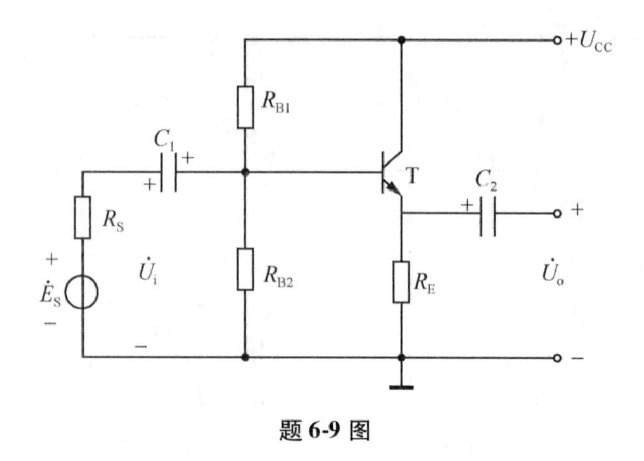

题 6-9 图

6-10 共集放大电路如题 6-10 图所示，请写出下述参数的表达式：(1)静态工作点 $Q(I_B, I_C, U_{CE})$；(2)输入电阻 r_i，输出电阻 r_o；(3)电压放大倍数 A_u，输出电压 u_o 与信号源 e_S 之间的放大倍数 A_{us}。

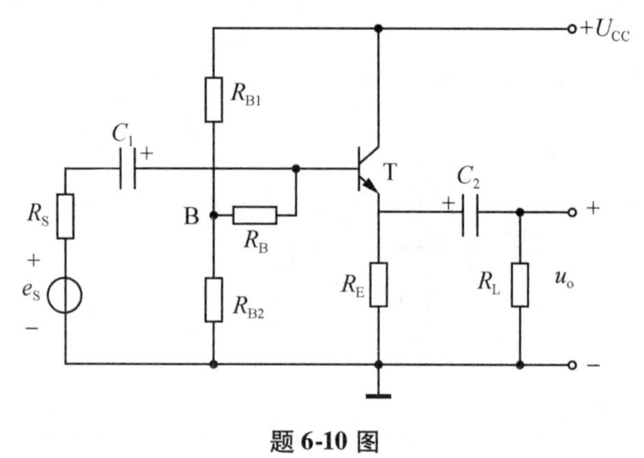

题 6-10 图

6-11 阻容耦合两级放大电路如题 6-11 图所示。已知 $U_{CC}=12\text{V}$，$R_{B1}=180\text{k}\Omega$，$R_{B2}=100\text{k}\Omega$，$R_{B3}=50\text{k}\Omega$，$R_{E1}=2.7\text{k}\Omega$，$R_{E2}=1.6\text{k}\Omega$，$R_{C2}=2\text{k}\Omega$，$R_L=8\text{k}\Omega$，$r_{be1}=r_{be2}=900\Omega$，$\beta_1=\beta_2=50$，$U_{BE1}=U_{BE2}=0.7\text{V}$。(1)计算各级电路的静态值；(2)画出放大电路的微变等效电路；(3)求出放大电路的输入电阻 r_i 和输出电阻 r_o；(4)计算各级电路的电压放大倍数 A_{u1}、A_{u2} 和电路总的电压放大倍数 A_u。

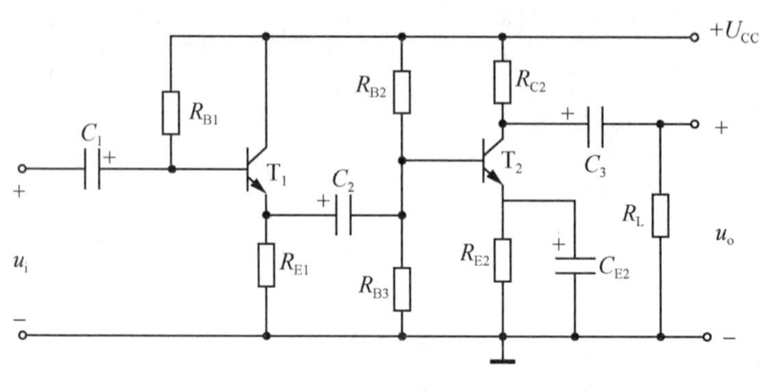

题 6-11 图

6-12 题6-12图所示两级直接耦合放大电路中，已知 $U_{CC}=18V$，$R_{B1}=26k\Omega$，$R_{B2}=10k\Omega$，$R_{C1}=8k\Omega$，$R_{E1}=4.3k\Omega$，$R_{E2}=2k\Omega$，$R_{C1}=8k\Omega$，$\beta_1=\beta_2=50$，$U_{BE1}=U_{BE2}=0.7V$。试计算两管静态工作点（I_{B1}，I_{C1}，I_{CE1}，I_{B2}，I_{C2}，I_{CE2}）。

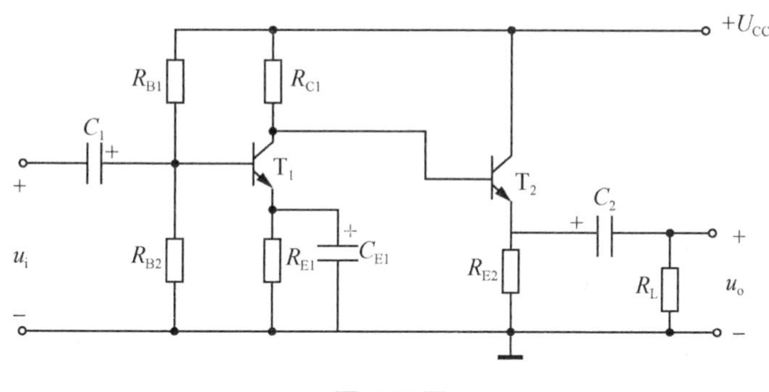

题6-12图

6-13 题6-13图所示为单端输入—双端输出差分放大电路，已知 $\beta=50$，$U_{BE}=0.7V$，试计算电压放大倍数 $A_u=\frac{u_c}{u_f}$。

6-14 题6-14图所示差动放大电路中，已知 $\beta=50$，$U_{BE}=0.7V$，输入电压 $u_{i1}=7mV$，$u_{i2}=3mV$。(1)计算 T_1，T_2 管的静态值 I_B，I_C 及各电极的电位 V_E，V_C 和 V_B；(2)把输入电压 u_{i1}，u_{i2}分解为共模分量 u_{ic1}，u_{ic2}和差模分量 u_{id1}，u_{id2}；(3)求单端共模输出 u_{oc1}，u_{oc2}；(4)求单端差模输出 u_{od1}，u_{od2}；(5)求单端总输出 u_{o1}，u_{o2}；(6)求双端共模输出 u_{oc}，双端差模输出 $u_{od1}-u_{od2}$和双端总输出 u_o。

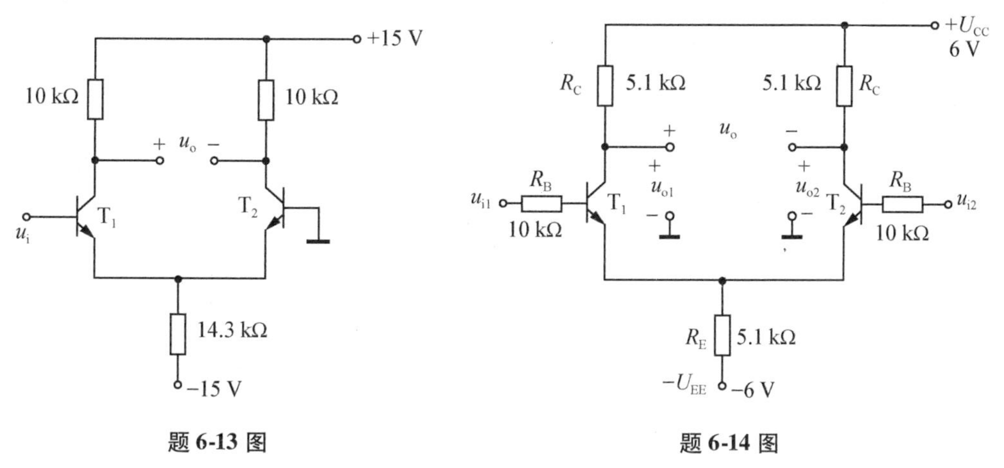

题6-13图 **题6-14图**

6-15 题6-15图所示差动放大电路中，已知 $U_{CC}=12V$，$U_{EE}=12V$，$R_C=R_B=R_L=20k\Omega$，$R_1=1k\Omega$，$R_E=3.3k\Omega$，$U_Z=4V$，$\beta=70$，$U_{BE}=0.7V$。(1)求静态时 I_{C1}，I_{C2}及电阻 R_L上的电压；(2)求差模电压放大倍数；(3)若电源电压由 ±12V 变为 ±18V，I_{C1}和 I_{C2}是否变化？

6-16 OCL功率放大电路如题6-16图所示，已知 T_1，T_2 管的饱和压降 $U_{CES}\approx1V$，$U_{CC}=18V$，$R_L=8\Omega$。试求：(1)电路的最大不失真输出功率 P_{om}；(2)电路的效率；(3)T_1，T_2 管的最大管耗 P_T。

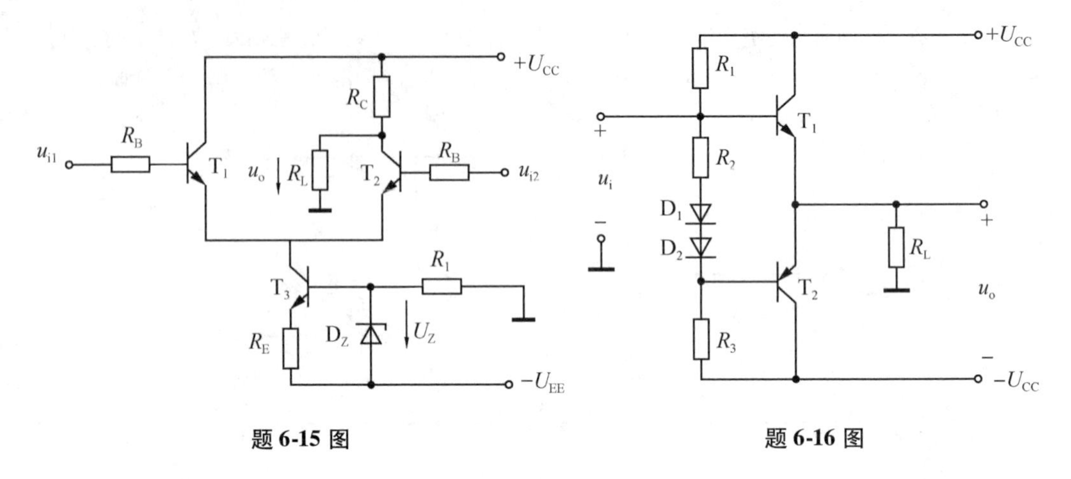

题 6-15 图　　　　**题 6-16 图**

6-17　OTL 功率放大电路如题 6-17 图所示，已知 T_1，T_2 管的特性完全对称，u_i 为正弦输入电压，$U_{CC}=10V$，$R_L=16\Omega$。试求：(1)静态时，电容 C_2 两端的电压应是多少？调整哪个电阻能满足这一要求？(2)动态时，若输出电压波形出现交越失真，应调整哪个电阻？如何调整？(3)若 $R_1=R_2=1.2k\Omega$，$\beta_1=\beta_2=50$，$|U_{BE}|=0.7V$，$P_{CM}=200mW$，假设 D_1，D_2，R_2 中任意一个开路，将会产生什么后果？

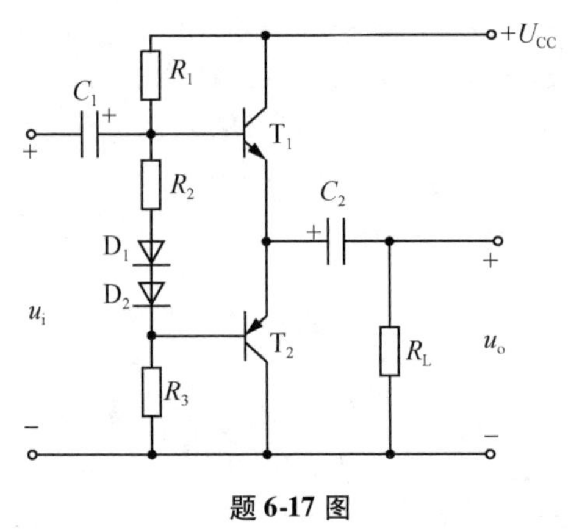

题 6-17 图

第 7 章

运算放大器

运算放大器(简称“运放”)是应用非常广泛的一种线性集成电路。它种类繁多,不但可对信号进行放大,还可对电信号做加减法等运算,所以被称为运算放大器。其常见的应用包括数字示波器和自动测试装置、视频和图像计算机板卡、医疗仪器、电视广播设备、航行器用显示器和航空运输控制系统、汽车传感器、计算机工作站和无线基站等。

本章首先介绍运算放大器的基本组成和特性,然后集中讨论运算放大器中的负反馈问题,最后介绍运算放大器的基本应用。

7.1 运算放大器简介

7.1.1 运算放大器的特点

运算放大器从诞生至今,已有几十年的历史,最早的工艺是采用硅 NPN 工艺,后来改进为硅 NPN - PNP 工艺。在结型场效应管技术成熟后,又引入了结型场效应管工艺。当 MOS 管技术成熟后,特别是 CMOS 技术成熟,模拟运算放大器有了质的飞跃,一方面解决了低功耗的问题,另一方面通过混合模拟与数字电路技术,解决了直流小信号直接处理的难题。

经过多年的发展,模拟运算放大器技术已经很成熟,性能日臻完善,品种极多。本节针对集成模拟运算放大器(简称“集成运放”)的加工工艺,对运算放大器在集成电路结构上的特点简单介绍如下:

①由于集成电路无法制作大容量的电容器,所以电路结构只能采用直接耦合的方式。

②为克服直接耦合电路的温漂，采用了温度补偿的手段。典型的补偿型电路是差动放大电路，它是利用两个晶体管参数的对称性来抑制温漂的。

③大量采用晶体管或场效应管组成的有源负载来代替大阻值的电阻，或者用来设置电路的静态电流。

④采用复合管的接法以改进单管的性能。

7.1.2 运算放大器的组成框图

20 世纪 60 年代至今，集成运放已经历了四代产品，类型和品种相当丰富，但在结构上基本一致，其内部通常包含四个基本组成部分：输入级、中间级、输出级以及偏置电路，如图 7-1 所示。

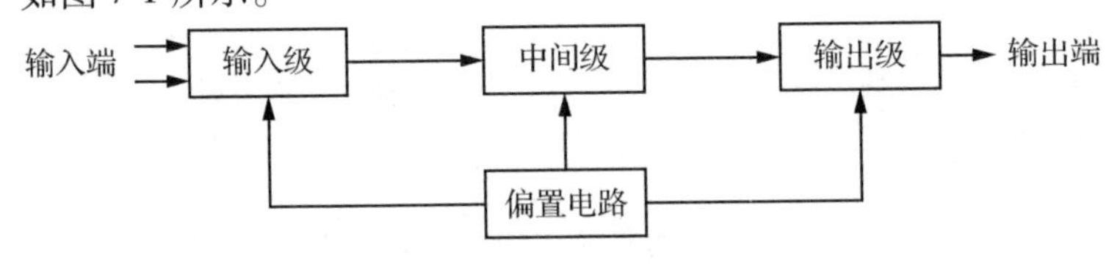

图 7-1 运算放大器的组成

①输入级　输入级又称前置级，是提高运算放大器质量的关键部分，要求其输入阻抗高，为了能减小零点漂移和抑制共模干扰信号，输入级都采用具有恒流源的差动放大电路。

②中间级　中间级的主要作用是提供足够大的电压放大倍数，还要向输出级提供足够大的推动电流。为避免级数太多，增大附加相移而产生自激，一般采用带有有源负载的单管共射放大电路或复合管放大电路的结构形式。

③输出级　输出级的主要作用是输出足够的电流以满足负载的需要，同时还需要有较低的输出电阻和较高的输入电阻，以起到隔离放大级和负载的作用，同时还要有较大的动态范围，通常采用互补对称输出级，且工作在射级输出状态。

④偏置电路　偏置电路的作用是向各级提供稳定的静态工作电流，并使整个运放的功耗较小，一般由各种恒流源电路组成。

总之，集成运放是一种电压放大倍数高、输入电阻大、输出电阻小、零点漂移小、抗干扰能力强、可靠性高、体积小、功耗小的通用电子器件。

7.1.3 运算放大器的主要参数

①输入失调电压 U_{IO}(input offset voltage)　输入电压为零时，将输出电压除以电压增益，即为折算到输入端的失调电压，是表征运放内部电路对称性的指标。

②输入失调电流 I_{IO}(input offset current)　在零输入时，差分输入级的差分对管基极电流之差，用于表征差分级输入电流不对称的程度。

③输入偏置电流 I_{IB}(input bias current)　两个输入端偏置电流的平均值，用于衡

量差分放大对管输入电流的大小。

④输入失调电压温漂$\frac{\mathrm{d}U_{\mathrm{IO}}}{\mathrm{d}T}$　在规定工作温度范围内，输入失调电压随温度的变化量与温度变化量的比值。

⑤输入失调电流温漂$\frac{\mathrm{d}I_{\mathrm{IO}}}{\mathrm{d}T}$　在规定工作温度范围内，输入失调电流随温度的变化量与温度变化量的比值。

⑥最大差模输入电压 U_{idmax}(maximum differential mode input voltage)　运放两输入端能承受的最大差模输入电压，超过此电压时，差分管将出现反向击穿现象。

⑦最大共模输入电压 U_{icmax}(maximum common mode input voltage)　在保证运放正常工作的条件下，共模输入电压的允许范围。共模电压超过此值时，输入差分对管出现饱和，放大器失去共模抑制能力。

⑧ 开环差模电压放大倍数 A_{ud}(open loop voltage gain)　运放在无外加反馈条件下，输出电压的变化量与输入电压的变化量之比。

⑨ 差模输入电阻 r_{id}(input resistance)　输入差模信号时，运放的输入电阻。

⑩ 共模抑制比 K_{CMRR}(common mode rejection ratio)　与差分放大电路中的定义相同，是差模电压增益 A_{ud}与共模电压增益 A_{uc}之比，常用分贝数来表示为

$$K_{\mathrm{CMRR}} = 20\lg\left(\frac{A_{ud}}{A_{uc}}\right) \quad \mathrm{dB}$$

7.1.4　运算放大器的封装

常见的集成运算放大器有圆形、扁平型、双列直插式等，分为 8 引脚、14 引脚等，如图 7-2 所示。

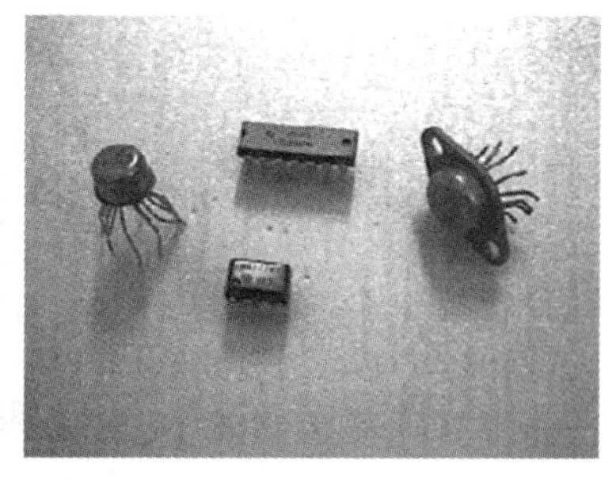

图 7-2　常见的集成运算放大器外形

图 7-3 所示为集成运算放大器的电路符号，图 7-3(a)为国家标准符号，图 7-3(b)为国际符号。运算放大器的符号中有三个引线端，一个称为同相输入端，即该端输入信号的极性与输出端相同，用符号“+”表示；另一个称为反相输入端，即该端输入信号的极性与输出端相异，用符号“-”表示；输出端一般画在与输入端相对的另一侧。实际的运算放大器通常必须有正、负电源端，有的还有补偿端和调零端。

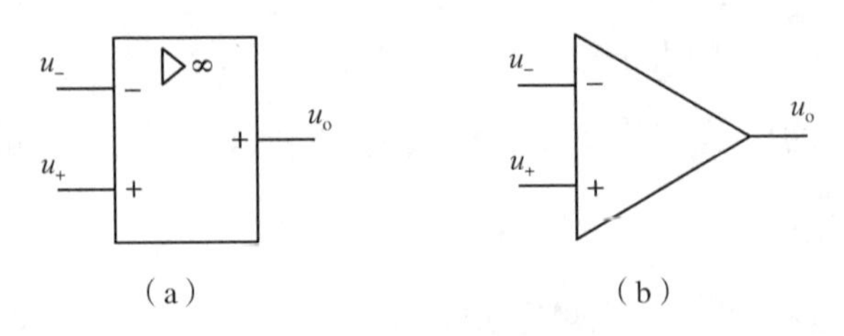

图 7-3 集成运算放大器的电路符号

(a)国家标准符号 (b)国际符号

7.2 理想运算放大器的分析依据

在分析运算放大器的电路时，由于运算放大器的开环电压放大倍数非常高，输入电阻非常大，输出电阻非常小，这些指标已接近理想的程度。因此，在分析集成运放电路时用理想的运算放大器代替实际的运算放大器，所引起的误差并不严重，在工程上是允许的，这样就使分析大大简化。后文对运算放大器的分析都是按其理想化条件进行的。理想化的主要条件如下：

①开环电压放大倍数趋近无穷大：$A_{uo}\to\infty$。

②开环输入电阻趋近无穷大：$r_{id}\to\infty$。

③开环输出电阻趋近无穷小：$r_o\to 0$。

④共模抑制比趋近无穷大：$K_{CMRR}\to\infty$。

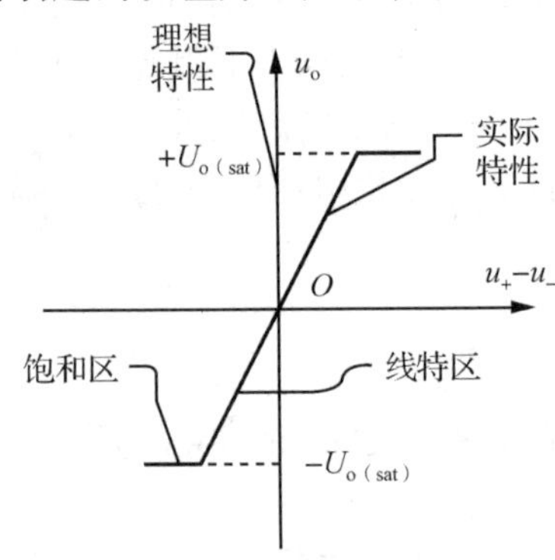

图 7-4 集成运算放大器的电压传输特性

集成运算放大器的输出电压 u_o 与输入电压 u_i 之间的关系，称为集成运算放大器的电压传输特性，它包括线性区和饱和区两部分，如图 7-4 所示。

(1)工作在线性区

理想条件下，在线性区内集成运算放大器的输出电压 u_o 与输入电压 $u_i(u_i=u_+-u_-)$成正比关系，即

$$u_o=A_{uo}\cdot u_i=A_{uo}(u_+-u_-)$$

$$A_{uo}=\frac{u_o}{u_+-u_-}$$

①因为 $A_{uo}\to\infty$，而输出电压是一个有限的数值，所以 $u_+\approx u_-$。即理想运放同相输入端的电位 u_+ 与反相输入端电位近似相等，但并不是短路，故称其为“虚短”。如果反向端有输入，而同向端接“地”，即 $u_+=0$，则由“虚短”可知 $u_-\approx 0$，也就是说，反向输入端的电位接近于“地”的电位，通常称其为“虚地”。

②因为 $r_{id}\to\infty$，故可以认为两个输入端的输入电流为零，即 $i_+\approx i_-\approx 0$。理想运放的输入电流为 0，如同该两点断开一样，故称其为“虚断”。

理想运放工作在线性区的条件：引入深度负反馈。

(2)工作在饱和区

运算放大器工作在饱和区时，输出电压 u_o 只有两种可能，即等于 $+U_{o(sat)}$ 或等于 $-U_{o(sat)}$，并由 u_+ 和 u_- 的大小来决定：

当 $u_+ > u_-$ 时，$u_o = +U_{o(sat)}$；

当 $u_+ < u_-$ 时，$u_o = -U_{o(sat)}$。

此外，运算放大器工作在饱和区时，由于 $r_{id} \to \infty$ 仍然成立，所以 $i_+ \approx i_- \approx 0$，但是 $u_o = A_{uo}(u_+ - u_-)$ 已不成立，故 $u_+ \approx u_-$ 也不成立。

7.3 放大电路的负反馈

7.3.1 反馈的基本概念、类型及其判别

7.3.1.1 反馈的基本概念和类型

凡是将电路的输出信号(电压或电流)的一部分(或全部)通过一定的电路(反馈回路)引回到输入端，并与输入信号叠加，一同控制电路的输出的，就称其为反馈。若引回的反馈信号与输入信号比较后，使净输入信号减小，因而输出信号也减小，称这种反馈为负反馈。若反馈信号使净输入信号增大，因而使输出信号也增大，则称这种反馈为正反馈。

根据反馈对净输入信号的影响，可分为负反馈和正反馈；根据反馈电路与基本放大电路在输入端的连接方式，可分为串联反馈和并联反馈；根据反馈信号采样的不同，可分为电压反馈和电流反馈。

7.3.1.2 反馈的判别

(1)正、负反馈的判断

采用瞬时极性法即某瞬时在电路输入端加上一个对“地”为正的信号，然后依次判定在该瞬时电路中有关各点的信号极性，若反馈信号使净输入信号削弱，即为负反馈，若反馈信号使净输入信号增强，即为正反馈。

(2)串联、并联反馈的判断

从放大电路的输入端来看，若输入信号和反馈信号分别加在两个输入端(同相端和反相端)上，即为串联反馈；若加在同一个输入端(同相端或反相端)上，则为并联反馈。

(3)电压、电流反馈的判断

反馈电路直接从输出端引出的为电压反馈；若从负载电阻 R_L 靠近“地”的一端引出，则为电流反馈。

一个简便判断方法为：令输出电压 $u_o = 0$，若反馈信号也等于零即为电压反馈，若反馈信号不等于零则为电流反馈。

(4) 交流、直流反馈的判断

根据电容“隔直通交”的特点，可以判断出反馈的交直流特性。如果反馈回路中有电容接地，则为直流反馈，其作用是为了稳定静态工作点；如果回路中串联电容，则为交流反馈，它可改善放大电路的动态特性；如果反馈回路中只有电阻或只有导线，则反馈为交直流共存。

7.3.2 负反馈的四种类型

由于反馈网络在放大电路输出端有电压和电流两种采样方式，在输入端有串联和并联两种连接方式，因此，负反馈放大电路共有四种基本组态(或类型)，即电压串联、电压并联、电流串联和电流并联负反馈放大电路。

(1)电压串联负反馈放大电路

图7-5(a)所示为电压串联负反馈放大电路的组成框图，反馈网络的输入端口与基本放大电路的输出端口并联连接，而反馈网络的输出端口与基本放大电路的输入端口串联连接。图7-5(b)所示为电压串联负反馈放大电路的一个实际电路。用“瞬时极性法”可判断反馈极性，即令 u_i 在某一瞬时的极性为“+”，经放大电路进行同相放大后，u_o 也为“+”，与 u_o 成正比的 u_f 也为“+”，于是该放大电路的净输入电压 $u_{id}=u_i-u_f$，比没有反馈时减小了，所以是负反馈。在放大电路的输入端，输入信号和反馈信号分别加在两个输入端，反馈网络串联于输入回路中，因而是串联反馈。电阻 R_f 与 R_1 构成反馈网络，R_1 上的电压 $u_f=\dfrac{R_1u_o}{R_1+R_f}$是反馈信号，假设 $u_o=0$，则 $u_f=0$，即反馈信号不存在，因此为电压反馈。综合上述分析，图7-5(b)可判断为电压串联负反馈放大电路。

图中 $F_u=\dfrac{u_f}{u_o}$为电压反馈系数。显然，$F_u=\dfrac{u_f}{u_o}=\dfrac{R_1}{R_1+R_f}$。

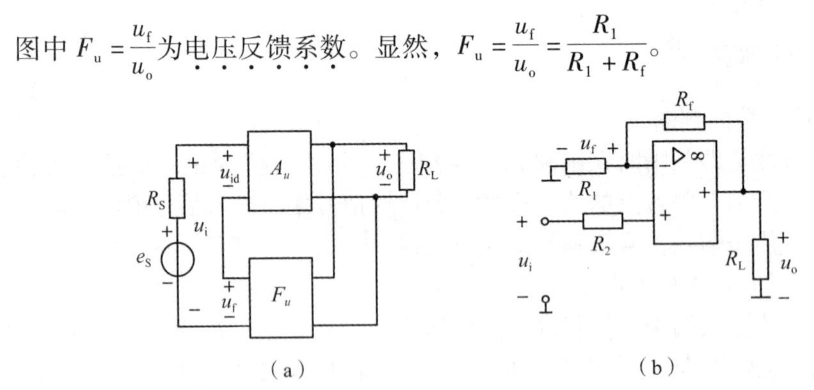

图7-5 电压串联负反馈放大电路

(a) 组成框图 (b) 实际电路

电压负反馈的重要特性是能稳定输出电压。无论反馈信号是以何种方式引回到输入端，实际上都是利用输出电压本身通过反馈网络来对放大电路起自动调整作用。

在图7-5(b)所示电路中，当 u_i 大小一定，由于负载电阻 R_L 增加而使 u_o 增加时，则电路的自动调节过程如下：

$$R_L\uparrow\to u_o\uparrow\to u_f\uparrow\to u_{id}(=u_i-u_f)\downarrow\to u_o\downarrow$$

电压负反馈放大电路具有较好的恒压输出特性。因此，可以说电压串联负反馈放大电路是一个电压控制的电压源。

（2）电压并联负反馈放大电路

电压并联负反馈放大电路的组成框图和实际电路如图 7-6（a）（b）所示。设输入信号 u_i 在某一瞬时的极性为“+”，经放大电路反相放大后，输出电压 u_o 为“-”，电流 i_i，i_f，i_{id}的瞬时方向如图 7-6 中箭头所示。于是净输入电流 $i_{id}=i_i-i_f$ 比没有反馈时减小了，故为负反馈。从反馈网络在放大电路输入端的连接方式看，输入信号和反馈信号分别加在同一输入端，电路引入的是并联反馈。应用“负载短路法”，假设输出电压 $u_o=0$，则电路的反馈信号 i_f 为 0，所以是电压反馈。综合以上分析，该电路可判断为电压并联负反馈放大电路，是一个电流控制的电压源。在图 7-6（b）所示电路中，反馈系数 $F_g=\dfrac{i_f}{u_o}\approx\dfrac{-u_o/R_f}{u_o}=-\dfrac{1}{R_f}$称为互导反馈系数。

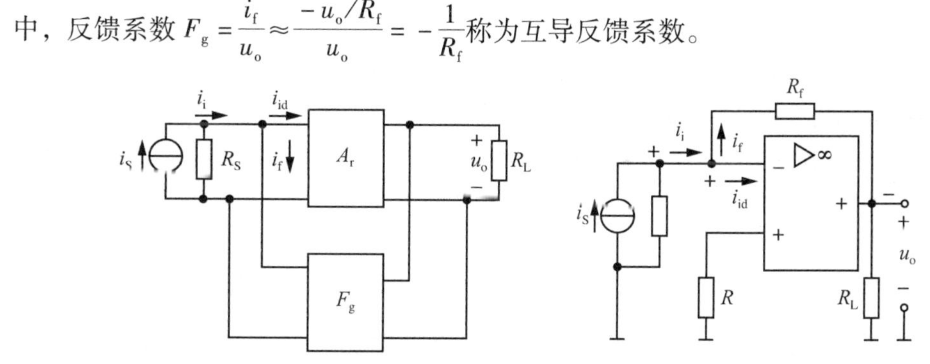

图 7-6　电压并联负反馈放大电路

（a）组成框图　（b）实际电路

（3）电流串联负反馈放大电路

图 7-7（a）所示为电流串联负反馈放大电路的组成框图，图 7-7（b）是其一个实际电路。采用“瞬时极性法”，设 u_i 的瞬时极性为“+”，经运放电路同相放大后，u_o 及 u_f 的瞬时极性也为“+”，于是净输入电压（$u_{id}=u_i-u_f$）比没有反馈时减小了，因此是负反馈。从反馈网络在放大电路输入端的连接方式看，输入信号和反馈信号分别加在两个输入端，电路引入的是串联反馈。应用“负载短路法”，假设输出电压 $u_o=0$，而电路的反馈信号 u_f 不为 0，故该电路中 R_f 引入的是电流反馈，其反馈系数 $F_r=\dfrac{u_f}{i_o}=\dfrac{i_oR_f}{i_o}=R_f$ 称为互阻反馈系数。电流串联负反馈放大电路是一个电压控制的电流源。

电流负反馈的重要特性是能稳定输出电流。无论反馈信号是以何种方式引回到输入端，实际上都是利用输出电流 i_o 本身通过反馈网络来对放大电路起自动调整作用。例如，当图 7-7（b）所示电路中的 u_i 一定，由于负载电阻 R_L 减小使输出电流增加时，由于负反馈的作用，电路将自动进行如下调整：

$$R_L\downarrow\to i_o\uparrow\to u_f(=i_oR_f)\uparrow\to u_{id}\downarrow\to i_o\downarrow$$

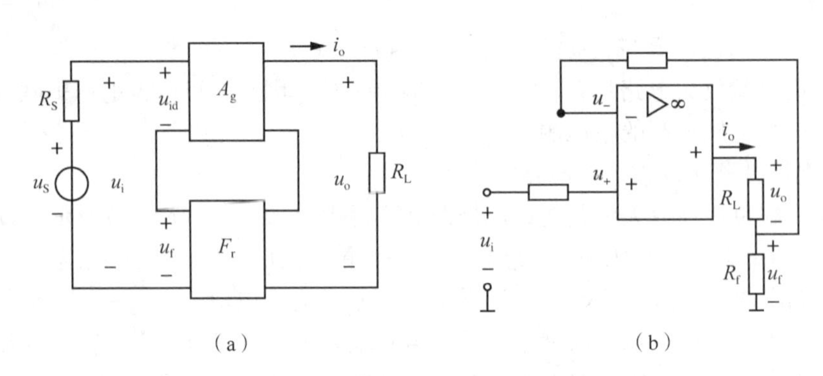

图 7-7 电流串联负反馈放大电路

(a)组成框图 (b)实际电路

电流负反馈具有近似于恒流的输出特性。

(4)电流并联负反馈放大电路

图 7-8(a)所示为电流并联负反馈放大电路的组成框图，图 7-8(b)是其一个实际电路。电阻 R_f 和 R_1 构成反馈网络。应用“瞬时极性法”，设反相输入端的交流电位瞬时极性为“+”，则输出交流电位 u_o 的瞬时极性应为“-”，由此可标出 i_i，i_o，i_f 及 i_{id} 的瞬时流向如图 7-8 所示。显然，净输入电流信号 i_{id}减小，故为负反馈。由结构上分析，在该放大电路的输入回路中，反馈信号 i_f 与输入信号 i_i 接至同一节点，是并联反馈。应用“负载短路法”，假设输出电压 $u_o=0$，反馈信号 i_f 不为 0，反馈信号 i_f 是输出电流 i_o 的一部分，即 $i_f=-\frac{R}{R+R_f}i_o$（R_f 与 R 近似于并联），所以是电流反馈。

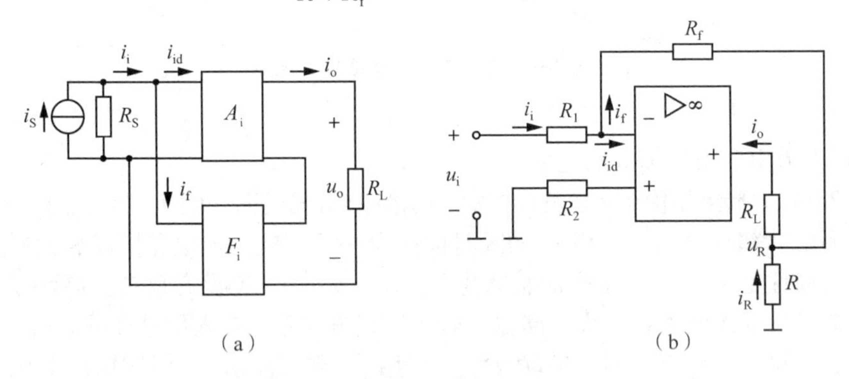

图 7-8 电流并联负反馈放大电路

(a)组成框图 (b)实际电路

因此，图 7-8(b)是电流并联负反馈放大电路。$F_i=\frac{i_f}{i_o}=\frac{R}{R+R_f}$为电流反馈系数。电流并联负反馈放大电路是一个电流控制的电流源。

正确判断反馈放大电路的类型十分重要，反馈类型不同，放大电路的性能也就不同。

7.3.3　负反馈对放大电路性能的影响

放大电路引入负反馈以后，对其性能将产生多方面的影响，其中包括对电路整体性能(增益的稳定、频带展宽和非线性失真的减小)和电路局部参数的影响(改变电路的输入电阻和输出电阻)。下面将根据图 7-9 所示的反馈放大电路框图对这一问题加以讨论。

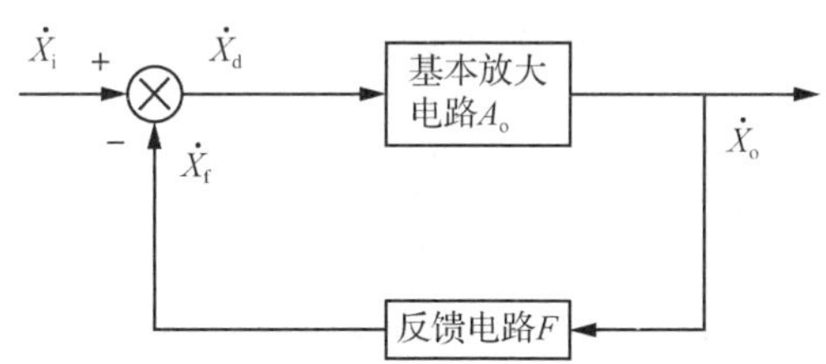

图 7-9　负反馈放大电路的框图

框图中的输入量、输出量、反馈量和净输入量分别用相量 $\dot{X}_i$，$\dot{X}_o$，$\dot{X}_f$ 和 $\dot{X}_d$ 表示，它们可能是电压量，也可能是电流量。A_o 和 F 是广义的开环增益和反馈系数，其值分别为

$$A_o = \frac{\dot{X}_o}{\dot{X}_d} \tag{7-1}$$

$$F = \frac{\dot{X}_f}{\dot{X}_o} \tag{7-2}$$

净输入量为

$$\dot{X}_d = \dot{X}_i - \dot{X}_f \tag{7-3}$$

由式(7-1)、式(7-2)和式(7-3)可得闭环增益为

$$A_F = \frac{\dot{X}_o}{\dot{X}_i} = \frac{\dot{X}_o}{X_d + \dot{X}_f} = \frac{\dot{X}_o / \dot{X}_d}{1 + \dot{X}_f / \dot{X}_d} = \frac{A_o}{1 + A_o F} \tag{7-4}$$

式(7-4)为放大电路的基本方程。

7.3.3.1　提高增益的稳定性

若考虑到放大电路工作在中频范围，且反馈网络为纯电阻性，即 F 为常量，则对式(7-4)两边求微分，得

$$\mathrm{d}A_F = \frac{(1 + A_o F)\mathrm{d}A_o - A_o F \mathrm{d}A_o}{(1 + A_o F)^2} = \frac{\mathrm{d}A_o}{(1 + A_o F)^2} \tag{7-5}$$

将式(7-5)除以式(7-4)，可得

$$\frac{\mathrm{d}A_F}{A_F} = \frac{1}{1 + A_o F} \cdot \frac{\mathrm{d}A_o}{A_o} \tag{7-6}$$

式(7-6)表明，负反馈放大电路闭环增益 A_F 相对变化量等于基本放大电路开环增益 A_o 的相对变化量的$(1+A_oF)$分之一，即反馈越深，$\frac{dA_F}{A_F}$越小，闭环增益的稳定性越高。

综合式(7-4)、式(7-6)可以看出，加入负反馈以后，电路增益下降为原来的$(1+A_oF)$分之一，而电路增益的稳定性提高到$(1+A_oF)$倍。

【例 7-1】 在图 7-10 所示的电压串联负反馈放大电路中，已知开环差模电压放大倍数 $A=10^5$，$R_1=2\Omega$，$R_F=18\Omega$，试求解下列问题：

(1)估算反馈系数 F 和反馈深度$(1+AF)$；

(2)估算放大电路的闭环电压放大倍数 A_F；

(3)如果 A 的相对变化量为 ±10%，此时 A_F 的相对变化量为多少？

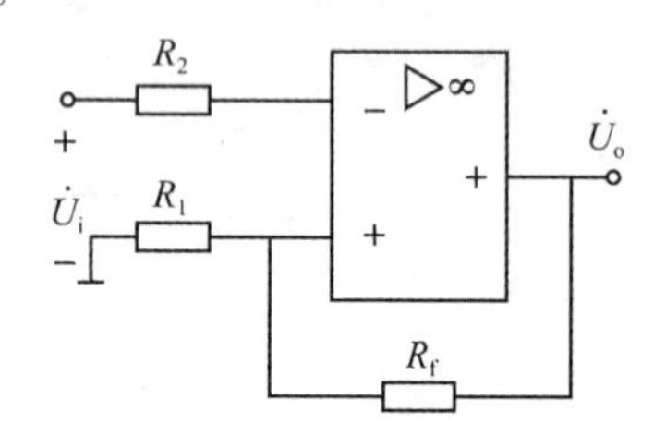

图 7-10 例 7-1 电路

【解】 (1) 反馈系数为

$$F=\frac{U_f}{U_o}=\frac{R_1}{R_1+R_F}=\frac{2}{2+18}=0.1$$

反馈深度为

$$1+AF=1+10^5\times 0.1\approx 10^4$$

(2)闭环电压放大倍数为

$$A_F=\frac{A}{1+\dot{A}\dot{F}}\approx\frac{10^5}{10^4}=10$$

(3)A_F 的相对变化量为$\frac{dA_F}{A_F}=\frac{1}{1+AF}\times\frac{dA}{A}\approx\frac{\pm 10\%}{10^4}=\pm 0.001\%$

结论：当开环差模电压放大倍数变化 ±10% 时，闭环电压放大倍数的相对变化量只有 ±0.001%，即稳定性提高了 10000 倍。

7.3.3.2 展宽频带

由于负反馈可以提高增益的稳定性，即通过负反馈可以使电路的相对变化量减小，因而对于由信号频率不同而引起的电路增益变化，同样也可以引入负反馈进行改善，即引入负反馈以后可使放大电路的频带展宽。

设反馈网络为纯电阻网络，无反馈时放大电路在中、高频段的放大倍数分别为 $\dot{A}_m$ 和 $\dot{A}_h$，上限频率为 f_h，则有

$$\dot{A}_h=\frac{\dot{A}_m}{1+j\frac{f}{f_h}}$$

引入反馈系数为 $\dot{F}$ 的负反馈后，放大电路在中、高频段的放大倍数分别为 $\dot{A}_{mf}$和 $\dot{A}_{hf}$，上限频率为 f_{hf}，则有

$$\dot{A}_{hf}=\frac{\dot{A}_h}{1+\dot{A}_h\dot{F}}=\frac{\dfrac{\dot{A}_m}{1+j\dfrac{f}{f_h}}}{1+\dfrac{\dot{A}_m}{1+j\dfrac{f}{f_h}}\cdot\dot{F}}=\frac{\dot{A}_m}{1+\dot{A}_m\dot{F}+j\dfrac{f}{f_h}}$$

$$=\frac{\dfrac{\dot{A}_m}{1+\dot{A}_m\dot{F}}}{1+j\dfrac{f}{(1+\dot{A}_m\dot{F})f_h}}=\frac{\dot{A}_{mf}}{1+j\dfrac{f}{f_{hf}}}$$

所以

$$\dot{A}_{mf}=\frac{\dot{A}_m}{1+\dot{A}_m\dot{F}}$$

$$f_{hf}=(1+\dot{A}_m\dot{F})f_h$$

可见，引入负反馈后，放大电路的中频放大倍数减小为无反馈时的 $1/(1+\dot{A}_m\dot{F})$；而上限频率提高到无反馈时的 $(1+\dot{A}_m\dot{F})$ 倍。同理可推导出引入负反馈后，放大电路的下限频率降低为无反馈时的 $1/(1+\dot{A}_m\dot{F})$。

结论：引入负反馈后，放大电路的上限频率提高，下限频率降低，因而通频带展宽。负反馈对通频带的影响可以用图 7-11 来说明。

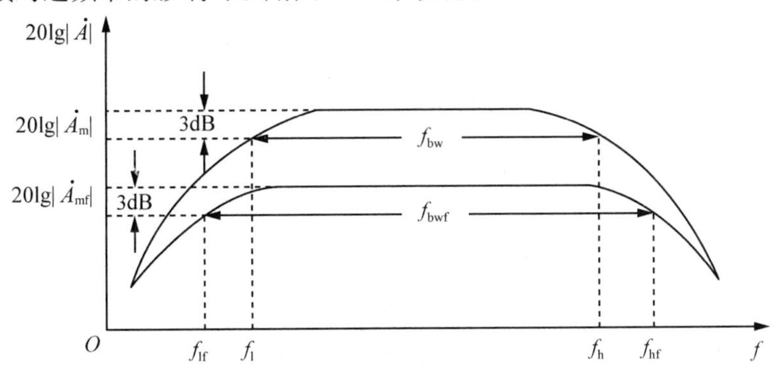

图 7-11　负反馈对通频带的影响

图 7-11 中，f_{bw} 表示基本放大电路的通频带，f_{bwf} 表示反馈放大电路的通频带，其中：

$$f_{bw}=f_h-f_l\approx f_h$$
$$f_{bwf}=f_{hf}-f_{lf}\approx f_{hf}$$
$$f_{bwf}\approx(1+\dot{A}_m\dot{F})f_{bw}$$

7.3.3.3 减小非线性失真和抑制干扰

三极管是一个非线性器件，放大电路在对信号进行放大时不可避免地会产生非线性失真。假设放大电路的输入信号为正弦信号，没有引入负反馈时，开环放大电路产生如图 7-12 所示的失真，输出信号的正半周幅度变大，而负半周幅度变小。

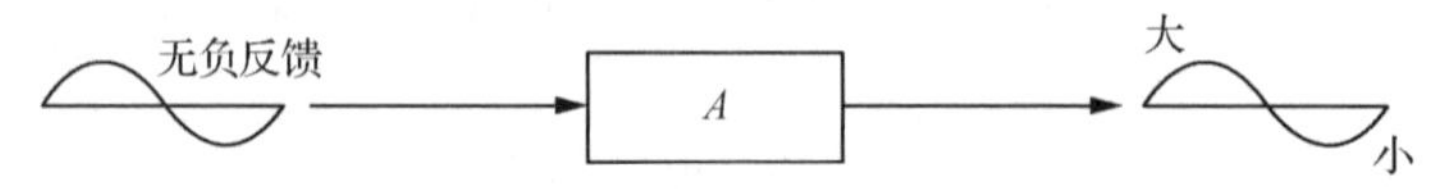

图 7-12　开环放大电路产生非线性失真

现在引入负反馈，假设反馈网络为不会引起失真的线性网络，则反馈回来的信号将反映输出信号的波形失真。当反馈信号引入输入端时，将使净输入信号$\dot{X}_d = \dot{X}_i - \dot{X}_f$的波形正半周幅度变小，而负半周幅度变大，如图 7-13 所示。再经基本放大电路放大后，输出信号便趋于正负半周对称，从而减小了非线性失真。从本质上说，负反馈是利用失真了的波形来改善波形的失真，因此只能减小失真，并不能完全消除失真，而且负反馈只能减小反馈环内的失真，若输入信号本身产生了失真，反馈电路便无能为力。

同样道理，负反馈放大电路对干扰信号也具有抑制作用。

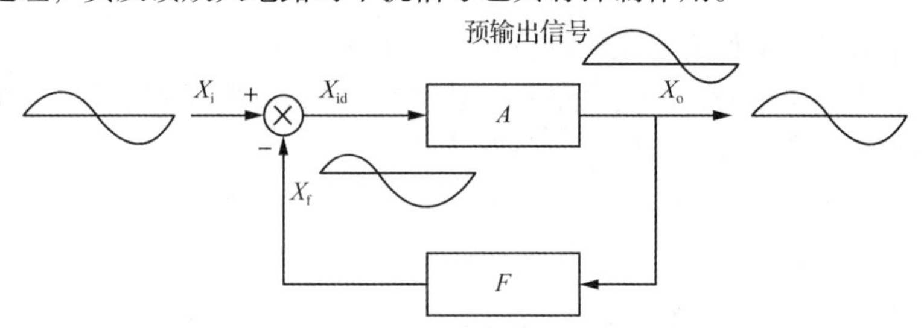

图 7-13　负反馈减小非线性失真

7.3.3.4 负反馈对输入电阻和输出电阻的影响

负反馈对输入电阻的影响取决于反馈网络与基本放大电路在输入回路的连接方式，即取决于是串联还是并联反馈；而对输出电阻的影响取决于反馈网络在放大电路输出回路的采样方式，即是电压反馈还是电流反馈，与反馈网络在输入回路的连接方式并无直接的关系。

(1) 串联负反馈对输入电阻的影响

在如图 7-14 所示的串联负反馈放大电路框图中，基本放大电路的输入电阻为

$$R_i = \frac{U'_i}{I_i}$$

串联负反馈放大电路的输入电阻为：

$$R_{if} = \frac{U_i}{I_i} = \frac{U'_i + U_f}{I_i} = \frac{U'_i + AFU'_i}{I_i} = (1 + AF)R_i$$

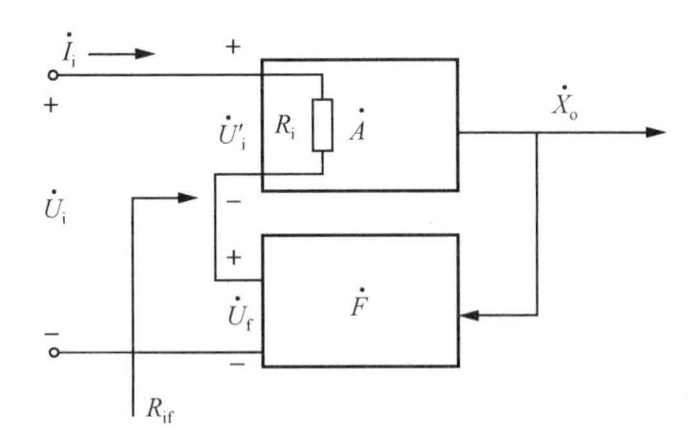

图7-14 串联负反馈放大电路的框图

可见引入串联负反馈后，输入电阻增大到原来的$(1+AF)$倍。

(2)并联负反馈对输入电阻的影响

在如图7-15所示的并联负反馈放大电路框图中，基本放大电路的输入电阻为

$$R_i=\frac{U_i}{I'_i}$$

并联负反馈放大电路的输入电阻为：

$$R_{if}=\frac{U_i}{I_i}=\frac{U_i}{I'_i+I_f}=\frac{U_i}{I'_i+AFI'_i}=\frac{R_i}{1+AF}$$

可见引入并联负反馈后，输入电阻仅为原来的$(1+AF)$分之一。

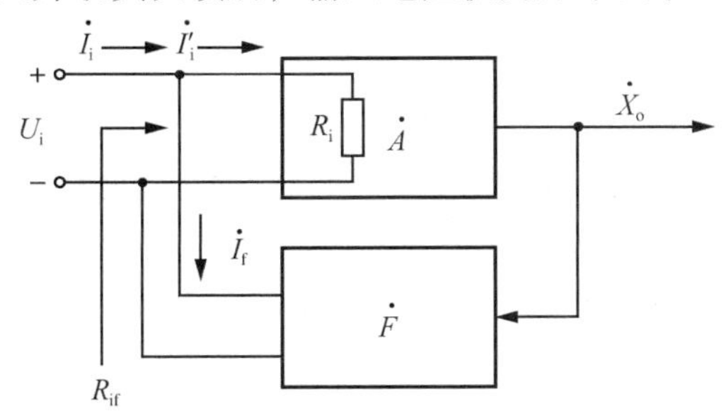

图7-15 并联负反馈放大电路的框图

(3)电压反馈对输出电阻的影响

电压负反馈稳定输出电压，使输出具有恒压特性，因而输出电阻减小，其值为

$$R_{of}=\frac{R_o}{1+AF}$$

(4) 电流反馈对输出电阻的影响

电流负反馈稳定输出电流，使输出具有恒流特性，因而输出电阻增大，其值为

$$R_{of}=(1+AF)R_o$$

7.4 运算放大器在信号运算方面的应用

7.4.1 比例运算

7.4.1.1 反相比例电路

图7-16所示为反相输入比例运算电路。图中输入信号 u_i 经外接电阻 R 接到运放的反相输入端，反馈电阻 R_f 接在输出端与反相输入端之间，引入电压并联负反馈。同相输入端经平衡电阻 R' 接地，R' 的作用是保证运放输入级电路的对称性，从而减小输入失调电流，提高对温漂的抑制作用。为此，静态时运放同相端与反相端的对地等效电阻应该相等，即 $R' = R /\!/ R_f$。由于 R' 中电流 $i_+ = 0$，故 $u_+ = u_- = 0$。反相输入端虽未直接接地，但其电位却为零，正如前述，这种情况称为“虚地”。又由于 $i_+ \approx i_- \approx 0$，故 $i_f = i_R = \dfrac{u_i}{R}$，所以

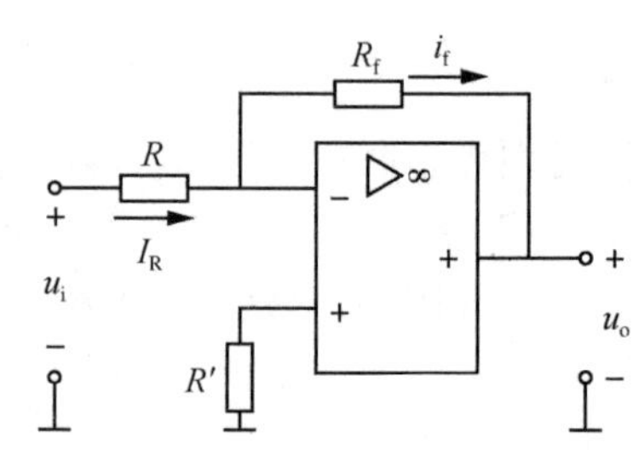

图7-16 反相比例运算电路

$$u_o = -i_f R_f = -\frac{R_f}{R} \cdot u_i \tag{7-7}$$

可见输出电压与输入电压成正比，比值与运放自身的参数无关，只取决于外接电阻 R 和 R_f 的大小，且输出电压与输入电压相位相反。

【例7-2】 在图7-17所示的电路中，已知 $R = 10\text{k}\Omega$，$R_f = 20\text{k}\Omega$，$u_i = -1\text{V}$，试求解 u_o。

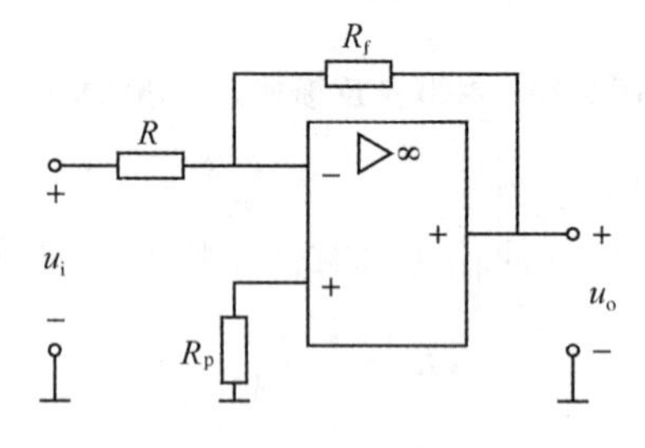

图7-17 例7-2电路图

【解】 由式(7-7)可知

$$u_o = -\frac{R_f}{R} u_i = -\frac{20}{10} \times (-1) = 2(\text{V})$$

7.4.1.2　同相比例运算电路

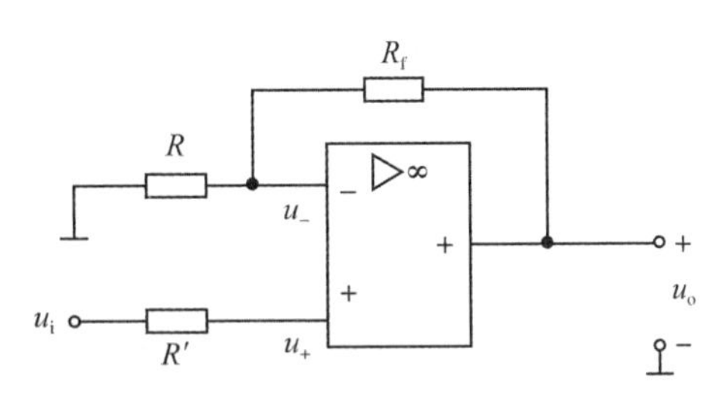

图 7-18　同相比例运算电路

在图 7-18 中，输入信号 u_i 经外接电阻 R' 接到运放的同相输入端，反相输入端经电阻 R 接地，反馈电阻 R_f 接在输出端与反相输入端之间，引入电压串联负反馈。由图 7-18 可知：

$$u_- \approx u_+ = u_i,\quad i_+ \approx i_- \approx 0$$

所以

$$u_o = \left(1 + \frac{R_f}{R}\right) \cdot u_- = \left(1 + \frac{R_f}{R}\right) \cdot u_i \tag{7-8}$$

可见输出电压与输入电压成正比，且同相位。由同相比例运算电路的分析可知：因为输入电路的两输入端电压相等且不为零，故有共模输入电压存在，应当选用共模抑制比高的运算放大器。

7.4.2　加法运算

(1)反相求和

在图 7-19 所示电路中有三个输入信号 u_{i1}，u_{i2}，u_{i3}(实际应用中可以根据需要增减输入信号的数量)，分别经电阻 R_1，R_2，R_3 加在反相输入端。

平衡电阻 $R_4 = R_1//R_2//R_3//R_f$，因为 $u_+ \approx u_-$，$i_+ \approx i_- \approx 0$，所以

$$i_F = i_{R1} + i_{R2} + i_{R3} = \frac{u_{i1}}{R_1} + \frac{u_{i2}}{R_2} + \frac{u_{i3}}{R_3}$$

$$u_o = -R_f i_F = -\left(\frac{R_f}{R_1}u_{i1} + \frac{R_f}{R_2}u_{i2} + \frac{R_f}{R_3}u_{i3}\right)$$

可见输出信号实现了三个信号按比例进行加法运算，但相位相反。若取 $R_1 = R_2 = R_3 = R_f$，则

$$u_o = -(u_{i1} + u_{i2} + u_{i3}) \tag{7-9}$$

(2)同相求和

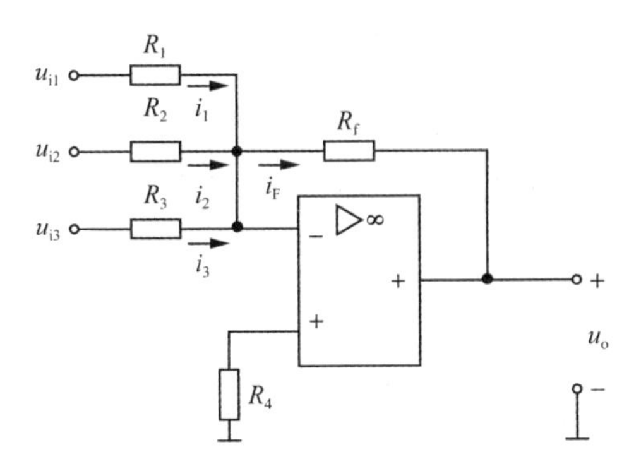

图 7-19　反相求和电路

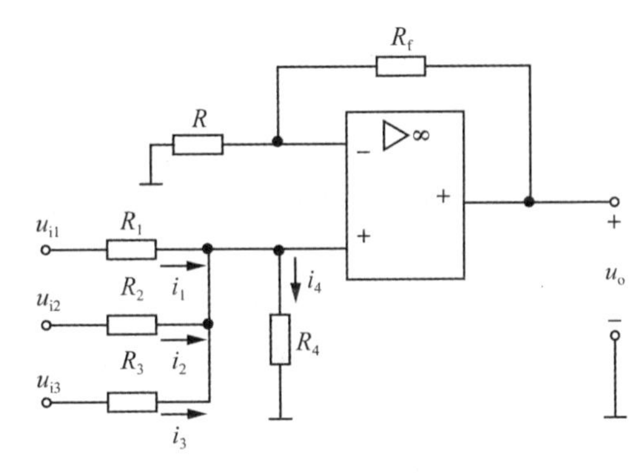

图 7-20　同相求和电路

图 7-20 所示为同相求和电路，由于 $i_1+i_2+i_3=i_4$，故

$$\frac{u_{i1}-u_+}{R_1}+\frac{u_{i2}-u_+}{R_2}+\frac{u_{i3}-u_+}{R_3}=\frac{u_+}{R_4}$$

$$\frac{u_{i1}}{R_1}+\frac{u_{i2}}{R_2}+\frac{u_{i3}}{R_3}=(\frac{1}{R_1}+\frac{1}{R_2}+\frac{1}{R_3}+\frac{1}{R_4})u_+$$

令 $R_P=R_1//R_2//R_3//R_4$，则有

$$u_+=R_P(\frac{u_{i1}}{R_1}+\frac{u_{i2}}{R_2}+\frac{u_{i3}}{R_3}) \tag{7-10}$$

又因为 $u_+\approx u_-$，$i_+\approx i_-\approx 0$，所以

$$u_o=(1+\frac{R_f}{R})u_-=(1+\frac{R_f}{R})u_+ \tag{7-11}$$

将式(7-10)代入式(7-11)得

$$u_o=(1+\frac{R_f}{R})u_+=\frac{R+R_f}{R}\times R_P(\frac{u_{i1}}{R_1}+\frac{u_{i2}}{R_2}+\frac{u_{i3}}{R_3}) \tag{7-12}$$

若取 $R_1=R_2=R_3=R_4$，$R_f=3R$，则 $R_P=\frac{R_1}{4}$，由式(7-12)可得

$$u_o=u_{i1}+u_{i2}+u_{i3} \tag{7-13}$$

7.4.3 减法运算

在图 7-21 所示电路中，令 $u_{i1}=0$，u_{i2} 单独作用，则电路为同相比例运算电路，其输出电压为

$$u_{o2}=\frac{R_f}{R}\cdot u_{i2}$$

同理，令 $u_{i2}=0$，u_{i1} 单独作用，可得电路的输出为

$$u_{o1}=-\frac{R_f}{R}\cdot u_{i1}$$

根据叠加定理，电路总的输出为

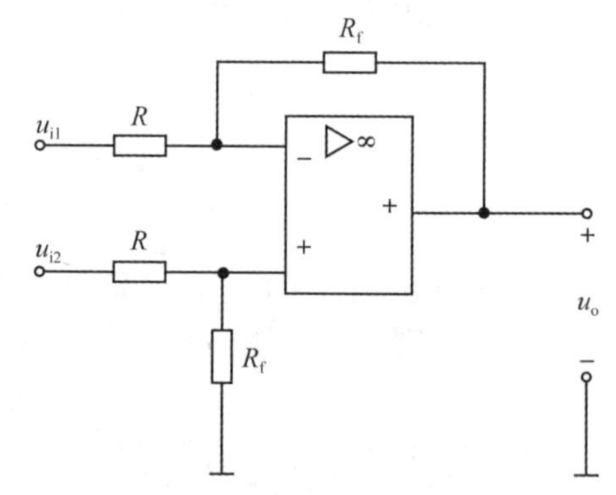

图 7-21　减法运算电路

$$u_o=u_{o1}+u_{o2}=\frac{R_f}{R}\cdot(u_{i2}-u_{i1}) \tag{7-14}$$

在理想情况下，电路的输出电压等于两个输入信号电压之差，且具有很好的抑制共模信号的能力。

【例 7-3】 电路如图 7-22 所示，求输出信号 u_o 的表达式。

【解】 第一个运算放大器为同相比例运算电路，由式(7-8)可得

$$u_{o1}=(1+\frac{R_{f1}}{R_1})u_{i1}$$

对第二个运算放大器有

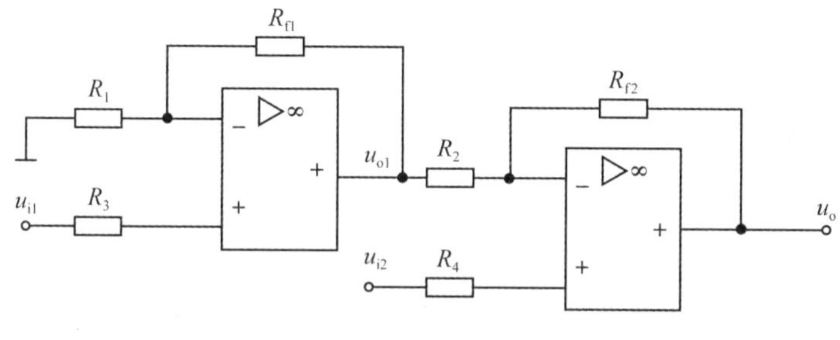

图 7-22　例 7-3 图

$$u_- = u_+ = u_{i2}，\ i_+ \approx i_- \approx 0$$

所以

$$\begin{aligned} u_o &= u_- + R_{f2} i_{f2} \\ &= u_{i2} + R_{f2} \times \frac{u_- - u_{o1}}{R_2} \\ &= u_{i2} + R_{f2} \times \frac{u_{i2} - \left(\frac{R_1 + R_{f1}}{R_1}\right) u_{i1}}{R_2} \\ &= -\frac{R_{f2}}{R_2}\left(\frac{R_1 + R_{f1}}{R_1}\right) u_{i1} + \left(1 + \frac{R_{f2}}{R_2}\right) u_{i2} \end{aligned}$$

7.4.4　积分运算

积分运算电路可以完成对输入信号的积分运算，即输出电压与输入电压的积分成正比。这里介绍常用的反相积分电路，如图 7-23 所示。

根据“虚地”的概念，$u_- \approx 0$，再根据“虚断”的概念，有 $i_C \approx i_R$，即电容 C 的充电电流为 $i_R = \frac{u_i}{R}$。设电容 C 的初始电压为零，则有

$$u_o = -u_C = -\frac{1}{C}\int \frac{u_i}{R} dt$$

即

$$u_o = -\frac{1}{RC}\int u_i dt \tag{7-15}$$

上式表明，输出电压为输入电压对时间的积分，且相位相反。

积分电路可将矩形输入波变成三角波输出，还可以在自动控制系统中用以延缓过渡过程的冲击，使电动机的外加电压缓慢上升，以避免其机械转矩快速增加，造成传动机械的损坏。积分电路还常用来做显示器的扫描电路，及用于模/数转换器、数学模拟运算等。

【例 7-4】　在图 7-24 所示的积分运算电路中，已知 $R_1 = 10\text{k}\Omega$，$C = 1\mu\text{F}$，$u_i = -1\text{V}$。(1) 试求 u_o。(2) 输出电压 u_o 由起始值 0V 达到 +10V（设运算放大器的最大输出电压为 +10V）所需要的时间是多少？超出这段时间后输出电压会呈现什么样的变化规律？

(3)如果要把 u_o 与 u_i 保持积分运算关系的有效时间增大 10 倍，应如何改变电路的参数?

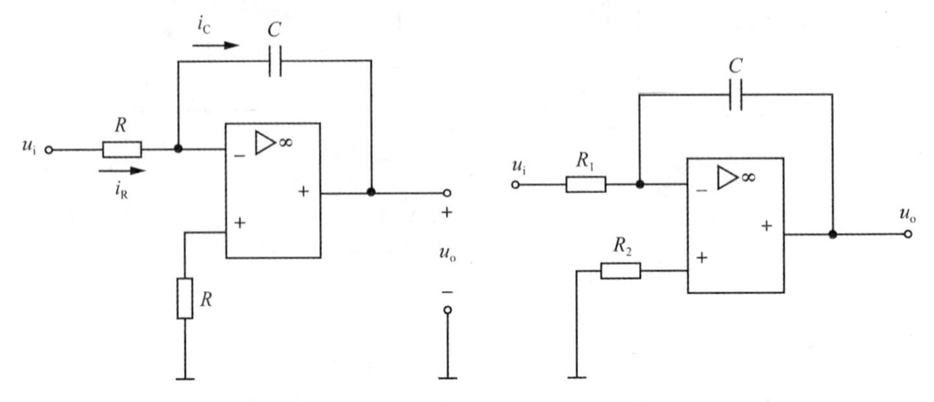

图 7-23 积分运算电路　　图 7-24 例 7-4 图

【解】 (1) 由式(7-15)可得

$$u_o = -\frac{1}{R_1 C}\int u_i \mathrm{d}t = -\frac{1}{R_1 C}u_i t$$

$$= -\frac{-1}{10\times10^3\times1\times10^{-6}}t = 10^2 t(\mathrm{V})$$

(2)所需时间为 $t=\frac{10}{10^2}=0.1(\mathrm{S})$，$u_o$ 达最大值后，呈饱和状态，即并不随 t 的增加而增加。

(3)根据 $u_o = -\frac{1}{R_1 C}u_i t$ 可得

$$R_1 C = -\frac{u_i}{u_o}t$$

可见，如果要把 u_o 与 u_i 保持积分运算关系的有效时间增大 10 倍，应将 R_1 或 C 增大到原来的 10 倍，即令 $R_1=100\mathrm{k\Omega}$ 或 $C=10\mu\mathrm{F}$。

7.4.5 微分运算

将积分运算电路中的 R 和 C 互换，就可以得到微分运算电路，如图 7-25 所示。

根据理想运放特性可知 $i_+ \approx i_- \approx 0$，$u_- \approx u_+ = 0$，则

$$i_R = i_C = C\frac{\mathrm{d}u_i}{\mathrm{d}t}$$

所以

$$u_o = -i_R R = -RC\frac{\mathrm{d}u_i}{\mathrm{d}t}$$

上式表明，输出电压为输入电压对时间的微分，且相位相反。

微分电路可将矩形输入波变成尖脉冲输出，在自动控制系统中可用在加速环节中，例如在电动机出现短路故障时，用于迅速降低其供电电压，起加速保护的作用。

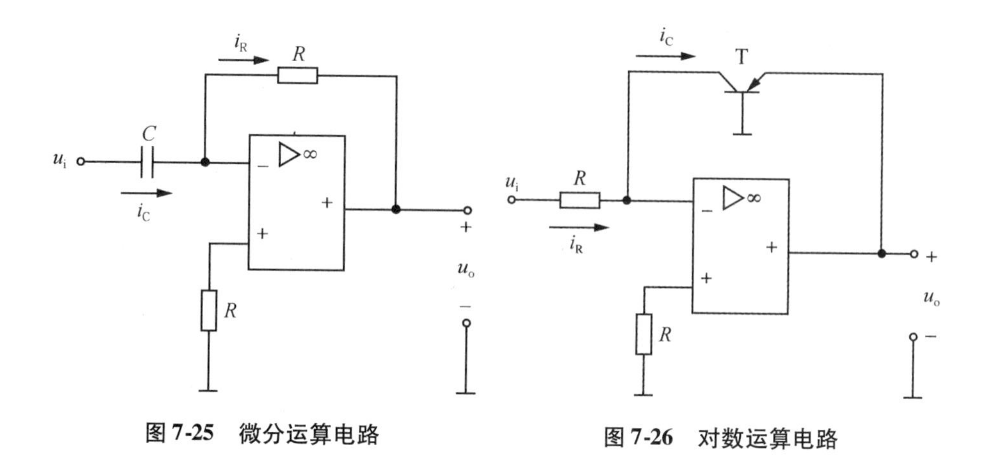

图 7-25　微分运算电路　　**图 7-26　对数运算电路**

7.4.6　对数运算

图 7-26 所示为对数运算电路，根据理想运放特性可知

$$i_C = i_R = \frac{u_i}{R}$$

利用 PN 结电压与电流的关系可得

$$i_C \approx I_S e^{\frac{u_{BE}}{U_T}}$$

故

$$u_o = -u_{BE} \approx -U_T \ln \frac{u_i}{I_S R}$$

其中 I_S 为反向饱和电流，U_T 温度电压当量，室温下(300K)时 $U_T=26\text{mV}$。实用电路中常常采取措施消除 I_S 对运算关系的影响。

7.5　运算放大器在其他方面的应用

7.5.1　电压比较器

电压比较器是将一个输入的模拟信号和一个参考电压相比较，根据输入信号是大于还是小于参考电压来决定输出电平。电压比较器的输出电位通常与数字电路的逻辑电位兼容，可以用于越限报警、模数转换和波形变换中。

(1)过零电压比较器

图 7-27(a)所示为过零电压比较器的典型幅度比较电路，它的传输特性曲线如图 7-27(b)所示。由图可知过零电压比较器是将输入的模拟信号和零电压相比较，根据输入信号是大于还是小于零电位来决定输出是高电平还是低电平。过零比较器的输出

电位通常与数字电路的逻辑电位兼容。

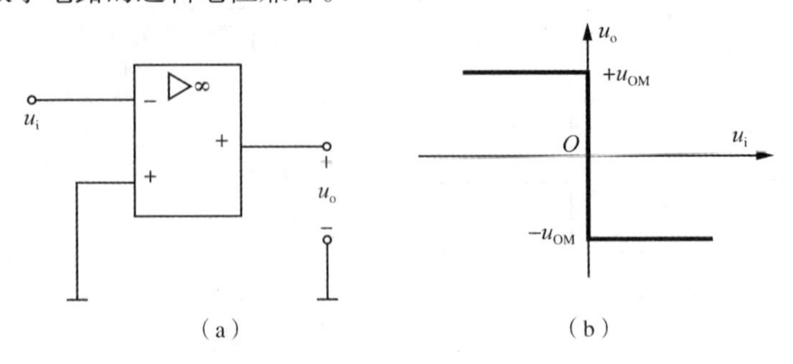

图 7-27 过零电压比较器

(a)电路 (b)传输特性曲线

(2)电压幅度比较器

如图 7-28 所示为电压幅度比较器，传输特性曲线如图 7-29 所示。

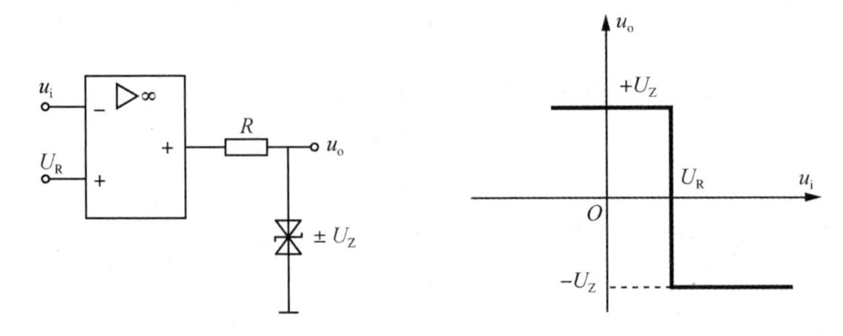

图 7-28 电压幅度比较器　　**图 7-29 电压幅度比较器传输特性曲线图**

由图 7-29 可知，电压幅度比较器是将输入的模拟信号和一个参考电压相比较，根据输入信号是大于还是小于参考电压来决定输出高电平还是低电平。它可以用于越限报警和波形转换。

上述电压比较器电路简单，灵敏度高，但是抗干扰能力差。为了提高抗干扰性，在比较器中引入正反馈，构成所谓“迟滞比较器”。这种比较器具有很强的抗干扰能力，同时由于正反馈加速了状态转换，从而改善了输出波形的边缘。

7.5.2 有源滤波器

一般来说，信号的频率范围在零到无穷大之间，但在实际电路中，往往仅需要某一特定频率范围内的信号，因此，需要滤掉其余频率范围的信号，以避免它们对电路产生干扰。滤波电路实质上就是这样一种电子装置，工程上常用于信号处理、数据传送和抑制干扰等。

由于构成滤波器的元器件性质不同，所以，滤波器可分为有源和无源滤波器。与无源滤波器相比，有源滤波器除了具有不用电感、体积小和重量轻等优点外，还有成本低、可靠性高、可提供信号增益和可实现的滤波函数类型广泛等优点，但也存在一些不足，即有源器件的有限带宽限制了有源滤波器应用的频率范围，有源滤波器对元件参数的灵敏度较高及其需要工作电源等。

本节主要讨论有源滤波器。有源滤波器通常可分为：低通滤波器（LPF），高通滤波器（HPF），带通滤波器（BPF），带阻滤波器（BEF）以及全通滤波器。它们的幅度频率特性曲线如图 7-30 所示。

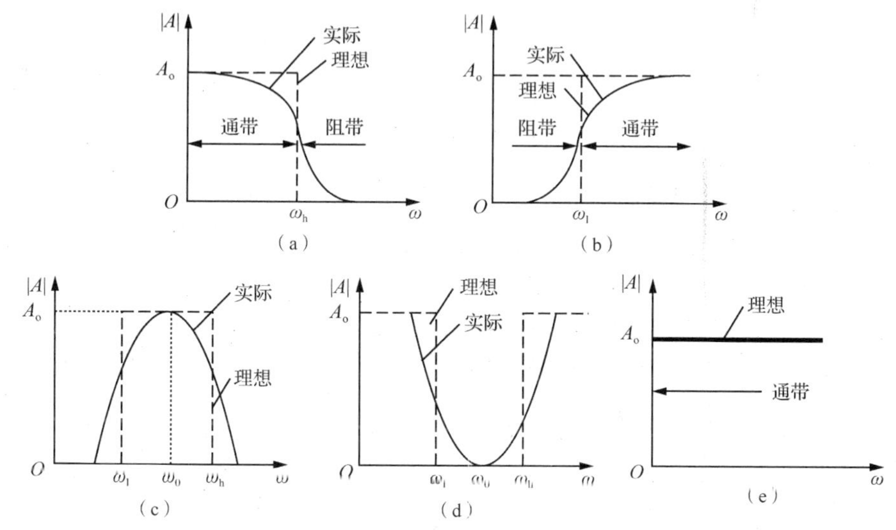

图 7-30　各种滤波器的理想幅频特性

（a）低通　（b）高通　（c）带通　（d）带阻　（e）全通

（1）有源低通滤波器

图 7-31 所示为一个简单的一阶有源低通滤波电路，其传递函数为

$$A_v = \frac{\frac{1}{j\omega C}}{R + \frac{1}{j\omega C}}\left(1 + \frac{R_F}{R_1}\right) = \frac{1 + \frac{R_F}{R_1}}{j\omega RC + 1}$$

令 $\omega_0 = \frac{1}{RC}$，称为特征角频率，由此可得电路的幅频特性为

$$|A_v| = \frac{1 + \frac{R_F}{R_1}}{\sqrt{\left(\frac{\omega}{\omega_0}\right)^2 + 1}}$$

可以看出：

①当 $\omega \ll \omega_0$ 时，$|A_v| = 1 + \frac{R_F}{R_1}$，称为低通滤波电路的通带电压增益；

②当 $\omega = \omega_0$ 时，$|A_v| = \frac{1}{\sqrt{2}}\left(1 + \frac{R_f}{R_1}\right)$，即对应电路的 -3dB 截止角频率；

③当 $\omega \gg \omega_0$ 时，$|A_v| = 0$。

为了使输出电压在高频段[illegible]的速率下降，以改善滤波效果，可再加一节 RC

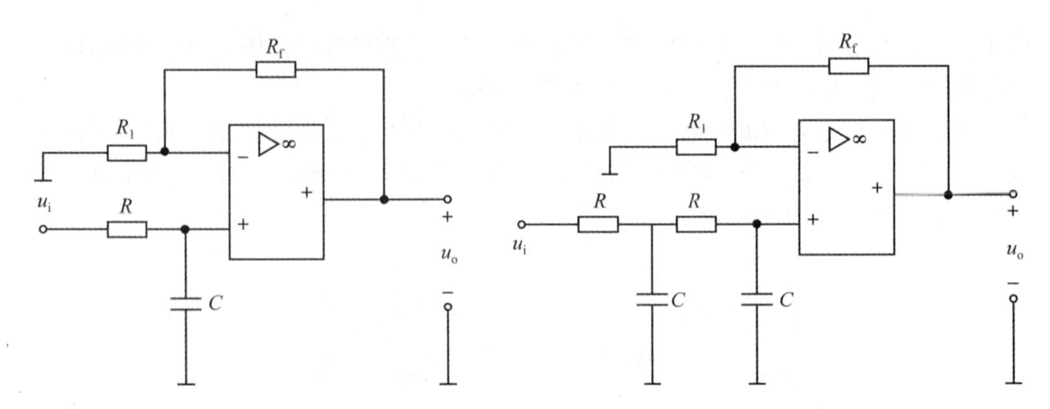

图 7-31　一阶有源低通滤波器电路图　　图 7-32　二阶有源低通滤波器电路图

低通滤波环节，构成如图 7-32 所示电路，称为二阶有源滤波电路。它比一阶低通滤波器的滤波效果更好。

分析表明，二阶有源低通滤波器电路的频响曲线较一阶有源低通滤波器电路更理想，电路的选择性更好。滤波器的频响曲线越趋于理想滤波器，则实际滤波器的阶数越高。

(2)有源高通滤波器

将图 7-31 中 R 和 C 的位置互换，就得到了有源高通滤波电路，如图 7-33 所示。与低通滤波电路的分析类似，可以得出一阶有源高通滤波电路的下限截止角频率为 $\omega_0=\dfrac{1}{RC}$。

如果低通滤波电路的截止角频率 ω_{01} 大于高通滤波电路的截止角频率 ω_{02}，则将二者串联起来可以构成带通滤波电路，据此可给出带通滤波器的一种电路结构，如图 7-34 所示。

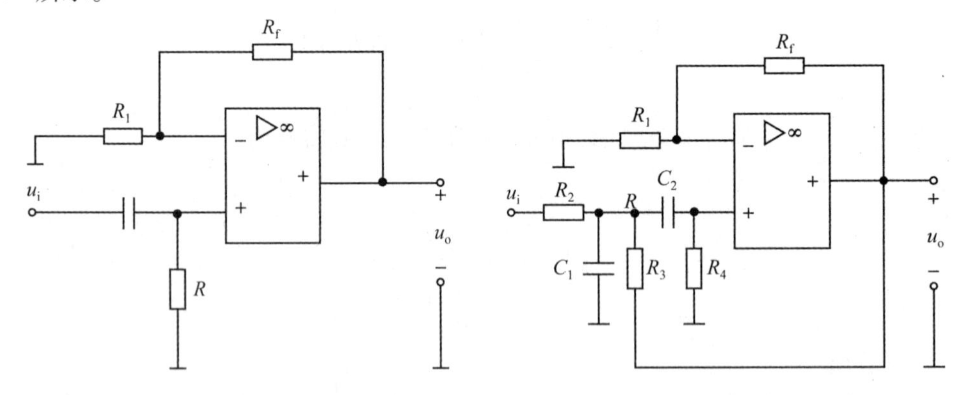

图 7-33　一阶有源高通滤波器电路图　　图 7-34　二阶有源带通滤波器电路图

与带通滤波电路相反，带阻滤波电路是用来抑制或衰减某一频段的信号，而让该频段以外的所有信号通过。如果低通滤波电路的截止角频率 ω_{01} 小于高通滤波电路的截止角频率 ω_{02}，则将二者串联起来可以构成带阻滤波电路，据此可给出带阻滤波器的一种电路结构，如图 7-35 所示。

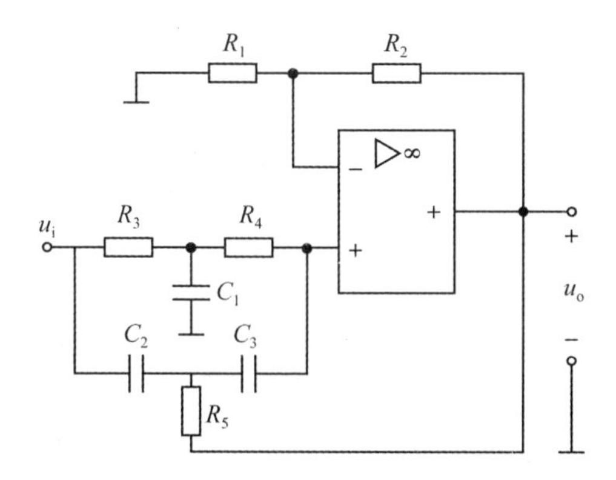

图 7-35 二阶有源带阻滤波器电路图

全通滤波器是指滤波器传递函数的幅度与频率无关，系统以幅度增益为 1 通过输入中的全部频率分量。全通滤波器具有平坦的频率响应，在数字信号处理领域中有着许多应用，如补偿滤波、相位均衡等，实质上其主要用途就是用来改变信号频谱的相位。吉它法兹器是其一个主要应用，法兹器的原理就是让声音通过若干全通滤波器，然后把输出信号和原信号混合。由于相位不同，造成有的叠加，有的抵消，结果在频谱中产生出许多峰和谷，改变了原来的声音特质。图 7-36 所示为一阶有源全通滤波器的两种电路结构。

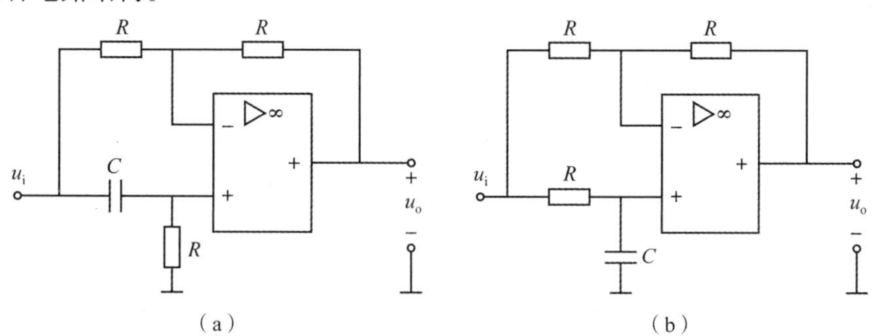

图 7-36 一阶有源全通滤波器的两种电路结构图

7.5.3 *RC* 正弦波振荡电路

7.5.3.1 自激震荡现象

扩音系统在使用中有时会发出刺耳的啸叫声，其形成过程为：扬声器发出的声音传入话筒，话筒将声音转化为电信号，送给扩音器放大，再由扬声器将放大了的电信号转化为声音，声音又返送回话筒，形成正反馈，如此反复循环，就产生了自激振荡啸叫。自激振荡是扩音系统应该避免的，而正弦波振荡电路则正是利用自激振荡的原理来产生正弦波的。

7.5.3.2 自激振荡形成的条件

借助图 7-37 所示的框图，分析自激振荡形成的条件。

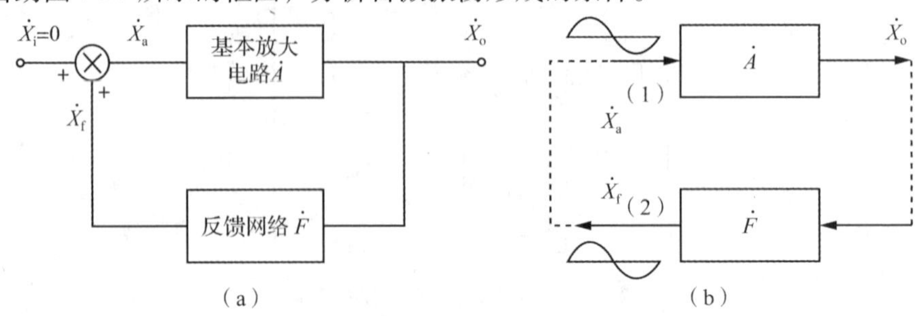

图 7-37　自激振荡形成的条件框图

自激振荡电路是一个没有输入信号的带选频网络的正反馈放大电路。图 7-37(a)所示为接成正反馈时，放大电路在输入信号 $\dot{X}_i=0$ 时的框图，由此得到图 7-37(b)。由图 7-37(b)可知，如放大电路的输入端(1 端)外接一定频率、一定幅度的正弦波信号 $\dot{X}_a$，经过基本放大电路和反馈网络所构成的环路后，在反馈网络的输出端(2 端)得到反馈信号 $\dot{X}_f$，如果 $\dot{X}_f$ 与 $\dot{X}_a$ 在大小和相位上都一致，就可以除去外接信号 $\dot{X}_a$，而将 1、2 两端连接在一起(如图的虚线所示)来形成闭环系统，其输出端可能继续维持与开环时一样的输出状态。这样，由于 $\dot{X}_f=\dot{X}_a$，便有

$$\frac{\dot{X}_f}{\dot{X}_a}=\frac{\dot{X}_o}{\dot{X}_a}\cdot\frac{\dot{X}_f}{\dot{X}_o}=1$$

或

$$\dot{A}\dot{F}=1$$

设 $\dot{A}=A\angle\varphi_a$，$\dot{F}=F\angle\varphi_f$，则可得

$$\dot{A}\dot{F}=AF\angle(\varphi_a+\varphi_f)=1$$

即

$$AF=1$$

$$\varphi_a+\varphi_f=2n\pi$$

式中，$AF=1$ 称为幅值平衡条件，$\varphi_a+\varphi_f=2n\pi$ 称为相位平衡条件，这便是自激振荡电路产生持续振荡的两个条件。

自激振荡电路的振荡频率 f_0 是由相位平衡条件决定的。一个自激振荡电路只在一个频率下满足相位平衡条件，这个频率就是 f_0。这就要求在 $\dot{A}\dot{F}$ 环路中包含一个具有选频特性的网络，简称选频网络。可以设置在放大电路 $\dot{A}$ 中，也可以设置在反馈网络 $\dot{F}$ 中，它可以用 R，C 组成，也可用 L，C 组成。用 R，C 组成选频网络的振荡电路称为 RC 振荡电路，一般用来产生 1Hz～1MHz 范围内的低频信号；用 L，C 组成

选频网络的振荡电路称为 LC 振荡电路，一般用来产生 1MHz 以上的高频信号。

7.5.3.3　自激振荡的形成过程

放大电路在接通电源的瞬间，随着电源电压由零开始突然增大，电路受到扰动，在放大电路的输入端产生一个微弱的扰动电压 u_i，这个扰动电压包括从低频到甚高频的各种频率的谐波成分。通过选频网络以后，只有在选频网络中心频率上的信号能通过，其他频率的信号被抑制。u_i 经过放大器放大、正反馈、再放大、再反馈……如此反复循环，输出信号的幅度很快增大，这样在输出端就会得到如图 7-38 所示的起振波形。

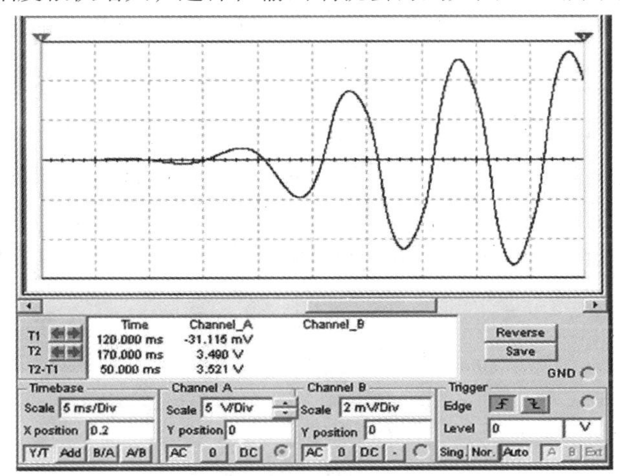

图 7-38　自激振荡的起振波形图

那么，振荡电路在起振以后，振荡幅度会不会无休止地增长下去呢？为防止这种现象，就需要增加稳定幅度环节，当振荡电路的输出信号达到一定幅度后，稳定幅度环节就会使输出减小，维持一个相对稳定的稳幅振荡。也就是说，在振荡建立的初期，必须使反馈信号大于原输入信号，让反馈信号一次比一次大，才能使振荡幅度逐渐增大；当振荡建立后，还必须使反馈信号等于原输入信号，才能使所建立的振荡成为一个相对稳定的稳幅振荡。

由上述分析可知，起振条件应为

$$|\dot{A}\dot{F}|>1$$

稳幅后的平衡条件为

$$|\dot{A}\dot{F}|=1$$

7.5.3.4　自激振荡电路的组成

经上述分析可知，要形成振荡，电路中必须包含以下组成部分：放大器、正反馈网络、选频网络、稳幅环节。

7.5.3.5　振荡电路的分析认定方法

①是否存在所需的主要组成部分；

②放大电路能否正常工作，即是否有合适的 Q 点，信号是否能正常传递，有没有被短路或断路；

③是否满足相位条件，即是否存在 f_0，是否可能振荡；

④是否满足幅值条件，即是否一定振荡。

7.5.3.6 *RC* 正弦波振荡电路

RC 正弦波振荡电路结构简单，性能可靠，常用的 *RC* 振荡电路有 *RC* 桥式振荡电路和移相式振荡电路。这里只介绍由 *RC* 串并联网络构成的桥式振荡电路。

图 7-39 所示为 *RC* 振荡电路的原理电路，这个电路由两部分组成，即放大电路 $\dot{A}_u$ 和选频网络 $\dot{F}_u$。$\dot{A}_u$ 为由集成运放所组成的电压串联负反馈放大电路，取其输入阻抗高和输出阻抗低的特点；而 $\dot{F}_u$ 则由 Z_1，Z_2 组成，同时兼做正反馈网络。由图可知 Z_1，Z_2 和 R_1，R_f 正好形成一个四臂，电桥的对角线顶点接到放大电路的两个输入端，桥式振荡电路的名称即由此得来。

图 7-39 中用点画线所表示的 *RC* 串并联选频网络具有选频的作用。由图 7-39 可知。

$$Z_1 = R + \frac{1}{\mathrm{j}\omega C} = \frac{1 + \mathrm{j}\omega RC}{\mathrm{j}\omega C}$$

$$Z_2 = \frac{R \cdot \frac{1}{\mathrm{j}\omega C}}{R + \frac{1}{\mathrm{j}\omega C}} = \frac{R}{1 + \mathrm{j}\omega RC}$$

反馈网络的反馈系数为

$$\dot{F}_u(\mathrm{j}\omega) = \frac{u_\mathrm{f}(\mathrm{j}\omega)}{u_\mathrm{o}(\mathrm{j}\omega)} = \frac{Z_2}{Z_1 + Z_2} = \frac{\mathrm{j}\omega RC}{1 + 3\mathrm{j}\omega RC + (\mathrm{j}\omega RC)^2}$$

则得

$$\dot{F}_u = \frac{1}{3 + \mathrm{j}(\omega RC - \frac{1}{\omega RC})}$$

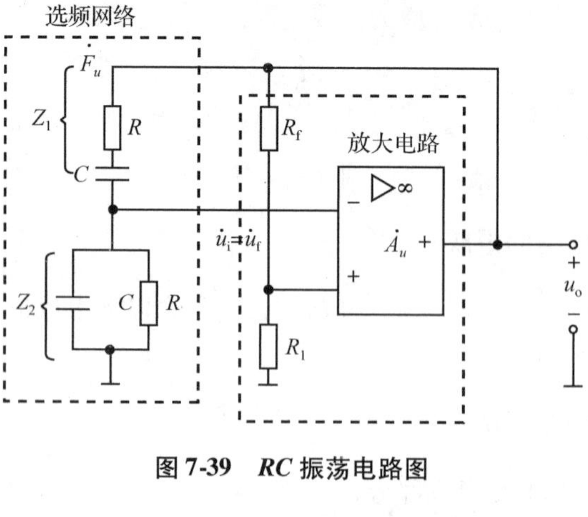

图 7-39 *RC* 振荡电路图

如令 $\omega_0=\dfrac{1}{RC}$，则上式变为

$$\dot{F}_{\mathrm{u}}=\frac{1}{3+\mathrm{j}(\frac{\omega}{\omega_0}-\frac{\omega_0}{\omega})}$$

由此可得 *RC* 串并联选频网络的幅频响应及相频响应分别为

$$\dot{F}_{u}=\sqrt{\frac{1}{9+(\frac{\omega}{\omega_0}-\frac{\omega_0}{\omega})^2}}$$

$$\varphi_{\mathrm{f}}=-\arctan\frac{(\frac{\omega}{\omega_0}-\frac{\omega_0}{\omega})}{3}$$

由上两式可知：

①当 $\omega\ll\omega_0$ 时，反馈系数 $\dot{F}_u$ 的模值 $F_u\to0$，相角 $\varphi_{\mathrm{f}}\to+90°$；

②当 $\omega\gg\omega_0$ 时，反馈系数 $\dot{F}_u$ 的模值 $F_u\to0$，相角 $\varphi_{\mathrm{f}}\to-90°$；

③当 $\omega=\omega_0$ 时，反馈系数 $\dot{F}_u$ 的模值 $F_u=\dfrac{1}{3}$，相角 $\varphi_{\mathrm{f}}=0$。

由此可以看出：ω 在整个增大的过程中，F 的值先从 0 逐渐增大到$\dfrac{1}{3}$，然后又逐渐减小到 0。其相角也从 +90°逐渐减小至 0，直至 −90°。

串并联选频网络的幅频响应及相频响应如图 7-40 所示。

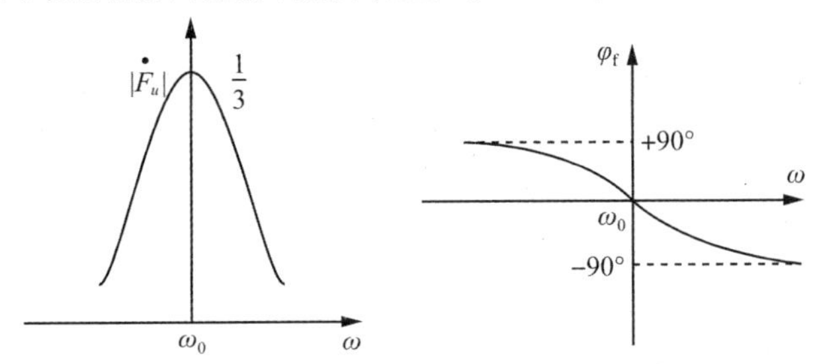

图 7-40　*RC* 串并联网络的选频特性

由图 7-40 可知，当 $\omega=\omega_0=\dfrac{1}{RC}$时，输出的电压幅值最大，同时输出电压与输入电压同相，即有 $\varphi_{\mathrm{f}}=0°$和 $\varphi_{\mathrm{a}}+\varphi_{\mathrm{f}}=0°$，这样放大电路和 Z_1，Z_2 组成的反馈网络刚好形成正反馈系统，可以满足自激振荡的相位平衡条件，因而可能振荡。

所谓建立振荡，就是要使电路自激，从而产生持续的振荡，将直流电源的能量转变为交流信号输出。对于振荡电路来说，直流电源即能源。电路中存在频谱分布很广的噪声，其中包括有 $\omega=\omega_0=\dfrac{1}{RC}$这样一个频率成分。这种微弱的信号，通过正反馈的选频网络得到放大，使输出幅度越来越大，最后受到电路中非线性元件的限制，使

振荡幅度自动稳定下来，开始时，$\dot{A}_u = 1 + R_f/R_1$ 略大于 3，达到稳定平衡状态时，$\dot{A}_u = 3$，$\dot{F}_u = 1/3(\omega = \omega_0 = \frac{1}{RC})$。

为了进一步改善输出电压幅度的稳定问题，可以在放大电路的负反馈回路里采用非线性元件来自动调整反馈的强弱，以维持稳定的输出电压。

本章小结

(1)运算放大器的内部通常包含四个基本组成部分，即输入级、中间级、输出级以及偏置电路；它的主要特点是电压放大倍数高、输入电阻大、输出电阻小、零点漂移小、抗干扰能力强、可靠性高、体积小、功耗小；主要参数有最大共模输入电压、开环差模电压放大倍数、差模输入电阻、共模抑制比等。

(2)理想运算放大器的分析依据：开环电压放大倍数无穷大，开环输入电阻无穷大，开环输出电阻无穷小，共模抑制比无穷大。

(3)反馈的类型：根据反馈的极性，可分为负反馈和正反馈；根据输入信号与反馈信号在输入端的连接方式，分为串联反馈和并联反馈；根据反馈的采样量，分为电压反馈和电流反馈。负反馈放大电路有四种基本组态(或类型)，即电压串联、电压并联、电流串联和电流并联。一个放大电路引入负反馈以后，对其性能将产生多方面的影响，其中包括整体性能中增益的稳定、频带的展宽和非线性失真的减小，以及对电路局部参数的影响——改变电路的输入电阻和输出电阻。

(4)集成运放可以构成比例、加法、减法、微分、积分等多种运算电路。在这些电路中，均存在深度负反馈。因此运放工作在线性放大状态。可以使用理想运放模型对电路进行分析，“虚短”和“虚断”的概念是集成运放做信号运算的有力工具。

(5)集成运放除了在信号运算方面的应用以外，还用于信号比较、有源滤波尤其是信号产生等方面。

习 题

7-1 选择题

(1) 集成运放电路采用直接耦合方式是因为(　　)。

A. 可获得很大的放大倍数　B. 可抑制温漂　C. 集成工艺难于制造大容量电容

(2) 欲将电压信号转换成与之成比例的电流信号，应在放大电路中引入(　　)。

A. 电压串联负反馈　B. 电压并联负反馈　C. 电流串联负反馈　D. 电流并联负反馈

(3) 在输入量不变的情况下，若引入反馈后(　　)，则说明引入的反馈是负反馈。

A. 输入电阻增大　B. 输出量增大　C. 净输入量增大　D. 净输入量减小

(4) 欲将方波电压转换成三角波电压，应选用(　　)。

A. 反相比例运算电路　B. 同相比例运算电路

C. 积分运算电路　D. 微分运算电路　E. 加法运算电路

7-2 判断题 7-2 图所示各电路的反馈类型，求解输出电压 u_o 与输入电压 u_i 之间的关系。

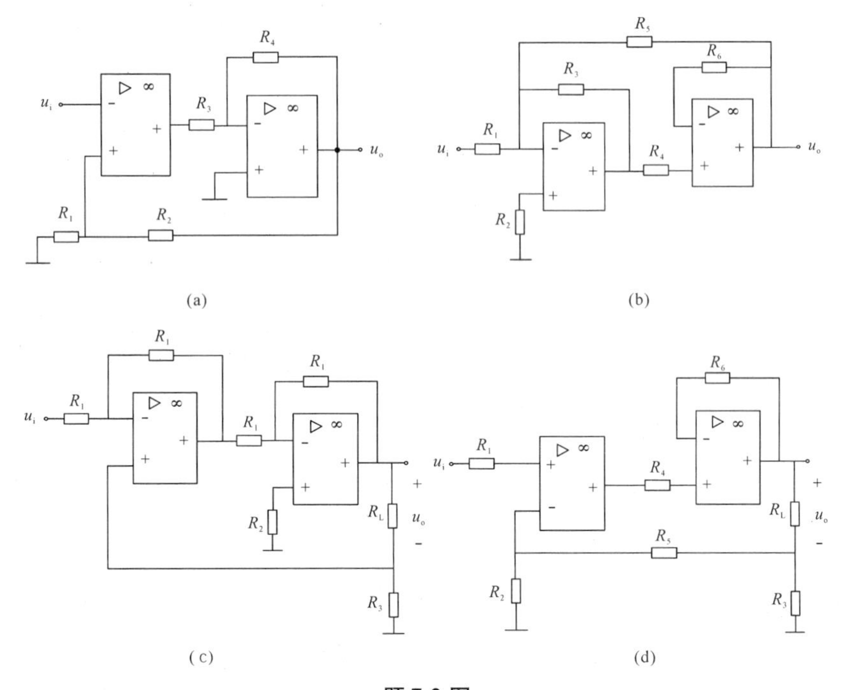

题 7-2 图

7-3　已知一个负反馈放大电路 $A = 10^5$，$F = 2 \times 10^{-3}$。(1)求 A_f；(2) 若 A 的相对变化率为 20%，则 A_f 的相对变化率为多少?

7-4　在题 7-4 图所示的各电路中，集成运放均为理想运放，模拟乘法器的输出 $u_{o1} = kXY = k \cdot u_o^2$，其中乘积系数 k 大于零。试分别求解各电路的运算关系。

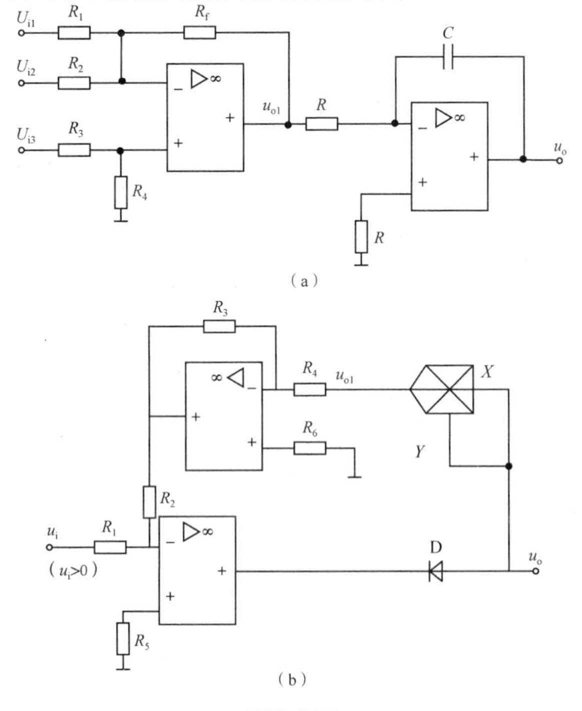

题 7-4 图

7-5　电路如题7-5图(a)所示，已知输入电压 u_i 的波形如题7-5图(b)所示，当 $t=0$ 时 $u_i=0$。试画出输出电压 u_o 的波形。

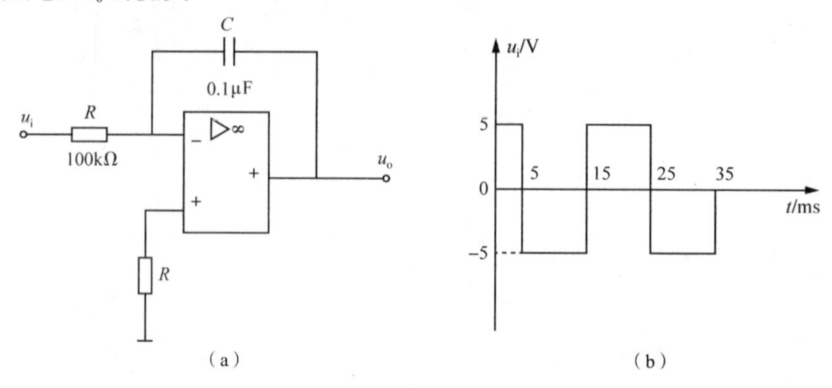

题7-5图

7-6　在题7-6图所示电路中，已知 $R_1=R_2=R'=R_f=R=100\text{k}\Omega$，$C=1\mu\text{F}$。

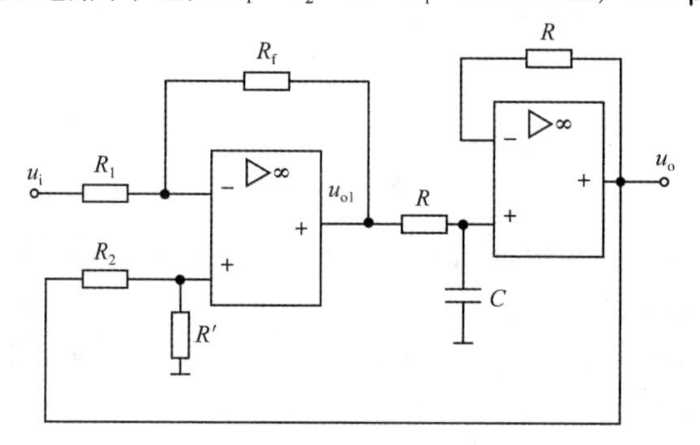

题7-6图

(1)试求出 u_o 与 u_i 的运算关系。

(2)设 $t=0$ 时 $u_o=0$，且 u_i 由0V跃变为 -1V，求输出电压 u_o 由0V上升到 +6V所需要的时间。

7-7　试求出题7-7图所示电路的输出 u_o 与输入 u_i 的运算关系式。

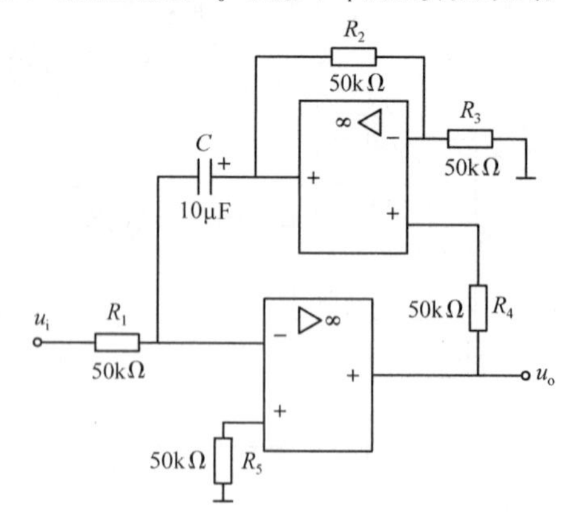

题7-7图

第 8 章

门电路和组合逻辑电路

前面我们介绍的是模拟电路，从本章开始介绍数字电路。

数字电路是用来处理数字信号的电子电路，它是运用二进制数 0 和 1 通过单元逻辑电路实现输出与输入的特定逻辑关系。数字电路已广泛应用于人们生产生活的各个领域，数字仪器仪表、机床及数字控制装置、工业逻辑系统等技术都是以数字电路为基础的。数字电路技术发展迅速，应用广泛。学习数字电路是学习计算机硬件、数字化仪器仪表和数控技术的基础。

本章主要介绍数字电路的基础知识，主要包括数字电路、脉冲信号、数制与编码、二极管与三极管的开关特性、分立元件门电路、TTL 门电路、逻辑代数、公式化简法、卡诺图化简法、组合逻辑电路的分析与设计、加法器、编码器和译码器。

数字电路按功能分为组合逻辑电路和时序逻辑电路，组合逻辑电路在任何时刻的输出，仅取决于电路此刻的输入状态，而与电路过去的状态无关，它们不具有记忆功能。时序逻辑电路在任何时候的输出，不仅取决于电路此刻的输入状态，而且与电路过去的状态有关，它们具有记忆功能。

数字电路按结构分为分立元件电路和集成电路，分立元件电路是将独立的半导体管、电阻等元器件用导线连接起来的电路；集成电路是将元器件及导线制作在半导体硅片上，封装在一个壳体内，并焊出引线的电路。集成电路的集成度是不同的。

8.1 概述

8.1.1 数字电路与模拟电路

电子技术中用于传递和处理信号的电子电路一般可分为两大类：模拟电子电路

(简称模拟电路)和数字电子电路(简称数字电路)。模拟电路的工作信号在幅值和时间上是连续变化的信号，简称模拟信号。数字电路的信号在幅值和时间上是离散的、不连续的脉冲信号，简称数字信号。模拟电路研究的是输出信号与输入信号之间的大小、相位、失真等方面的关系，而数字电路研究的是输出与输入之间的逻辑关系，所以数字电路又称逻辑电路。由于二者的作用不同，因此分析方法、工作状态和用途都不相同，模拟电路与数字电路的比较见表8-1。

表8-1 模拟电路与数字电路的比较

电路类型	信号类别	作用	工作状态	分析方法
模拟电路	在时间和幅值上连续变化的连续量	对输入模拟信号进行线性放大	线性放大状态，对电路的参数要求较高	估算法、图解法、微变等效法
数字电路	在时间和幅值上不连续变化的离散量	对数字信号实现输出和输入的逻辑关系	截止状态和饱和状态，对电路的参数要求不高	布尔代数、卡诺图、状态表

除了表8-1所列的比较内容之外，在其他方面，如抗干扰能力、功耗、效率等，数字电路往往优于模拟电路。因此，数字电路的应用已经广泛进入传统使用模拟电路的领域，并且有取而代之的趋势。目前数字电路已广泛应用于数据存储、医疗器械、过程控制、计算机、数字通信以及语言和音调合成等不同领域，而且正在朝着更广泛的领域迅速扩大。

8.1.2 脉冲信号

数字电路中的信号是脉冲信号，从狭义角度看，脉冲信号在电信号中是指持续时间相对其周期要短得多的信号。方波是最常见的矩形脉冲信号，随着电子技术的发展，出现了尖峰波、钟形波、锯齿波、阶梯波和梯形波，这些波形都不是单一频率的正弦波。因此广义地说，电子技术中一切非正弦信号统称为脉冲信号。

脉冲信号源一般可由两种方法获得：一是由脉冲振荡器直接产生；二是利用脉冲整形电路，把已有的波形变换成所需要的脉冲波形，即凡是能产生脉冲信号或对脉冲信号进行整形、变换以及利用脉冲信号进行控制的电路，均称脉冲电路。

应用最广泛的脉冲信号是矩形脉冲信号，主要用作电位控制信号；其次是尖峰波，又称微分波，主要用来改变触发器的状态以及逻辑门的开闭；再次是锯齿波，又称积分波，主要用作扫描电压。图8-1所示为矩形波的波形图，其参数如下：

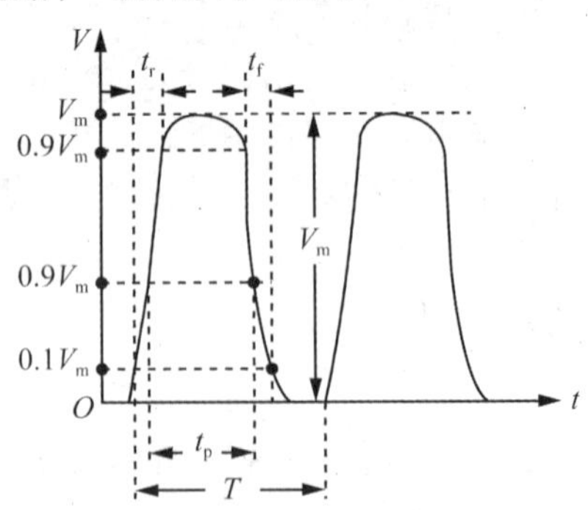

图8-1 矩形波的主要参数

脉冲幅度 V_m：脉冲电压变化的最大值。

脉冲前沿 t_r：脉冲电压由 $0.1V_m$ 上升到 $0.9V_m$ 所需的时间，对正脉冲是指前沿上升时间，对负脉冲是指前沿下降时间。单位为ms，μs，ns。

脉冲后沿 t_f：脉冲电压由 $0.9V_m$ 下降到 $0.1V_m$

所需的时间，对正脉冲为后沿的下降时间，对负脉冲为后沿的上升时间。

脉冲频率f：单位时间内的脉冲个数。

脉冲周期T：周期性脉冲前后两次出现的时间间隔，$T=1/f$。

脉冲宽度t_p：从脉冲前沿的$0.5V_m$处到脉冲后沿的$0.5V_m$处所需的时间。

产生矩形脉冲的振荡电路很多，常见的有：TTL与非门多谐振荡器、由555时基电路构成的多谐振荡器、RC环形多谐振荡器、石英晶体多谐振荡器、MOS多谐振荡器。另外，利用斯密特触发器，也可以把任意波形的脉冲信号，经过整形、变换成为数字电路所需要的矩形脉冲波形。

8.1.3 数字信号的特点

数字信号的特点如下：

①工作信号是二进制的数字信号，在时间上和幅值上是离散的(不连续)，反映在电路上就是低电平和高电平两种状态(即0和1两个逻辑值)。

②在数字电路中，研究的主要问题是电路的逻辑功能，即输入信号的状态和输出信号的状态之间的关系。

③对组成数字电路的元器件的精度要求不高，只要在工作时能够可靠地区分0和1两种状态即可。

数字电路中，信号的幅度只取两个极限状态(高电平或低电平)，不要求区分幅度的细微差异，这样就使信号的分辨比较容易，便于处理和储存，电路抗干扰能力强，准确性高。同时，由于我们关心的仅仅是电位的高低，因此常常把电位称为“电平”，即电位水平，故有“高电平”和“低电平”之分。如果规定高电平为1，低电平为0，则称为正逻辑；如果规定高电平为0，低电平为1，则称为负逻辑。此外，脉冲信号有正、负之分。若脉冲跃变后的值比初始值高，则为正脉冲；反之则为负脉冲。

8.2 数制与编码

8.2.1 计数制

十进制数早已被人们所熟知，其主要特点可归纳如下：

(1)数码个数

十进制数有0、1、2、3、4、5、6、7、8、9十个数码，基数为十。

(2)进位规律

低位是逢“十”向高位进位，即“逢十进一”。

(3)权值

一个数可由多个数码组合而成，数码在数中的位置不同，其值也不同。如5393，个位和百位的数码虽然都是3，但个位的3代表“3”，百位的3却代表“300”，而千位的5和十位的9则分别代表“5000”和“90”，5393这个数可以展开为

$5393 = 5\times10^3 + 3\times10^2 + 9\times10^1 + 3\times10^0$

式中，10^3、10^2、10^1、10^0 称为该位的“权”，上式为按“权”展开式，显然某位数的值为该位数码和它的“权”的乘积。

一般来说，n 位十进制正整数按“权”展开的表达式为

$$(N)_{10} = d_{n-1}10^{n-1} + d_{n-2}10^{n-2} + \cdots + d_1 10^1 + d_0 10^0 = \sum_{i=0}^{n-1} d_i 10^i \tag{8-1}$$

二进制数和十进制数的区别在于其数码个数、进位规律及权值的不同。二进制数只有两个数码 0 和 1，基数是 2，它的进位规律为“逢二进一”，n 位二进制数按“权”展开的表达式为

$$(N)_2 = d_{n-1}2^{n-1} + d_{n-2}2^{n-2} + \cdots + d_1 2^1 + d_0 2^0 = \sum_{i=0}^{n-1} d_i 2^i \tag{8-2}$$

二进制数是数字系统和计算机中主要采用的数制。

除了二进制数和十进制数以外，常用的数制还有八进制、十六进制等，这些数制也可参照式(8-1)按“权”展开。表 8-2 列出了几种常用的数制的基数和数码，表 8-3 为几种进制数的对照表。

表 8-2 计数制

数 制	基 数	数 码
二进制数	2	0 1
八进制数	8	0 1 2 3 4 5 6 7
十进制数	10	0 1 2 3 4 5 6 7 8 9
十六进制数	16	0 1 2 3 4 5 6 7 89 A B C D E F

表 8-3 几种常用计数制对照表

十进制数	二进制数	八进制数	十六进制数
0	0000	0	0
1	0001	1	1
2	0010	2	2
3	0011	3	3
4	0100	4	4
5	0101	5	5
6	0110	6	6
7	0111	7	7
8	1000	10	8
9	1001	11	9
10	1010	12	A
11	1011	13	B
12	1100	14	C
13	1101	15	D
14	1110	16	E
15	1111	17	F
16	10000	20	10

8.2.2　二进制和十进制的相互转换

（1）二进制数→十进制数

如果要把二进制数转换成十进制数，只要写出二进制数的按“权”展开式，然后相加，就得到等值的十进制数，即“按权展开，相加即得”。

【例 8-1】　将二进制数 10110 转换成十进制数。

【解】　$(10110)_2 = 1 \times 2^4 + 0 \times 2^3 + 1 \times 2^2 + 1 \times 2^1 + 0 \times 2^0 = 16 + 4 + 2 = (22)_{10}$

（2）十进制数→二进制数

如果要把十进制数转换为二进制数，采用“倒取余数法”，即用 2 不断去整除十进制数，直至商为 0，然后将所有余数由下向上读取，就是所需的二进制数。

【例 8-2】　将十进制数 13 转换成二进制数。

【解】

除数	被除数/商	余数	
2	13	余1	↑ 低位
2	6	余0	
2	3	余1	
2	1	余1	高位
	0		

所以$(13)_{10} = (1101)_2$。

8.2.3　BCD 码

由于人们习惯于使用十进制数，所以在数字电路中常用二进制数码来表示十进制数，称为用二进制编码的十进制数(binary coded decimal)，简称为二—十进制代码或 BCD 码。

BCD 码分为恒权代码和变权代码两类。恒权代码是指每一位的权重是固定的，例如一种恒权代码是用8421 码的前十个 0000 ~ 1001 分别代表十进制数的 0 ~ 9，这种码称为 8421-BCD 码。将一个十进制数 538 用 8421-BCD 码表示，即为 0101 0011 1000。

恒权码还有 5421 码、2421 码等多种。5421 码的第 3、2、1、0 位的权重分别为 5、4、2、1，而 2421 码的第 3、2、1、0 位的权重分别为 2、4、2、1。

变权码是指每一位的权重是变化的，例如余 3 码等。余 3 码所对应的 8421 二进制数比它代表的十进制数多 3。

十进制数 0 ~ 9 的各种编码的 BCD 码见表 8-4。

表 8-4 常用 BCD 码

十进制数	8421 码	5421 码	2421 码	余 3 码
0	0000	0000	0000	0011
1	0001	0001	0001	0100
2	0010	0010	0010	0101
3	0011	0011	0011	0110
4	0100	0100	0100	0111
5	0101	1000	1011	1000
6	0110	1001	1100	1001
7	0111	1010	1101	1010
8	1000	1011	1110	1011
9	1001	1100	1111	1100

8.3 二极管与三极管的开关特性

8.3.1 理想开关的开关特性

假定图 8-2 所示 S 是一个理想开关，则其特性应如下：

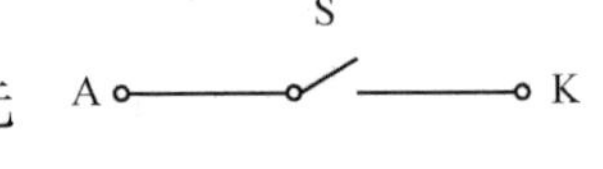

图 8-2 理想开关

(1)静态特性

①断开时，开关两端的电压不管多大，等效电阻 R_{off} = 无穷，电流 $I_{off} = 0$。

②闭合时，流过其中的电流不管多大，等效电阻 $R_{on} = 0$，电压 $U_{ak} = 0$。

(2)动态特性

①开通时间 $t_{on} = 0$，即开关由断开状态转换到闭合状态不需要时间，可以瞬时完成。

② 关断时间 $t_{off} = 0$，即开关由闭合状态转换到断开状态不需要时间，亦可以瞬时完成。

客观世界中，没有理想开关。乒乓开关、继电器、接触器等的静态特性十分接近理想开关，但动态特性很差，无法满足数字电路一秒钟开关几百万次乃至数千万次的需要。半导体二极管、三极管和 MOS 管作为开关使用时，其静态特性不如机械开关，但动态特性很好。

8.3.2 二极管的开关特性

半导体二极管最显著的特点是具有单向导电特性。

8.3.2.1 半导体二极管的伏安特性

半导体二极管是一种两层、一结、两端器件，两层为 P 型层和 N 型层，一结为内部只有一个 PN 结，两端为两个引出端，一个引出端称为阳极，一个引出端称为阴极。

反映加在二极管两端的电压 u_D 和流过其中的电流 i_D 两者之间关系的曲线，称为伏安特性曲线，简称伏安特性。图 8-3 为是硅半导体二极管的伏安特性。

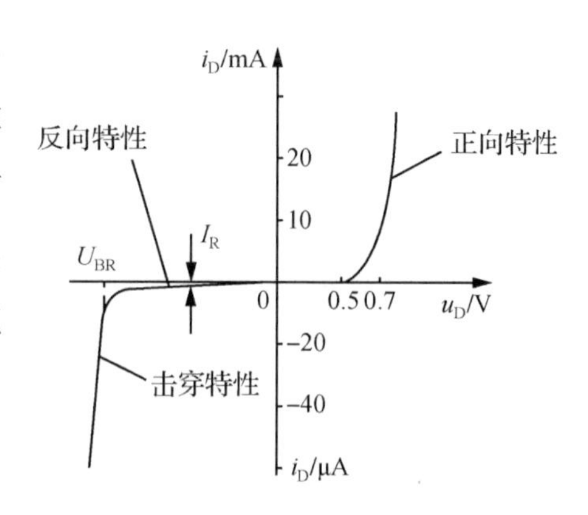

图 8-3　二极管伏安特性曲线

从图 8-3 所示伏安特性可清楚地看出，当外加正向电压小于 0.5V 时，二极管工作在死区，仍处在截止状态。只有在 u_D 大于 0.5V 以后，二极管才导通，而且当 u_D 达到 0.7V 后，即使 i_D 在很大范围内变化，u_D 也基本不变。当外加反向电压时，二极管工作在反向截止区，但当 u_D 达到 U_{BR}——反向击穿电压时，二极管便进入反向击穿区，反向电流 I_R 会急剧增加，若不限制 I_R 的数值，二极管就会因过热而损坏。

8.3.2.2　静态开关特性

硅半导体二极管具有下列静态开关特性：

(1) 导通条件及导通时的特点

当外加正向电压 $U_D > 0.7V$ 时，二极管导通，而且一旦导通之后，就可以近似地认为 $U_D > 0.7V$ 不变，如同一个具有 0.7V 压降的闭合了的开关。在有些情况下，可忽略二极管导通压降。

(2) 截止条件及截止时的特点

当外加电压 $U_D < 0.5V$ 时，二极管截止，而且一旦截止之后，就可近似地认为 $I_D \approx 0$，如同一个断开了的开关。

二极管的开关作用如图 8-4 所示。

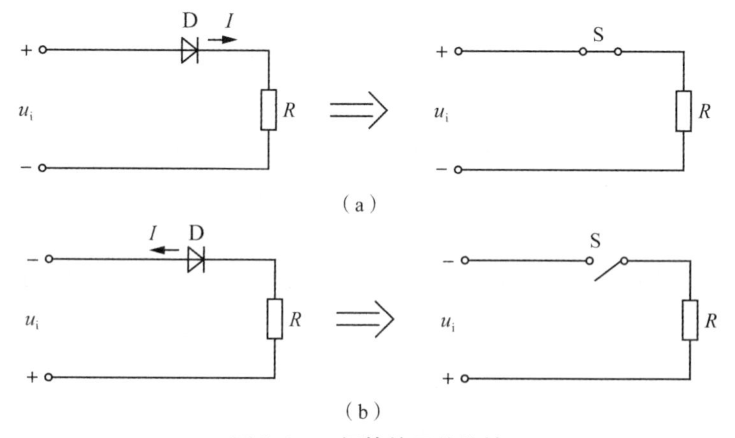

图 8-4　二极管的开关特性

(a) 正偏时相当于开关闭合　(b) 反偏时相当于开关断开

8.3.3 三极管的开关特性

在数字电路中，三极管作为开关元件，主要工作在饱和和截止两种开关状态，放大区只是极短暂的过渡状态。晶体管的输出特性曲线分为三个工作区：放大区、截止区、饱和区。改变直流偏置，晶体管就有三种工作状态。三极管电路和输出特性曲线如图 8-5 所示。

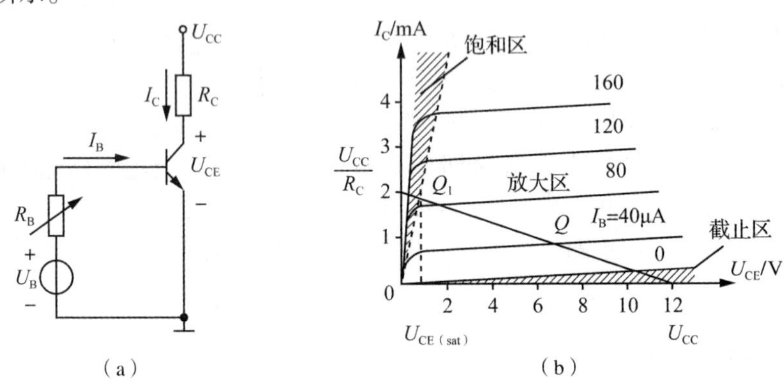

图 8-5 三极管电路和输出特性曲线

(a)三极管电路 (b) 输出特性曲线

(1)放大状态

当发射结处于正向偏置、集电结处于反向偏置时，晶体管处于放大状态，相应于特性曲线的放大区，此时 $I_C=\beta I_B$，β 为一常数，I_C 主要受 I_B 控制，与 U_{CE} 的变化无关。

(2)截止状态

增大图 8-5(a)中的 R_B，使 U_{BE} 下降，当 U_{BE} 下降到小于死区电压时，$I_B=0$，$I_C\approx 0$，这种状态称为截止状态，对应于特性曲线的截止区，此时 $U_{CE}=U_{CC}$。如果将发射结零偏或反偏，晶体管将截止得更加可靠。晶体管截止时，集电结也处于反向偏置。

(3)饱和状态

在图 8-5(a)中，调节 R_B 使 I_B 增大，I_C 增大，则 $U_{CE}=U_{CC}-I_CR_C$ 下降，当 U_{CE} 下降到小于 U_{BE} 时，晶体管工作在特性曲线的饱和区，称为饱和状态，相应的 U_{CE} 称为饱和压降，用 U_{CES} 表示。小功率管的 $U_{CES}\approx 0.3$V(硅管)，这意味着集电结也为正向偏置。因此晶体管饱和的条件是：发射结和集电结都正偏。

饱和时，集电区失去了对基区电子的收集能力，I_C 不再随 I_B 的增加而线性增加，而主要取决于集电极的外电路，即

$$I_C=I_{CS}=\frac{U_{CC}-U_{CES}}{R_C}\approx\frac{U_{CC}}{R_C}$$

晶体管的三种工作状态的特点可归纳为表 8-5。

表 8-5　晶体管的三种工作状态

<table>
<tr><th></th><th>放大状态</th><th colspan="2">截止状态</th><th>饱和状态</th></tr>
<tr><td>偏置</td><td>发射结正偏，
集电结反偏</td><td>开始截止，
U_{BE} < 死区电压</td><td>可靠截止，
$U_{BE} < 0$</td><td>发射结正偏，
集电结正偏</td></tr>
<tr><td>特点</td><td>$I_C = \beta I_B$
$U_{CE} = U_{CC} - I_C R_C$</td><td colspan="2">$I_C \approx 0$
$U_{CE} \approx U_{CC}$</td><td>$I_C \approx \frac{U_{CC}}{R_C}$
$U_{CE} \approx 0$</td></tr>
</table>

综上所述，当晶体管截止时，$I_C \approx 0$，发射极与集电极之间的电阻很大，如同一个开关的断开；当晶体管饱和时，$U_{CE} \approx 0$，发射极和集电极之间电阻很小，如同一个开关的接通。这就是晶体管的开关作用。

与二极管开关相比，晶体管开关的通断是由不在开关回路中的基极控制的，因此使用方便。在模拟电路中，晶体管常用作放大元件；在数字电路中，晶体管作为开关元件，主要工作在饱和状态和截止状态。

8.4　分立元件门电路

所谓门就是一种开关，它能按照一定的条件去控制信号的通过或不通过。门电路的输入和输出之间存在一定的逻辑关系，所以门电路又称逻辑门电路。门电路是数字电路最基本的逻辑元件，更复杂的数字电路都是由门电路组成的。基本门电路有三种：与门、或门和非门。由分立的半导体二极管、晶体管以及电阻等元件构成的门电路称为分立元件门电路。

8.4.1　与逻辑关系及与门

决定事件发生的各条件中，所有条件都成立时，事件才会发生，否则事件就不会发生，这种事件与条件之间的逻辑关系称为“与”逻辑关系，“与”逻辑又称逻辑乘。能实现与逻辑关系的电路称为与门，与门电路是一种多输入单输出实现与逻辑关系的电路。

图 8-6 所示电路，两个串联的开关 A 和 B 与电灯 Y 相连，接通电源后，只有当两个开关全部闭合时，灯才亮；只有一个开关闭合时，灯不亮。这样两个开关控制电灯亮灭的因果关系，就是与逻辑。设开关闭合为逻辑 1，断开为逻辑 0，灯亮为逻辑 1，不亮为逻辑 0，将这种与逻辑关系可列于一个表中，见表 8-6，这种表示输入变量与输出变量之间逻辑关系的表称为状态表。与门也可以用二极管来实现，如图 8-7 所示。与门的逻辑符号如图 8-8 所示。

表 8-6　与逻辑状态表

输入		输出
A	B	Y
0	0	0
0	1	0
1	0	0
1	1	1

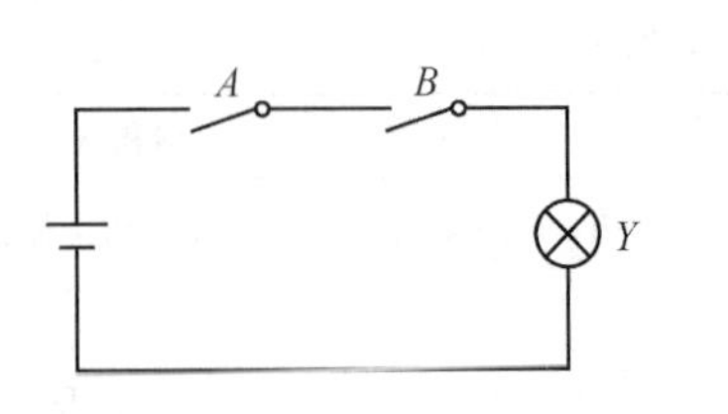

图 8-6 与逻辑关系电路

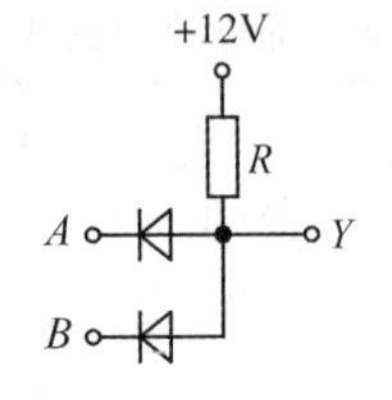

图 8-7 二极管与门

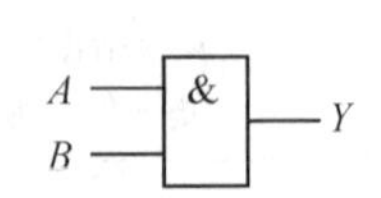

图 8-8 与门逻辑符号

与逻辑关系的逻辑函数表达式为

$$Y = A \cdot B$$

与逻辑的运算规则为

$$0 \cdot 0 = 0$$

$$0 \cdot 1 = 0$$

$$1 \cdot 0 = 0$$

$$1 \cdot 1 = 1$$

与门的逻辑功能可以概括为：全 1 出 1，有 0 出 0。

8.4.2 或逻辑关系及或门

决定事件发生的各条件中，有一个或一个以上条件成立，则事件就会发生，这种逻辑关系称为“或”逻辑关系，“或”逻辑又称逻辑加。能实现或逻辑关系的电路称为或门，或门电路是一种多输入单输出实现或逻辑关系的电路。

图 8-9 所示电路，两个并联的开关 A 和 B 与电灯 Y 相连，接通电源后，只要有一个开关闭合，灯就会亮；只有 A，B 都不接通，灯才不亮。这样两个开关控制电灯亮灭的因果关系，就是或逻辑。设开关闭合为逻辑 1，断开为逻辑 0，灯亮为逻辑 1，不亮为逻辑 0，这种或逻辑关系的状态表见表 8-7。或门也可以用二极管来实现，如图 8-10 所示。或门的逻辑符号如图 8-11 所示。

表 8-7 或逻辑状态表

输入		输出
A	B	Y
0	0	0
0	1	1
1	0	1
1	1	1

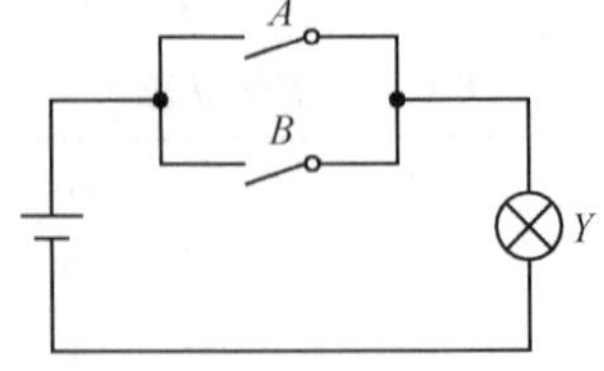

图 8-9 或逻辑关系电路

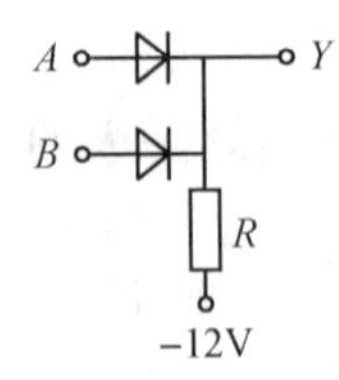

图 8-10 二极管或门

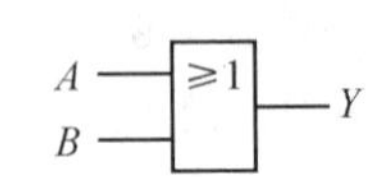

图 8-11 或门逻辑符号

或逻辑关系的逻辑函数表达式为

$$Y = A + B$$

或逻辑的运算规则为

$$0+0=0$$
$$0+1=1$$
$$1+0=1$$
$$1+1=1$$

或门的逻辑功能可以概括为：全 0 出 0，有 1 出 1。

8.4.3　非逻辑关系及非门

决定事件发生的条件只有一个，条件成立时事件不会发生，条件不成立时事件反而发生，这种逻辑关系称为"非"逻辑关系。能实现非逻辑关系的电路称为非门，非门电路是一种单输入单输出实现非逻辑关系的电路。

图 8-12 所示电路，当开关接通时，灯灭；开关断开时，灯亮。这就是非逻辑。非逻辑关系的状态表见表 8-8。非门可以用晶体管来实现，如图 8-13 所示。非门的逻辑符号如图 8-14 所示。

表 8-8　非逻辑状态表

输入	输出
A	Y
0	1
1	0

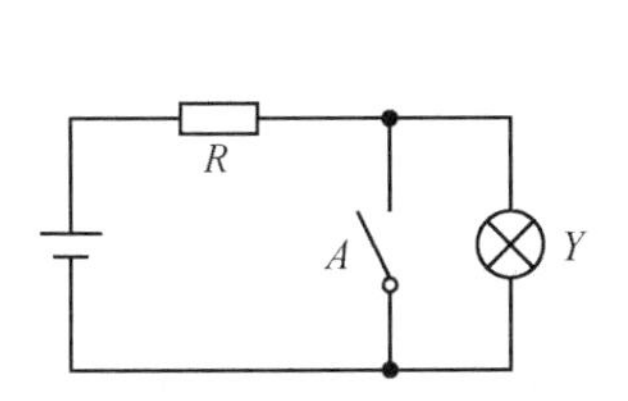

图 8-12　非逻辑关系电路

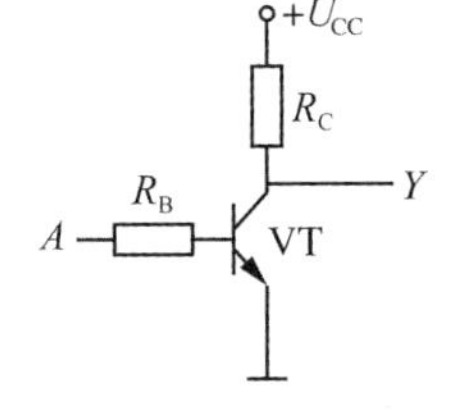

图 8-13　晶体管非门

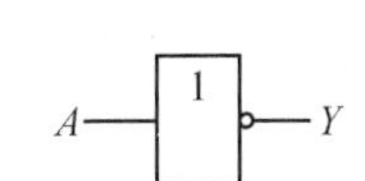

图 8-14　非门逻辑符号

非逻辑关系的逻辑函数表达式为

$$Y=\overline{A}$$

非逻辑的运算规则为

$$\overline{0}=1$$
$$\overline{1}=0$$

8.4.4　复合门电路

将基本逻辑关系加以扩展，就构成与非门、或非门和异或门等复合门电路。与非门、或非门和异或门的逻辑表达式、逻辑符号及状态表见表 8-9。

扩展的门电路还有与或门、与或非门等。门电路的输入端也不限于两个，还有三输入端、四输入端的，与非门最多有八输入端的。几种三输入端的门电路如图 8-15 所示。

表 8-9 与非门、或非门和异或门的逻辑表达式、逻辑符号及状态表

名称	与非门			或非门			异或门		
表达式	$Y=\overline{AB}$			$Y=\overline{A+B}$			$Y=A\oplus B=\bar{A}B+A\bar{B}$		
逻辑符号	A, B — & —○ Y			A, B — ≥1 —○ Y			A, B — =1 — Y		
状态表	A	B	Y	A	B	Y	A	B	Y
	0	0	1	0	0	1	0	0	0
	0	1	1	0	1	0	0	1	1
	1	0	1	1	0	0	1	0	1
	1	1	0	1	1	0	1	1	0

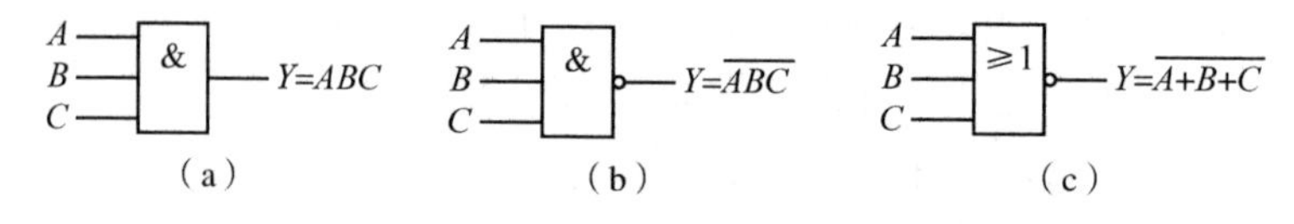

图 8-15 三输入端门电路

(a)与门 (b)与非门 (c)或非门

8.5 TTL 门电路

分立元件门电路在实际应用中已被淘汰，目前广泛采用的是集成门电路。集成门电路是将电路所有元器件及连线通过一定工艺制作在一片硅片上，具有体积小、耗电少、可靠性高、使用方便等优点。自从 1961 年出现第一片数字集成电路以来，集成电路技术迅猛发展，从最初在一片硅片上能集成几个晶体管到目前能集成几千万个晶体管。

数字电路按集成度分为：小规模集成电路(small scale integration，SSI)，其每片晶体管个数小于 10 个；中规模集成电路(medium scale integration，MSI)，其每片晶体管个数为 10 ~ 100 个；大规模集成电路(large scale integration，LSI)，其每片晶体管个数为 100 ~ 10000 个；超大规模集成电路(very large scale integration，VLSI)，其每片晶体管个数在 10000 个以上。

下面介绍 TTL(transistor-transistor logic)晶体管—晶体管逻辑电路。TTL 门电路因其输入级和输出级都采用晶体管而得名，它发展早、生产工艺成熟、品种全、产量大、价格便宜，是中小规模集成电路的主流电路产品，其核心是与非门。

8.5.1　TTL 与非门

8.5.1.1　电路结构

TTL 集成电路由晶体管和电阻组成，晶体管工作在饱和或截止状态，即开关状态。TTL 与非门电路如图 8-16 所示，由输入级、中间级和输出级组成。

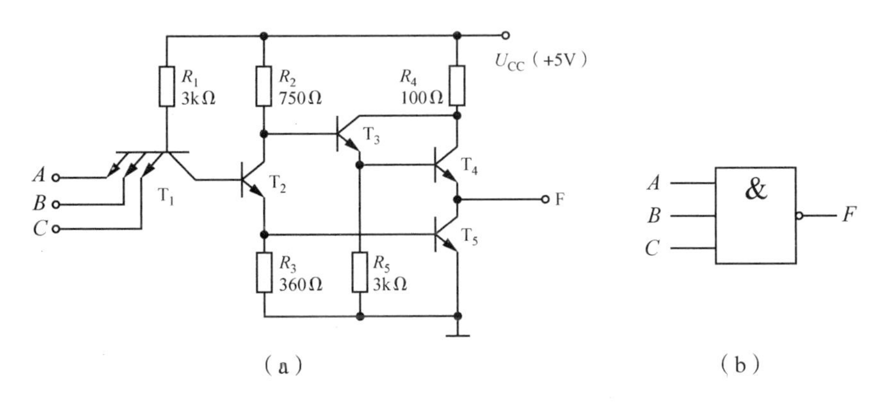

图 8-16　TTL 与非门电路和逻辑符号

(a) TTL 与非门电路　(b) 逻辑符号

①输入级由多发射极晶体管 T_1 和电阻 R_1 组成。多发射极晶体管的每个发射极与基极之间形成一个 PN 结，它们和电阻 R_1 组成与门电路。

②中间级由 T_2，R_2 和 R_3 组成倒相电路。由 T_2 的集电极和发射极分别输出两个相位相反的信号，驱动 T_3 和 T_5。

③输出级由 T_3，T_4，T_5，R_4 和 R_5 组成。其中 T_3，T_4 两管复合与 T_5 构成射极输出形式，用以提高带负载能力。当 T_4 饱和导通（T_5 截止）时，输出端 F 为高电平；当 T_5 饱和导通（T_4 截止）时，输出端 F 为低电平。

8.5.1.2　工作原理

①当所有输入端均为高电平 1 时，与门的输出端是高电平，即有电流注入 T_2 基极，导致 T_2 导通，并相继有基极电流注入 T_5 的基极，使 T_5 饱和导通，输出低电平。

②当输入端有一个或几个为低电平 0 时，与门的输出是低电平，导致 T_2 截止，其集电极电压接近电源电压，使 T_3，T_4 导通，T_5 截止，则最终输出高电平。

综上分析，可见输入与输出实现了与非门的逻辑功能，其逻辑表达式为

$$F = \overline{A \cdot B \cdot C}$$

逻辑状态表见表 8-10。

表 8-10 与非门的状态表

A	B	C	F
0	0	0	1
0	0	1	1
0	1	0	1
0	1	1	1
1	0	0	1
1	0	1	1
1	1	0	1
1	1	1	0

8.5.1.3 电路参数

TTL 电路参数见表 8-11 所列。

表 8-11 TTL 电路参数

参数名称	符号	单位	测试条件	指标
输入短路电流	I_{is}	mA	$U_{CC}=5V$，输入依次接地	≤2.2
开门电平	U_{on}	V	$U_{CC}=5V$，$U_o≤0.35V$，$R_L=380\Omega$	≤1.8
关门电平	U_{off}	V	$U_{CC}=5V$，$U_{oh}≥2.7V$，输出空载	≥0.8
输出高电平	U_{oh}	V	$U_{CC}=5V$，$U_i=0V$，输出空载	≥3.0
输出低电平	U_{ol}	V	$U_{CC}=5V$，$U_i=1.8V$，$R_L=380\Omega$	≤0.35
扇出系数	N_0	个	$U_{CC}=5V$，$U_i=1.8V$，$U_{ol}≤3.5V$	>8
平均传输延时时间	t_{pd}	ns	$U_{CC}=5V$，$N_0=8$，$f=2MHz$	≤30
空载导通电流	I_{ccl}	mA	$U_{CC}=5V$，输入悬空，输出空载	≤10

①输出高电平 U_{oh} 在输出端开路时，输入端接地时的输出端电平。

②输出低电平 U_{ol} 在输入端全部为高电平时，输出的低电平值。

③开门电平 U_{on} 在额定负载条件下，输出为额定低电平 0 时，所允许输入高电平的最小值。

④关门电平 U_{off} 在空载条件下，输出为额定高电平 1 时，所允许输入低电平的最大值。

⑤扇出系数 N_o 以同一型号的与非门作为负载时，一个与非门能驱动同类与非门的最大数目，又称负载能力。

⑥平均传输延时时间 t_{pd} 对于前面所示各种状态表，一直假定当某个门的输入端电压改变时，输出端电压立即改变到状态表所给出的对应值。然而事实上由于输出端总是有并联分布电容(或电容)，电压并不能突变，总是存在传输延时问题，t_{pd}即表征这个延时时间。

8.5.2　TTL 门电路的主要类型

TTL 集成电路的种类很多，根据性能指标可分为军用(54 系列)和民用(74 系列)两个系列，54 系列与 74 系列的不同之处是工作环境温度参数，前者为 -55 ~ +125℃，后者为 0 ~ 70℃。

74 系列又根据内部电路的结构分为 74 × ×(普通型)、74H × ×(高速型)、74S × ×(肖特基型)、74LS × ×(低功耗肖特基型)、74AS × ×(改进型)、74ALS × ×(改进型)6 个系列。其中 74 LS 系列有速度快和功耗低的优点，因此最为常用，见表 8-12 所列。

表 8-12　常用 TTL 门电路

名称	国外型号	说　明
四两输入与非门	74LS00	一个组件中有四个门，每个门有两个输入端
四 2 输入或非门	74LS02	
四 2 输入与门	74LS08	
四 2 输入或门	74LS32	
四 2 输入异或门	74LS86	
六反相器(非门)	74LS04	一个组件中有六个非门

8.5.3　TTL 三态门和 OC 门

(1)集电极开路门(open-collectot gate，OC 门)

典型的 TTL 与非门不允许两个门的输出端互连，原因在于 T_4，T_5 管组成的是推挽(拉)输出级。将图 8-16 中的 T_3，T_4 管去掉，使 T_5 管处于集电极开路状态，就构成 OC 门，如图 8-17(a)所示，它的逻辑符号如图 8-17(b)所示。

OC 门除可以完成常规与非功能(输出端通过上拉电阻 R_C 连接至 $+U_{CC}$，实现 $F=\overline{ABC}$)外，还可以实现线与功能。

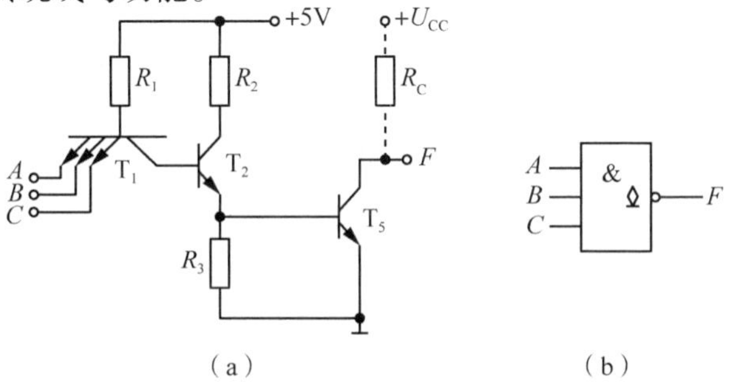

图 8-17　OC 门

(a)OC 门电路　(b) 逻辑符号

所谓线与，是把几个门的输出端连接在一起，实现多个信号间的“与”逻辑，如图8-18所示。如果F_1及F_2中有一个是低电平，即两个门中至少有一个门的T_5管处于饱和和导通状态，则总的输出F便为低电平；只有当F_1和F_2都是高电平（两门的T_5管均截止）时，输出F才是高电平。可见

$$F = F_1 \cdot F_2$$

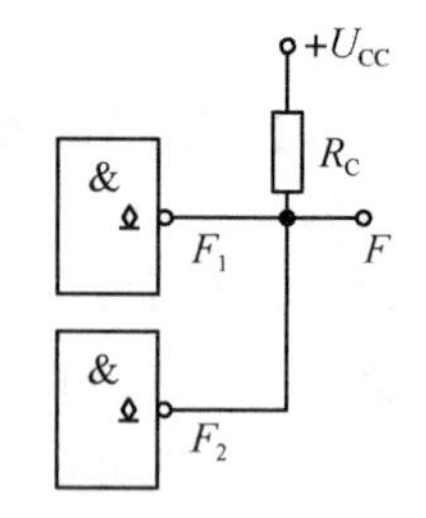

图8-18 OC门线与功能

OC门的缺点是工作速度不高，平均传输延迟时间较大，原因是没有T_3，T_4与T_5间的推挽（拉）作用。

（2）三态输出与非门

三态门的输出端除了出现高电平和低电平外，还可以出现第三种状态——高阻状态。图8-19所示为TTL三态输出与非门电路及其逻辑符号。它只比普通TTL与非门上多出了一个二极管D，并且A，B是输入端，C是控制端。

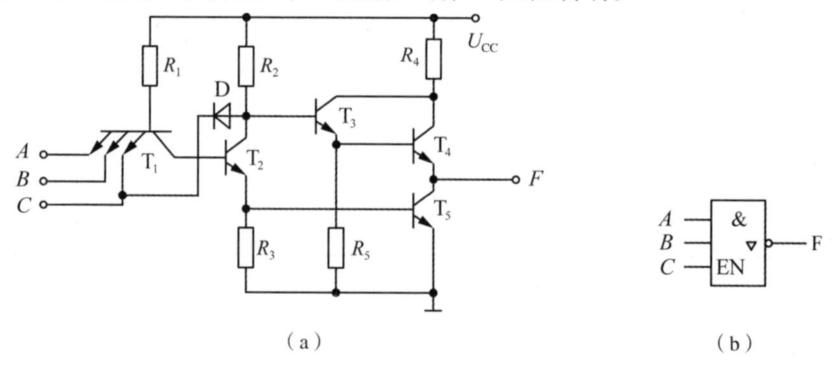

图8-19 TTL三态输出与非门

（a）电路 （b）逻辑符号

当控制端C为高电平1时，电路只受A，B输入信号影响，是一个普通的与非门，$F=\overline{AB}$；当C为低电平0时，V_{B1}约为1V，使T_2，T_5管截止，同时由于二极管D的存在，使$V_{C2}\approx 1V$，使T_4管截止，即与F端相接的两个三极管T_4，T_5都截止，所以输出端处于高阻状态。

与OC门相比，三态门的速度很高，在总线上可以是正逻辑，也可以是负逻辑。通常其在计算机中被广泛应用。

8.6 组合逻辑电路的分析与综合

在客观世界中，事物的发展变化都有一定的因果关系，这种因果关系一般称为逻辑关系，反映和处理这种关系的数学工具就是逻辑代数。逻辑代数是分析和设计数字电路的基本数学工具，它的基本和常用运算也是数字电路要实现的重要操作。这一节主要介绍逻辑代数的基本概念、公式和定理，逻辑函数的公式化简法和卡诺图化简法以及组合逻辑电路的分析与设计。

8.6.1　逻辑代数

布尔代数是 19 世纪数学家布尔提出的一种借助于数学来表达推理的逻辑符号。它既可用来分析逻辑电路的功能，又可用来设计逻辑电路，因此是研究数字电路、进行逻辑判断的重要数学工具。在逻辑电路中，只有两个取值，即 0 和 1，它们不表示具体数量的大小，只表示两种不同的逻辑状态。用 0 代表低电平，用 1 代表高电平，其最基本的逻辑关系为与、或、非三种。与之对应的基本逻辑运算为逻辑乘、逻辑加、逻辑非，其表达式分别为

$$F = A \cdot B$$

$$F = A + B$$

$$F = \overline{A}$$

逻辑代数的基本运算法则如下：

(1)基本运算法则

① $0 \cdot A = 0$

② $1 \cdot A = A$

③ $A \cdot A = A$

④ $A \cdot \overline{A} = 0$

⑤ $0 + A = A$

⑥ $1 + A = 1$

⑦ $A + A = A$

⑧ $A + \overline{A} = 1$

⑨ $A = \overline{\overline{A}}$

(2)基本定律和定理

①交换律

$A \cdot B = B \cdot A$

$A + B = B + A$

②结合律

$A \cdot (B \cdot C) = (A \cdot B) \cdot C$

$A + (B + C) = (A + B) + C$

③重叠律

$A \cdot A = A$

$A + A = A$

④同一律

$A \cdot 1 = A$

$A + 0 = A$

⑤互补律

$A \cdot \overline{A} = 0$

$A+\overline{A}=1$

⑥吸收律

$A+A\cdot B=A$

$A\cdot(A+B)=A$

$A+\overline{A}\cdot B=A+B$

【证明】 $A+A\cdot B=A\cdot(1+B)=A\cdot 1=A$

$A\cdot(A+B)=A\cdot A+A\cdot B=A+A\cdot B=A\cdot(1+B)=A$

$A+B=(A+\overline{A})\cdot(A+B)=A\cdot A+A\cdot B+A\cdot\overline{A}+\overline{A}\cdot B=A+\overline{A}\cdot B$

⑦分配律

$A\cdot(B+C)=A\cdot B+A\cdot C$

$A+B\cdot C=(A+B)\cdot(A+C)$

【证明】 $(A+B)\cdot(A+C)=A\cdot A+A\cdot B+A\cdot C+B\cdot C$

$=A+A\cdot B+A\cdot C+B\cdot C$

$=A\cdot(1+B+C)+B\cdot C$

$=A+B\cdot C$

⑧非非律

$\overline{\overline{A}}=A$

⑨ 反演定理(德·摩根定理)

$\overline{A\cdot B}=\overline{A}+\overline{B}$

$\overline{A+B}=\overline{A}\cdot\overline{B}$

利用逻辑状态表，可以很方便地证明反演定理，见表8-13。

表 8-13 反演定理状态表

A	B	$\overline{A\cdot B}$	$\overline{A}$	$\overline{B}$	$\overline{A}+\overline{B}$
0	0	1	1	1	1
0	1	1	1	0	1
1	0	1	0	1	1
1	1	0	0	0	0

8.6.2 公式化简法

公式化简法就是利用逻辑代数的基本运算法则和定理进行化简，化简的过程为消去函数表达式中多余项的过程。

(1)化简逻辑函数的意义

在逻辑设计中，逻辑函数最终都要用逻辑电路来实现。逻辑表达式越简单，则实现它的电路越简单，电路工作越稳定可靠。

(2)逻辑函数式的基本形式和变换

对于同一个逻辑函数，其逻辑表达式不是唯一的。常见的逻辑形式有5种：与或表达式、或与表达式、与非—与非表达式、或非—或非表达式、与或非表达式。如：

①与或表达式　$Y = \bar{A}B + AC$

②或与表达式　$Y = (A + B)(\bar{A} + C)$

③与非—与非表达式　$Y = \overline{\overline{\bar{A}B} \cdot \overline{AC}}$

④或非—或非表达式　$Y = \overline{\overline{A + B} + \overline{\bar{A} + C}}$

⑤与或非表达式　$Y = \overline{\bar{A}\bar{B} + A\bar{C}}$

(3)逻辑函数的最简形式

最简与或表达式具有如下特点：

① 逻辑函数式中的乘积项(与项)的个数最少；

②每个乘积项中的变量数也最少。

【例 8-3】 将与或逻辑的函数式 $Y = \bar{A}B + A\bar{B} + AB$ 化简。

【解】

$$
\begin{aligned}
Y &= \bar{A}B + A\bar{B} + AB \\
&= \bar{A}B + (A\bar{B} + AB) \\
&= \bar{A}B + A \\
&= A + B
\end{aligned}
$$

【例 8-4】 化简逻辑函数 $F = ABC + ABD + \bar{A}B\bar{C} + CD + B\bar{D}$。

【解】

$$
\begin{aligned}
F &= ABC + ABD + \bar{A}B\bar{C} + CD + B\bar{D} \\
&= ABC + \bar{A}B\bar{C} + CD + B(AD + \bar{D}) \\
&= ABC + \bar{A}B\bar{C} + CD + B(\bar{D} + A) \\
&= ABC + \bar{A}B\bar{C} + CD + AB + B\bar{D} \\
&= (ABC + AB) + \bar{A}B\bar{C} + CD + B\bar{D} \\
&= AB + \bar{A}B\bar{C} + CD + B\bar{D} \\
&= B(A + \bar{A}\bar{C}) + CD + B\bar{D} \\
&= B(A + \bar{C}) + CD + B\bar{D} \\
&= AB + B\bar{C} + CD + B\bar{D} \\
&= AB + B(\bar{C} + \bar{D}) + CD \\
&= AB + B\,\overline{CD} + CD \\
&= AB + B + CD \\
&= B + CD
\end{aligned}
$$

8.6.3　卡诺图化简

卡诺图是用图表形式描述逻辑函数的一种方法，它是由状态表演变而来。具体做法是把状态表中的输入部分分成两组，一组作为横坐标，另一组作为纵坐标，如果只有两个输入变量 A 与 B，则可把 A 作为纵坐标，把 B 作为横坐标；如果有三个输入变量 A，B 与 C，则可把 A 作为纵坐标，把 BC 作为横坐标；同理，当输入变量为 A，

B，C，D时，可把AB作为纵坐标，CD作为横坐标。在纵横坐标交叉的方块中的内容，正好是状态表中输出的状态。这一做法是卡诺首先提出的，故称为卡诺图法。卡诺图化简法又称为图解化简法。

8.6.3.1　最小项

(1)最小项的概念

如果一个函数的某个乘积项包含了函数的全部变量，其中每个变量都以原变量或反变量的形式出现，且仅出现一次，则这个乘积项称为该函数的一个标准积项，通常称为最小项。

3 个变量A，B，C可组成 8 个最小项：

$$\bar{A}\bar{B}\bar{C}\quad \bar{A}\bar{B}C\quad \bar{A}B\bar{C}\quad \bar{A}BC\quad A\bar{B}\bar{C}\quad A\bar{B}C\quad AB\bar{C}\quad ABC$$

(2)最小项的表示方法

通常用符号m_i来表示最小项。下标i的确定：把最小项中的原变量记为 1，反变量记为 0，当变量顺序确定后，可以按顺序排列成一个二进制数，则与这个二进制数相对应的十进制数，就是这个最小项的下标i。

3 个变量A，B，C的 8 个最小项可以通过表 8-14 表示。

表 8-14　3 个变量全部最小项的状态表

A	B	C	m_0	m_1	m_2	m_3	m_4	m_5	m_6	m_7
0	0	0	1	0	0	0	0	0	0	0
0	0	1	0	1	0	0	0	0	0	0
0	1	0	0	0	1	0	0	0	0	0
0	1	1	0	0	0	1	0	0	0	0
1	0	0	0	0	0	0	1	0	0	0
1	0	1	0	0	0	0	0	1	0	0
1	1	0	0	0	0	0	0	0	1	0
1	1	1	0	0	0	0	0	0	0	1

(3)最小项的性质

① 任意一个最小项，只有一组变量的取值使它的值为 1，而其余各项的取值均使它的值为 0。

② 不同的最小项，使它的值为 1 的那组变量取值也不同。

③对于变量的任一组取值，任意两个不同的最小项的乘积必为 0。

④全部最小项的和必为 1。

8.6.3.2　表示最小项的卡诺图

逻辑函数的图形化简法是将逻辑函数用卡诺图来表示，利用卡诺图来化简逻辑函数。

(1)相邻最小项

定义：如果两个最小项中只有一个变量为互反变量，其余变量均相同，则这样的两个最小项为逻辑相邻，并把它们称为相邻最小项，简称相邻项。

(2)最小项的卡诺图表示

卡诺图的构成：将逻辑函数状态表中的最小项重新排列成矩阵形式，并且使矩阵的横方向和纵方向的逻辑变量的取值按照格雷码的顺序排列，这样构成的图形就是卡诺图。2 ~4 变量卡诺图如图 8-20 所示。

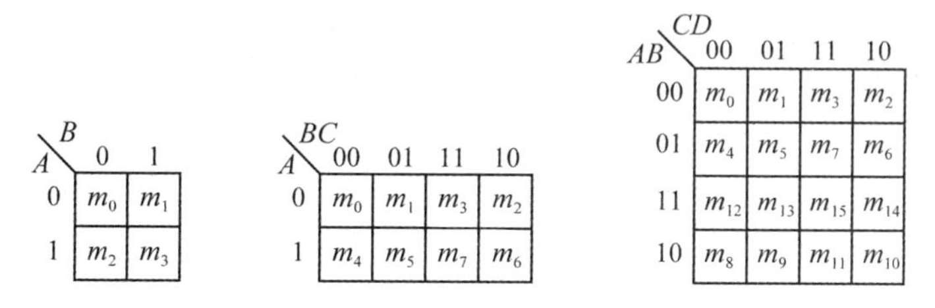

图 8-20　2 ~4 变量卡诺图构成

8.6.3.3　用卡诺图表示逻辑函数

(1)逻辑函数以状态表或者以最小项表达式给出：在卡诺图上那些与给定逻辑函数的最小项相对应的方格内填入 1，其余的方格内填入 0。

(2)逻辑函数以一般的逻辑表达式给出：先将函数变换为与或表达式(不必变换为最小项之和的形式)，然后在卡诺图上与每一个乘积项所包含的那些最小项(该乘积项就是这些最小项的公因子)相对应的方格内填入 1，其余的方格内填入 0。

8.6.3.4　卡诺图化简逻辑函数

(1)卡诺图的性质

① 任何两个(2^1个)标 1 的相邻最小项，可以合并为一项，并消去一个变量(消去互为反变量的因子，保留公因子)。

② 任何 4 个(2^2个)标 1 的相邻最小项，可以合并为一项，并消去 2 个变量。

③ 任何 8 个(2^3个)标 1 的相邻最小项，可以合并为一项，并消去 3 个变量。

(2)化简逻辑函数式的步骤和规则

① 先将函数变换成与或表达式形式(最小项之和形式或者简化形式)。

② 将函数填入相应的卡诺图中，存在的最小项对应的方格填 1，其他填 0。

③ 选取化简后的乘积项(简称合并或画圈)。

画圈的原则：

① 尽量画大圈，但每个圈内只能含有 2^n($n=0$，1，2，3…)个相邻项。要特别注意对边相邻性和四角相邻性。

② 使圈的个数尽量少。

③ 卡诺图中所有取值为 1 的方格均要被圈过，即不能漏下取值为 1 的最小项。

④ 在新画的包围圈中至少要含有 1 个未被圈过的 1 方格，否则该包围圈是多余的。

⑤每个圈写出一个乘积项，按取同去异原则。

⑥ 最后将全部乘积项逻辑加，即得最简与或表达式。

【例 8-5】 利用卡诺图化简 $F=\bar{A}\cdot\bar{C}+\bar{A}\cdot\bar{B}+B\cdot C+\bar{A}\cdot\bar{C}\cdot D$。

【解】 由题可知有四个变量(A，B，C，D)，卡诺图应有 $2^4=16$ 个小方块，规定 AB 为纵坐标，CD 为横坐标。具体步骤如下：

第一步：画出四变量卡诺图，并标出表达式中包含的全部最小项。为了更清楚地说明问题，将标 1 的小方块内的数码用对应的十进制数代替，如图 8-21 所示，则可看到：

$\bar{A}\bar{C}$ 包含：0，1，4，5；

$\bar{A}\bar{B}$ 包含：0，1，3，2；

BC 包含：7，6，15，14

$\bar{A}\bar{C}D$ 包含：1，5。

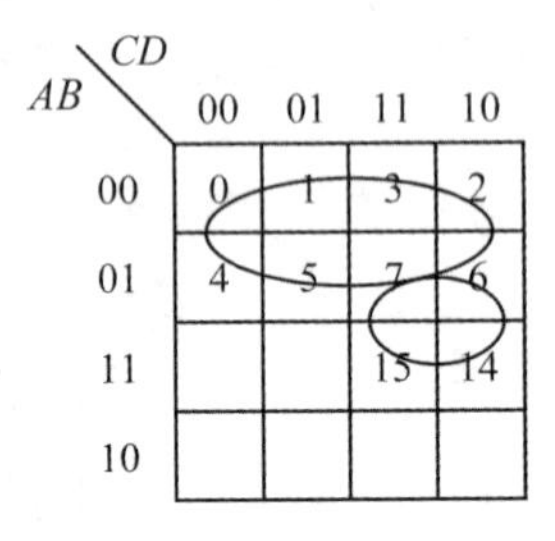

图 8-21　例 8-5 卡诺图

第二步：合并最小项。将相邻的 0，1，3，2，4，5，7，6 八个小方块圈起来，根据前面第 3 条规则，可消去三个互补变量(B，C，D)，得 $\bar{A}$；将相邻的 7，6，15，14 四个小方块圈起来，可消去两个互补变量(A，D)，得 BC。

第三步：写出最简表达式

$F=\bar{A}+B\cdot C$

【例 8-6】 化简 $Y(A, B, C, D)=\sum m(3, 5, 7, 8, 11, 12, 13, 15)$

【解】 第一步：画出四变量卡诺图，并标出表达式中包含的全部最小项；

第二步：合并最小项，如图 8-22 所示；

第三步：写出最简表达式

$$Y(A, B, C, D)=BD+CD+A\bar{C}\,\bar{D}$$

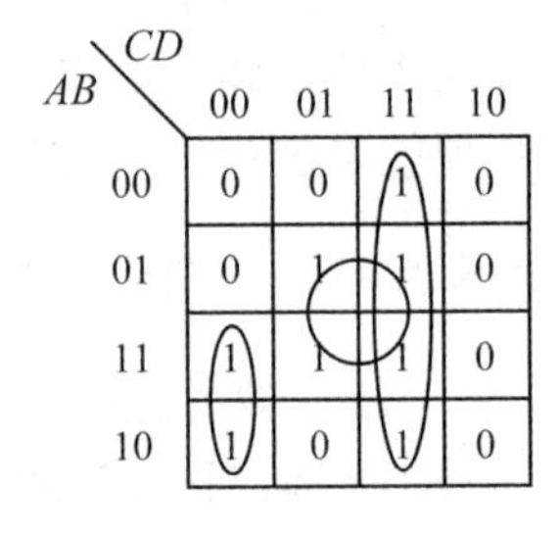

图 8-22　例 8-6 卡诺图

8.6.4　组合逻辑电路的分析与设计

组合逻辑电路是一种由常见门电路组合而成的网络，用来完成一定的逻辑功能。该电路的特点是：输出信号仅取决于该时刻的输入信号，与电路原来所处的状态无关。所谓组合逻辑电路的分析就是根据已知的组合逻辑电路，确定其输入与输出之间的逻辑关系，并验证和说明该电路的逻辑功能。所谓设计就是根据给定的功能要求，求出实现该功能的最简单的组合逻辑电路。

8.6.4.1　组合逻辑电路的分析

(1) 基本分析方法

步骤如下：

① 根据逻辑电路图写出输出函数的表达式；

② 对表达式进行化简或变换，求最简式；

③ 列出输入和输出变量的状态表；

④ 说明电路的逻辑功能。

(2)分析举例

【例 8-7】 试分析图 8-23 的逻辑功能。

【解】 ① 从输入到输出逐级写出表达式，并进行化简。

$$Y_1=\overline{AB},\ Y_2=\overline{BC},\ Y_3=\overline{CA}$$

则可得

$$Y=\overline{Y_1Y_2Y_3}=\overline{\overline{AB}\cdot\overline{BC}\cdot\overline{AC}}=AB+BC+CA$$

② 列出状态表，见表 8-15。

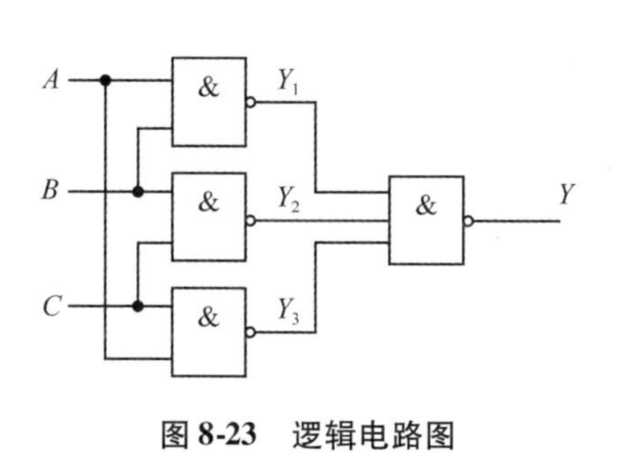

图 8-23　逻辑电路图

表 8-15　逻辑电路状态表

A	B	C	F
0	0	0	0
0	0	1	0
0	1	0	0
0	1	1	1
1	0	0	0
1	0	1	1
1	1	0	1
1	1	1	1

③分析逻辑功能。

当输入 A，B，C 中有 2 个或 3 个为 1 时，输出 Y 为 1，否则输出 Y 为 0。所以这个电路实际上是一种 3 人表决用的组合电路：只要有 2 票或 3 票同意，表决就通过。

【例 8-8】 试分析图 8-24 的逻辑功能。

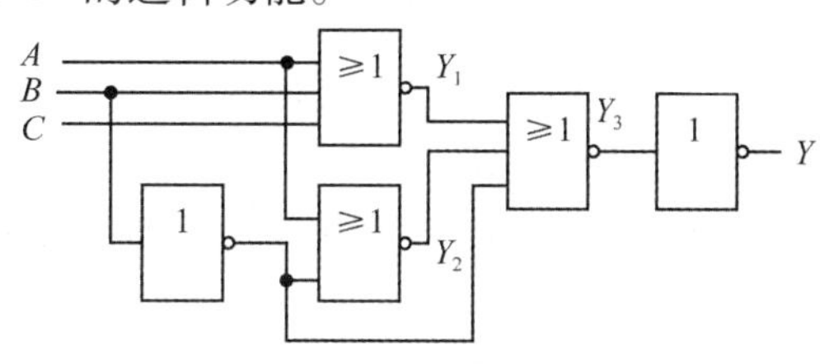

图 8-24　逻辑电路图

【解】 ① 从输入到输出逐级写出表达式，并进行化简。

$$Y_1=\overline{A+B+C}$$

$$Y_2=\overline{A+\bar{B}}$$

$$Y_3=\overline{Y_1+Y_2+\bar{B}}$$

$$Y=\bar{Y}_3=Y_1+Y_2+\bar{B}=\overline{A+B+C}+\overline{A+\bar{B}}+\bar{B}$$

$$=\bar{A}\bar{B}\bar{C}+\bar{A}B+\bar{B}=\bar{A}B+\bar{B}=\bar{A}+\bar{B}$$

② 列出状态表，见表 8-16。

表 8-16 逻辑电路状态表

A	B	C	F
0	0	0	1
0	0	1	1
0	1	0	1
0	1	1	1
1	0	0	1
1	0	1	1
1	1	0	0
1	1	1	0

③分析逻辑功能。

电路的输出 Y 只与输入 A，B 有关，而与输入 C 无关。Y 和 A，B 的逻辑关系为：A，B 中只要一个为 0，$Y=1$；A，B 全为 1 时，$Y=0$。所以 Y 和 A，B 的逻辑关系为与非运算的关系，可用与非门实现，如图 8-25 所示。

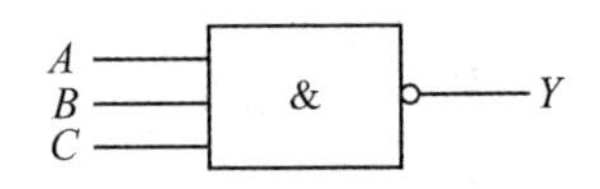

图 8-25 与非门实现逻辑电路图

8.6.4.2 组合逻辑电路的设计

组合逻辑电路的设计与分析是一个互为相反的过程，是根据给定要求的文字描述或逻辑函数，在特定条件下，找出用最少的逻辑门来实现给定逻辑功能的方案，并画出逻辑电路图(简称逻辑图)。设计步骤：

① 根据逻辑功能的要求，列出输入和输出变量的状态表；

② 由状态表列出逻辑函数表达式；

③ 将逻辑函数式进行化简或变换，得到所需的最简表达式；

④ 按照最简表达式画出逻辑电路图。

在工程实践中，化简和变换的目的，是利用指定的器件或手头现有器件来实现给定的逻辑功能。

【例 8-9】 设计一个楼上、楼下开关的控制逻辑电路来控制楼梯上的电灯，使得可在上楼前，用楼下开关接通电灯，上楼后，用楼上开关关灭电灯；或者在下楼前，用楼上开关接通电灯，下楼后，用楼下开关关灭电灯。

【解】 设楼上开关为 A，楼下开关为 B，灯泡为 Y。并设 A，B 闭合时为 1，断开时为 0；灯亮时 Y 为 1，灯灭时 Y 为 0。根据逻辑要求列出状态表见表 8-17。

表 8-17 逻辑电路状态表

A	B	Y
0	0	0
0	1	1
1	0	1
1	1	0

其逻辑函数表达式为 $Y=\bar{A}B+A\bar{B}$，已为最简与或表达式，若用与非门实现，则

$Y=\bar{A}B+A\bar{B}=\overline{\overline{\bar{A}B+A\bar{B}}}=\overline{\overline{\bar{A}B}\cdot\overline{A\bar{B}}}$，用与非门实现其逻辑功能的逻辑电路如图 8-26 所示。

因 $Y=\bar{A}B+A\bar{B}=A\oplus B$，所示也可以直接用异或门实现其逻辑功能，如图 8-27 所示。

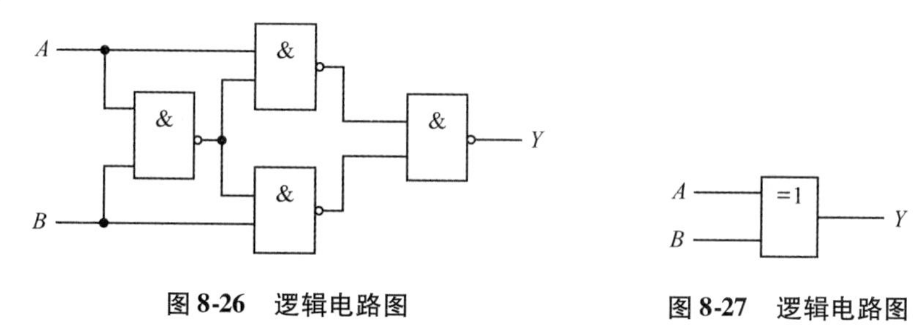

图 8-26　逻辑电路图

图 8-27　逻辑电路图

【例 8-10】 用与非门设计一逻辑装置。当遇到十进制数 1，3，5，6 时，使其对应的输出为高电平 1。

【解】 由题意可设计 3 个输入变量，给出 8 个(2^3 个)状态。其中 1，3，5，6 所对应的输出用 1 表示，其余状态用 0 表示。

第一步：根据题意列出状态表，见表 8-18。

表 8-18　例 8-10 题状态表

十进制数	A	B	C	F
0	0	0	0	0
1	0	0	1	1
2	0	1	0	0
3	0	1	1	1
4	1	0	0	0
5	1	0	1	1
6	1	1	0	1
7	1	1	1	0

第二步：根据状态表写出逻辑表达式。具体方法是将状态表中所有输出为 1 的各项加起来，并应用布尔代数对其进行化简。由此得

$$
\begin{aligned}
F &= \bar{A}\bar{B}C+\bar{A}BC+A\bar{B}C+AB\bar{C}\\
&=\bar{A}C(\bar{B}+B)+A\bar{B}C+AB\bar{C}\\
&=\bar{A}C+A\bar{B}C+AB\bar{C}=C(\bar{A}+A\bar{B})+AB\bar{C}\\
&=C(\bar{A}+\bar{B})+AB\bar{C}=\bar{A}C+\bar{B}C+AB\bar{C}
\end{aligned}
$$

对 F 同样可以应用卡诺图法进行化简，具体步骤如下：

第一步，确定卡诺图。由表达式可以看出共包含 3 个输入变量(A，B，C)，因此，它是一个具有 8 个小方块的卡诺图。将状态表中 $F=1$ 的最小项填入卡诺图相应的小方块内，即将 $\bar{A}\bar{B}C$ 填入 1 号小方块内；将 $\bar{A}BC$ 填入 3 号小方块内；将 $A\bar{B}C$ 填入 5 号小方块内；将 $AB\bar{C}$ 填入 6 号小方块内。为了容易观察，只用小方块的号数表示。

第二步，合并最小项。具体做法是将卡诺图中相邻的 1 号和 5 号，1 号和 3 号分别圈起来，6 号可利用随意项化简(从略)，如图 8-28 所示。对被圈的小方块进行合

并，则有

$$\sum 1,3 = \bar{A}\bar{B}C + \bar{A}BC = \bar{A}C$$

$$\sum 1,5 = \bar{A}\bar{B}C + A\bar{B}C = \bar{B}C$$

$$\sum 6 = AB\bar{C}$$

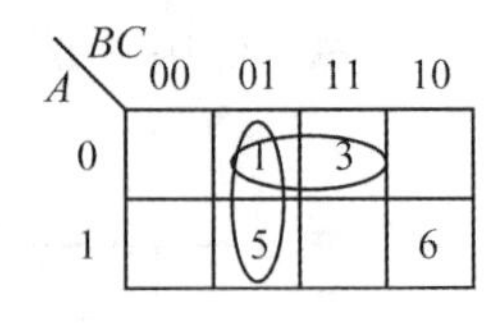

图 8-28　例 8-10 卡诺图

第三步，写出 F 的表达式，即

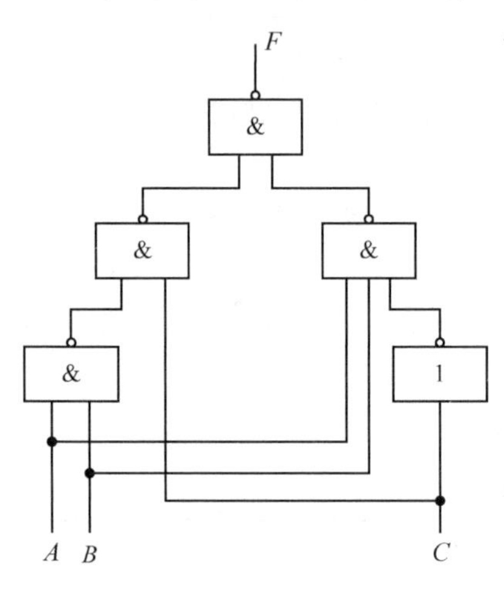

图 8-29　例 8-10 逻辑电路

$$F = \bar{A}C + \bar{B}C + AB\bar{C}$$

简化的结果，表明与布尔代数法化简所得结果完全相同。综上分析不难看出，对同一逻辑表达式进行化简，卡诺图法和布尔代数法均可使用，其中卡诺图法具有简单、直观、容易掌握的特点，而布尔代数法则不仅运算显得麻烦，不易灵活掌握，而且要求使用者具有丰富的实践经验和技巧。对上述化简结果，可运用与非门实现其逻辑功能，根据德·摩根定理进行转换，并对 F 两次取反可得

$$F = \bar{\bar{F}} = \overline{\overline{(\bar{A}+\bar{B})C + AB\bar{C}}} = \overline{\overline{\overline{AB}C + AB\bar{C}}} = \overline{\overline{\overline{AB}C} \cdot \overline{AB\bar{C}}}$$

由表达式可得逻辑电路，如图 8-29 所示。

8.7　加法器

加法器是计算机中最基本的运算单元电路。
任何复杂的加法器电路中，最基本的单元都是半加器和全加器。

8.7.1　半加器

半加器只能对一位二进制数作算数加运算，可向高位进位，但不能输入低位的进位值。按照两数相加的概念，可得出半加器的逻辑状态表，见表 8-19。由表 8-19 可写出半加器的 S 及向高位进位 C 的逻辑表达式如下。图 8-30(a)所示为用异或门及与门构成的半加器逻辑电路，图 8-30(b)所示为半加器的逻辑符号。

$$S = \bar{A}B + A\bar{B} = A \oplus B$$

$$C = AB$$

8.7.2　全加器

全加器是能输入低位进位值的 1 位二进制数加法运算逻辑电路。表 8-20 为全加器的逻辑状态表，A_i，B_i 为本位的加数和被加数，C_{i-1}表示从低位输入的进位数，S_i

表 8-19　半加器的逻辑状态表

A	B	S	C
0	0	0	0
0	1	1	0
1	0	1	0
1	1	0	1

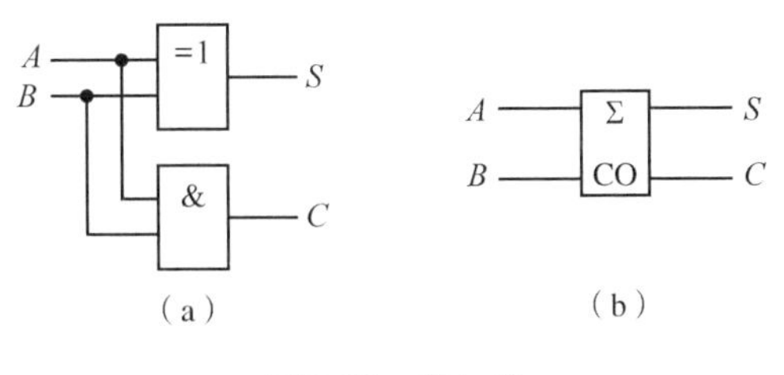

图 8-30　半加器

(a) 逻辑电路　(b) 逻辑符号

表 8-20　全加器的逻辑状态表

A_i	B_i	C_{i-1}	S_i	C_i
0	0	0	0	0
0	0	1	1	0
0	1	0	1	0
0	1	1	0	1
1	0	0	1	0
1	0	1	0	1
1	1	0	0	1
1	1	1	1	1

是本位的和数，C_i 为本位输出到高位的进位数。

根据表 8-20，可画出全加器的卡诺图，如图 8-31 所示，并可由此求出与或式。S_i 可做进一步的推导化简为

$$
\begin{aligned}
S_i &= \bar{A}_i \bar{B}_i C_{i-1} + \bar{A}_i B_i \bar{C}_{i-1} + A_i \bar{B}_i \bar{C}_{i-1} + A_i B_i C_{i-1} \\
&= C_{i-1}\overline{(A_i \oplus B_i)} + \bar{C}_{i-1}(A_i \oplus B_i) \\
&= C_{i-1}\overline{(A_i \oplus B_i)} + \bar{C}_{i-1}(A_i \oplus B_i) \\
&= A_i \oplus B_i \oplus C_{i-1}
\end{aligned}
$$

$$C_i = A_i B_i + B_i C_{i-1} + A_i C_{i-1}$$

为了利用输出S_i，将C_i 适当变换为

$$
\begin{aligned}
C_i &= \bar{A}_i B_i C_{i-1} + A_i \bar{B}_i C_{i-1} + A_i B_i \\
&= (A_i \oplus B_i) C_{i-1} + A_i B_i
\end{aligned}
$$

令$S'_i = A_i \oplus B_i$，则S'_i 是A_i 和B_i 的半加和，而S_i 又是S'_i 与C_{i-1}的半加和，因此一个全加器可以用两个半加器及一个或门来实现，如图 8-32(a)所示。图 8-32(b)所示为全加器的逻辑符号。

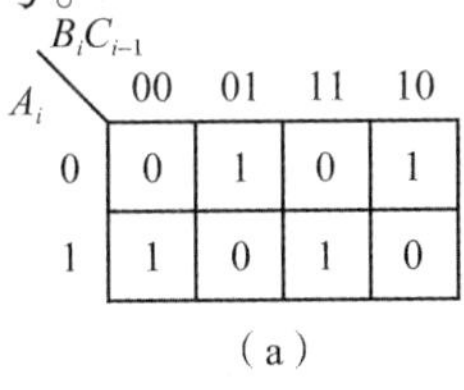

(a)

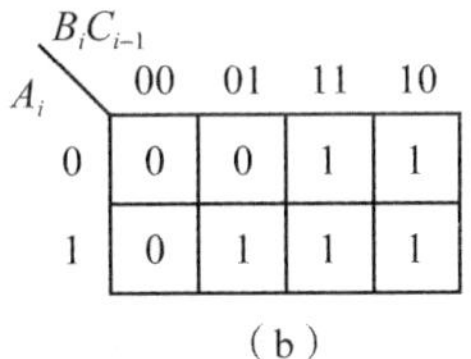

(b)

图 8-31　全加器卡诺图

(a) S_i 的卡诺图　(b) C_i 的卡诺图

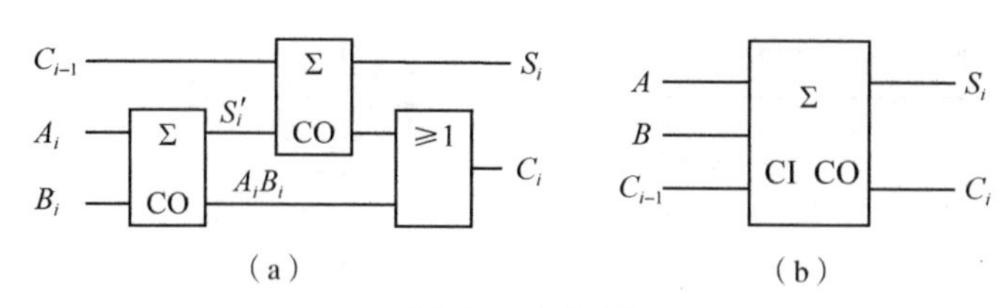

图 8-32 全加器

(a)逻辑电路 (b)逻辑符号

8.8 编码器

数字系统采用二进制方式计数。由于每一位二进制数只有 1，0 两个数码，所以只能表示两个不同的信号。为了表示各种不同的信息，如十进制的数码、英文字母、数学符号等，需要用若干位二进制数码(若干个 1，0)按一定的规律编排在一起来表示上述信息。假设有四个设备，显然至少要两位二进制数来编码，即将它们用 00，01，10，11 四个代码来表示，完成这个任务的过程称为“编码”。由此可推论：对5 ~ 8 个设备的编码需要用三位二进制数；用 n 位二进制数就可对不多于 2^n 个设备进行编码。实现编码的电路称为编码器。

8.8.1 二进制编码器

如果把 $A_0 \sim A_7$ 八个信号编成相应的二进制代码输出，编码过程如下：

①确定二进制代码的位数，因为是八个输入，所以输出三位二进制代码。

②列编码表。把待编号的八个信号与相应的二进制代码列成表格，如对信号 A_i 编码时，A_i 为 1，其他信号均为 0，由此列出编码，见表 8-21。

表 8-21 编码表

A_7	A_6	A_5	A_4	A_3	A_2	A_1	A_0	F_2	F_1	F_0
0	0	0	0	0	0	0	1	0	0	0
0	0	0	0	0	0	1	0	0	0	1
0	0	0	0	0	1	0	0	0	1	0
0	0	0	0	1	0	0	0	0	1	1
0	0	0	1	0	0	0	0	1	0	0
0	0	1	0	0	0	0	0	1	0	1
0	1	0	0	0	0	0	0	1	1	0
1	0	0	0	0	0	0	0	1	1	1

③由编码表列出逻辑表达式，如下：

$$F_2 = A_4 + A_5 + A_6 + A_7 = \overline{\bar{A}_4\,\bar{A}_5\,\bar{A}_6\,\bar{A}_7}$$

$$F_1 = A_2 + A_3 + A_6 + A_7 = \overline{\bar{A}_2\,\bar{A}_3\,\bar{A}_6\,\bar{A}_7}$$

$$F_0 = A_1 + A_3 + A_5 + A_7 = \overline{\bar{A}_1\,\bar{A}_3\,\bar{A}_5\,\bar{A}_7}$$

④由逻辑式画出逻辑图，如图 8-33 所示。

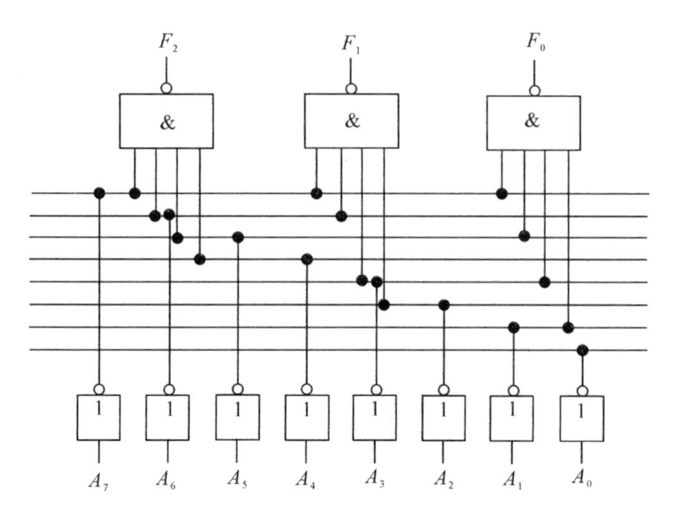

图 8-33　三位二进制编码器逻辑图

8.8.2　二—十进制编码器

将十进制数编为 BCD 码的电路，称为二—十进制编码器。BCD 码的种类很多，最常用的是 8421BCD 码。可参照前述编码过程列出编码表，画出逻辑图。8421BCD 码的逻辑图如图 8-34 所示。

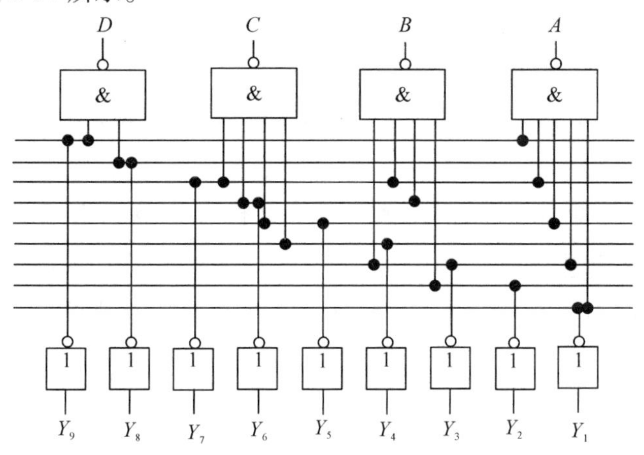

图 8-34　8421BCD 码编码器逻辑图

TTL 电路的十进制编码器(如 CT74LS147，国外型号为 74LS147)的引脚如图 8-35 所示。

CT74LS147 二—十进制编码器有 $\bar{I}_1 \sim \bar{I}_9$ 共九个信号输入端，对应着 1 ~ 9 九个数码。当所有输入端无输入时，对应着十进制的数码 0。这种编码器的四个输出端为 $\bar{Y}_3 \sim \bar{Y}_0$，并用 8421 码的反码形式反映输入信号的情况。所谓反码，即原定输出为 1 时，现在输出为 0。例如，当输入端 $\bar{I}_5$ 为低电平 0 时，编码器的四个输出端显示的不

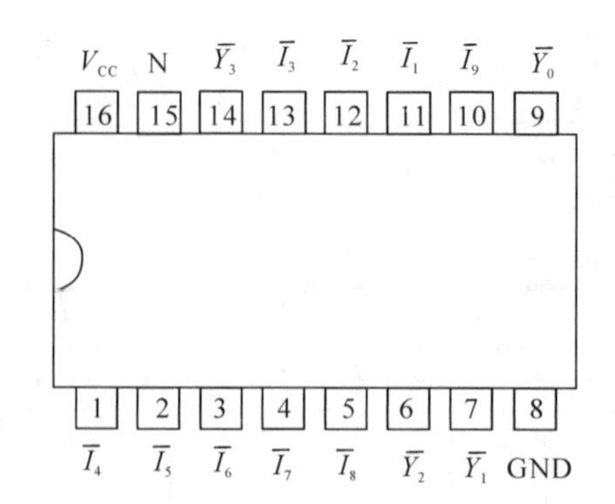

图 8-35 集成编码器 CT74LS147 的引脚图

是与十进制 5 对应的 0101，而是 0101 的反码，即输出端$\overline{Y}_3=1$，$\overline{Y}_2=0$，$\overline{Y}_1=1$，$\overline{Y}_0=0$，其功能表见表 8-22。

表 8-22 集成编码器 CT74LS147 功能表

十进制数	输入(低电平)									输出(8421 反码)			
	$\overline{I}_9$	$\overline{I}_8$	$\overline{I}_7$	$\overline{I}_6$	$\overline{I}_5$	$\overline{I}_4$	$\overline{I}_3$	$\overline{I}_2$	$\overline{I}_1$	$\overline{Y}_3$	$\overline{Y}_2$	$\overline{Y}_1$	$\overline{Y}_0$
0	1	1	1	1	1	1	1	1	1	1	1	1	1
1	×	×	×	×	×	×	×	×	0	1	1	1	0
2	×	×	×	×	×	×	×	0	1	1	1	0	1
3	×	×	×	×	×	×	0	1	1	1	1	0	0
4	×	×	×	×	×	0	1	1	1	1	0	1	1
5	×	×	×	×	0	1	1	1	1	1	0	1	0
6	×	×	×	0	1	1	1	1	1	1	0	0	1
7	×	×	0	1	1	1	1	1	1	1	0	0	0
8	×	0	1	1	1	1	1	1	1	0	1	1	1
9	0	1	1	1	1	1	1	1	1	0	1	1	0

注：×表示输入电平可为任意值，即为 0，1 均可。

CT74LS147 数字集成十进制编码器习惯上又称为 BCD 输出 10 线—4 线优先编码器，但实际上该集成电路只有九个输入端，这九个输入端$\overline{I}_1\sim\overline{I}_9$ 全部为高电平时，输出端$\overline{Y}_3\sim\overline{Y}_0$ 对应为十进制数码 0 的 8421 编码的反码。十进制编码器的逻辑符号如图 8-36 所示。

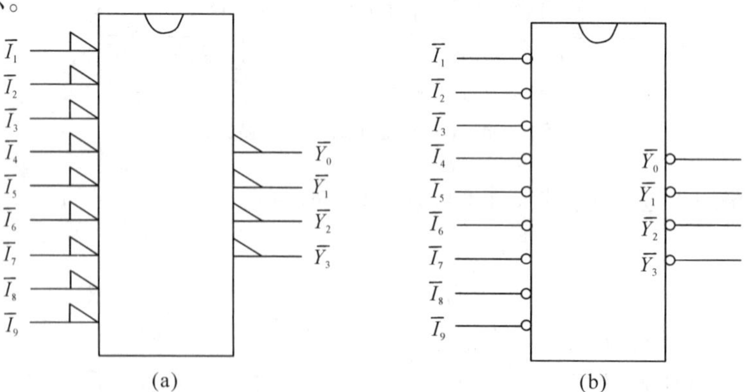

图 8-36 CT74LS147 10 线—4 线优先编码器符号

(a)国家标准符号 (b)惯用符号

在国家标准符号中，输入和输出线上的箭头含义为：有箭头表示低电平有效；箭头指向符号框的表示输入，箭头背离符号框的表示输出。在惯用符号中，输入和输出线上的圆圈含义与箭头相同。

8.9　译码器及显示电路

译码是编码的逆过程，它将输入的每个二进制代码赋予的含义“翻译”过来，给出相应的输出信号。译码器就是完成译码功能的逻辑部件，是多输入、多输出的组合逻辑电路。数字电路中，译码器的输入常为二进制或BCD代码。

8.9.1　二进制译码器

假定输入代码是三位二进制数，输出为1时，相当于接通一个用户，所以表8-23的输出为$F_0 \sim F_7$。对于任意输入代码组合，输出中有一个而且仅有一个为1，其他输出均为0。可见译码器实质上是一种可以输出全部最小项的电路。根据表8-23，写出逻辑式如下：

$$F_0 = \bar{A}_2\bar{A}_1\bar{A}_0 \qquad F_1 = \bar{A}_2\bar{A}_1A_0$$
$$F_2 = \bar{A}_2A_1\bar{A}_0 \qquad F_3 = \bar{A}_2A_1A_0$$
$$F_4 = A_2\bar{A}_1\bar{A}_0 \qquad F_5 = A_2\bar{A}_1A_0$$
$$F_6 = A_2A_1\bar{A}_0 \qquad F_7 = A_2A_1A_0$$

表8-23　三位二进制译码器的状态表

输入			输出							
A_2	A_1	A_0	F_7	F_6	F_5	F_4	F_3	F_2	F_1	F_0
0	0	0	0	0	0	0	0	0	0	1
0	0	1	0	0	0	0	0	0	1	0
0	1	0	0	0	0	0	0	1	0	0
0	1	1	0	0	0	0	1	0	0	0
1	0	0	0	0	0	1	0	0	0	0
1	0	1	0	0	1	0	0	0	0	0
1	1	0	0	1	0	0	0	0	0	0
1	1	1	1	0	0	0	0	0	0	0

由逻辑式可画出逻辑电路，如图8-37所示。

8.9.2　二—十进制译码器

对于一位BCD代码，共有四位二进制数。BCD代码的译码器为4输入10输出的电路。由于四位二进制数共有$2^4 = 16$种组合，而BCD代码只使用10种组合，因而其他6种组合称为伪码。

8421BCD译码器的状态表见表8-24，当出现伪码（出现1010至1111六种情况）

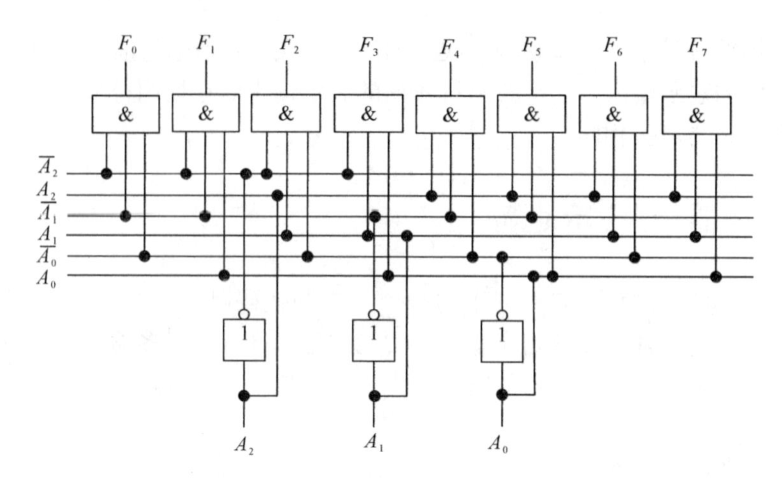

图 8-37 三位二进制译码器逻辑电路

时，输出可全为0[称拒绝伪码(拒伪)译码器]；也可不全为0，而出现不仅一个输出端为1的情况(非拒伪译码器)。使用哪种译码器，可视具体要求而定。设计两种译码器的卡诺图如图8-38所示(仅以 F_0 为例)。

表 8-24 8421BCD 码译码器的状态表

输入				输出									
A_3	A_2	A_1	A_0	F_9	F_8	F_7	F_6	F_5	F_4	F_3	F_2	F_1	F_0
0	0	0	0	0	0	0	0	0	0	0	0	0	1
0	0	0	1	0	0	0	0	0	0	0	0	1	0
0	0	1	0	0	0	0	0	0	0	0	1	0	0
0	0	1	1	0	0	0	0	0	0	1	0	0	0
0	1	0	0	0	0	0	0	0	1	0	0	0	0
0	1	0	1	0	0	0	0	1	0	0	0	0	0
0	1	1	0	0	0	0	1	0	0	0	0	0	0
0	1	1	1	0	0	1	0	0	0	0	0	0	0
1	0	0	0	0	1	0	0	0	0	0	0	0	0
1	0	0	1	1	0	0	0	0	0	0	0	0	0

A_3A_2 \ A_1A_0	00	01	11	10
00	1	0	0	0
01	0	0	0	0
11	0	0	0	0
10	0	0	0	0

(a)

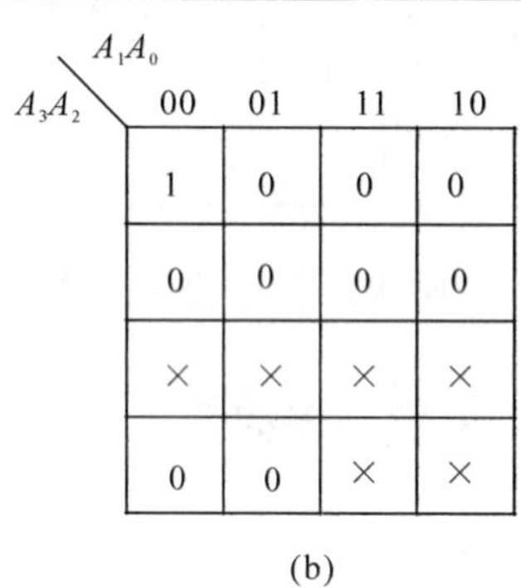

(b)

图 8-38 F_0 的卡诺图

(a)拒伪码 (b)非拒伪码

8.9.3　译码器在数字显示方面的应用

(1)辉光数码管数字显示

辉光数码管的结构如图8-39所示。管内共有10个阴极($k_0 \sim k_9$)和1个阳极A，10个阴极分别作为数码0～9的形状。在电路中，阳极A通过限流电阻R_A接高电压(+180V左右)。如果某个阴极接地，则该阴极附近产生辉光放电而发光，显示出该阴极的字型。其他阴极在此时如果对地处于断开状态，则不会发光。

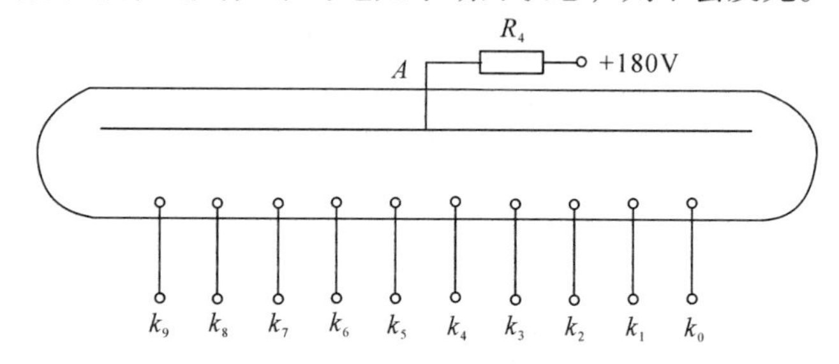

图8-39　辉光数码管的结构

将BCD代码所代表的十进制数显示出来，可接二—十进制译码器和耐高压电子开关(晶体管)，原理如图8-40所示。输入代码确定后，译码器的输出端有一个为1，其他均为0，相应的在$T_0 \sim T_9$中只有一个管子饱和导通，使相应的阴极接地而发光，其他阴极均处于对地断开状态。

辉光数码管的优点是字型清晰、美观、亮度高。缺点是需要高压及高压电子开关。

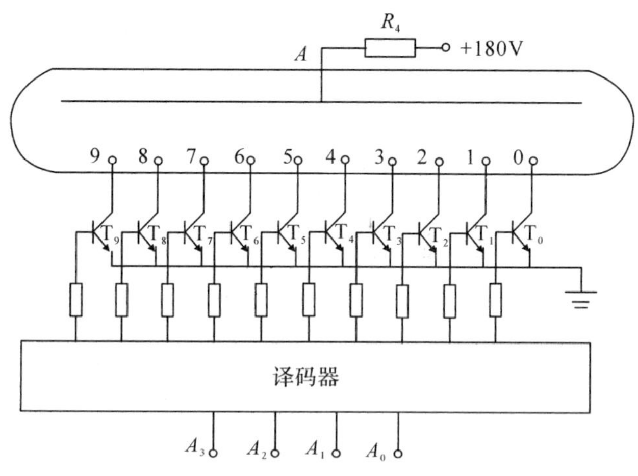

图8-40　辉光数码管显示电路

(2)半导体数码管显示

半导体数码管的结构如图8-41所示，有$a \sim g$七支条形发光二极管，h为小数点。当$a \sim h$中某一段发光二极管加有正向电压，产生一定电流后，便会发光，因此可显示多种图形。通常这种显示器用来显示 0 ~ 9 十个数码。

发光二极管有共阴极和共阳极两种接法，如图 8-42 所示。共阴极时，某段接高电平发光；共阳极时，某段接低电平发光。

由于二极管导通只需要小于 1V 的电压，故可由能输出一定电流的 TTL 集成电路直接驱动。图 8-43 所示为七段显示译码器 T337 的外引线排列图。图中 $\bar{I}_B$ 为熄灭输入端，当 $\bar{I}_B$ 输入为 0 时，输出均为 0，数码管熄灭。正常工作时，$\bar{I}_B$ 接高电平。

表 8-25 为数码管共阴极接法时，七段显示译码器的状态表。图 8-44 为 T337 和共阴极半导体数码管的连接示意图。改变电阻 R 的大小，可以调节数码管的工作电流和显示亮度。

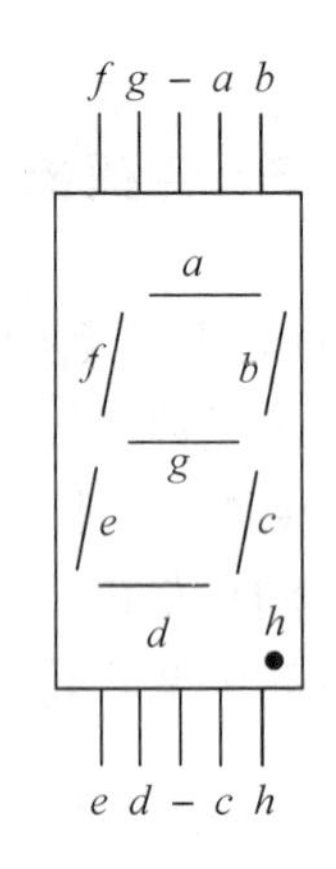

图 8-41　半导体数码管

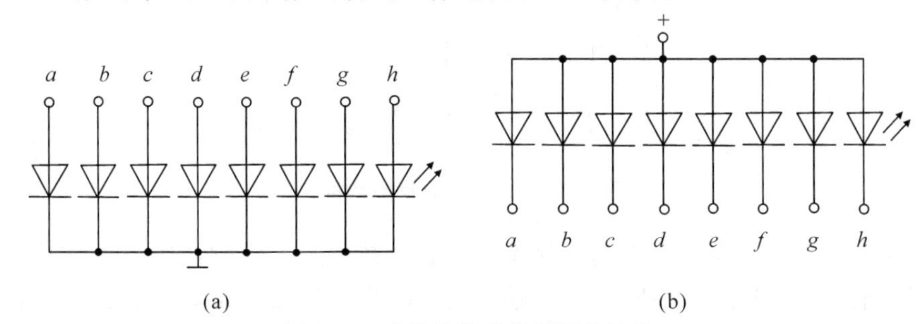

图 8-42　半导体数码管的两种接法

(a)共阴极　(b)共阳极

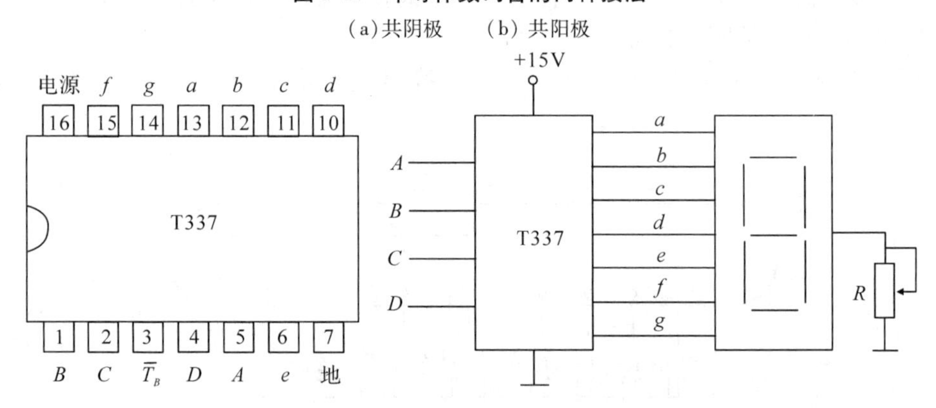

图 8-43　T337 外引线排列图　　**图 8-44　T337 和半导体数码管连接示意图**

表 8-25　七段显示译码器的状态表

输　入				输　出							数码显示
A_3	A_2	A_1	A_0	a	b	c	d	e	f	g	
0	0	0	0	1	1	1	1	1	1	0	0
0	0	0	1	0	1	1	0	0	0	0	1
0	0	1	0	1	1	0	1	1	0	1	2
0	0	1	1	1	1	1	1	0	0	1	3
0	1	0	0	0	1	1	0	0	1	1	4
0	1	0	1	1	0	1	1	0	1	1	5
0	1	1	0	1	0	1	1	1	1	1	6

（续）

输　入				输　出							数码显示
A_3	A_2	A_1	A_0	a	b	c	d	e	f	g	
0	1	1	1	1	1	1	0	0	0	0	7
1	0	0	0	1	1	1	1	1	1	1	8
1	0	0	1	1	1	1	1	0	1	1	9

译码器还有其他应用：如用作函数发生器，在存储电路中可用来寻找存储地址，在控制设备中可输出控制信号或作为节拍脉冲发生器等。

本章小结

（1）数字电路是传递和处理脉冲信号（数字信号）的电路，电路中的晶体管工作在开关状态（饱和导通或截止）。

（2）几种常见的门电路：与门、或门、非门、与非门、或非门、异或门，这些电路是最基本的逻辑单元。主要以 TTL 集成门电路为重点，要求掌握门电路逻辑符号、状态表、逻辑表达式和逻辑功能方面的内容。

（3）逻辑函数的化简有公式法和图形法等。公式法是利用逻辑代数的公式、定理和规则来对逻辑函数化简，这种方法适用于各种复杂的逻辑函数，但需要熟练地运用公式和定理，且具有一定的运算技巧。图形法就是利用函数的卡诺图来对逻辑函数化简，这种方法简单直观，容易掌握，但变量太多时卡诺图太复杂，图形法已不适用。在对逻辑函数化简时，充分利用随意项可以得到十分简单的结果。

（4）组合逻辑电路的逻辑功能可用逻辑图、状态表、逻辑表达式、卡诺图和波形图五种方法来描述，它们在本质上是相通的，可以互相转换。组合逻辑电路的分析步骤：逻辑图→写出逻辑表达式→逻辑表达式化简→列出状态表→逻辑功能描述。组合逻辑电路的设计步骤：列出状态表→写出逻辑表达式或画出卡诺图→逻辑表达式化简和变换→画出逻辑图。

（5）加法器、编码器、译码器和显示电路，为学习计算机原理、数字式仪表和数字显示技术等知识打下基础。随着集成电路技术的飞速发展，分立元件的数字电路已被集成电路所取代，所以重点应放在集成门电路上。本章列举分立元件电路的目的，在于理解基本概念和基本分析方法。

习　题

8-1　在数字电路中为什么要采用二进制？写出二进制加权系数之和的展开式。

8-2　在逻辑代数中，三种最基本的逻辑运算是什么？说明与门、或门、非门的基本逻辑功能，并写出其逻辑符号和状态表。

8-3　组合逻辑电路的特点是什么？组合逻辑电路的分析与设计包括什么内容？

8-4　编码器和译码器的功能是什么？二者有什么区别？

8-5　将下列二进制数变换为十进制数：

110101，101010，1001101

8-6　将下列十进制数变换为二进制数：

14，25，42

8-7　列出题 8-7 图所示的两个逻辑电路的逻辑表达式，进行化简，并列出状态表。

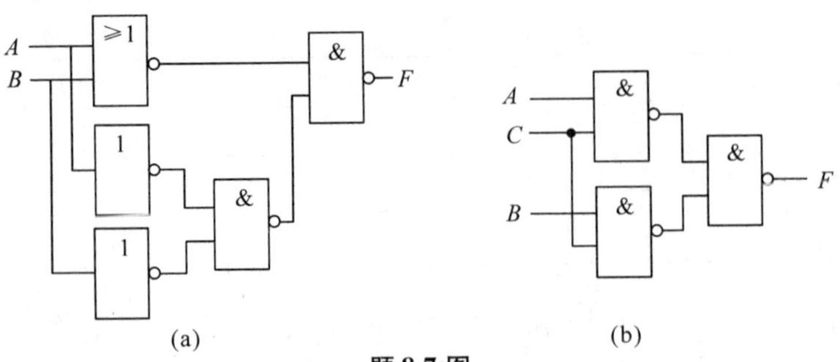

题 8-7 图

8-8 利用公式法化简下列各式：

(1) $A\bar{B}C+A\overline{BC}$；

(2) $A\bar{B}+\overline{A\bar{B}C}$；

(3) $A(BC+\bar{B}\bar{C})+A(\bar{B}C+B\bar{C})$；

(4) $A\bar{B}+\bar{A}B+ABCD+\bar{A}\bar{B}CD$；

(5) $AB+\bar{C}+\bar{A}CD+\bar{B}CD$。

8-9 用卡诺图化简下列逻辑函数表达式：

(1) $F=AC+\bar{B}\bar{C}+B\bar{C}$；

(2) $F=A\bar{B}+BC+A\bar{B}C+\bar{A}\bar{B}C\bar{D}$；

(3) $F=\bar{A}\bar{B}C+AD+B\bar{D}+C\bar{D}+A\bar{C}+\bar{A}\bar{D}$。

8-10 证明下列各等式：

(1) $\overline{\overline{A+B+C}C\bar{D}}(\bar{A}+\bar{B}+\bar{C})(ABC+\bar{A}\bar{B}\bar{C})=\overline{A+B+C}$；

(2) $A\oplus\bar{B}=\overline{A\oplus B}=\bar{A}\oplus B$。

8-11 已知某组合电路的输入 A，B，C 和输出 F 的波形如题 8-11 图所示，试写出 F 的最简与或表达式。

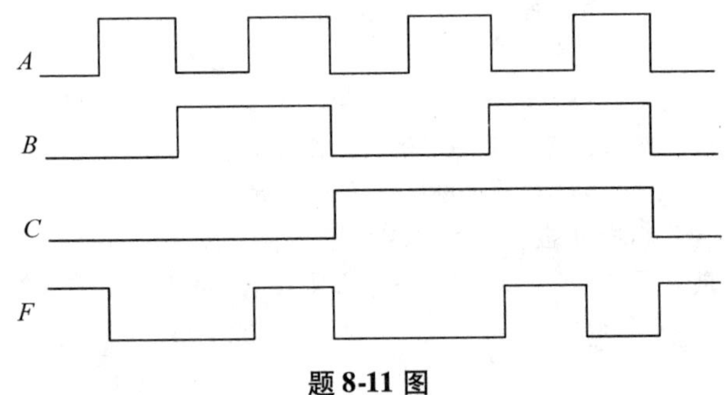

题 8-11 图

8-12 写出题 8-12 图所示电路的逻辑表达式，并说明该电路实现哪种逻辑门的功能。

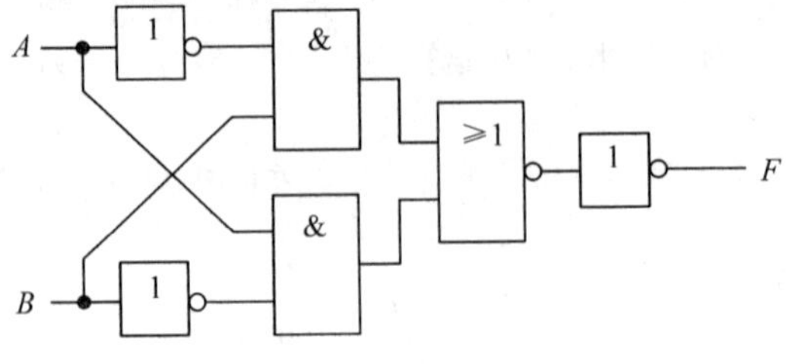

题 8-12 图

8-13 设计一组合逻辑电路。该电路有两个输入端 A、B 和一个输出端 F。要求当两输入端同时为高电平 1 或同时为低电平 0 时，输出为高电平 1，驱动执行机构动作，其他输入状态对执行机构不起作用。

8-14 用与非门设计一逻辑装置，使之能接收8421码，并碰到表示十进制数0，4，5，7时，该装置输出为高电平1，指示灯亮。

8-15 两处控制照明灯电路如题8-15图所示。单刀双投开关A装在一处，B装在另一处，两处都可用于开关电灯。设$F=1$表示灯亮，$F=0$表示灯灭；$A=1$表示开关向上扳，$A=0$表示开关向下扳，B亦如此。试写出灯亮的逻辑表达式。

8-16 设有对两个一位二进制数A，B进行比较的数字电路，其逻辑状态见题8-16表所列，试写出各输出端的逻辑式，并画出逻辑电路图。

题8-16表

输入		输出		
A	B	$F_1(A>B)$	$F_2(A<B)$	$F_3(A=B)$
0	0	0	0	1
0	1	0	1	0
1	0	1	0	0
1	1	0	0	1

8-17 一个密码锁控制电路如题8-17图所示，开锁条件是：拨对密码；钥匙插入锁眼将开关S闭合。当两个条件同时满足时，开关信号为“1”，将锁打开。否则，报警信号为“1”，接通警铃。试分析密码$ABCD$是多少？

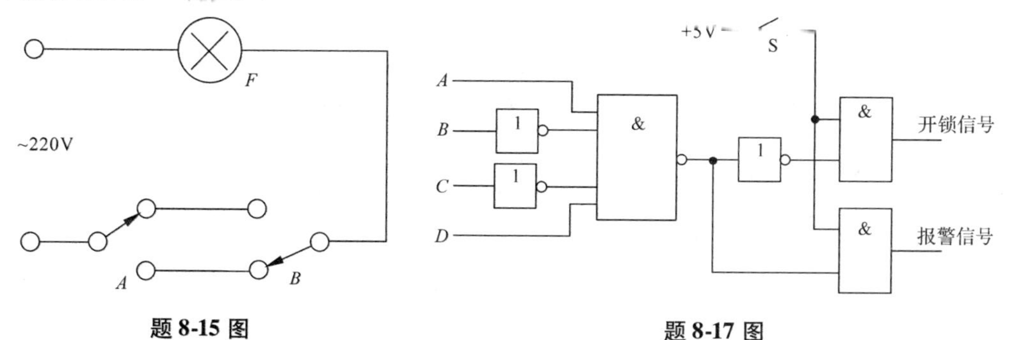

题8-15图 **题8-17图**

8-18 某一组合逻辑电路如题8-18图所示，试分析其逻辑功能。

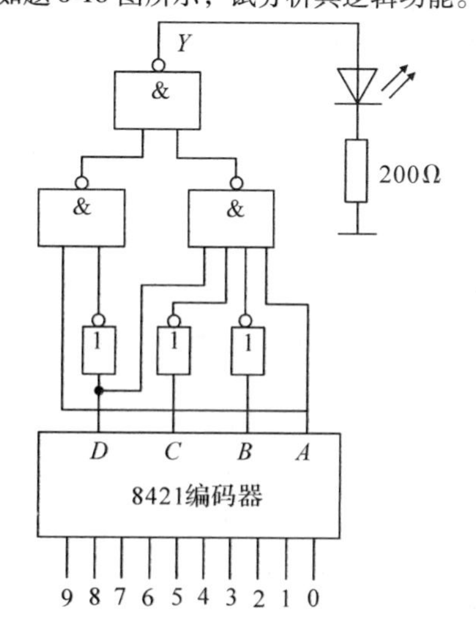

题8-18图

8-19 有一T形走廊，在相会处有一路灯，在进入走廊的A，B，C三地各有控制开关，都能独立进行控制。任意闭合一个开关，灯亮；任意闭合两个开关，灯灭；三个开关同时闭合，灯亮。试列出此三地控制一灯的状态表，写出逻辑函数式，画出逻辑图。

8-20 某导弹发射场有正、副指挥官各一名，操作员两名。当正副指挥员同时发出命令时，只要两名操作员中有一人按下发射按钮，即可产生一个点火信号，将导弹发射出去。请设计一个组合逻辑电路，完成点火信号的控制，列出状态表，写出逻辑函数式，画出逻辑图。

8-21 某同学参加四门课程考试，规定如下：(1)课程A及格得1分，不及格得0分；(2)课程B及格得2分，不及格得0分；(3)课程C及格得3分，不及格得0分；(4)课程D及格得5分，不及格得0分。当总分大于等于8分，就可以结业。试用与非门画出实现上述要求的电路图。

第9章

触发器和时序逻辑电路

前面介绍的基本逻辑门电路及组合逻辑电路，其输出仅由当前的输入决定，与电路原来的状态无关，即组合逻辑电路没有记忆功能。本章介绍的时序逻辑电路，在任一时刻的输出不仅取决于当时的输入，而且还与电路原来的状态有关，因此具有存储信息的能力(或称为具有记忆功能)。时序逻辑电路在结构上包括组合逻辑电路和存储电路(由触发器构成)两部分。常见的时序电路有计数器、寄存器、定时器等。时序逻辑电路在数字逻辑系统中占有重要的地位，广泛应用于计算机、数字式仪表和数字控制系统中。

9.1 双稳态触发器

在数字逻辑电路中，触发器是一种基本逻辑元件，触发器按工作状态，可分为双稳态触发器、单稳态触发器和多谐振荡器。本节讨论的是双稳态触发器。双稳态触发器具有两个稳定状态，在触发信号作用下，可以从一个稳定状态翻转为另一个稳定状态，触发信号作用以后，仍保持翻转后的稳定状态。双稳态触发器具有记忆功能，可用于数据的存储和计数。

双稳态触发器按触发方式，可分为电平触发器、脉冲触发器、边沿触发器等；按其逻辑功能，可分为 RS 触发器、JK 触发器、D 触发器和 T 触发器等。

9.1.1 RS 触发器

RS 触发器主要有三种类型，分别为基本 RS 触发器、同步 RS 触发器和主从 RS 触发器。

9.1.1.1 基本 RS 触发器

(1)电路组成

基本 RS 触发器由两个与非门组成，与非门的输出端和另一个与非门的输入端交叉连接，如图 9-1(a)所示。$\overline{R}$ 和 $\overline{S}$ 是输入端，Q 和 $\overline{Q}$ 是输出端，所以两者的逻辑状态应相反。这种触发器有两个稳定状态：一个状态是 $Q=1$，$\overline{Q}=0$，称为置位状态(1 态)；另一个状态是 $Q=0$，$\overline{Q}=1$，称为复位状态(0 态)。基本 RS 触发器的逻辑符号如图 9-1(b)所示，图中输入端的引线在靠近方框的一端有一个小圆圈，表示触发器用负脉冲才能置 0 或置 1，即低电平有效；当不操作触发器的时候，输入端接高电平。

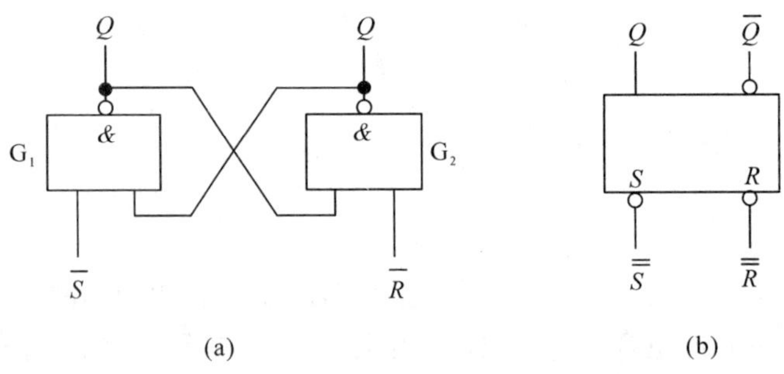

图 9-1 基本 RS 触发器

(a)逻辑图 (b) 逻辑符号

(2)逻辑功能

① 当 $\overline{R}=0$，$\overline{S}=1$ 时，触发器的输出将变成 0 状态，即 $Q=0$、$\overline{Q}=1$。与非门 G_2 的输入 $\overline{R}=0$，其输出 $\overline{Q}=l$；因此，与非门 G_1 的两个输入端都为 1($\overline{S}=1$，$\overline{Q}=1$)，所以它的输出 $Q=0$。此时触发器的状态为 0 态，即复位状态。由于触发器的 0 态是由 $\overline{R}=0$ 决定的，所以称 R 为复位端或置 0 端。

② 当 $\overline{R}=1$，$\overline{S}=0$ 时，触发器的输出将变成 1 状态，即 $Q=1$，$\overline{Q}=0$。与非门 G_1 的输入 $\overline{S}=0$，其输出 $Q=1$；因此，与非门 G_2 的两个输入端均为 1($\overline{R}=1$，$Q=1$)，所以它的输出 $\overline{Q}=0$。此时触发器的状态为 1 态，即置位状态。由于触发器的 1 态是由 $\overline{S}=0$ 决定的，所以 S 被称为置位端或置 1 端。

③ 当 $\overline{R}$，$\overline{S}$ 均为 1 时，由于两个与非门的输出和输入交叉连接，所以触发器的输出状态保持不变。譬如触发器开始为 1 态，即 $Q=1$，$\overline{Q}=0$，则 $\overline{Q}=0$ 反馈到 G_1 门的输入端，使 G_1 门的输出 $Q=1$；而 $Q=1$ 又反馈到 G_2 门的输入端，使 G_2 门的两个输入均为 1，因此 G_2 门的输出 $\overline{Q}=0$，所以触发器的输出状态保持不变。同理，当触发器原来为 0 状态时，如果 $\overline{R}$，$\overline{S}$ 均为 1，则触发器的输出状态仍然保持不变。这说明触发器具有存储或记忆的功能。

④ 当 $\overline{R}$，$\overline{S}$ 均为 0 时，则触发器的输出 Q 和 $\overline{Q}$ 都为 1，这就破坏了双稳态触发器对输出状态的要求(Q 和 $\overline{Q}$ 应互为相反)。而且一旦 $\overline{R}$，$\overline{S}$ 同时由 0 跳变为 1，则由于电路结构的对称性，理想情况时触发器的输出状态将是随机的，从而导致触发器的输

出状态不确定，因此，必须禁止 $\bar{R}$，$\bar{S}$ 同时为 0。

(3)逻辑状态表

从上述分析中可知，基本 RS 触发器具有三种逻辑功能，即置“0”、置“1”和保持。其逻辑状态表见表 9-1，简化逻辑状态表见表 9-2。

表 9-1　逻辑状态表

$\bar{R}$	$\bar{S}$	Q^n	Q^{n+1}
0	0	0	×
0	0	1	×
0	1	0	0
0	1	1	0
1	0	0	1
1	0	1	1
1	1	0	0
1	1	1	1

表 9-2　简化逻辑状态表

$\bar{R}$	$\bar{S}$	Q^{n+1}	备注
0	0	×	禁用
0	1	0	置 0
1	0	1	置 1
1	1	Q^n	保持

表 9-1 中的 Q^n 称为“现态”，即触发器接收输入信号之前所处的状态，Q^n 不是 0 就是 1；Q^{n+1} 称为“次态”，即触发器接收输入信号之后所处的新的状态，Q^{n+1} 的值不仅与输入信号有关，而且还与现态 Q^n 有关。

(4)状态转换图及特性方程

图 9-2 所示为基本 RS 触发器的状态转换图，图中的圆圈代表触发器的两个状态，箭头表示状态转换方向，旁边的标注表示转换条件。

从表 9-1 可以看出：① Q^{n+1} 的值不仅与 R，S 有关，而且还取决于 Q^n；② 触发器的两个输入要满足约束条件 $R \cdot S = 0$。

由表 9-1 可画出如图 9-3 所示的 Q^{n+1} 卡诺图。

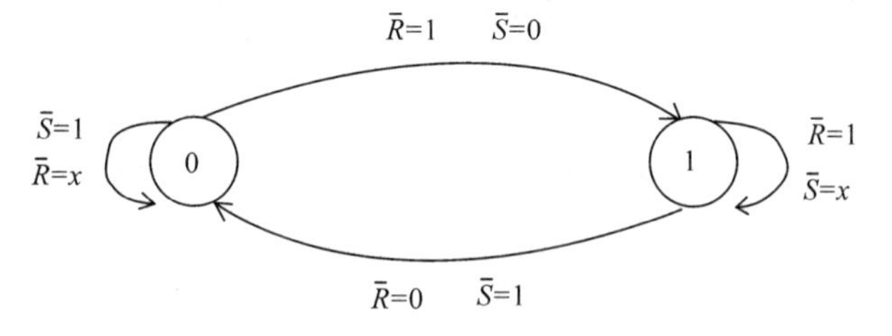

图 9-2　基本 RS 触发器的状态转换图

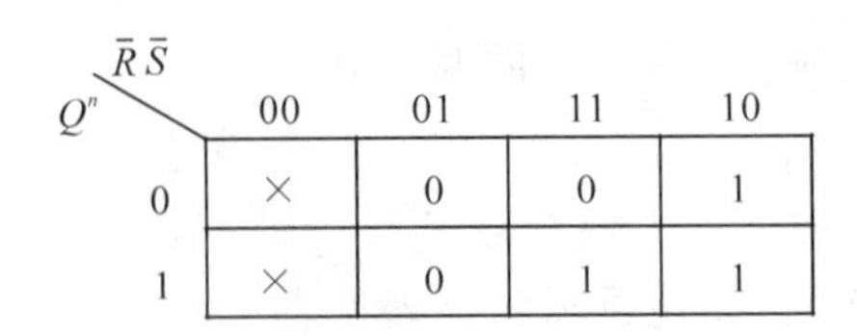

图 9-3 基本 RS 触发器 Q^{n+1} 卡诺图

由图 9-3 可得

$$\begin{cases} Q^{n+1} = S + \bar{R}Q^n \\ R \cdot S = 0 \end{cases} \tag{9-1}$$

式(9-1)称为特性方程，它描述了基本 RS 触发器的次态输出 Q^{n+1} 与现态 Q^n 及输入之间的函数关系，其中，$R \cdot S = 0$ 为约束条件。

(5)主要特点

① 触发器的次态不仅与输入信号有关，而且与触发器的现态有关；

② 电路具有两个稳定状态，在无外来的触发信号作用时，电路保持原状态不变；

③ 在输入信号作用下，触发器的输出可以翻转，实现置 0 或置 1；

④ 在稳定状态下，两个输出端的状态必须是互补关系。

【例 9-1】 基本 RS 触发器的输入波形如图 9-4 所示，试画出输出 Q 和 $\bar{Q}$ 端的波形。设触发器的初始状态为 $Q=0$。

【解】 输出 Q 和 $\bar{Q}$ 的波形如图 9-5 所示，当输入 $\bar{R}$，$\bar{S}$ 都为低电平时，输出 Q 和 $\bar{Q}$ 都为低电平，这种情况是不允许存在的，图中斜线阴影部分为输出不确定状态。

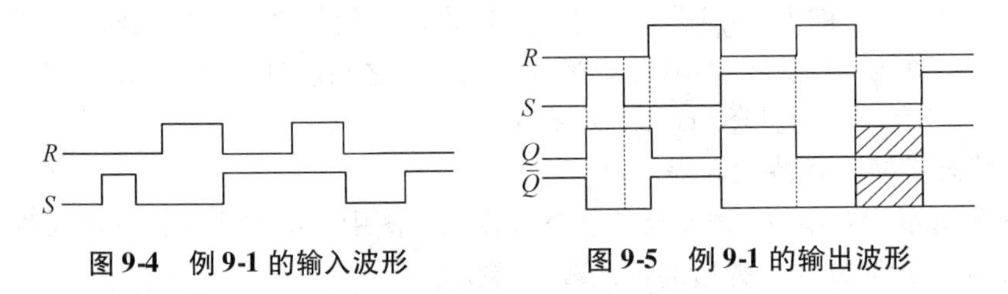

图 9-4 例 9-1 的输入波形　　图 9-5 例 9-1 的输出波形

9.1.1.2 同步 RS 触发器

在数字电路中，为了协调各个部分的动作，常常要求触发器在同一时刻动作，为此必须引入同步信号，使触发器在同步信号到达时，才能改变其输出状态。

(1)电路组成

图 9-6(a)所示为同步 RS 触发器的逻辑电路，与非门 G_1 和 G_2 构成基本 RS 触发器，与非门 G_3 和 G_4 是控制门，CP 为时钟脉冲。$\bar{R}_D$ 和 $\bar{S}_D$ 可以不受 CP 控制，直接对触发器置 0 或置 1，一般用来给触发器置初值。在触发器的工作时程中 $\bar{R}_D$ 和 $\bar{S}_D$ 不参与控制(接高电平)，所以 $\bar{R}_D$ 称为直接置 0 端，$\bar{S}_D$ 称为直接置 1 端。

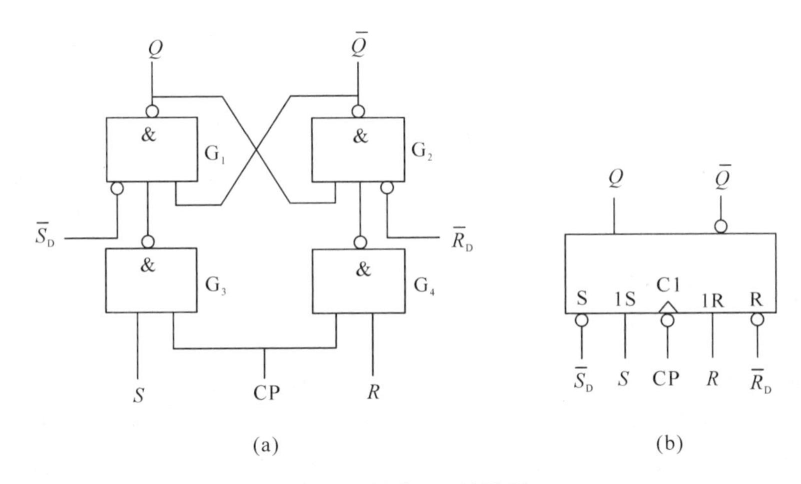

图 9-6　同步 RS 触发器

(a) 逻辑图　(b) 逻辑符号

(2) 工作原理

① 逻辑状态表　当时钟脉冲 CP = 0 时，与非门 G_3 和 G_4 被关闭，输入信号 R，S 不起作用。所以触发器保持原态，因此 CP 为 0 时，输入信号对触发器的输出状态没有影响。

当时钟脉冲 CP = 1 时，与非门 G_3，G_4 被打开，R，S 输入信号可通过 G3，G4 门进入基本 RS 触发器，此时触发器的输出状态 Q 由 R，S 信号决定，而且工作情况与图 9-1(a) 所示的基本 RS 触发器相同。因此，可得到表 9-3 所列的逻辑状态。

表 9-3　同步 RS 触发器的逻辑状态表

CP	S	R	Q^{n+1}	说明
0	×	×	Q^n	保持
1	0	0	Q^n	保持
1	1	0	1	置 1
1	0	1	0	置 0
1	1	1	禁用	不允许

② 特性方程　式(9-2) 为同步 RS 触发器的逻辑功能，即在 CP 脉冲控制下，触发器的次态输出 Q^{n+1} 与现态 Q^n、输入 R 和 S 之间的逻辑关系。

$$\begin{cases} Q^{n+1} = S + \bar{R}Q^n \\ R \cdot S = 0 \end{cases} \tag{9-2}$$

式中，$R \cdot S = 0$ 为约束条件，并且式(9-2) 仅在 CP = 1 时成立。

(3) 主要特点

① 采用时钟电平控制　在 CP = 1 期间触发器接收输入信号，CP = 0 时状态保持不变，与基本 RS 触发器相比，触发器的状态转换受控于 CP，所以称其为同步 RS 触发器。

② R，S之间有约束　不允许出现R和S同时为1的情况，否则会使触发器处于不确定状态。

由于同步RS触发器的输出受控于时钟脉冲信号CP，因此又称其为可控RS触发器。另外在CP=1期间，当同步RS触发器的输入信号R和S出现多次变化时，输出也会随之产生多次翻转(称为“空翻”)。

9.1.2 JK触发器

由于同步RS触发器存在“空翻”现象，而且在CP=1期间，输入信号R和S不能同时为1，给使用带来诸多不便，所以触发器一般采用主从型结构，并将触发器的输出信号反馈到输入端，就可解决上述问题。主从型JK触发器就是按照这一思路设计的。

9.1.2.1 电路组成

主从型JK触发器的电路及逻辑符号如图9-7所示，它由两个同步RS触发器组成，并将触发器的输出反馈到了输入端，$G_5 \sim G_8$为主触发器，$G_1 \sim G_4$为从触发器。在CP=1期间，主触发器接收输入信号J，K以及反馈信号Q^n，$\overline{Q^n}$，使主触发器的状态发生变化，在此期间，从触发器的输出保持不变。需要注意的是，在CP=1期间，主触发器的状态最多只能翻转一次(请读者自行分析)。

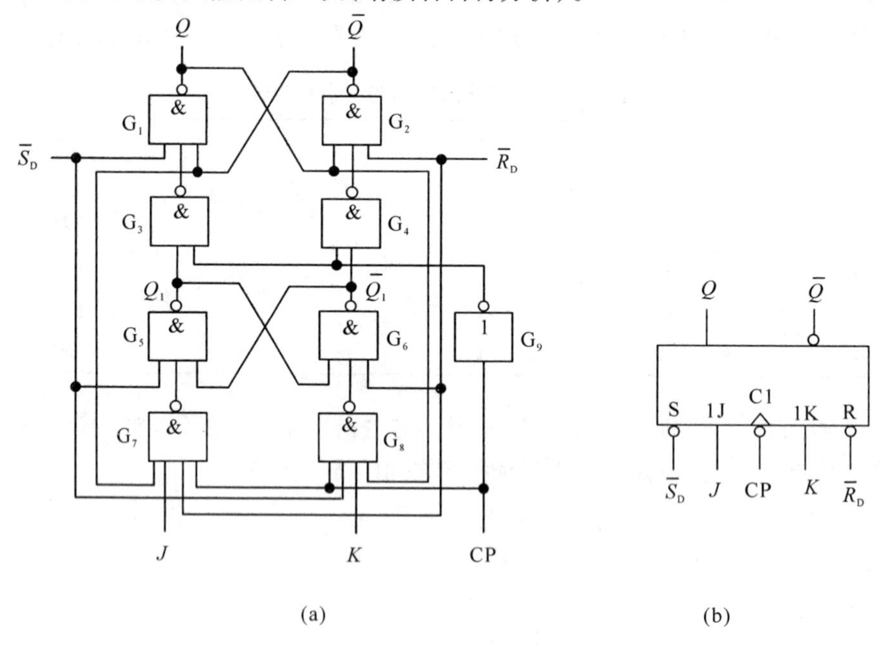

图9-7　主从型JK触发器

(a)逻辑图　(b)逻辑符号

9.1.2.2 逻辑功能

JK 触发器是由两个同步 RS 触发器组成的，主触发器的输出 Q_1 和$\overline{Q}_1$ 分别为从触发器的输入 S 和 R，则由式(9-2)可知，从触发器的输出为

$$Q^n = S + \overline{R}Q^{n-1} = Q_1^n + \overline{\overline{Q_1^n}}Q^{n-1} = Q_1^n \tag{9-3}$$

说明主触发器的现态 Q_1^n 与从触发器的现态 Q^n 相等。而且，由于 $S = Q_1^n$，$R = \overline{Q_1^n}$，所以 $R \cdot S = Q_1^n \cdot \overline{Q_1^n} = 0$。如果用 S_1 和 R_1 分别表示主触发器的两个输入，则不难看出 $S_1 \cdot R_1 = J\overline{Q^n} \cdot KQ^n = 0$，由此说明，JK 触发器在任何情况下，都能自动满足主、从两个同步 RS 触发器对输入信号的约束条件。下面分四种情况分析 JK 触发器的逻辑功能。

(1) $J=0$，$K=0$

当 CP =1 时，$S_1 = J\overline{Q^n} = 0$，$R_1 = KQ^n = 0$，则由表 9-3 可知，主触发器输出保持不变，由于主触发器的输出是从触发器的输入，所以，当 CP 由 1 跃变为 0 时，从触发器的输出也保持不变，即 $Q^{n+1} = Q^n$。

(2) $J=0$，$K=1$

当 CP =1 时，$S_1 = J\overline{Q^n} = 0$，$R_1 = KQ^n = Q^n$。下面分两种情况讨论：①当 $Q^n = 0$ 时，$S_1 = R_1 = 0$，则主触发器的输出保持不变，即 $Q_1^{n+1} = Q_1^n$，所以从触发器输入和输出也保持不变，即 $Q^{n+1} = Q^n = 0$；②当 $Q^n = 1$ 时，$S_1 = 0$，$R_1 = 1$，则由表 9-3 可知，主触发器的输出 $Q_1^{n+1} = 0$，当 CP 由 1 跃变为 0 时，由于此时从触发器的输入 $R = 1$，$S = 0$，则主触发器的输出 $Q^{n+1} = 0$。综上所述，当 $J = 0$，$K = 1$ 时，$Q^{n+1} = 0$。

(3) $J=1$，$K=0$

当 CP =1 时，$S_1 = J\overline{Q^n} = \overline{Q^n}$，$R_1 = KQ^n = 0$。下面分两种情况讨论：①当 $Q^n = 0$ 时，$S_1 = 1$，$R_1 = 0$，则主触发器的输出 $Q_1^{n+1} = 1$，当 CP 由 1 跃变为 0 时，由于此时从触发器的输入 $S = 1$，$R = 0$，则由表 9-3 可知，从触发器的输出 $Q^{n+1} = 1$；②当 $Q^n = 1$ 时，$S_1 = 0$，$R_1 = 0$，则主触发器的输出保持不变，即 $Q_1^{n+1} = Q_1^n$，所以，当 CP 由 1 跃变为 0 时从触发器的输入和输出也保持不变，即 $Q^{n+1} = Q^n = 1$。综上所述，当 $J = 1$，$K = 0$ 时，$Q^{n+1} = 1$。

(4) $J=1$，$K=1$

当 CP =1 时，$S_1 = J\overline{Q^n} = \overline{Q^n}$，$R_1 = KQ^n = Q^n$。下面分两种情况讨论：①当 $Q^n = 0$ 时，$S_1 = 1$，$R_1 = 0$，则主触发器的输出 $Q_1^{n+1} = 1$，则 CP 由 1 跃变为 0 时，由于此时从触发器的输入 $S = 1$，$R = 0$，由表 9-3 可知，从触发器的输出 $Q^{n+1} = 1 = \overline{Q^n}$；②当 $Q^n = 1$ 时，$S_1 = 0$，$R_1 = 1$，则主触发器的输出 $Q_1^{n+1} = 0$，当 CP 由 1 跃变为 0 时，由于此时从触发器的输入 $R = 1$，$S = 0$，使从触发器的输出 $Q^{n+1} = 0 = \overline{Q^n}$。综上所述，当 $J = 1$，$K = 1$ 时，$Q^{n+1} = \overline{Q^n}$。

根据以上分析，可总结出 JK 触发器的逻辑状态表，见表 9-4。

表 9-4　主从 JK 触发器的逻辑状态表

CP	J	K	Q^n	Q^{n+1}		功能
↓	0	0	0 1	0 1	Q^n	保持
↓	0	1	0 1	0 0	0	置 0
↓	1	0	0 1	1 1	1	置 1
↓	1	1	0 1	1 0	$\bar{Q}^n$	翻转

9.1.2.3　特性方程

如果用 R_1 和 S_1 分别表示主触发器的两个输入，用 R 和 S 分别表示从触发器的两个输入，则 $S_1 = J\bar{Q}^n$，$R_1 = KQ^n$，由式(9-2)可得

$$Q_1^{n+1} = S_1 + \overline{R_1}Q_1^n = J\bar{Q}^n + \overline{KQ^n}Q_1^n$$

又由于 $S = Q_1^{n+1}$，$R = \bar{Q}_1^{n+1}$，则由式(9-2)可得

$$Q^{n+1} = S + \bar{R}Q^n = Q_1^{n+1} + \bar{\bar{Q}}_1^{n+1}Q^n = Q_1^{n+1} = J\overline{Q^n} + \overline{KQ^n}Q_1^n \tag{9-4}$$

由式(9-3)可知 $Q_1^n = Q^n$，将其代入式(9-4)得

$$Q^{n+1} = J\bar{Q}^n + \overline{KQ^n}Q_1^n = J\bar{Q}^n + \overline{KQ^n}Q^n = J\bar{Q}^n + \bar{K}Q^n$$

由此可知，JK 触发器的特性方程为

$$Q^{n+1} = J\bar{Q}^n + \bar{K}Q^n \tag{9-5}$$

9.1.2.4　电路特点

① 主从 JK 触发器采用主从控制结构，从根本上解决了输入信号直接控制触发器输出状态的问题，具有 CP = 1 期间接收输入信号，CP 下降沿到来时触发翻转的特点；

② JK 触发器的逻辑符号在 CP 输入引线靠近方框处有一个小圆圈，表明其是下降沿触发的，如图 9-17 所示；

③ 当 $J = 1$，$K = 1$ 时，CP 输入端每来一个控制脉冲，触发器输出就翻转一次，说明 JK 触发器有计数功能；

④ 输入信号 J，K 之间没有约束。

9.1.3　D 触发器

触发器的结构类型很多，除了上述的主从型，常用的还有边沿触发器。边沿触发器的次态仅取决于 CP 边沿到达时刻输入信号的状态，而与此边沿时刻以前或以后的

输入状态无关，因而可以提高它的可靠性和抗干扰性。而 D 触发器多半是边沿结构类型的。

(1)电路组成

如图 9-8 所示边沿 D 触发器，是具有主从结构形式的边沿控制电路。

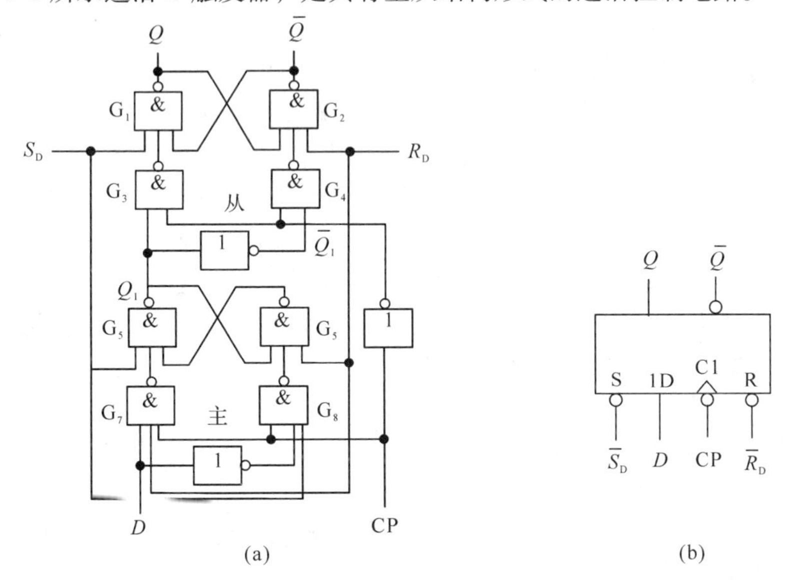

图 9-8　D 触发器

(a)逻辑电路　(b)逻辑符号

(2)工作原理

① CP = 0 时，G7，G8 被封锁，G_3，G_4 打开，从触发器的状态取决于主触发器，$Q = Q_1^{n+1}$，$\overline{Q} = \overline{Q}_1^{n+1}$，输入信号 D 不起作用。

② CP = 1 时，G7，G8 打开，G3，G4 被封锁，从触发器状态不变，主触发器的状态跟随输入信号 D 的变化而变化，即在 CP = 1 期间始终都有 Q_1^{n+1}。

③ CP 下降沿到来时，封锁 G7，G8，打开 G3，G4，主触发器锁存 CP 下降时刻 D 的值，即 $Q_1^{n+1} = D$，随后将该值送入从触发器，使 $Q = D$，$\overline{Q} = \overline{D}$。

④ CP 下降沿过后，主触发器锁存的 CP 下降沿时刻 D 的值被保存下来，而从触发器的状态也将保持不变。

D 触发器的逻辑状态表如表 9-5 所示

表 9-5　D 触发器的逻辑状态表

CP	D	Q^n	Q^{n+1}		功能
↓	0	0 1	0 0	0	置 0
↓	1	0 1	1 1	1	置 1

(3)特性方程

$$Q^{n+1}=D \tag{9-6}$$

(4)电路特点

① 边沿 D 触发器没有主从 JK 触发器的一次变化问题。主从 JK 触发器在 CP = 1 期间，主触发器只能触发一次，此后无论 J，K 的状态如何改变，主触发器的状态不可能再发生变化；而边沿 D 触发器是边沿触发，在 CP 脉冲上升沿时刻，实际输入端信号被锁存，并在下降沿时刻使触发器的输出状态发生变化。

② 抗干扰能力极强。只有在触发器的 CP 脉冲上升沿(或下降沿)时刻，触发器能够接收加在输入端的信号，在其余时间里，输入信号对触发器都不起作用。

③ 只具有置 1、置 0 功能，在实际应用中，使用不够方便。

除了上述的主从型触发器(下降沿触发)以外，还有维持阻塞型触发器，这类触发器通常是上升沿触发(在 CP 的上升沿时刻，触发器的输出状态发生变化)，其逻辑符号的 CP 引线在靠近方框处没有小圆圈。

9.1.4 触发器逻辑功能的转换

在实际的应用过程中，可将某些逻辑功能的触发器经过改接或增加一些门电路后，将其转换为另外一种触发器。

9.1.4.1 将 JK 触发器转换为 D，T 触发器

(1)将 JK 触发器转换为 D 触发器

写出 D 触发器的特性方程，并进行变换，使之在形式上与 JK 触发器的特性方程一致：

$$Q^{n+1}=D=D(Q^n+\overline{Q}^n)=DQ^n+D\overline{Q}^n \tag{9-7}$$

与 JK 触发器的特性方程比较，可得 $J=D$，$K=\overline{D}$；则如图 9-9 所示，可将 JK 触发器转换为 D 触发器。

(2)将 JK 触发器转换为 T 触发器

在数字电路中，凡在 CP 时钟脉冲控制下，根据输入信号 T 取值的不同，具有保持和翻转功能的电路，即当 $T=0$ 时能保持状态不变，$T=1$ 时一定翻转的电路，都称为 T 触发器。

T 触发器的逻辑状态表见表 9-6，逻辑符号如图 9-10 所示。

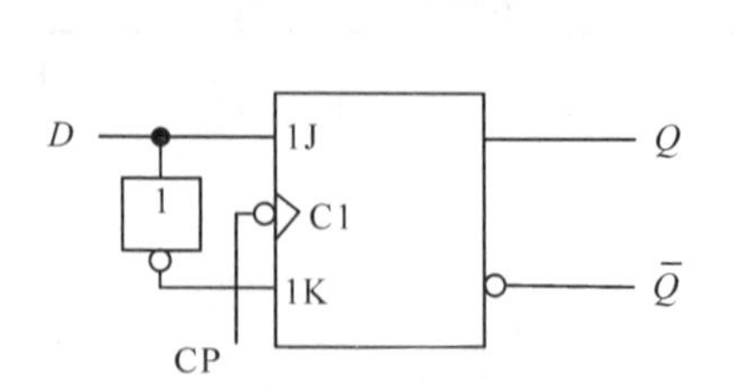

图 9-9 将 JK 触发器转换为 D 触发器的逻辑电路图

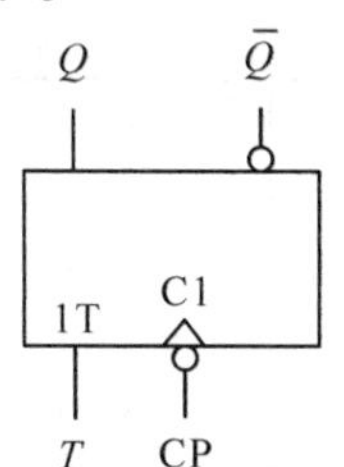

图 9-10 T 触发器逻辑符号

表 9-6　T 触发器逻辑状态表

T	Q^n	Q^{n+1}		功能
0	0	0	$Q^{n+1}=Q^n$	保持
	1	1		
1	0	1	$Q^{n+1}=\overline{Q}^n$	翻转
	1	0		

T 触发器特性方程为

$$Q^{n+1}=T\overline{Q}^n+\overline{T}Q^n=T\oplus Q^n \tag{9-8}$$

与 JK 触发器的特性方程比较，可得 $J=T$，$K=T$。将 JK 触发器转换成 T 触发器的逻辑电路如图 9-11 所示。

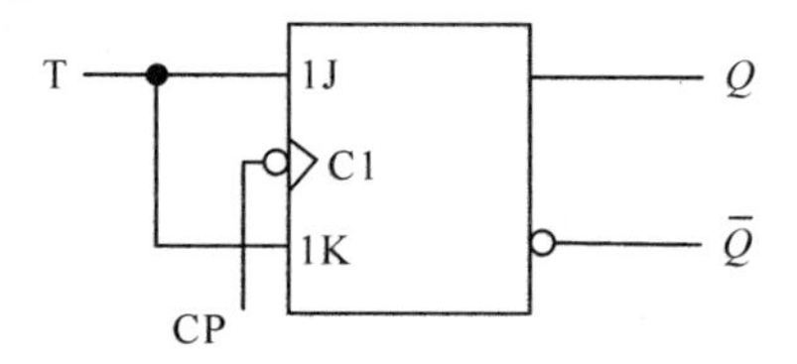

图 9-11　将 JK 触发器转换成 T 触发器的逻辑电路图

9.1.4.2　将 D 触发器转换为 T，T′触发器

(1)将 D 触发器转换为 T 触发器

如图 9-12 所示，将 T 和 Q 作为异或门的输入，然后输出到 D 触发器的输入端，可将 D 触发器转换为 T 触发器。

$$D=T\oplus Q \tag{9-9}$$

(2)D 触发器转换为 T′触发器

在数字电路中，凡每来一个时钟脉冲就翻转一次的电路，称为 T′触发器。其逻辑符号如图 9-13 所示，逻辑状态表见表 9-7。

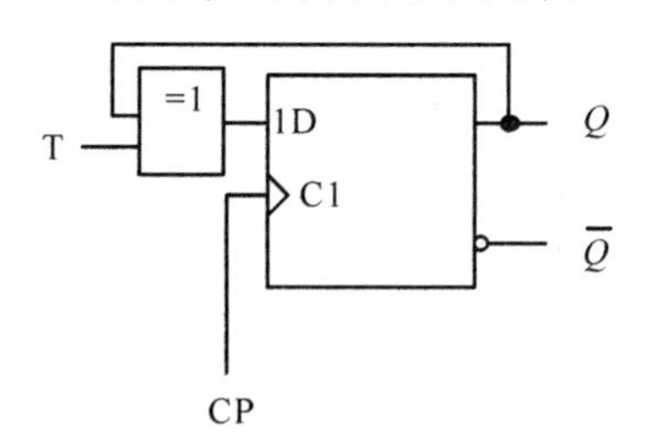

图 9-12　D 触发器转换为 T 触发器的逻辑电路图

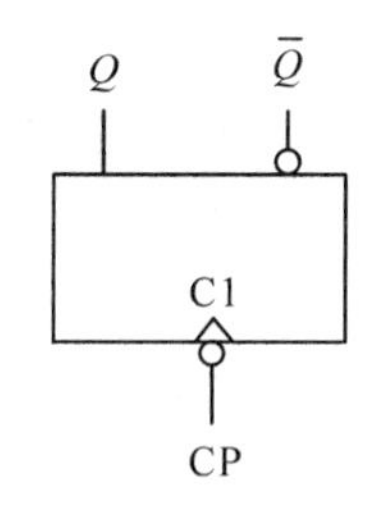

图 9-13　T′触发器逻辑符号

表 9-7　T′触发器的逻辑状态表

Q^n	Q^{n+1}		功能
0	1	$Q^{n+1}=\overline{Q}^n$	翻转
1	0		

T′触发器特性方程为

$$Q^{n+1} = \overline{Q}^n \tag{9-10}$$

如果将D触发器的D端和$\overline{Q}$端相连，如图9-14所示，可以将D触发器转换为T′触发器。

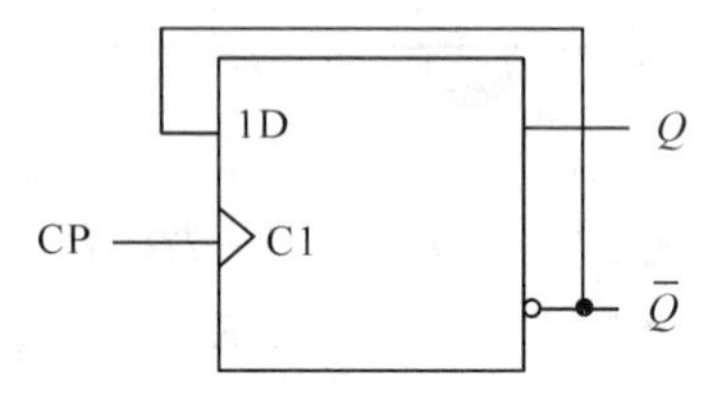

图9-14 D触发器转换为T′触发器的逻辑电路图

9.2 寄存器

在数字电路中，用来存放二进制数据或代码的电路称为寄存器。

寄存器是由具有存储功能的触发器组合起来构成的。一个触发器可以存储一位二进制代码；存放n位二进制代码的寄存器，需用n个触发器来构成。

按照功能的不同，可将寄存器分为基本寄存器和移位寄存器两大类。基本寄存器只能并行送入数据，需要时也只能并行输出；移位寄存器中的数据可以在移位脉冲作用下依次逐位右移或左移，数据既可以并行输入、并行输出，也可以串行输入、串行输出，还可以并行输入、串行输出，串行输入、并行输出，因而十分灵活，用途也很广。

9.2.1 数码寄存器

(1)单拍工作方式的基本寄存器

图9-15所示为单拍工作方式4位数码寄存器，无论寄存器中原来的内容是什么，只要送数控制的时钟脉冲CP上升沿到来，加在并行数据输入端的数据$D_0 \sim D_3$就立即被送入寄存器中，由于这种寄存器每次接收数码时，只需一个寄存脉冲，故称单拍工作方式。

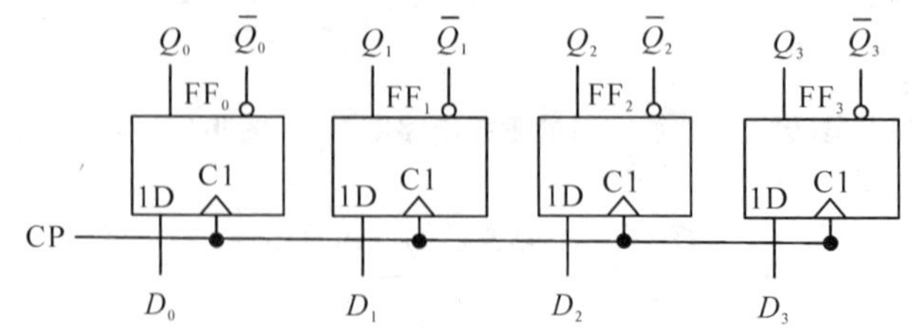

图9-15 单拍工作方式的基本寄存器

(2) 双拍工作方式的基本寄存器

图 9-16 所示为双拍工作方式的基本寄存器，这种寄存器具有寄存数据和清除原有数码的功能。

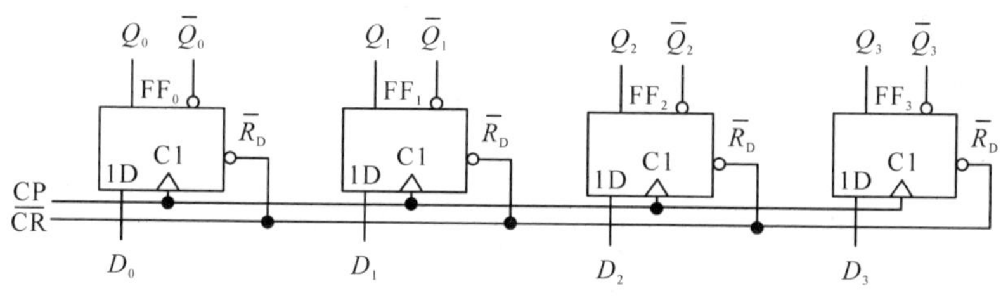

图 9-16　双拍工作方式的基本寄存器

①清零　首先给寄存器一个清零负脉冲，使触发器的 $\overline{R}_D$ 端为低电平，则触发器的输出端为“0”状态，这样在寄存器存放数码之前先将寄存器的内部数码清除，为寄存器数据存储做好准备。即$\overline{CR}=0$ 为异步清零。

②送数　当寄存指令到来时，寄存器接收外部输入数码，存入寄存器中。可见，这种寄存器每次接收数码分两步(也称两个节拍)进行，即“清零”和“寄存”，所以称这种寄存器为双拍工作方式。$\overline{CR}=1$ 时，CP 的上升沿将数码存入寄存器中。

③保持　数码寄存器存取数码之后，只要不出现清零，寄存器中的数码就能保持下去。在$\overline{CR}=0$ 及 CP 上升沿以外时间，寄存器内容将保持不变。

9.2.2　移位寄存器

在数字系统中，常常需要将寄存器中的数码按照时钟节拍向左或向右移位，即来一个时钟脉冲，数码向左或向右移一位(或多位)，具有这种功能的寄存器就是移位寄存器。如果在一个移位脉冲信号作用下，寄存器里存放的数码依次向左移动一位，这种寄存器称为左移寄存器；如果在一个移位脉冲作用下，寄存器里存放的数码依次向右移动一位，这种寄存器称为右移寄存器；既可以左移又可以右移的寄存器称为双向移位寄存器。

9.2.2.1　单向移位寄存器

(1)工作原理

移位寄存器里寄存的数码在移位脉冲的作用下，依次左移或右移。可以把多个触发器串联起来，构成一个移位寄存器。

图 9-17 所示电路是由四个 D 触发器构成的右移寄存器，FF_1，FF_2 和 FF_3 的输入端 D 分别与其左侧触发器的输出端相连，最低位的数据输入端 D_0 接右移输入信号 D_i，即 $D_3=Q_2$，$D_2=Q_1$，$D_1=Q_0$，$D_0=Q_i$。所有触发器的时钟脉冲输入端，均接同一个移位时钟脉冲信号。例如，若要将一个 4 位二进制数 1011 转存到寄存器中，假定寄存器的初始状态为 0000，则经过 4 个移位脉冲作用以后，就可将四位二进制数 1011 存储到寄存器中，这时，就可以从四个触发器的输出端得到并行的数码。上述

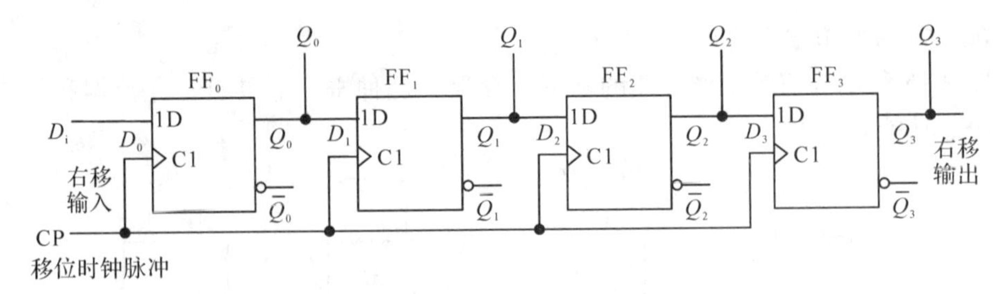

图 9-17 单向移位寄存器

表 9-8 单向移位寄存器逻辑状态表

输入		现态				次态				说明
D_i	CP	Q_3^n	Q_2^n	Q_1^n	Q_0^n	Q_3^{n+1}	Q_2^{n+1}	Q_1^{n+1}	Q_0^{n+1}	
1	↑	0	0	0	0	0	0	0	1	左移 1 位
0	↑	0	0	0	1	0	0	1	0	左移 2 位
1	↑	0	0	1	0	0	1	0	1	左移 3 位
1	↑	0	1	0	1	1	0	1	1	左移 4 位

的数码存储过程见表 9-8。

(2)电路特点

① 单向移位寄存器中的数码，在 CP 脉冲操作下，可以依次右移或左移。

② n 位单向移位寄存器可以寄存 n 位二进制代码。n 个 CP 脉冲即可完成串行输入工作，此后可从 $Q_0 \sim Q_{n-1}$ 端获得并行的 n 位二进制数码，再用 n 个 CP 脉冲又可实现串行输出操作。

③ 若串行输入端状态为 0，则 n 个 CP 脉冲后，寄存器便被清零。

9.2.2.2 双向移位寄存器

(1)电路组成

图 9-18 所示为基本的 4 位双向移位寄存器。M 是移位方向控制信号，D_{SR} 是右移串行输入端，D_{SL} 是左移串行输入端，$Q_0 \sim Q_3$ 是并行输出端，CP 是时钟脉冲信号。

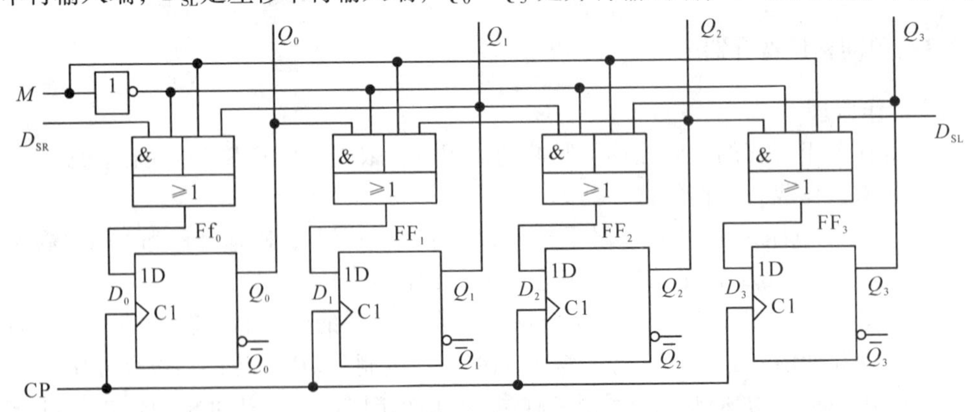

图 9-18 双向移位寄存器

(2)工作原理

M 是选择控制信号，由电路可得状态方程为

$$\begin{cases} Q_0^{n+1} = \bar{M}D_{SR} + MQ_1^n \\ Q_1^{n+1} = \bar{M}Q_0^n + MQ_2^n \\ Q_2^{n+1} = \bar{M}Q_1^n + MQ_3^n \\ Q_3^{n+1} = \bar{M}Q_2^n + MD_{SL} \end{cases} \tag{9-11}$$

当 $M=0$ 时，电路为 4 位右移移位寄存器，即

$$\begin{cases} Q_0^{n+1} = D_{SR} \\ Q_1^{n+1} = Q_0^n \\ Q_2^{n+1} = Q_1^n \\ Q_3^{n+1} = Q_2^n \end{cases} \tag{9-12}$$

当 $M=1$ 时，电路为 4 位左移移位寄存器，即

$$\begin{cases} Q_0^{n+1} = Q_1^n \\ Q_1^{n+1} - Q_2^n \\ Q_2^{n+1} = Q_3^n \\ Q_3^{n+1} = D_{SL} \end{cases}$$

9.2.2.3　集成移位寄存器

集成的移位寄存器产品很多，以下对 4 位双向移位寄存器 74LS194 做简单说明。

(1)集成芯片引脚排列图和逻辑功能示意图

图 9-19 所示为 4 位双向移位寄存器 74LS194 的集成芯片引脚和逻辑功能。$\overline{CR}$是清零端；M_1M_0 是工作状态控制端；CP 是时钟脉冲信号；D_{SR} 和 D_{SL} 分别为右移和左移串行数码输入端；$D_0 \sim D_3$是并行数码输入端；$Q_0 \sim Q_3$是并行输出端。

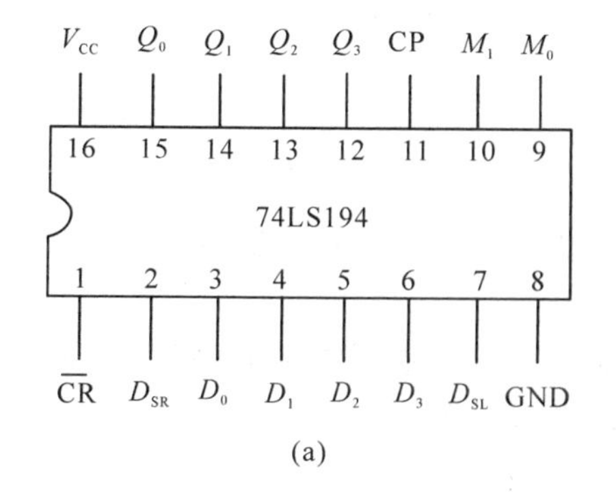

(a)

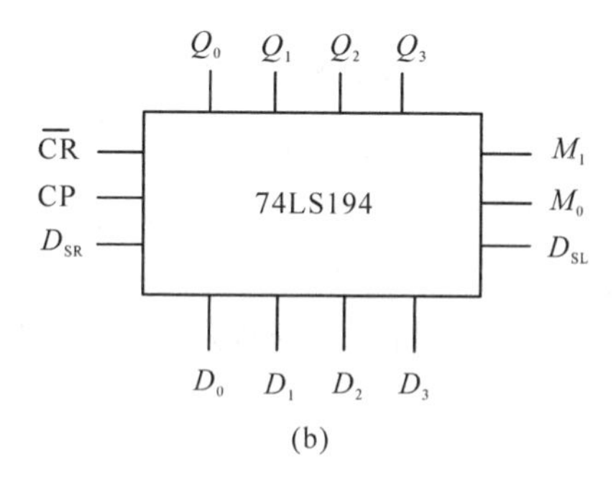

(b)

图 9-19　74LS194 引脚和逻辑功能

(a)引脚排列图　(b) 逻辑功能示意图

(2)逻辑功能

表 9-9 为 74LS194 的状态表，可见 74LS194 具有左移、右移、并行数据输入、保持和清零五个功能。

① 清零功能　当$\overline{CR}=0$时，双向移位寄存器异步清零，与时钟信号无关，只要清零信号到来，就执行清零操作。

② 保持功能　当$\overline{CR}=1$时，若$M_1=M_0=0$，则双向移位寄存器保持状态不变。

③ 并行送数功能　当$\overline{CR}=1$时，若$M_1=M_0=1$，则 CP 上升沿到来时，可将并行输入端的数码送入寄存器。

表 9-9　74LS194 的功能表

$\overline{CR}$	M_1	M_0	CP	工作状态
0	×	×	×	异步清零
1	0	0	×	保　持
1	0	1	↑	右　移
1	1	0	↑	左　移
1	1	1	↑	并行输入

④ 右移送数功能　当$\overline{CR}=1$时，若$M_1=0$，$M_0=1$，则 CP 上升沿到来时，可依次将加在D_{SR}端的数码送入寄存器中。

⑤ 左移送数功能　当$\overline{CR}=1$时，若$M_1=1$，$M_0=0$，则 CP 上升沿到来时，可依次将加在D_{SL}端的数码送入寄存器中。

9.3　计数器

在数字电路中，把记忆 CP 脉冲个数的操作称为计数，能实现计数操作的电子电路称为计数器。

计数器的种类很多，按照时钟脉冲的控制方式分类，有同步计数器和异步计数器；按数码的进制分类，有二进制计数器、十进制计数器和任意进制计数器；按计数的增减趋势分类，有加法计数器和减法计数器。

9.3.1　二进制计数器

9.3.1.1　同步二进制计数器

(1)3 位二进制同步加法计数器

根据二进制计数规则，可画出如图 9-20 所示的 3 位二进制同步加法计数器的状态图。

选用三个时钟下降沿触发的边沿 JK 触发器。同步计数器中各个触发器的时钟脉

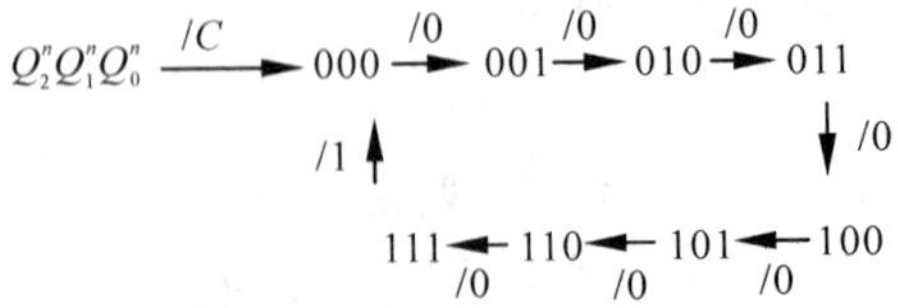

$Q_2^nQ_1^nQ_0^n$ /C → 000 →/0 001 →/0 010 →/0 011 ↓/0 100 →/0 101 →/0 110 →/0 111 ↑/1 000

图 9-20　3 位二进制同步加法计数器的状态图

冲信号是同一个信号，都是计数脉冲 CP，即

$$CP_0 = CP_1 = CP_2 = CP \tag{9-13}$$

另外，由图 9-20 所示的状态图可得输出方程为：

$$C = Q_2^n Q_1^n Q_0^n \tag{9-14}$$

根据状态图，可画出计数器次态的卡诺图，如图 9-21 所示，各个触发器的次态卡诺图如图 9-22 所示，则可得状态方程为

$$\begin{cases} Q_0^{n+1} = \overline{Q}_0^n \\ Q_1^{n+1} = \overline{Q}_1^n Q_0^n + Q_1^n \overline{Q}_0^n \\ Q_2^{n+1} = Q_2^n \overline{Q}_1^n + Q_2^n \overline{Q}_0^n + \overline{Q}_2^n Q_1^n Q_0^n \end{cases} \tag{9-15}$$

驱动方程为

$$\begin{cases} J_0 = K_0 = 1 \\ J_1 = K_1 = Q_0^n \\ J_2 = K_2 = Q_1^n Q_0^n \end{cases} \tag{9-16}$$

Q_0^n \ $Q_2^n Q_1^n$	00	01	11	10
0	001	010	100	011
1	101	110	×	111

图 9-21　计数器次态的卡诺图

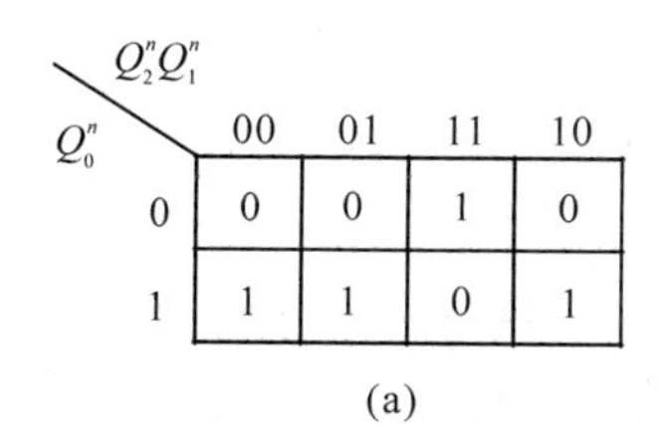

(a)

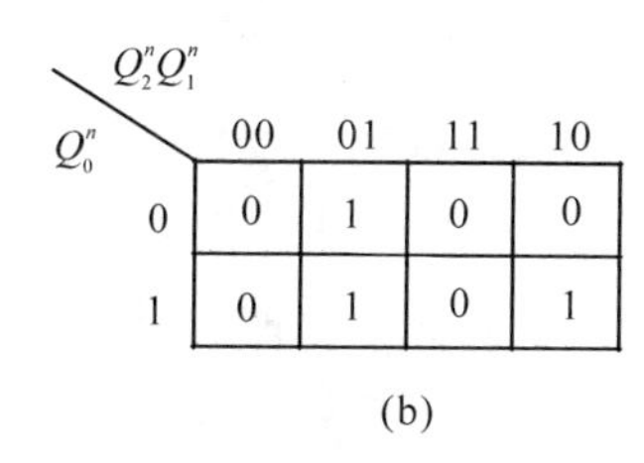

(b)

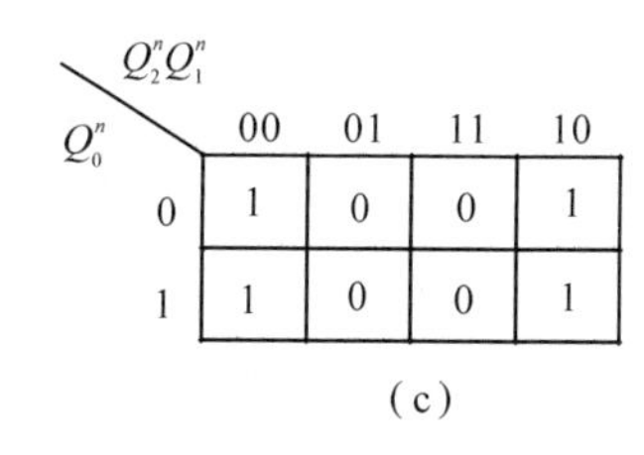

(c)

图 9-22　各个触发器的次态卡诺图

(a) Q_2^{n+1} 的卡诺图　(b) Q_1^{n+1} 的卡诺图　(c) Q_0^{n+1} 的卡诺图

根据上述触发器的状态方程、输出方程及驱动方程，即可画出如图 9-23 所示的逻辑电路图。由于没有无效状态，所以电路能自起动。

推广到 n 位二进制同步加法计数器，则驱动方程为

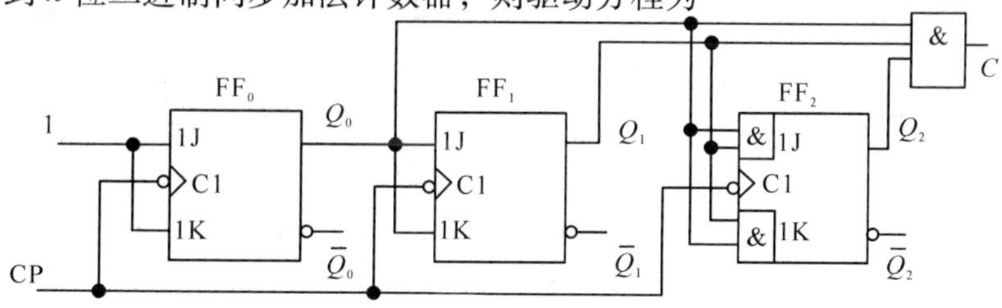

图 9-23　3 位二进制同步加法计数器

$$\begin{cases} J_0 = K_0 = 1 \\ J_1 = K_1 = Q_0^n \\ J_2 = K_2 = Q_1^n Q_0^n \\ \vdots \\ J_{n-1} = K_{n-1} = Q_{n-2}^n Q_{n-3}^n \cdots Q_1^n Q_0^n \end{cases} \tag{9-17}$$

输出方程为

$$C = Q_{n-1}^n Q_{n-2}^n \cdots Q_1^n Q_0^n \tag{9-18}$$

(2)集成二进制同步计数器

常用的集成二进制同步计数器有加法计数器和可逆计数器两种类型，如集成4位二进制同步加法计数器74LS161/163和4位集成二进制同步可逆计数器74LS191。

①集成4位二进制同步加法计数器 74LS161的引脚排列和逻辑功能如图9-24所示。

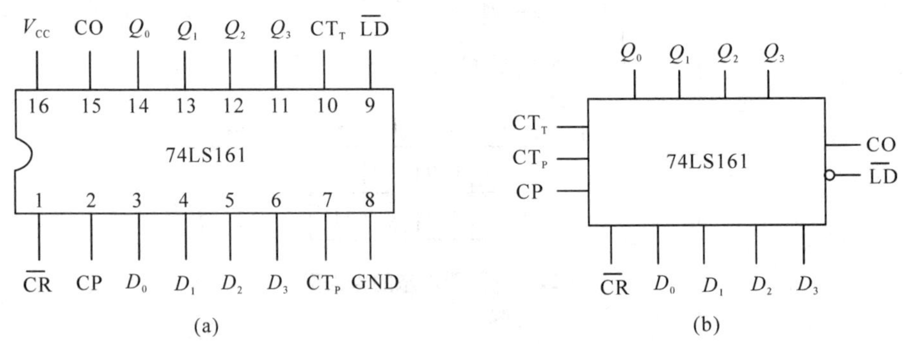

图9-24 74LS161的引脚排列和逻辑功能

(a)引脚排列图 (b)逻辑功能示意图

在图9-24中，$\overline{CR}$是清零端；$\overline{LD}$是置数控制端；CT_P、CT_T是另一个计数器工作状态控制端；CP是时钟脉冲信号；CO是进位输出端；$D_0 \sim D_3$是并行输入端；$Q_0 \sim Q_3$是计数器输出端；表9-10为集成计数器74LS161的功能表。

a. 异步清零功能。当CR时，计数器清零。从表9-10中可以看出，在$\overline{CR}=0$时，其他输入信号均不起作用，由于异步清零信号具有优先操作权，因此计数器直接清零。

表9-10 集成计数器74LS161的功能表

输入									输出					功能
$\overline{CR}$	$\overline{LD}$	CT_P	CT_T	CP	D_0	D_1	D_2	D_3	Q_0^{n+1}	Q_1^{n+1}	Q_2^{n+1}	Q_3^{n+1}	CO	
0	×	×	×	×	×	×	×	×	0	0	0	0	0	清零
1	0	×	×	↑	d_0	d_1	d_2	d_3	d_0	d_1	d_2	d_3		置数
1	1	1	1	↑	×	×	×	×	$CO = CT_T \cdot Q_3^n Q_2^n Q_1^n Q_0^n$					计数
1	1	0	×	×	×	×	×	×						保持
1	1	×	0	×	×	×	×	×						保持

b. 同步置数功能。$\overline{CR}=1$，$\overline{LD}=0$ 时，在 CP 上升沿操作下，并行输入数据 $d_0\sim d_3$进入计数器，使

$$Q_3^{n+1}Q_2^{n+1}Q_1^{n+1}Q_0^{n+1}=d_3d_2d_1d_0 \tag{9-19}$$

c. 二进制同步加法计数功能。当$\overline{CR}=\overline{LD}=1$ 时，若 $CT_P=CT_T=1$，则按照 4 位自然二进制码进行加法计数。

d. 保持功能。当$\overline{CR}=1$，$\overline{LD}=1$ 时，若 $CT_P\cdot CT_T=0$，则计数器状态保持原来的状态不变。对于进位输出信号 CO，如果 $CT_T=0$，则 $CO=0$；如果 $CT_T=1$，则

$$CO = Q_3^nQ_2^nQ_1^nQ_0^n \tag{9-20}$$

综上所述，74LS161 是一个具有异步清零、同步置数及状态保持等功能的 4 位二进制同步加法计数器，74LS163 的引脚排列及逻辑功能和 74LS161 相同，不同之处是 74LS163 采用同步清零方式。

②集成 4 位二进制同步可逆计数器　74LS193 的引脚排列和逻辑功能如图 9-25 所示。

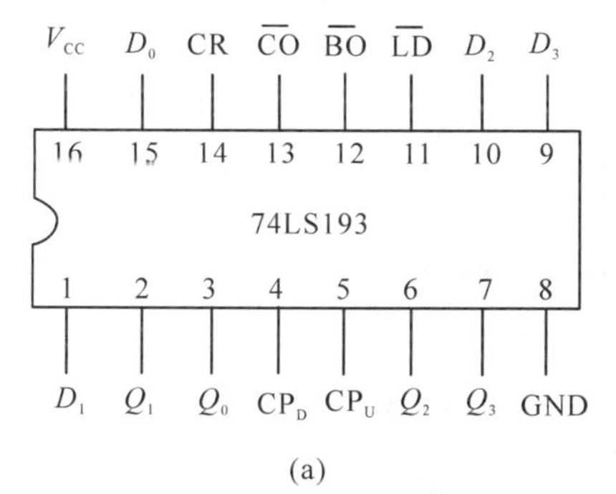

(a)

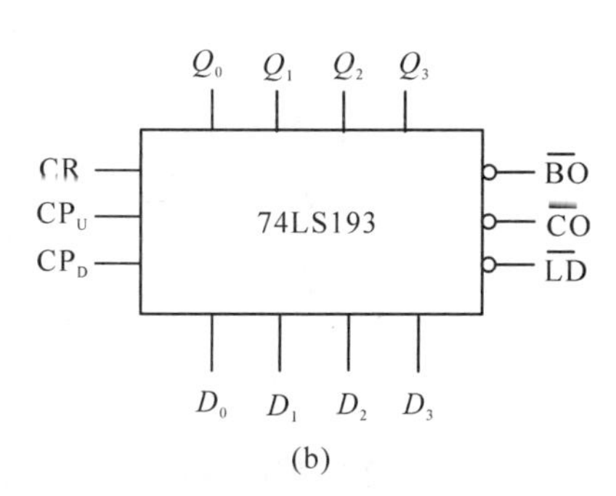

(b)

图 9-25　4 位集成二进制同步可逆计数器 74LS193

(a)引脚排列图　(b) 逻辑功能示意图

在图 9-25 中，CR 是清零端，高电平有效；$\overline{LD}$是异步置数控制端；CP_U是加法计数脉冲输入端；CP_D是减法计数脉冲输入端；$\overline{CO}$是进位脉冲输出端；$\overline{BO}$是借位脉冲输出端；$D_0\sim D_3$是并行数据输入端；$Q_0\sim Q_3$是计数器状态输出端；表 9-11 为集成计数器 74LS193 的功能表。

表 9-11　集成计数器 74LS193 的功能表

输入								输出				功能
CR	$\overline{LD}$	CP_U	CP_D	D_0	D_1	D_2	D_3	Q_0^{n+1}	Q_1^{n+1}	Q_2^{n+1}	Q_3^{n+1}	
1	×	×	×	×	×	×	×	0	0	0	0	异步清零
0	0	×	×	d_0	d_1	d_2	d_3	d_0	d_1	d_2	d_3	异步置数
0	1	↑	1	×	×	×	×					加法计数
0	1	1	↑	×	×	×	×					减法计数
0	1	1	1	×	×	×	×					保持

注：$\overline{CO}=\overline{\overline{CP_U}\cdot Q_3^nQ_2^nQ_1^nQ_0^n}$，$\overline{BO}=\overline{\overline{CP_D}\cdot \overline{Q_3^n}\,\overline{Q_2^n}\,\overline{Q_1^n}\,\overline{Q_0^n}}$

74LS193 具有以下功能：① 同步可逆计数功能；② 清零功能；③ 异步置数功能和保持功能。$\overline{BO}$，$\overline{CO}$是供多个双时钟可逆计数器级联时使用的。当 $Q_3^n = Q_2^n = Q_1^n = Q_0^n = 1$ 时，$\overline{CO} = CP_U$；当 $\overline{Q}_3^n = \overline{Q}_2^n = \overline{Q}_1^n = \overline{Q}_0^n = 1$ 时，$\overline{BO} = CP_D$。多个芯片级联时，只要把低位的$\overline{CO}$端、$\overline{BO}$端分别与高位的CP_U端、CP_D端相连，并将各个芯片的 CR 端、$\overline{LD}$端连接在一起即可。

9.3.1.2 异步二进制计数器

异步加法计数器，由于计数脉冲不是同时加在各触发器的 CP 端，而只加在最低位触发器，其他触发器的时钟信号则由相邻触发器的输出作为进位脉冲来触发，因此它们状态的变换有先有后，是异步进行的。

选用三个 CP 下降沿触发的 JK 触发器，分别用 FF_0，FF_1，FF_2表示。三个 JK 触发器都是在需要翻转时就有下降沿，不需要翻转时没有下降沿，所以三个触发器都应接成 T′型。图 9-26 所示为 3 位二进制异步加法计数器逻辑电路图。

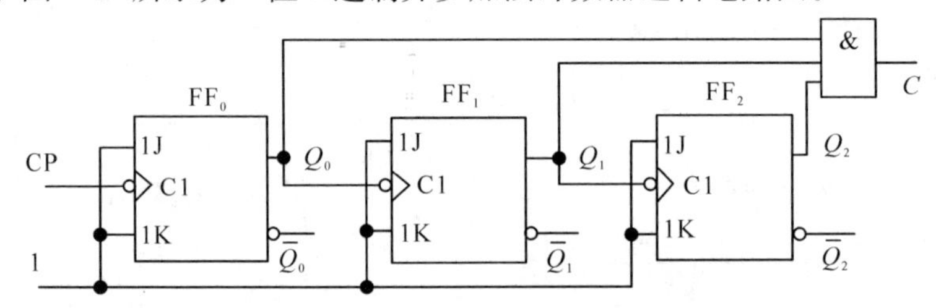

图 9-26　3 位二进制异步加法计数器逻辑电路图

可依照表 9-12 所列的规则，对多个二进制异步计数器进行级联。

表 9-12　多个二进制计数器级联规律

连接规律	T′触发器的触发沿	
	上升沿	下降沿
加法计算	$CP_i = \overline{Q}_{i-1}$	$CP_i = Q_{i-1}$
减法计算	$CP_i = Q_{i-1}$	$CP_i = \overline{Q}_{i-1}$

9.3.2 十进制加法计数器

9.3.2.1 同步十进制计数器

二进制计数器结构简单，但是读数不方便，所以在实际系统中十进制计数器应用较为广泛。使用最多的十进制计数器是按照 8421BCD 码进行计数的电路，表 9-13 为 8421 码十进制加法计数器的状态表。

与 4 位二进制加法计数器不同，当十进制加法计数器的第十个脉冲到来时，计数器状态不是由 1001 变成 1010，而是恢复到 0000 并产生进位，其状态如图 9-27 所示。

表 9-13　8421 码十进制加法计数器的状态表

计数脉冲数	二进制数				十进制数
	Q_3	Q_2	Q_1	Q_0	
0	0	0	0	0	0
1	0	0	0	1	1
2	0	0	1	0	2
3	0	0	1	1	3
4	0	1	0	0	4
5	0	1	0	1	5
6	0	1	1	0	6
7	0	1	1	1	7
8	1	0	0	0	8
9	1	0	0	1	9
10	0	0	0	0	0

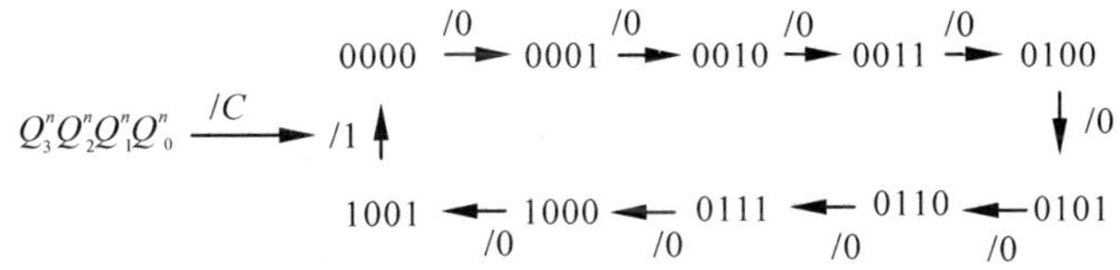

$Q_3^nQ_2^nQ_1^nQ_0^n \xrightarrow{/C}$

0000 —/0→ 0001 —/0→ 0010 —/0→ 0011 —/0→ 0100

0100 —/0→ 0101 —/0→ 0110 —/0→ 0111 —/0→ 1000 —/0→ 1001 —/1→ 0000

图 9-27　十进制加法计数器状态图

采用四个主从型 JK 触发器组成同步十进制计数器，则驱动方程为

$$\begin{cases} J_0 = K_0 = 1 \\ J_1 = \overline{Q}_3^n Q_0^n,\ K_1 = Q_0^n \\ J_2 = K_2 = Q_1^n Q_0^n \\ J_3 = Q_2^n Q_1^n Q_0^n,\ K_3 = Q_0^n \end{cases} \tag{9-21}$$

相应逻辑电路如图 9-28 所示。

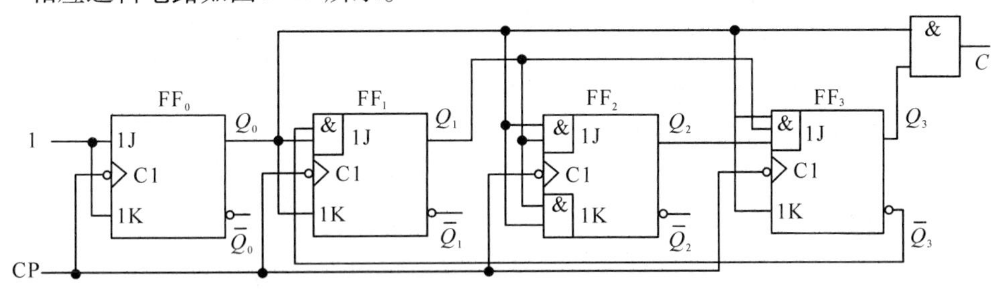

图 9-28　同步十进制加法计数器逻辑图

将无效状态 1010 ~ 1111 分别代入状态方程进行计算，可以验证在 CP 脉冲作用下都能回到有效状态，所以电路能够自起动。

9.3.2.2　异步十进制计数器

选用四个 CP 上升沿触发的 D 触发器，分别用 FF_0，FF_1，FF_2，FF_3表示。选择时钟脉冲的一个基本原则是，在满足翻转要求的条件下，触发沿越少越好。图 9-29 所示为 4 位十进制异步加法计数器逻辑电路。

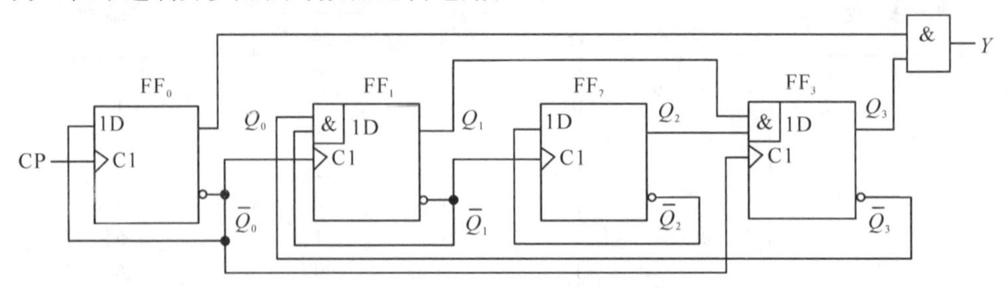

图 9-29　异步十进制加法计数器逻辑图

将无效状态 1010 ~ 1111 分别代入状态方程进行计算，可以验证在 CP 脉冲作用下都能回到有效状态，电路能够自起动。

9.3.3　任意进制计数器

目前常用的是二进制和十进制计数器，当需要任意一种进制的计数器时，用已有的 N 进制芯片组成 M 进制计数器，是常用的方法。

9.3.3.1　$N>M$

$N>M$，可以采用集成计数器的清零端和置数端实现归零，可分为同步和异步清零或置数。

（1）同步清零或置数法

用同步清零端或置数端归零构成 N 进制计数器方法如下：

① 首先写出状态 S_{N-1} 的二进制代码；

② 求归零逻辑，即求同步清零端或置数控制端信号的逻辑表达式；

③ 最后画连线图。

【例 9-2】 用 74LS163 来构成一个十二进制计数器。

【解】 ① 写出状态 S_{N-1} 的二进制代码：

$$S_{N-1}=S_{12-1}=S_{11}=1011$$

②求归零逻辑：

$$\overline{\mathrm{CR}}=\overline{\mathrm{LD}}=\overline{\mathrm{P}}_{N-1}=\overline{P}_{11}，\ P_{N-1}=P_{11}=Q_3^nQ_1^nQ_0^n$$

③画出连线图，如图 9-30 所示。

（2）异步清零或置数法

用异步清零端或置数端归零构成 N 进制计数器方法如下：

① 首先写出状态 S_N 的二进制代码；

② 求归零逻辑，即求异步清零端或置数控制端信号的逻辑表达式；

③ 最后画连线图。

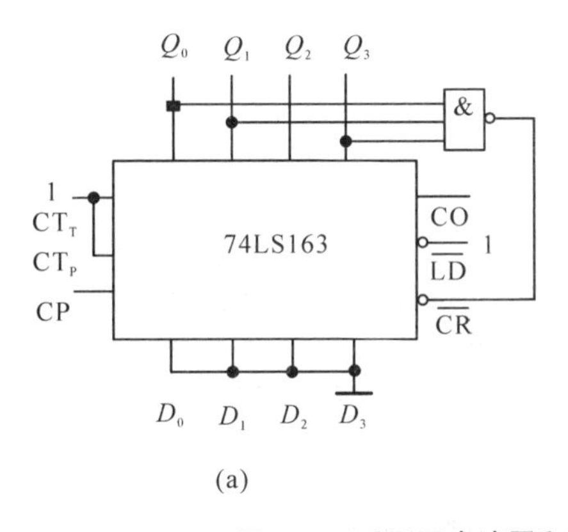

(a)

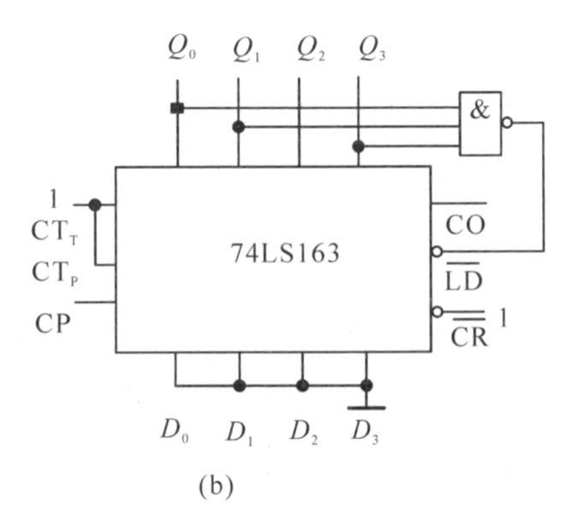

(b)

图 9-30　采用同步清零和同步置数构成的十二进制计数器

(a)同步清零　(b)同步置数

【例 9-3】 用 74LS161 来构成一个十二进制计数器。

【解】 ① 写出状态 S_N的二进制代码：

$$S_N = S_{12} = 1100$$

② 求归零逻辑：

$$\overline{CR} = \overline{Q_3^n Q_2^n}$$

③画出连线图，如图 9-31 所示。

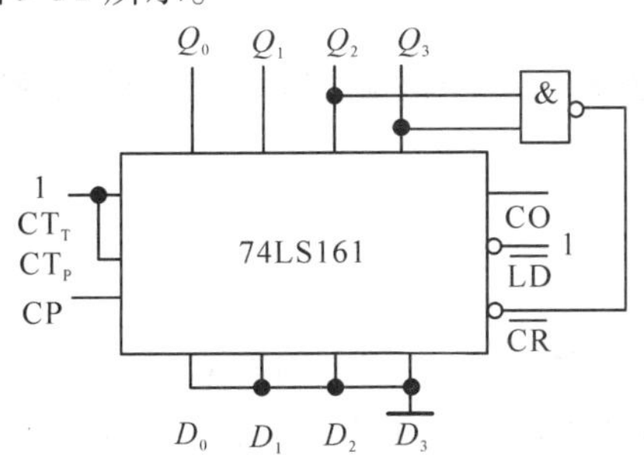

图 9-31　用异步清零端$\overline{CR}$归零

在前面介绍的集成计数器中，清零、置数均采用同步方式的有 74LS163；均采用异步方式的有 74LS193；清零采用异步方式，置数采用同步方式的有 74LS161 和 74LS160；而 74LS90 则具有异步清零和异步置数功能。

9.3.3.2　$N < M$

$N < M$，可以采用多片芯片级联的方式完成。

例如 $M = N_1 \times N_2$，先用前面的方法分别接成 N_1 和 N_2 两个计数器，N_1 和 N_2 之间的连接有两种方式：

① 并行进位方式　用同一个 CLK 信号，低位片的进位输出作为高位片的计数控制信号(如 74160 的 EP 和 ET)。

② 串行进位方式　低位片的进位输出作为高位片的 CLK 信号，两片始终同时处于计数状态。

【例 9-4】 用两片 74160 接成一百进制计数器。

【解】 ① 并行进位法的逻辑图如图 9-32 所示。

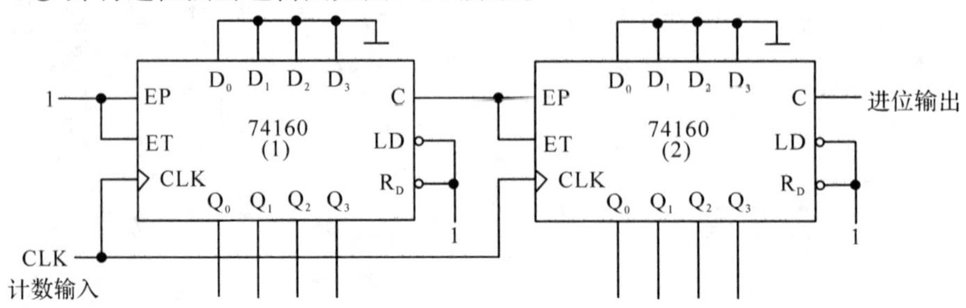

图 9-32 并行进位方式的一百进制计数器

② 串行进位法的逻辑图如图 9-33 所示。

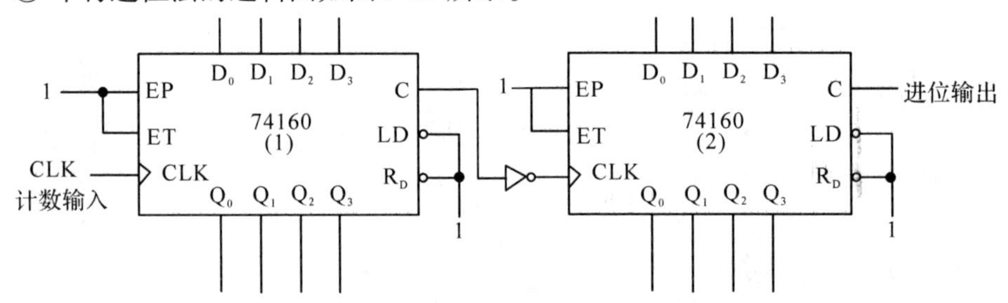

图 9-33 串行进位方式的一百进制计数器

9.4 555 定时器

555 定时器是一种将模拟电路和数字电路集成于一体的电子器件。用它可以构成单稳态触发器、多谐振荡器和施密特触发器等多种电路。555 定时器在工业控制、定时、检测、报警等方面有着广泛的应用。

9.4.1 555 定时器结构图

常用的 555 定时器有双极性 555 定时器和 CMOS 555 定时器，图 9-34 所示双极性 555 定时器的电路组成结构图，它由两个单限比较器 C_1 和 C_2、一个与非门构成的 RS 触发器、放电晶体管及三个电阻构成的分压器构成。

比较器 C_1 的参考电压为$\frac{2}{3}U_{CC}$，加在同相输入端；C_2 的参考电压为$\frac{1}{3}U_{CC}$，加在反相输入端。外引线端的功能分别如下：

引脚 2 为低电平触发端，当输入电压高于$\frac{1}{3}U_{CC}$时，C_2的输出为“1”；反之则 C_2 的输出为“0”，使 RS 触发器置“1”。

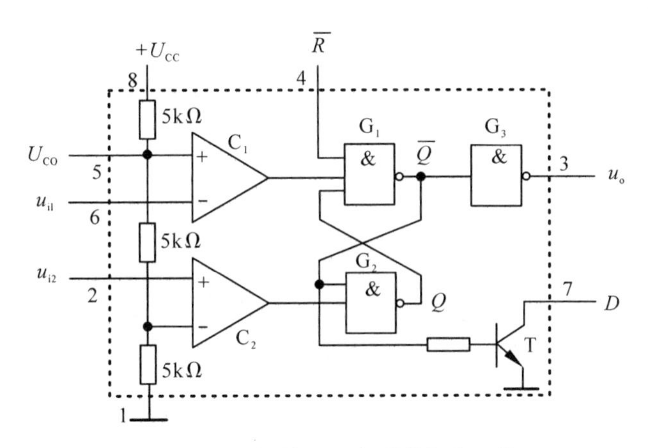

图 9-34　双极性 555 定时器电路组成

引脚 6 为高电平触发端，当输入电压高于$\frac{2}{3}U_{CC}$时，C_1 的输出为“1”；反之则 C_1 的输出为“0”，使 RS 触发器置“0”。

引脚 4 为复位端，低电平有效，可使输出置零，且不受其他输入端的影响。

引脚 7 为放电端，当 RS 触发器输出为“0”时，晶体管导通，外接电容元件放电。

引脚 3 为输出端，输出电流可达 200mA，输出电压低于 U_{CC}。

引脚 8 为电源端，引脚 1 为接地端。

9.4.2　555 定时器组成的单稳态触发器

单稳态触发器只有一个稳定状态。在未加触发脉冲前，电路处于稳定状态；在触发脉冲作用下，电路由稳定状态翻转为暂稳状态，停留一段时间后，电路又自动返回稳定状态。

555 定时器组成的单稳态触发器如图 9-35 所示，R 和 C 是外接元件，触发器由 2 端输入。

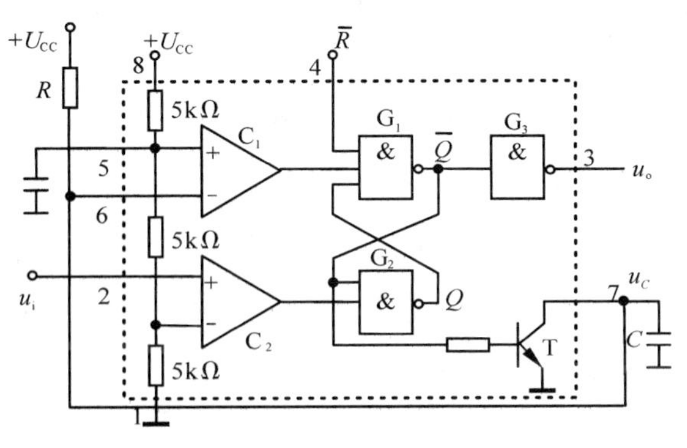

图 9-35　单稳态触发器

如果 $Q=0$，$\bar{Q}=1$，则晶体管 T 饱和导通，u_C 值远低于$\frac{2}{3}U_{CC}$，故比较器 C_1 的输出也为“1”，触发器的状态保持不变。

如果 $Q=1$，$\bar{Q}=0$，则晶体管 T 截止，U_{CC}通过 R 对电容 C 充电，当 u_C 上升到略高于$\frac{2}{3}U_{CC}$时，比较器 C_1 的输出为“0”，即输出电压 u_o 为“0”。

可见，在稳定状态时 $Q=0$，即输出电压 u_o 为“0”。

设在 t_1 时刻，输入出发负脉冲，其幅值低于$\frac{1}{3}U_{CC}$，故 C_2 的输出为“0”，将触发器置 1，u_o 由“0”变为“1”，电路进入暂稳状态。这时晶体管截止，电源又对电容充电。当 u_C 上升到略高于$\frac{2}{3}U_{CC}$时，C_1 的输出为“0”，从而使触发器自动翻转到 $Q=0$ 的稳定状态。此后电容 C 迅速放电。u_o 输出的是矩形脉冲，其宽度为

$$t_p = RC\ln 3 = 1.1RC$$

暂稳状态的长短取决于电路的参数，与触发脉冲无关。因此从单稳态触发器的输出端可得到相应的定宽、定幅且边沿陡削的矩形波，这样就可以对输出信号的波形进行整形电路。

单稳态触发器一般用于定时、整形及延时电路。

9.4.3 555 定时器组成的无稳态触发器

由 555 定时器构成的无稳态触发器，是能产生矩形脉冲的自激振荡器，由于矩形波中含有丰富的谐波，因此被称为多谐振荡器。多谐振荡器一旦振荡起来，电路便没有稳态，只有两个暂稳态。图 9-36(a)所示电路为一个由 555 定时器构成的多谐振荡器，在这个电路中，定时元件除电容外，还有两个电阻 R_1 和 R_2。

接通 U_{CC}后，U_{CC}经 R_1 和 R_2 对 C 充电；当 u_C上升到$\frac{2}{3}U_{CC}$时，$u_o=0$，T 导通，C

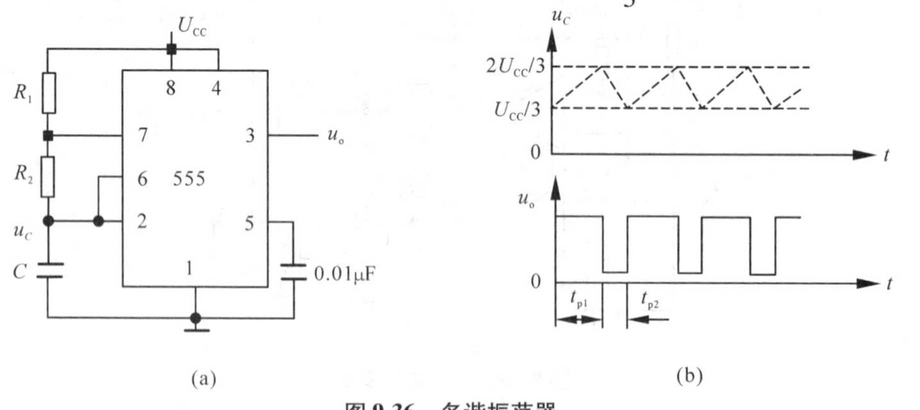

图 9-36 多谐振荡器

(a)电路图 (b)波形图

通过 R_2 和T放电，u_C 下降；当 u_C 下降到$\frac{1}{3}U_{CC}$时，u_o 又由0变为1，T截止，U_{CC}又经 R_1 和 R_2 对 C 充电。如此重复上述过程，在输出端 u_o 便产生了连续的矩形脉冲。

第一个暂稳态的脉冲宽度 t_{p1}，即 u_C从$\frac{1}{3}U_{CC}$充电上升到$\frac{2}{3}U_{CC}$所需的时间为

$$t_{p1} \approx 0.7(R_1+R_2)C$$

第二个暂稳态的脉冲宽度 t_{p2}，即 u_C 从$\frac{2}{3}U_{CC}$处开始放电到 u_C 下降到$\frac{1}{3}U_{CC}$所需的时间为

$$t_{p2} \approx 0.7R_2C$$

振荡周期为

$$T=t_{p1}+t_{p2} \approx 0.7(R_1+2R_2)C$$

振荡频率为

$$f=\frac{1}{T}=\frac{1.43}{(R_1+2R_2)C}$$

输出波形的占空比为

$$D=\frac{t_{p1}}{t_{p1}+t_{p2}}=\frac{R_1+R_2}{R_1+2R_2}$$

本章小结

本章的主要内容是触发器及由触发器构成的各类时序逻辑电路，如寄存器和计数器。触发器共有三种类型：双稳态触发器、单稳态触发器和多谐振荡器(无稳态触发器)，本章主要介绍双稳态触发器，它是组成时序逻辑电路的基本单元。单稳态触发器和多谐振荡器只做简单介绍。

触发器的知识点主要有以下内容。

(1)触发器有两个稳定状态，在外部信号作用下，可以从一个稳态(初态)转变为另一个稳态(次态)，因此，触发器可用来计数，如各类计数器；无外部信号作用时触发器状态保持不变。因此，触发器可用作二进制数的存储单元，如寄存器。

(2)触发器的逻辑功能可以用逻辑状态表、卡诺图、特性方程、状态图和波形图5种方式来描述。

(3)触发器的特性方程是表示其逻辑功能的逻辑函数，在分析和设计时序电路的时候常作为电路状态转换的依据。

(4)同一种功能的触发器，可以用不同的电路结构形式来实现；反过来，同一种电路结构形式，可以构成具有不同功能的各种类型触发器。

时序电路的特点是：任何时刻的输出不仅和输入有关，而且还决定于电路原来的状态，所以说时序逻辑电路具有“记忆”功能。为了记忆电路的状态，时序电路必须包含存储电路。存储电路通常以触发器作为电路的基本单元。时序逻辑电路的知识点主要有以下内容。

(1)时序电路可分为同步时序电路和异步时序电路。它们的主要区别是，前者的各个触发器受同一时钟脉冲控制，而后者的各个触发器则受不同的脉冲源控制。

(2)时序电路的逻辑功能可用逻辑图、状态方程、状态表、卡诺图、状态图和时序图六种方法来描述，它们在本质上是相通的，可以互相转换。

(3)时序电路的分析，就是由逻辑图得到逻辑状态图及逻辑状态表，从而对其功能进行分析；而时序电路的设计，则是根据电路的功能列出逻辑状态表或状态图，并据此画出逻辑图。

计数器是一种应用十分广泛的时序电路，除用于计数、分频外，还广泛用于数字测量、运算和控制，从小型数字仪表，到大型数字电子计算机，几乎无所不在。它是数字系统中不可缺少的组成部分。计数器可用触发器和门电路构成。但在实际工作中，主要是利用集成计数器芯片来构成。在用集成计数器芯片构成N进制计数器时，需要利用清零端或置数控制端，让电路跳过某些状态来获得N进制计数器的初值。

寄存器是用来存放二进制数据或代码的电路。数字系统通常需要把处理后的数据和代码先寄存起来，以便随时取用。因而寄存器的应用十分广泛，特别是移位寄存器，不仅可将串行数码转换成并行数码，或将并行数码转换成串行数码，还可以很方便地构成移位寄存器型计数器和顺序脉冲发生器等电路。

555定时器是一种多用途的数字—模拟混合集成电路，利用它能很方便的构成施密特触发器、单稳态触发器和多谐振荡器。由于其灵敏度高，输出驱动电流大，功能灵活，在电子电路中获得了广泛的应用。

习 题

9-1 画出由与非门组成的基本RS触发器输出端Q，$\overline{Q}$的电压波形，输入端$\overline{S}_D$，$\overline{R}_D$电压波形如题9-1图所示。

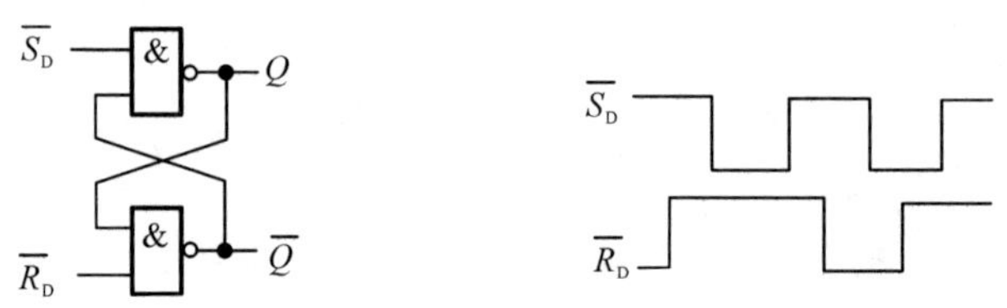

题9-1图

9-2 若主从结构RS触发器各输入端的电压波形如题9-2图所示，试画出Q，$\overline{Q}$端对应的电压波形。设触发器的初始状态为$Q=0$。

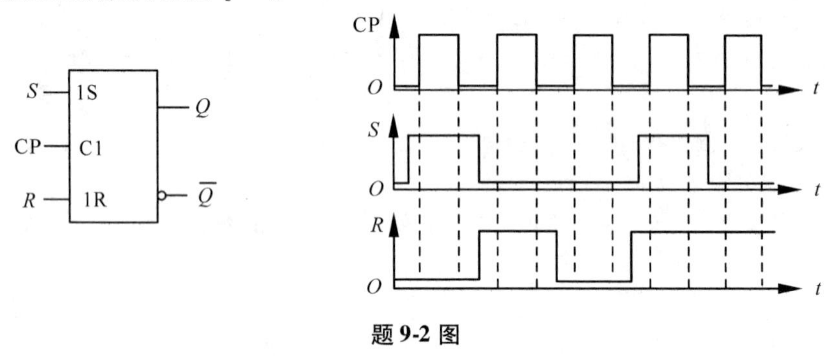

题9-2图

9-3 电路如题9-3图所示，设各触发器的初始状态均为0。已知CP和A的波形，试分别画出Q_1，Q_2的波形。

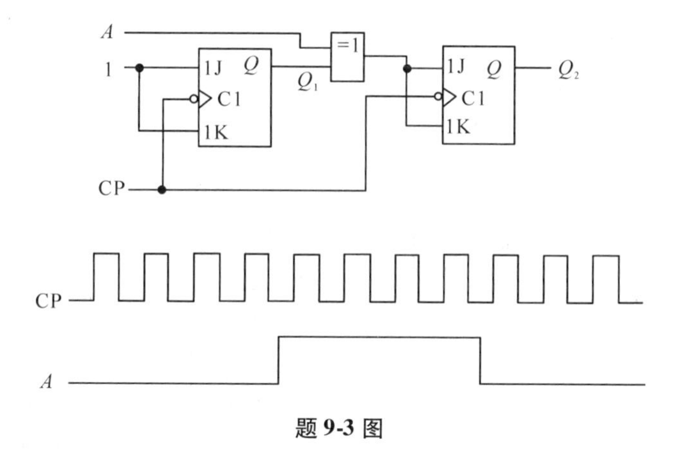

题 9-3 图

9-4　试写出题 9-4 图(a)中各触发器的次态函数(即 Q_1^{n+1}，Q_2^{n+1} 与现态和输入变量之间的函数式)，并画出在给定信号的作用下 Q_1，Q_2 的波形。假定各触发器的初始状态均为 $Q=0$。

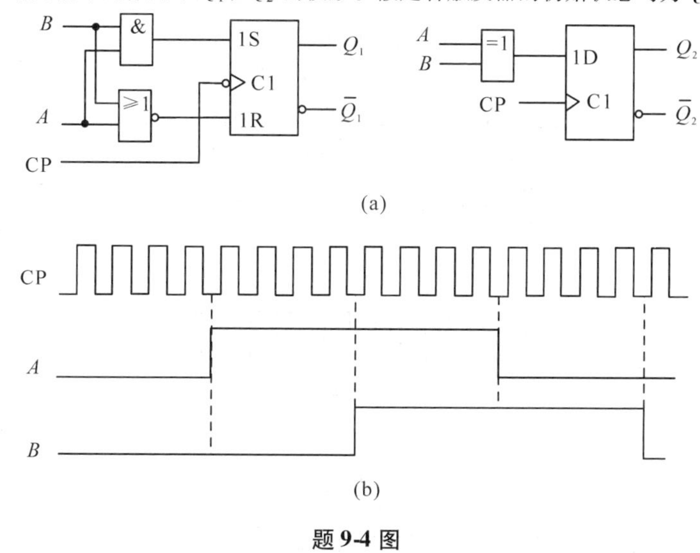

题 9-4 图

(a) 电路图　(b) 波形图

9-5　设图中各触发器的初始状态皆为 $Q=0$，试画出在 CP 信号连续作用下各触发器输出端的电压波形。

9-6　电路如题 9-6 图所示，设各触发器的初始状态均为 0。已知 CP 和 A 的波形，试分别画出 Q_1，Q_2 的波形。

9-7　分析题 9-7 图所示时序逻辑电路，写出电路的驱动方程、状态方程和输出方程，画出电路的状态转换图，并说明该电路能否自起动。

9-8　试画出用两片 74LS194 组成 8 位双向移位寄存器的逻辑图。

9-9　用同步十进制计数芯片 74160 设计一个三百六十五进制的计数器。要求各位间为十进制关系，允许附加必要的门电路。

9-10　分析题 9-10 图所示计数器电路，说明这是多少进制的计数器。

9-11　分析题 9-11 图所示给定的计数器电路，画出电路的状态转换图，说明这是多少进制的计数器。

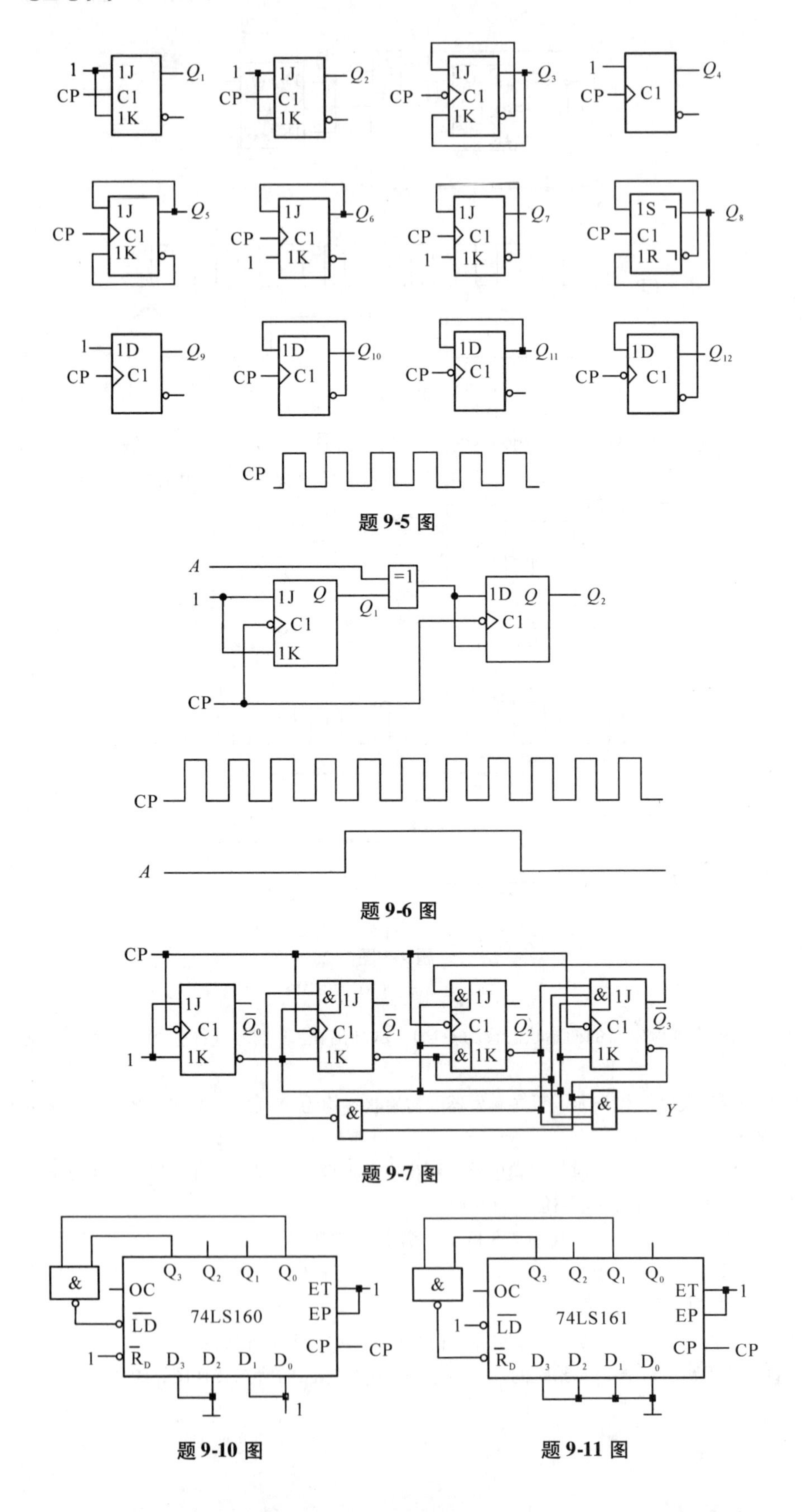

题 9-5 图

题 9-6 图

题 9-7 图

题 9-10 图

题 9-11 图

9-12　试分析题 9-12 图所示给定的计数器在 $M=1$ 和 $M=0$ 时各为几进制。

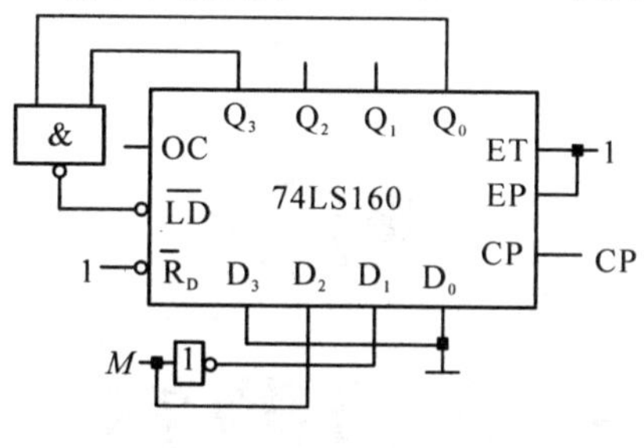

题 9-12 图

9-13　题 9-13 图所示电路是由两片同步十进制计数器 74160 组成的计数器，试分析这是多少进制的计数器，两片之间为几进制。

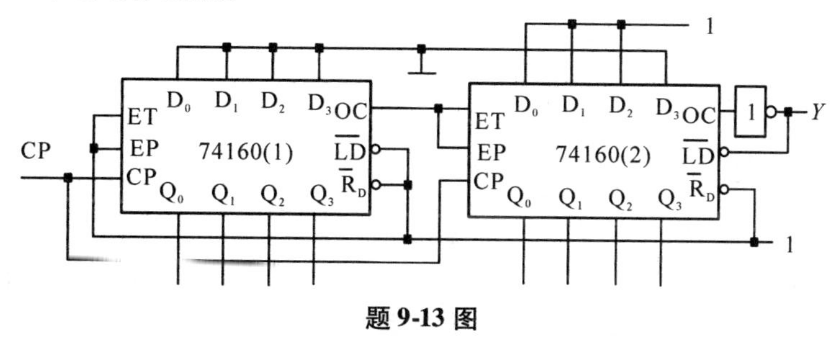

题 9-13 图

附录

部分习题答案

第一章

1-1 (1)图略；(2)1，3，4 为电源，2，5 为负载；(3) $P_1 = -U_1 I_1 = -(-1)\times(-4) = -4(\text{W})$，$P_2 = U_2 I_1 = -3\times(-4) = 12(\text{W})$，$P_3 = U_3 I_3 = (-1)\times 6 = -6(\text{W})$，$P_4 = -U_4 I_3 = -1\times 6 = -6(\text{W})$，$P_5 = -U_5 I_5 = -2\times(-2) = 4(\text{W})$。

1-2 $I_5 = 2\text{A}$，$U_{\text{ab}} = 0$，$I_6 = (1/3)\text{A}$。

1-3 图(a)电流 $I = 0$，图(b)电流 $I = -0.4\text{A}$。

1-4 图(a)中电压源吸收功率，电流源发出功率；图(b)中电压源吸收功率，电流源发出功率。

1-5 $I_2 = 11\text{A}$，$I_3 = 1\text{A}$，$U_4 = 16\text{V}$。

1-6 $I_1 = 4\text{A}$，$U_1 = 8\text{V}$，$U_2 = 3\text{V}$，5A 电流源发出功率，1A 电流源吸收功率。

1-7 $I = 3\text{A}$。

1-8 $I_1 = 20\text{A}$，$I_2 = 20\text{A}$，$I_{\text{L}} = 40\text{A}$。

1-9 $I_1 = \frac{8}{11}\text{A}$，$I_2 = \frac{17}{11}\text{A}$，$I = \frac{9}{11}\text{A}$

1-10 $I = 6\text{A}$。

1-11 $I_1 = -\frac{1}{7}\text{A}$，$I_2 = -\frac{9}{70}\text{A}$，$I_3 = \frac{19}{70}\text{A}$

1-12 $U_{\text{ac}} = 72\text{V}$。

1-13 $I = -1\text{A}$。

1-15 $I_{\text{L}} = (1/3)\text{A}$。

1-16 $I = 1.1\text{A}$。

1-17 $i_L(0_+) = 1\text{A}$，$i_C(0_+) = \frac{2}{3}\text{A}$，$i_R(0_+) = \frac{4}{3}\text{A}$，$u_L(0_+) = \frac{8}{3}\text{V}$，$u_C(0_+) = 8\text{V}$。

1-18 $u_{\text{C}}(t) = 50 - 30\text{e}^{-105t}(\text{V})(t>0)$， $i(t) = 10 + 6\text{e}^{-105t}(\text{A})(t>0)$。

1-19 $u_{\text{C}}(t) = 8\text{e}^{-222.2t}(\text{V})(t>0)$。

1-20 $i(t)=4.5(1-e^{-\frac{t}{25}})$ A ($0\leqslant t\leqslant 5$ms)，$i(t-5)=0.5+1.91e^{-\frac{t}{2.78}}$ A ($t\geqslant 5$ms)。

第二章

2-1 $220e^{-j\frac{\pi}{2}}$V。

2-2 (1)$5\angle 30°$A，$10\angle 60°$A；(2)$14.55\angle 50.1°$A。

2-3 (1)44A；(2)$62\sin 314t$(A)；(3)9680W。

2-4 35.4V；125W。

2-5 (1)20A；(2)4400W。

2-6 (1)1.582A，1.12A，$1.582\sin(314t-90°)$A；(2)246.4Var；(3)图略。

2-7 (1)25 Ω；(2)2A；(3)$2\sqrt{2}\sin(314t-25°)$A。

2-8 12.25A，155.5V；14.14A，0V；0A，－311V。

2-9 0.1H；－60°。

2-10 $4.884\sin(314t+150°)$A，759.88Var；图略。

2-11 9.67A；22.75Ω。

2-12 (6－j26.54)Ω，5.72A，196.3W，868.3Var，889.7V·A。

2-13 12.9A；28.75A。

2-14 6Ω；25.5mH。

2-15 (1)4.4 A；(2)总电压比电流超前53.1°；(3)132 V，616 V，440 V。

2-16 5.52 μF。

2-17 －j100V。

2-18 (1)$440\angle 33°$Ω；(2)$0.5\angle -33°$A，$0.89\angle -59.6°$A，$0.5\angle 93.8°$A。

2-19 200Ω。

2-20 (1)相电流即线电流，其值为$22\angle -36.9°$A，$22\angle -156.9°$A，$22\angle 83.1°$A；(2)相电流为$22\angle -36.9°$A，$22\angle -156.9°$A，$22\angle 83.1°$A，线电流为$38\angle -66.9°$A，$38\angle 173.1°$A，$38\angle 53.1°$A。

2-21 3107W，2201Var，3808V·A，0.816。

2-22 1018.3V，5820.2Var，106.9Ω。

2-23 (80＋j60)Ω。

2-24 10A，17.32A，11400W。

2-25 (30.4＋j22.8)Ω。

2-26 (10.2＋j7.57)Ω。

2-27 (1)$11\angle -53.1°$A，$11\angle -173.1°$A，$11\angle 66.9°$A。(2)$19.05\angle -83.1°$A，$19.05\angle 156.9°$A，$19.05\angle 36.9°$A。

2-28 6.74 μF。

2-29 4.42×10^{-3}。

第三章

3-2 $U_o=999$V。

3-3 $\frac{N_2}{N_3}=0.512$。

3-4 (1)$N_1=1650$，$N_2=1650$；(2)0.33A；(3)都变大。

3-9 $n_0=1000$r/min；$P=3$；$S=0.04$。

3-10 $S_N=0.02$；$T_N=32.48$N·m

3-11 (1)$S_N=0.03$；(2)$T_N=147.68\text{N}\cdot\text{m}$；(3)$P_1=18.2\text{kW}$；(4)$\eta=82.4\%$。

3-12 ①$I_N=10.1\text{A}$；②$I_{st}=50.5\text{A}$；③$T_{st}=63.3\text{N}\cdot\text{m}$；④$T_{max}=90.4\text{N}\cdot\text{m}$

3-13 (1) 可以；(2) 不可以。

第四章

4-1

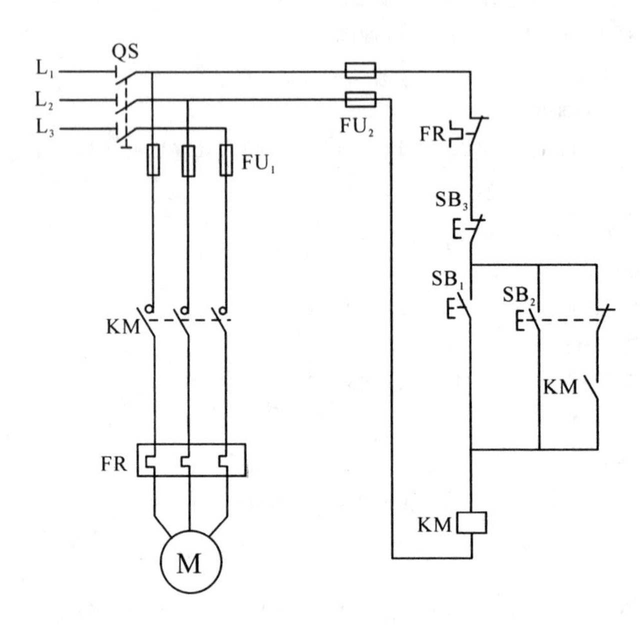

4-2 SB_2 和 SB_3 分别为向某一端运行的起动按钮，SQ_1 和 SQ_2 分别为两端的限位开关，SB_1 为停止按钮。

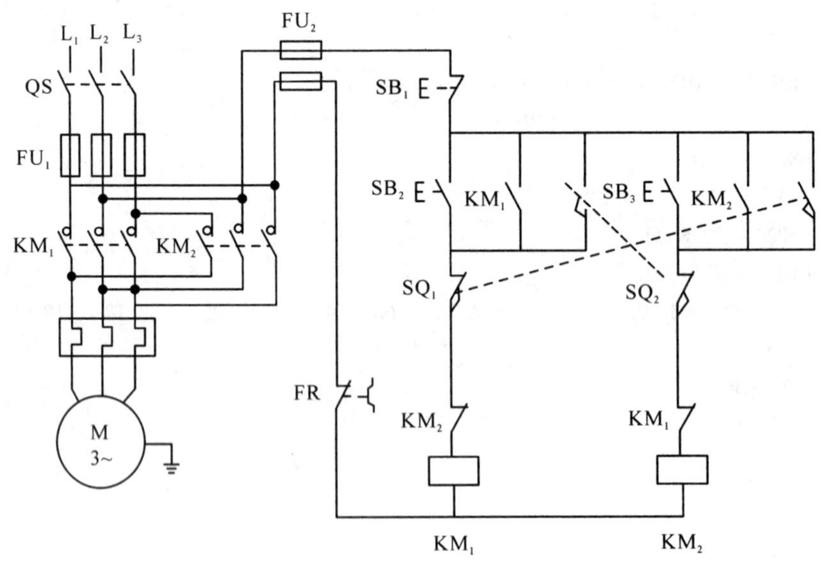

4-3

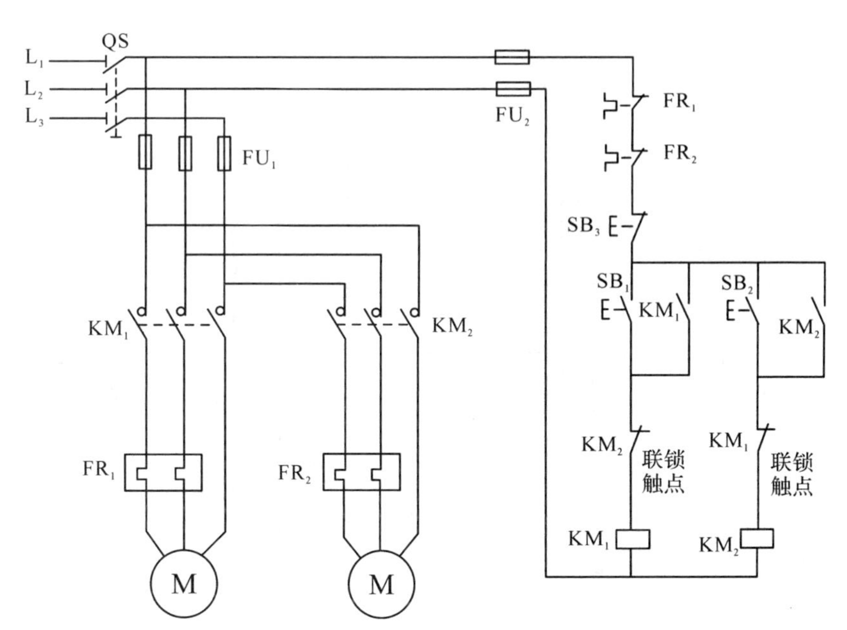
QS
L_1
L_2
L_3
FU_1
FU_2
FR_1
FR_2
SB_3
SB_1
SB_2
KM_1
KM_2
KM_1
KM_2
FR_1
FR_2
KM_2
联锁
触点
KM_1
联锁
触点
KM_1
KM_2
M
M

4-4

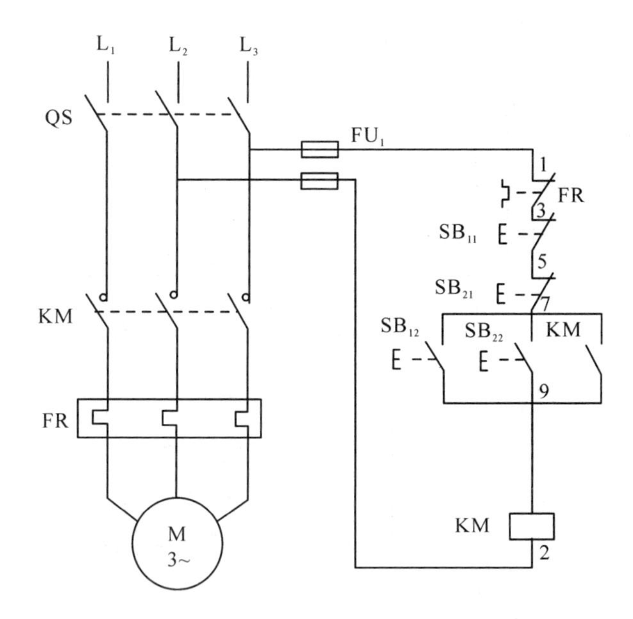
L_1
L_2
L_3
QS
FU_1
1
FR
3
SB_{11}
5
SB_{21}
7
SB_{12}
SB_{22}
KM
9
KM
FR
KM
2
M
3~

4-5

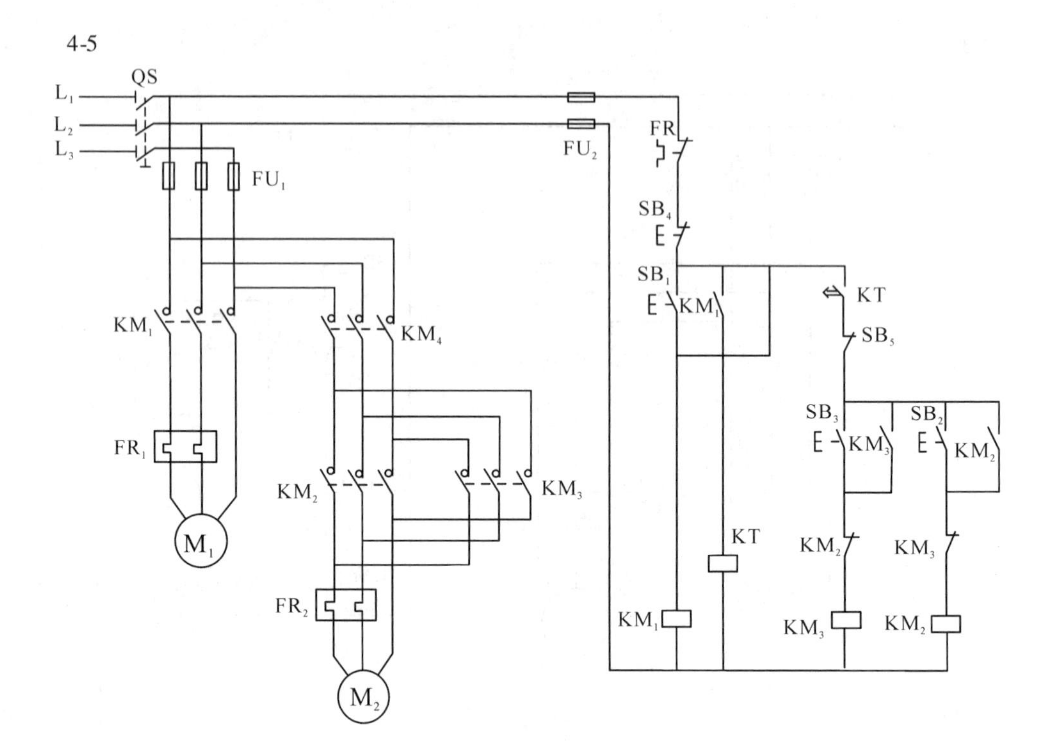

4-6

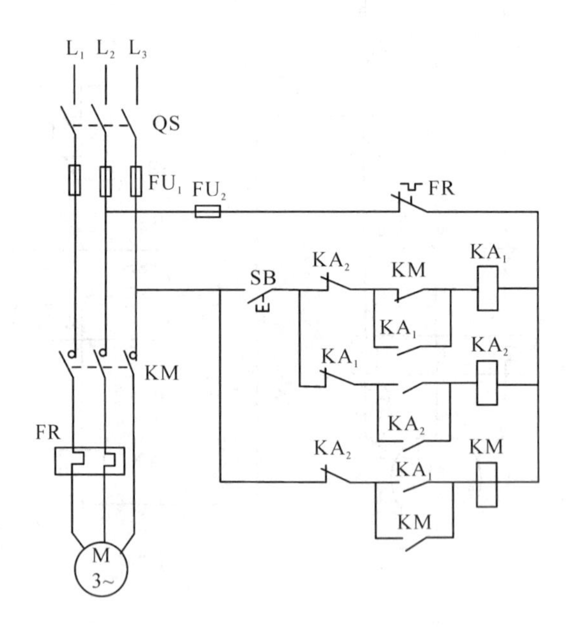

4-7 可编程控制器，英文名称是 Programmable Logic Controller，简称 PLC，是一种数字运算操作的电子系统。它采用可以编制程序的存储器，用来执行存储逻辑运算和顺序控制、定时、计数及算术运算等操作的指令，并通过数字或模拟的输入(I)和输出(O)接口，控制各种类型的机械设备或生产过程。

和继电器 - 接触器控制电路相比，可编程控制器具有以下优点：

(1)使用方便，编程简单；(2) 功能强，性价比高；(3) 硬件配套齐全，用户使用方便，适应性强；(4) 可靠性高，抗干扰能力强；(5) 系统的设计、安装、调试工作量少；(6) 维修工作量小，维修方便。

4-9

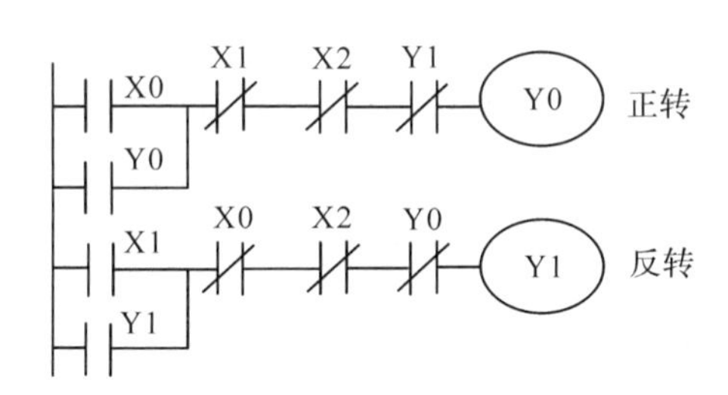

4-10　0　LD　X0
1　OR　Y0
2　AN1　X1
3　AN1　X2
4　AN1　Y1
5　OUT　Y0
6　LD　X1
7　OR　Y1
8　ANI　X0
9　ANI　X2
10　ANI　Y0
11　OUT　Y1
12　END

第五章

5-1　(a)$u_o = -9$ V；(b) $u_o = 0$ V；(c) $u_o = -2.4$ V。

5-3　$I_D \approx 1.42$ mA；$V_A \approx 4.96$ V。

5-7　(a)$U_o = 6$ V；(b)$U_o = 0.7$ V；(c) $U_o = 15$ V；(d) $U_o = 1.4$ V；(e) $U_o = 9.7$ V；(f)$U_o = 6.7$ V；(g) $U_o = \frac{R_L}{R_2 + R_L} \times 6$V；(h) $U'_o = 6$ V，$U''_o = 3$ V。

5-8　$R = 0.416$ kΩ；$U_i = 17.68$ V。

5-9　(1)$U_o = 7.3$ V；(2)$\Delta U_o = \pm 32.3$ mV；(3)$\Delta U_o = -48.6$ mV；(4) $U_o = 5.5$ V；(5) $R_{Lmin} = 1.62$ kΩ。

5-12　(a) 电路工作在截止状态；(b) 电路工作在饱和状态；(c) 电路工作在放大状态；(d) 电路工作在截止状态；(e)电路工作在饱和状态。

5-13　(1) (a)NPN 型硅管，①—E，②—B，③—C；(b)PNP 型硅管，①—C，②—B，③—E；(c)PNP 型锗管，①—C，②—E，③—B。

5-14　(a) $\bar{\beta} = 49$；(b) $\bar{\beta} = 100$。

5-15　(a) 该管为 PNP 型锗管，工作在截止状态；(b) 该管为 NPN 型硅管，工作在饱和状态；(c) 该管为 PNP 型锗管，已损坏；(d) 该管为 NPN 型硅管，工作在放大状态。

5-16　$u_o = 0.3$ V。

第六章

6-1 电路工作在饱和状态。

6-2 (1)I_B 不变，I_C 不变，U_{CE}减小；(2)I_C 不变，U_{CE}增大；(3)I_B 增大，I_C 增大，U_{CE}减小；(4)I_B 不变，I_C 变大，U_{CE}减小。

6-3 (1) 图略；(2)$U_{omax}=\frac{U_{om1}}{\sqrt{2}}=1.63V$；(3) 三极管为饱和失真；(4) 将放大电路中的 R_B 增至 400kΩ，$U_{omax}=\frac{I_{CQ}R'_L}{\sqrt{2}}=2.0V$。

6-4 $I_B=30\mu A$，$I_C=3mA$，$U_{CE}=2.5V$。

6-5 $r_i=6.15k\Omega$，$r_o=3.9k\Omega$，$A_u=-15.04$，$A_{us}=-12.93$。

6-6 (1)$A_{us}=-33.3$；(2)$A_i=16.7$；(3)$A_p=-1670$。

6-7 使静态工作点 Q 更趋稳定。

6-8 (1) $A_{u1}=0.99$；(2)$A_{u2}=-0.98$。

6-9 $r_i=16k\Omega$，$r_o=20\Omega$，$A_u\approx1$。

6-10 (1)$I_B=\frac{U_B-U_{BE}}{R_B+(1+\beta)}R_E$；

(2) $r_i=(R_B+R_{B1}//R_{B2})//[r_{be}+(1+\beta)R'_L]$，$r_0=R_E//\frac{r_{be}+(R_B+R_{B1}//R_{B2})//R_S}{(1+\beta)}$，$R'_L=R_E//R_L$；

(3) $A_u=\frac{(1+\beta)R'_L}{r_{be}+(1+\beta)R'_L}$，$A_{us}=\frac{r_i}{R_S+r_i}\cdot A_u$。

6-11 (1)$I_{B1}=0.036mA$，$I_{C1}=1.8mA$，$U_{CE1}=7.14V$，$I_{B2}=0.04mA$，$I_{C2}=2mA$，$U_{CE2}=4.8V$；(2)图略；(3)$r_i=29.6k\Omega$，$r_o=2k\Omega$；(4)$A_{u1}=0.97$，$A_{u2}=-89$，$A_u=-86.3$。

6-12 $I_{BQ1}=0.02mA$，$I_{CQ1}=1mA$，$U_{CEQ1}=5.02V$，$I_{BQ2}=0.085mA$，$I_{CQ2}=4.25mA$，$U_{CEQ2}=9.5V$。

6-13 -175.4。

6-14 (1)$I_B=0.01mA$，$I_C=0.5mA$，$V_E=-0.798V$，$V_C=3.45V$，$V_B=-0.1V$；(2)$u_{ic1}=u_{ic2}=5mV$，$u_{id1}=2mV$，$u_{id2}=-2mV$；(3)$u_{oc1}=u_{oc2}=-2.39mV$；(4)$u_{od1}=-39.54mV$，$u_{od2}=39.54mV$；(5)$u_{o1}=-41.93mV$，$u_{o2}=37.15mV$；(6)$u_{oc}=0mV$，$u_{od1}-u_{od2}=-79.08mV$，$u_o=-79.08mV$。

6-15 (1)$I_{C1}=I_{C2}=0.5mA$，$U_{RL}=1V$；(2)$A_{ud}=14.65$；(3)$I_{C1}=I_{C2}$不变。

6-16 (1)$P_{om}=18.1W$；(2)$\eta=70.2\%$；(3)$P_T=4.1W$。

6-17 (1)$U_{C2}=5V$，可调整 T_1 的偏置电阻 R_1 或 T_2 的偏置电阻 R_3 的大小，使 $U_{C2}=5V$；(2)增大 R_2 的阻值；(3)T_1，T_2 管将烧毁。

第七章

7-1 (1)C；(2)C；(3)D；(4)C。

7-2 (a)串联电压负反馈，$u_o=\left(1+\frac{R_2}{R_1}\right)u_i$；(b)并联电压负反馈，$u_o=-\frac{R_3R_5}{R_1(R_3+R_5)}u_i$；(c)串联电流负反馈，$u_o=\frac{R_L}{3R_3+R_L}u_i$；(d)串联电流负反馈，$u_o=\frac{(R_2+R_3+R_5)R_L}{R_2R_3}u_i$。

7-3 (1)$A_f\approx500$；(2)0.1%。

7-4 (a) $u_{o1}=-R_f\left(\frac{u_{i1}}{R_1}+\frac{u_{i2}}{R_2}\right)+\left(1+\frac{R_f}{R_1//R_2}\right)\cdot\frac{R_4}{R_3+R_4}\cdot u_{i3}$

$u_o=-\frac{1}{RC}\int u_{o1}dt$

(b)$u_o=\sqrt{\dfrac{R_2R_4}{kR_1R_3}\cdot u_i}$　。

7-6　(1) $u_o=-10\int u_i\mathrm{d}t$;(2)0.6s 。

7-7　$u_o=-\int u_i\mathrm{d}t$

第八章

8-2　与、或、非。

8-5　53；42；77。

8-6　1110；11001；101010。

8-7　(a)$F=1$；(b)$F=\overline{\overline{A\cdot C}\cdot\overline{B\cdot C}}=AC+BC$。

8-8　(1)$A\bar{B}C+A\,\overline{BC}=A\bar{B}+A\bar{C}$；(2) $A\bar{B}+\overline{A\bar{B}C}=1$；

(3)$A(BC+\bar{B}\bar{C})+A(\bar{B}C+B\bar{C})=A$；

(4)$A\bar{B}+\bar{A}B+ABCD+\bar{A}\bar{B}CD=A\bar{B}+\bar{A}B+CD$；

(5)$AB+\bar{C}+\bar{A}CD+\bar{B}CD=AB+\bar{C}+D$。

8-9　(1)$F=AC+\bar{B}\bar{C}+B\bar{C}=A+\bar{C}$；

(2)$F=A\bar{B}+BC+A\bar{B}C+\bar{A}\bar{B}C\bar{D}=C\bar{D}+BC+A\bar{B}$；

(3)$F=\bar{A}\bar{B}C+AD+B\bar{D}+C\bar{D}+A\bar{C}+\bar{A}\bar{D}=A+\bar{D}+\bar{B}C$。

8-11　$F=\bar{A}\bar{B}\bar{C}+\bar{A}BC+AB\bar{C}$。

8-12　$F=\overline{\overline{\bar{A}B+A\bar{B}}}=\bar{A}B+A\bar{B}=A\oplus B$；异或门的功能。

8-15　$F=AB+\bar{A}\bar{B}$。

8-16　$F_1=A\bar{B}$，$F_2=\bar{A}B$，$F_3=AB+\bar{A}\bar{B}$。

8-17　$ABCD=1001$。

8-18　奇偶判别电路

8-19　逻辑函数式 $Y=\bar{A}\bar{B}C+\bar{A}B\bar{C}+A\bar{B}\bar{C}+ABC$。

8-20　逻辑函数式 $Y=ABC+ABD$。

第九章

9-4　$Q_1^{n+1}=AB+(A+B)Q_1^n$；$Q_2^{n+1}=A\oplus B$

9-7　驱动方程：

$$J_0=K_0=1$$
$$J_1=\bar{Q}_0\,\overline{\bar{Q}_2\,\bar{Q}_3},\ K_1=\bar{Q}_0,$$
$$J_2=\bar{Q}_0^nQ_3^n,\ K_2=\bar{Q}_0\bar{Q}_1$$
$$J_3=\bar{Q}_0\bar{Q}_1\bar{Q}_2,\ K_3=\bar{Q}_0$$

状态方程：

$$Q_0^{n+1}=J_0\bar{Q}_0^n+\bar{K}_0Q_0^n=\bar{Q}_0^n$$
$$Q_1^{n+1}=J_1\bar{Q}_1^n+\bar{K}_1Q_1^n=Q_2^n\bar{Q}_1^n\bar{Q}_0^n+Q_3^n\bar{Q}_1^n\bar{Q}_0^n+Q_1^nQ_0^n$$
$$Q_2^{n+1}=J_2\bar{Q}_2^n+\bar{K}_2Q_2^n=Q_3^n\bar{Q}_2^n\bar{Q}_0^n+Q_2^nQ_1^n+Q_2^nQ_0^n$$
$$Q_3^{n+1}=J_3\bar{Q}_3^n+\bar{K}_3Q_3^n=\bar{Q}_3^n\bar{Q}_2^n\bar{Q}_1^n\bar{Q}_0^n+Q_3^nQ_0^n$$

输出方程：$Y=\bar{Q}_3\,\bar{Q}_2\,\bar{Q}_1\,\bar{Q}_0$。该电路能够自起动。

9-10　七进制计数器。计数顺序是 3－9 循环。

9-11　十进制计数器。计数顺序是 0－9 循环。

9-12　$M=1$ 时为六进制计数器，$M=0$ 时为八进制计数器。

9-13　第 1 片 74160 接成了十进制计数器，第 2 片 74160 接成了三进制计数器。第 1 片到第 2 片之间为十进制，两片串联组成 71～90 的二十进制计数器。

参考文献

[1]王居荣，尹力．电工学[M]．哈尔滨：哈尔滨工业大学出版社，2011.
[2]秦曾煌．电工学[M]．北京：高等教育出版社，2003.
[3]叶挺秀，张伯尧．电工电子学[M]．北京：高等教育出版社，2004.
[4]房晔，徐健．电工学[M]．北京：中国电力出版社，2009.
[5]贾贵玺，王月芹．电工技术(电工学Ⅰ)学习辅导与习题解答[M]．北京：高等教育出版社，2008.
[6]刘晔，等．电工电子技术导论[M]．北京：高等教育出版社，2004.
[7]刘耀元．电工与电子技术[M]．北京：北京工业大学出版社，2008.
[8]张南．电工学(少学时)[M]．5版．北京：高等教育出版社，1995.
[9]史仪凯．电工技术(电工学Ⅰ)[M]．3版．北京：科学出版社，2014.
[10]吴雪琴．电工技术[M]．3版．北京：北京理工大学出版社，2013.
[11]魏德仙．可编程控制器原理及应用[M]．北京：水利水电出版社，2009.
[12]史国生．电气控制与可编程控制器技术[M]．3版．北京：化学工业出版社，2010.
[13]范国伟．电气控制与PLC应用技术[M]．北京：人民邮电出版社，2013.
[14]黄永红．电气控制与PLC应用技术[M]．北京：机械工业出版社，2011.
[15]李洁．电子技术基础[M]．北京：清华大学出版社，2012.
[16]劳五一，劳佳．模拟电子学导论[M]．北京：清华大学出版社，2011.
[17]王晓华．模拟电子技术基础[M]．北京：清华大学出版社，2011.
[18]童诗白，华成英．模拟电子技术基础[M]．3版．北京：高等教育出版社，2001.